W0260335

Leitfäden und Monographien der Informatik

Brauer: **Automatentheorie**
493 Seiten. Geb. DM 58,–

Loeckx/Mehlhorn/Wilhelm: **Grundlagen der Programmiersprachen**
448 Seiten. Kart. DM 42,–

Mehlhorn: **Datenstrukturen und effiziente Algorithmen**
Band 1: Sortieren und Suchen
2. Aufl. 317 Seiten. Geb. DM 48,–

Messerschmidt: **Linguistische Datenverarbeitung mit Comskee**
207 Seiten. Kart. DM 36,–

Niemann/Bunke: **Künstliche Intelligenz in Bild- und Sprachanalyse**
256 Seiten. Kart. DM 38,–

Pflug: **Stochastische Modelle in der Informatik**
272 Seiten. Kart. DM 36,–

Richter: **Betriebssysteme**
2., neubearbeitete und erweiterte Auflage
303 Seiten. Kart. DM 36,–

Wirth: **Algorithmen und Datenstrukturen**
Pascal-Version
3., überarbeitete Auflage
320 Seiten. Kart. DM 38,–

Wirth: **Algorithmen und Datenstrukturen mit Modula - 2**
4., überarbeitete und erweiterte Auflage
299 Seiten. Kart. DM 38,–

Leitfäden der angewandten Informatik

Bauknecht/Zehnder: **Grundzüge der Datenverarbeitung**
Methoden und Konzepte für die Anwendungen
3. Aufl. 293 Seiten. DM 34,–

Beth / Heß / Wirl: **Kryptographie**
205 Seiten. Kart. DM 25,80

Bunke: **Modellgesteuerte Bildanalyse**
309 Seiten. Geb. DM 48,–

Craemer: **Mathematisches Modellieren dynamischer Vorgänge**
288 Seiten. Kart. DM 36,–

Frevert: **Echtzeit-Praxis mit PEARL**
2. Aufl. 216 Seiten. Kart. DM 34,–

Gorny/Viereck: **Interaktive grafische Datenverarbeitung**
256 Seiten. Geb. DM 52,–

Hofmann: **Betriebssysteme: Grundkonzepte und Modellvorstellungen**
253 Seiten. Kart. DM 34,–

Holtkamp: **Angepaßte Rechnerarchitektur**
233 Seiten. DM 38,–

Hultzsch: **Prozeßdatenverarbeitung**
216 Seiten. Kart. DM 25,80

Fortsetzung auf der 3. Umschlagseite

 B. G. Teubner Stuttgart

Niklaus Wirth
Algorithmen und Datenstrukturen
mit Modula - 2

Leitfäden und Monographien der Informatik

Herausgegeben von

Prof. Dr. Volker Claus, Oldenburg
Prof. Dr. Günter Hotz, Saarbrücken
Prof. Dr. Klaus Waldschmidt, Frankfurt

Die Leitfäden und Monographien behandeln Themen aus der Theoretischen, Praktischen und Technischen Informatik entsprechend dem aktuellen Stand der Wissenschaft. Besonderer Wert wird auf eine systematische und fundierte Darstellung des jeweiligen Gebietes gelegt. Die Bücher dieser Reihe sind einerseits als Grundlage und Ergänzung zu Vorlesungen der Informatik und andererseits als Standardwerke für die selbständige Einarbeitung in umfassende Themenbereiche der Informatik konzipiert. Sie sprechen vorwiegend Studierende und Lehrende in Informatik-Studiengängen an Hochschulen an, dienen aber auch den in Wirtschaft, Industrie und Verwaltung tätigen Informatikern zur Fortbildung im Zuge der fortschreitenden Wissenschaft.

Algorithmen und Datenstrukturen mit Modula – 2

Von Dr. Dr. h.c. Niklaus Wirth
Professor an der Eidg. Technischen Hochschule Zürich

4., neubearbeitete und erweiterte Auflage
Mit zahlreichen Figuren, Tabellen,
Übungen und Programmen

B. G. Teubner Stuttgart 1986

Prof. Dr. Dr. h. c. Niklaus Wirth

Geboren 1934 in Winterthur, Schweiz. Von 1954 bis 1958 Studium an der Eidg. Technischen Hochschule Zürich mit Abschluß als Dipl. El.-Ing. Von 1959 bis 1960 Studium an der Université Laval, Quebec, Canada, und Erlangung des Grades M. Sc. Von 1960 bis 1963 Studium und anschließend Promotion an der University of California, Berkeley. Von 1963 bis 1967 Assistant Professor of Computer Science an der Stanford University. Von 1967 bis 1968 Assistenzprofessor an der Universität Zürich. Seit 1968 Professor für Informatik an der Eidg. Technischen Hochschule Zürich. 1984 Turing Award der Assocation for Computing Machinery (ACM).

CIP-Kurztitelaufnahme der Deutschen Bibliothek

Wirth, Niklaus:
Algorithmen und Datenstrukturen mit Modula 2 /
von Niklaus Wirth. - 4., neubearb. u. erw. Aufl. -
Stuttgart: Teubner, 1986.
(Leitfäden und Monographien der Informatik)
Bis 3. Aufl. u.d.T.: Wirth, Niklaus: Algorithmen und Datenstrukturen

ISBN 978-3-519-02260-2 ISBN 978-3-322-96663-6 (eBook)
DOI 10.1007/978-3-322-96663-6

Gesamtherstellung: Zechnersche Buchdruckerei, Speyer
Umschlaggestaltung: W. Koch, Sindelfingen

Unser Generalleutnant L. Euler gibt durch unseren Mund folgende Erklärung ab. Er bekennt offen:

...

> *III. dass er, obgleich Phönix der Algebristen, errötet und stets erröten wird über den Verstoss gegen die gesunde Vernunft und die gewöhnlichsten Begriffe, den er begangen hat, indem er aus seinen Formeln den Schluss zog, dass ein Körper, der von einem Zentrum aus angezogen wird, in der Mitte wieder umkehrt.*
>
> *IV. dass er, um die deutschen Philosophen zu besänftigen, sein Möglichstes tun wird, um künftig nicht mehr seine Vernunft an eine Formel auszuliefern. Er bittet die Logiker auf den Knien um Verzeihung dafür, dass er einmal angesichts eines paradoxen Resultats den Satz geschrieben hat: "Wenn dies auch der Wahrheit zu widerstreiten scheint, so müssen wir doch der Rechnung mehr vertrauen als unserem Verstand".*
>
> *V. dass er künftig nicht mehr sechzig Seiten lang rechnen wird für ein Resultat, das man mit wenig Überlegung auf zehn Zeilen ableiten kann. Und wenn er wieder seine Ärmel aufkrempelt, um drei Tage und drei Nächte durchzurechnen, dass er dann eine Viertelstunde zum Nachdenken verwenden will, welche Prinzipien am besten zur Anwendung kommen.*

Auszug aus Voltaires *Diatribe du docteur Akakia.* (November 1752)

Vorwort zur 1. Auflage

In den vergangenen Jahren wurde die *Programmierung von Rechenanlagen* als diejenige Disziplin erkannt, deren Beherrschung grundlegend und entscheidend für den Erfolg vieler Entwicklungsprojekte ist und die wissenschaftlicher Behandlung und Darlegung zugänglich ist. Vom Handwerk stieg sie zur akademischen Disziplin auf. Die ersten hervorragenden Beiträge zu dieser Entwicklung wurden von E.W. Dijkstra und C.A.R. Hoare geliefert. Dijkstra's *Notes on Structured Programming* [0.1] führten zu einer neuen Betrachtung der Programmierung als wissenschaftliches Thema und als intellektuelle Herausforderung. Sie bahnten den Weg zu einer "Revolution" in der Programmierung [0.2]. Hoare's *An Axiomatic Basis for Computer Programming* [0.3] zeigte deutlich, dass Progamme einer exakten Analyse nach mathematischen Grundsätzen zugänglich sind. Beide Artikel argumentieren überzeugend, dass viele Programmierfehler vermieden werden können, wenn man den Programmierern die Methoden und Techniken, die sie bisher intuitiv und oft unbewusst verwendeten, zur Kenntnis bringt. Diese Artikel konzentrierten sich auf die Aspekte des Aufbauens und Analysierens von Programmen oder, genauer ausgedrückt, auf die Struktur der durch die Programmtexte dargestellten *Algorithmen*. Es ist jedoch völlig klar, dass ein systematisches und wissenschaftliches Angehen der Konstruktion von Programmen seine grösste Wirkung im Fall grosser komplexer Programme hat, die komplizierte Datenmengen bearbeiten. Folglich muss eine Methodik des Programmierens auch alle Aspekte der Datenstrukturierung behandeln. *Programme* sind letztlich konkrete Formulierungen abstrakter Algorithmen, die sich auf bestimmte Darstellungen und *Datenstrukturen* stützen. Einen wesentlichen Beitrag, um Ordnung in die verwirrende Vielfalt der Terminologie und in die Konzepte von Datenstrukturen zu bringen, leistete Hoare durch seine *Notes on Data Structuring* [0.4]. Es wurde klar, dass Entscheidungen über die Strukturierung der Daten nicht ohne Kenntnis der auf die Daten anzuwendenden Algorithmen getroffen werden können, und dass umgekehrt die Struktur und Wahl der Algorithmen oft stark von den zugrundeliegenden Daten abhängt. Kurz gesagt: Programmerstellung und Datenstrukturierung sind untrennbar ineinandergreifende Themen.

Dennoch beginnt dieses Buch mit einem Kapitel über Datenstrukuren. Dafür gibt es zwei Gründe. Erstens hat man das intuitive Gefühl, dass Daten den Algorithmen vorangehen;

man muss Objekte haben, bevor man Operationen auf sie anwenden kann. Zweitens - und das ist der unmittelbare Grund - geht dieses Buch davon aus, dass der Leser mit den grundlegenden Begriffen des Programmierens von Rechenanlagen vertraut ist. Einführende Programmierkurse konzentrieren sich jedoch traditionell und vernünftigerweise auf Algorithmen, die auf einfachen Datenelementen operieren. Somit scheint ein einführendes Kapitel über Datenstrukturen angebracht.

Im ganzen Buch und besonders im ersten Kapitel folgen wir der von Hoare [0.4] dargelegten Theorie und Terminologie, die in der Programmiersprache *Pascal* realisiert wurde [0.5]. Das Wesentliche dieser Theorie ist, dass Daten zuerst Abstraktionen realer Phänomene darstellen und vorzugsweise als abstrakte, in üblichen Programmiersprachen nicht notwendigerweise vorhandene Strukturen ausgedrückt werden. Im Prozess der Programmentwicklung wird die Darstellung der Daten schrittweise verfeinert - parallel zur Verfeinerung der Algorithmen - um sich mehr und mehr den durch ein verfügbares Programmiersystem gegebenen Möglichkeiten anzupassen [0.6]. Wir setzen daher eine Anzahl grundlegender Prinzipien zum Aufbau von Datenstrukturen voraus, die sogenannten *fundamentalen Strukturen*. Es ist sehr wichtig, dass diese Konstruktionen auf wirklichen Rechenanlagen leicht zu implementieren sind. Denn nur in diesem Fall können sie als wirkliche Elemente einer Datendarstellung betrachtet werden, nämlich als die aus dem letzten Vefeinerungschritt hervorgehenden "Moleküle" der Datenbeschreibung. Es sind dies der *Verbund* (record), das *Feld* (array) und die *Menge* (set). Es überrascht nicht, dass diese grundlegenden Aufbauprinzipien fundamentalen mathematischen Begriffen entsprechen.

Ein Grundprinzip dieser Theorie der Datenstrukturen ist die Unterscheidung zwischen fundamentalen und "höheren" Strukturen. Erstere sind die Moleküle, selbst aus Atomen aufgebaut - und dienen als Komponenten für die letzteren. Variablen einer fundamentalen Struktur ändern nur ihren Wert, aber niemals die Menge der Werte, die sie annehmen können. Folglich bleibt die Grösse des Speichers, den sie belegen, konstant. Variablen höherer Strukturen sind hingegen charakterisiert durch die Veränderung ihres Wertes *und* ihrer Struktur während der Ausführung eines Progamms. Für ihre Implementation werden daher aufwendigere Techniken benötigt.

Die sequentielle Datei - einfach Sequenz genannt - erscheint in dieser Klassifikation als ein Zwitter. Sie ändert zwar ihre Länge; diese Änderung der Struktur ist aber trivialer Natur. Da die Sequenz eine wirklich grundlegende Rolle in praktisch allen Rechenprozessen spielt, wird sie ebenfalls in Kapitel 1 behandelt.

Das zweite Kapitel behandelt *Sortier-Algorithmen*. Es zeigt eine Vielfalt verschiedener Methoden, die alle dem gleichen Zweck dienen. Mathematische Analysen einiger dieser Algorithmen zeigen die Vor- und Nachteile und bringen dem Programmierer die Wichtigkeit der Analyse bei der Wahl einer guten Lösung für ein gegebenes Problem zum Bewusstsein. Die Aufteilung in Methoden zum Sortieren von Arrays und Methoden zum Sortieren von Sequenzen (oft internes, resp. externes Sortieren genannt) zeigt den entscheidenden Einfluss der Darstellung der Daten auf die Wahl anwendbarer Algorithmen und auf ihre Komplexität. Dem Sortieren würde nicht soviel Platz gewidmet, wenn es nicht ein ideales Instrument für die Darlegung so vieler Prinzipien der Programmierung und von Situationen wäre, die auch in vielen anderen Anwendungen auftreten. Es scheint oft, dass man einen ganzen Programmierkurs auf Sortierbeispielen aufbauen könnte.

Ein anderes Thema, das gewöhnlich in Einführungskursen keinen Platz findet, spielt in der Konzeption vieler algorithmischer Lösungen eine wichtige Rolle, nämlich die Rekursion. Das dritte Kapitel ist deshalb *rekursiven Algorithmen* gewidmet. Es wird gezeigt, dass Rekursion eine Verallgemeinerung der Wiederholung (Iteration) ist. Als solche ist sie ein wichtiges und umfassendes Konzept der Programmierung. In vielen Programmierkursen wird Rekursion leider an Beispielen gezeigt, die mit Iteration besser gelöst werden. Statt dessen konzentriert sich Kapitel 3 auf mehrere Beispiele von Problemen, in denen Rekursion eine äusserst natürliche Formulierung einer Lösung erlaubt, während die Verwendung von Iteration zu undurchsichtigen und schwerfälligen Programmen führen würde. Die Klasse der *Backtracking-Algorithmen* erweist sich als ideale Anwendung der Rekursion, aber die offensichtlichsten Kandidaten für die Verwendung der Rekursion sind Algorithmen, die auf rekursiv definierten Datenstrukturen operieren. Diese Fälle werden im letzten Kapitel behandelt, wozu das dritte Kapitel eine gute Grundlage bildet.

Kapitel 4 behandelt *dynamische Datenstrukturen;* das sind Datenstrukturen, die sich während der Ausführung des Programms ändern. Es wird gezeigt, dass rekursive Datenstrukturen eine wichtige Unterklasse der allgemein verwendeten dynamischen Strukturen sind. Obwohl eine unmittelbar rekursive Definition in diesen Fällen sowohl natürlich als auch möglich ist, wird sie gewöhnlich in der Praxis doch nicht verwendet. Statt dessen wird der zu ihrer Implementation verwendete Mechanismus dem Programmierer bewusst gemacht, indem man ihn zwingt, explizite Referenz- oder Zeiger-Variablen zu verwenden. Das vorliegende Buch folgt dieser Praxis und spiegelt den gegenwärtigen Stand der Technik wieder: Kapitel 4 ist der Programmierung mit Zeigern, Listen, Bäumen und Beispielen mit komplexeren Datengebilden gewidmet. Es zeigt die Technik, die, etwas unpassend, mit *Listenverarbeitung* bezeichnet wird. Sodann ist die Organisation von Baumstrukturen und besonders das Durchsuchen von Bäumen ausführlich erläutert.

Kapitel 5 schliesslich behandelt die Technik der gestreuten Speicherung, auch Hash-Coding genannt, die oft Suchbäumen vorgezogen wird. Damit bietet sich eine Möglichkeit zum Vergleich zweier fundamental verschiedener Techniken für eine häufig vorkommende Anwendung.

Programmieren ist eine *konstruktive* Tätigkeit. Wie kann eine aufbauende, schöpferische Fähigkeit gelehrt werden? Eine Möglichkeit besteht im Herauskristallisieren elementarer Konstruktionsgesetze aus vielen Anwendungen und ihrer systematischen Darstellung. Aber Programmieren ist ein weites und vielfältiges Gebiet, das oft komplexe geistige Tätigkeit erfordert. Die Vorstellung, es je zu einem reinen Unterrichten von Rezepten zusammenfassen zu können, ist verfehlt. Aus unserem Arsenal von Unterrichtsmethoden bleibt nur die sorgfältige Auswahl und Darstellung von Musterbeispielen. Natürlich sollten wir nicht glauben, dass jedermann gleich viel aus dem Studium von Beispielen lernt. Wesentlich bei diesem Vorgehen ist, das vieles dem Studenten, seinem Fleiss und seiner Intuition überlassen bleiben muss. Dies gilt ganz besonders für relativ schwierige und lange Programmbeispiele. Ihr Einschluss in dieses Buch geschah nicht zufällig. Längere Programme sind in der Praxis der Normalfall und eignen sich eher dafür, die schwer zu fassende aber wesentliche Zutat, genannt Stil und methodische Struktur, aufzuzeigen. Sie sollen auch als Übung für das Lesen von Programmen dienen, das neben dem Schreiben zu oft vernachlässigt wird. Dies ist ein wichtiger Grund für den Einschluss grösserer vollständiger Programme als Beispiele. Der Leser wird durch eine allmähliche Entwicklung des Progamms geführt; es werden ihm mehrere Schnappschüsse der Entstehung des Programms gezeigt, wobei sich diese Entwicklung als *schrittweise Verfeinerung* der Einzelheiten erweist. Ich halte es für wichtig, dass Programme in einer letzten Form unter hinreichender Berücksichtigung der Einzelheiten gezeigt werden, denn der Teufel steckt beim Programmieren im Detail. Obwohl eine Beschränkung der Ausführung auf das Prinzip eines Algorithmus und seine mathematische Analyse unter Ausschluss technisch bedingter Details für einen akademischen Geist anregend und herausfordernd wirken kann, vermag dieses Vorgehen den Praktiker nicht zu befriedigen. Ich habe mich daher strikt an die Regel gehalten, die Programme zum Schluss in einer Sprache anzugeben, in der sie von einer Rechenanlage direkt ausgeführt werden können.

Damit stellt sich natürlich das Problem, eine Form zu finden, die durch eine Rechenanlage ausführbar ist und gleichzeitig doch soweit maschinenunabhängig bleibt, wie es von einem Lehrbuch gefordert werden muss. In dieser Beziehung erwiesen sich weder weitverbreitete Sprachen noch abstrakte Notationen als geeignet. Die Sprache Pascal hingegen stellt einen guten Kompromiss dar; sie wurde mit genau diesem Ziel entwickelt und daher auch in diesem Buch verwendet. Die Programme können von Programmierern leicht verstanden werden, die mit irgendeiner anderen höheren Programmiersprache, wie ALGOL 60 oder PL/I vertraut sind. Dies heisst aber nicht, dass eine vorangehende Einführung nicht von Nutzen wäre. Das Buch *Systematisches Programmieren* [0.7] vermittelt eine gute Grundlage, da es sich auch auf die Pascal-Notation stützt. Das vorliegende Werk ist nicht als Handbuch für die Sprache Pascal gedacht; zu diesem Zweck sei der Leser auf die einschlägige Literatur verwiesen [0.8].

Dieses Buch ist eine Zusammenfassung - und gleichzeitig eine Ausarbeitung verschiedener Programmierkurse, die an der Eidgenössischen Technischen Hochschule (ETH) Zürich gehalten wurden. Ich verdanke viele in diesem Buch dargelegte Ideen und Ansichten Diskussionen mit meinen Mitarbeitern an der ETH. Zu erwähnen sind auch der stimulierende Einfluss der Treffen der IFIP Arbeitsgruppen 2.1 und 2.3 und besonders die bei diesen Gelegenheiten geführten Gespräche mit E.W. Dijkstra und C.A.R. Hoare. Zum Schluss möchte ich nicht vergessen, der ETH für die grosszügige Bereitstellung der Rechenmöglichkeiten zu danken, ohne welche die Ausarbeitung dieses Lehrbuchs unmöglich gewesen wäre. Ich möchte all denen, die direkt oder indirekt zu diesem Buch beigetragen haben, meinen herzlichen Dank aussprechen.

Sowohl die Übersetzung aus dem englischen Originaltext als auch die computertechnische Herstellung des druckreifen Textes sind das Werk von Dr. H. Sandmayr. Ihm gebührt für seine umfangreiche Arbeit mein besonderer Dank.

Zürich, im Sommer 1975

N. Wirth

Vorwort zur 3. Auflage

Die vorliegende dritte Auflage unterscheidet sich inhaltlich von den vorangegangenen kaum. Hingegen widerspiegelt sie den in den letzten acht Jahren erzielten Fortschritt in der durch Computer unterstützten Textverarbeitung deutlich. Anstelle einer einfachen Formatierung und Ausgabe mit konventioneller Schreibmaschine tritt ein System, das verschiedene Proportional-Schriften zu verwenden gestattet und diese mit Hilfe eines Laser-Druckers zu Papier bringt. Die Formatier- und Druckerprogramme wurden vom Autor selbst angefertigt und sind mit dem Arbeitsplatzrechner Lilith implementiert. Gewisse Mängel, die dem System noch anhaften, möge der Leser mit Nachsicht behandeln. Bei Gelegenheit dieser Neuausgabe sind auch zahlreiche kleine Fehler und Inkonsistenzen korrigiert worden. Ferner wurde die sprachliche Fassung mancherorts verbessert, was zur leichteren Verständlichkeit beitragen möge. Ich danke an dieser Stelle allen, die zur Korrektur beigetragen haben, insbesondere aber Dr. J. Gutknecht für seine zahlreichen konkreten Vorschläge und für seine gewissenhafte Durchsicht der Neufassung.

Zürich, im Frühjahr 1983 N.Wirth

Vorwort zur 4. Auflage

Die neue Auflage unterscheidet sich von den vorangehenden in manchen Einzelheiten, aber auch in einigen wenigen Aspekten, die augenfällig sind. Alle Veränderungen jedoch sind auf Erfahrungen der letzten zehn Jahre seit dem Erscheinen der ersten Auflage begründet. Der grösste Teil des Inhalts sowie der Stil des Textes wurden beibehalten. Wir skizzieren daher nur kurz die wesentlichsten Umstellungen.

Die hauptsächlichste Veränderung betrifft die Programmiersprache, mit Hilfe derer die Algorithmen formuliert sind. Pascal wurde durch *Modula-2* ersetzt [0.9]. Obwohl diese Umstellung keinen grundlegenden Einfluss auf die Präsentation der Algorithmen nimmt, ist die Wahl durch die einfachere und elegantere syntaktische Struktur von Modula-2 gerechtfertigt, die oft zu einer verständlicheren Darstellung der Struktur des Algorithmus führt. Abgesehen davon erscheint es auch als vernünftig, eine Notation zu verwenden, die rasch Verbreitung findet, weil sie sich zur Konstruktion von grossen Systemen besonders gut eignet. Dennoch ist aber die Tatsache, dass Pascal Modula's Vorgänger ist, offensichtlich und erleichtert den Übergang wesentlich [0.10].

Eine unmittelbare Folge dieses Wechsels war die Notwendigkeit, das Unterkapitel 1.11 über sequentielle Files neu zu schreiben, denn Modula-2 offeriert keine explizite Filestruktur. Stattdessen führen wir im revidierten Kapitel 1.11 das Konzept der *Sequenz* in einer allgemeineren Form ein. Die auf Modula-2 zugeschnittene Form der Behandlung von sequentiellen Daten gründet auf einigen Modulen, die ebenfalls in Kapitel 1.11 eingeführt werden und in den nachfolgenden Kapiteln Verwendung finden.

Der letzte Abschnitt von Kapitel 1 ist neu. Er ist dem wichtigen Thema des *Suchens* gewidmet und beginnt mit linearem und binärem Suchen. Schliesslich werden zwei moderne und schnelle Methoden des Mustersuchens (string search) eingehend erläutert. In diesem Abschnitt kommen Prädikate und Invarianten häufig zur Anwendung, um die Funktionsweise und Korrektheit der Algorithmen überzeugend darzulegen. Sie erweisen sich als unerlässliche mathematische Werkzeuge, um schwierige Algorithmen zu verstehen.

Ein neuer Abschnitt über *Suchbäume mit Prioritäten* rundet das Kapitel über dynamische Datenstrukturen ab. Wie die schnellen Suchalgorithmen, so war auch diese Datenstruktur beim Erscheinen der ersten Auflage noch unbekannt. Sie erlaubt effizientes Suchen innerhalb einer Punktmenge in der Ebene. Das Thema der Streuspeicherung wurde aus Kapitel 4 herausgenommen; es bildet jetzt ein eigenes fünftes Kapitel.

Die neue Auflage wurde vom Autor wiederum am Rechner *Lilith*, jedoch mit einer verbesserten Version des Editors *Lara* erstellt, was der Lesbarkeit zugute kommt. Ohne diese modernen Werkzeuge wäre diese Auflage nicht nur teurer geworden, sondern sie wäre bestimmt heute noch nicht fertiggestellt.

Zürich, im September 1985 N. Wirth

INHALT

Vorwort 7
Notation 16

1. Fundamentale Datenstrukturen

1.1. Einleitung 17
1.2. Der Begriff des Datentyps 20
1.3. Elementare Datentypen 22
1.4. Standard-Typen 23
1.5. Unterbereich-Typen 27
1.6. Die Strukturart Array 28
1.7. Die Strukturart Record 31
1.8. Die Strukturart des varianten Record 34
1.9. Die Strukturart Set 36
1.10. Darstellung von fundamentalen Strukturen 37
1.10.1. Darstellung von Arrays 38
1.10.2. Darstellung von Records 40
1.10.3. Darstellung von Sets 40

1.11. Die Sequenz-Struktur 42
1.11.1. Elementare Sequenz-Operatoren 43
1.11.2. Das Puffern von Sequenzen 46
1.11.3. Standard Ein- und Ausgabe Operationen 51

1.12 Such-Algorithmen 55
1.12.1 Lineares Suchen 55
1.12.2 Binäres Suchen 56
1.12.3 Tabellen-Suchen 58
1.12.4 Direktes Muster-Suchen in Zeichenfolgen 60

1.12.5 Der Knuth-Morris-Pratt Suchalgorithmus 62
1.12.6 Der Boyer-Moore Algorithmus 67

Übungen 72

2. Sortieren

2.1. Einleitung 75
2.2. Sortieren von Arrays 78
2.2.1. Sortieren durch direktes Einfügen 78
2.2.2. Sortieren durch direktes Auswählen 81
2.2.3. Sortieren durch direktes Austauschen 83

2.3 Schnelle Sortiermethoden 87
2.3.1. Sortieren durch Einfügen mit abnehmender Schrittweite 89
2.3.2. Sortieren mit Bäumen 89
2.3.3. Sortieren durch Zerlegen (Partition) 94
2.3.4. Bestimmung des mittleren Elementes 99
2.3.5. Ein Vergleich der Sortiermethoden mit Arrays 101

2.4. Sortieren von Sequenzen 104
2.4.1. Direktes Mischen 104
2.4.2. Natürliches Mischen 108
2.4.3. Ausgeglichenes n-Weg-Mischen 115
2.4.4. Mehrphasen-Sortieren 121
2.4.5. Verteilung der ursprünglichen Läufe 131

Übungen 137

3. Rekursive Algorithmen

3.1. Einleitung 139
3.2. Wo Rekursion zu vermeiden ist 141
3.3. Zwei Beispiele rekursiver Programme 144
3.4. Backtracking Algorithmen 150
3.5. Das Problem der acht Damen 156
3.6. Das Problem der stabilen Heirat 160
3.7. Das Problem der optimalen Auswahl 167

Übungen 171

4. Dynamische Datenstrukturen

4.1. Rekursive Datentypen 174

4.2. Zeiger 177
4.3. Lineare Listen 183
4.3.1. Grundoperationen 183
4.3.2. Geordnete Listen und Neuordnung von Listen 186
4.3.3. Eine Anwendung: Topologisches Sortieren 193
4.4. Baumstrukturen 200
4.4.1. Grundlegende Konzepte und Definitionen 200
4.4.2. Elementare Operationen auf binären Bäumen 206
4.4.3. Durchsuchen eines Baumes und Einfügen in einen Baum 210
4.4.4. Löschen in Bäumen 217
4.4.5. Analyse des Durchsuchens und Einfügens 219
4.5. Ausgeglichene Bäume 223
4.5.1. Einfügen in ausgeglichene Bäume 224
4.5.2. Löschen in ausgeglichenen Bäumen 230
4.6. Optimale Suchbäume 234
4.7. B-Bäume 247
4.7.1. Vielweg-B-Bäume 249
4.7.2. Binäre B-Bäume 260
4.8. Suchbäume mit Prioritäten 267
Übungen 272

5 Schlüssel-Transformationen
5.1. Einleitung 277
5.2. Wahl einer Transformationsfunktion 278
5.3. Behandlung der Kollision 279
5.4. Analyse der Schlüssel-Transformation 284
Übungen 288

A. Modula-2 289
B. Der ASCII-Zeichensatz 292
Literaturverzeichnis 293
Programmverzeichnis 296
Sachverzeichnis 298

NOTATION

Folgende Zeichen werden verwendet:

&	logische Konjunktion (und)
OR	logische Disjunktion (oder)
~	logische Negation (nicht)
$\lceil x \rceil$	die kleinste, ganze Zahl, die nicht kleiner als x ist
$\lfloor x \rfloor$	die grösste, ganze Zahl, die nicht grösser als x ist

Die Summe von Termen über einen vorgegebenen Indexbereich wird ausgedrückt als

$$\sum_{i=m}^{n} x_i = x_m + x_{m+1} + \ldots + x_n$$

Das Produkt von Faktoren über einen vorgegebenen Indexbereich wird ausgedrückt als

$$\prod_{i=m}^{n} x_i = x_m * x_{m+1} * \ldots * x_n$$

Der universelle Quantor über einen Indexbereich wird ausgedrückt als

$$\forall_{i=m}^{n} P_i \equiv P_m \,\&\, P_{m+1} \,\&\, \ldots \,\&\, P_n$$

Die P_i sind Aussagen (Prädikate), und die Formel drückt aus, dass die Aussage P_i für alle Indizes i von m bis n gilt. Der existentielle Quantor wird ausgedrückt als

$$\exists_{i=m}^{n} P_i \equiv P_m \text{ or } P_{m+1} \text{ or } \ldots \text{ or } P_n$$

Die P_i sind Aussagen (Prädikate), und die Formel drückt aus, dass die Aussage P_i für (mindestens) einen Index i zwischen m und n gilt.

1. FUNDAMENTALE DATENSTRUKTUREN

1.1. EINLEITUNG

Der moderne Digital-Computer wurde entwickelt, um komplizierte und zeitraubende Berechnungen zu erleichtern und zu beschleunigen. Bei den meisten Anwendungen spielt seine Fähigkeit, grosse Mengen von Informationen zu speichern und wieder zugänglich zu machen, die wichtigste Rolle (und wird als Haupteigenschaft betrachtet); seine Fähigkeit zu rechnen, d.h. zu kalkulieren, Arithmetik auszuführen, ist in vielen Fällen nahezu belanglos.

In allen diesen Fällen stellt die grosse Menge an Information, die in irgendeiner Weise verarbeitet werden muss, eine *Abstraktion* eines Teils der realen Welt dar. Die der Rechenanlage zur Verfügung stehende Information besteht aus einer ausgewählten Menge von *Daten* über die reale Welt, nämlich der für das vorliegende Problem als wichtig erachteten Menge, von der man annimmt, dass damit die gewünschten Resultate erzielt werden können. Die Daten stellen eine Abstraktion der Wirklichkeit dar, weil die für dieses bestimmte Problem nebensächlichen und belanglosen Eigenschaften und Besonderheiten der realen Objekte unberücksichtigt bleiben. Eine Abstraktion ist somit auch eine *Vereinfachung* der Tatsachen.

Als Beispiel können wir die Personalkartei eines Arbeitgebers betrachten. Jeder Angestellte ist in dieser Kartei (abstrahiert) vertreten durch eine Menge von Daten, die für den Arbeitgeber, bzw. für seine Abrechnungen wichtig sind. Diese Daten enthalten einige Kennzeichen des Arbeitnehmers, wie z.B. seinen Namen und sein Gehalt. Sehr wahrscheinlich werden jedoch in diesem Zusammenhang unwichtige Angaben, wie Haarfarbe, Gewicht und Grösse nicht vermerkt sein.

Bei der Lösung eines Problems mit oder ohne Rechenanlage ist es notwendig, eine Abstraktion der Wirklichkeit zu wählen, d.h. eine Menge von Daten zur Darstellung der realen Situation zu definieren. Diese Wahl ist nach dem zu lösenden Problem zu treffen. Danach folgt die Festlegung der Darstellung dieser Information, wobei das Instrument zu berücksichtigen ist, mit dem das Problem gelöst werden soll. In den meisten Fällen sind die Auswahl der relevanten Information und die Festlegung einer dem Rechner angepassten

Darstellung nicht völlig unabhängig voneinander.

Die *Wahl der Darstellung* der Daten ist oft ziemlich schwierig und wird nicht nur durch die vorhandenen Möglichkeiten bestimmt. Sie muss immer in bezug auf die mit den Daten durchzuführenden Operationen gesehen werden. Ein gutes Beispiel ist die Darstellung von Zahlen, die selbst Abstraktionen von Eigenschaften zu charakterisierender Objekte sind. Wenn die Addition die einzige (oder zumindest die überwiegend oft) auszuführende Operation ist, kann die Zahl n gut durch n Striche dargestellt werden. Die Additionsregel für diese Darstellung ist wirklich offensichtlich und einfach. Die römischen Zahlen basieren auf dem gleichen Prinzip, und die Additionsregeln sind für kleine Zahlen entsprechend einfach. Die Darstellung durch arabische Ziffern erfordert aber Regeln, die (für kleine Zahlen) bei weitem nicht offensichtlich sind und gelernt werden müssen. Die Situation kehrt sich jedoch um, wenn die Addition grosser Zahlen oder die Multiplikation und Division betrachtet werden. Die Zerlegung dieser Operationen in einfachere ist bei der Darstellung durch arabische Ziffern viel leichter wegen ihres systematischen Strukturprinzips, das auf dem Stellenwert der einzelnen Ziffern basiert. Bekanntlich benutzen Rechenanlagen eine auf binären Ziffern (Bits) basierende Darstellung. Diese Darstellung ist für Menschen wegen der üblicherweise grossen Anzahl vorkommender Ziffern ziemlich ungeeignet, sie eignet sich jedoch für elektronische Schaltungen, da sich die zwei Werte 0 und 1 leicht und zuverlässig durch An- oder Abwesenheit elektrischer Ströme, elektrischer Ladungen oder magnetischer Felder darstellen lassen.

Aus diesem Beispiel entnehmen wir, dass die Frage der Darstellung oft mehrere Detailstufen umfasst. Wird z.B. das Problem gestellt, die Position eines Objekts darzustellen, so kann in der ersten Entscheidung ein Paar reeller Zahlen in kartesischen oder polaren Koordinaten gewählt werden. Die zweite Entscheidung kann zu einer Gleitkomma-Darstellung führen, wobei jede reelle Zahl x aus einem Paar <f,e> ganzer Zahlen besteht. Die Zahl f bezeichnet eine gebrochene Zahl und e einen Exponenten zu einer bestimmten Basis (z.B. $x = f*2^e$). Auf der dritten Stufe basiert die Entscheidung auf der Kenntnis, dass die Daten in einer Rechenanlage gespeichert werden. Dies kann zu einer binären positionsabhängigen Darstellung ganzer Zahlen führen. Die letzte Entscheidung könnte sein, binäre Ziffern durch die Richtung des magnetischen Flusses in einem Magnetkern darzustellen. Natürlich wird die erste Entscheidung in dieser Kette hauptsächlich durch die Problemstellung beeinflusst, und die darauffolgenden hängen dann vom Gerät und dessen Technologie ab. Deshalb kann von einem Programmierer kaum verlangt werden, dass er über die zu verwendende Zahlendarstellung oder gar über die Eigenschaften der Speichervorrichtung entscheidet. Diese "Entscheidungen auf unterster Ebene" können den Entwicklern von Rechenanlagen überlassen werden. Diese sind über die moderne Technologie informiert und können eine vernünftige und brauchbare Wahl für alle (oder die meisten) Anwendungen treffen, bei denen Zahlen eine Rolle spielen.

In diesem Zusammenhang wird die Bedeutung der *Programmiersprachen* offensichtlich. Eine Programmiersprache stellt einen abstrakten Computer dar, der Ausdrücke dieser Sprache interpretieren kann. Die Elemente dieser Sprache verkörpern einen gewissen Grad an Abstraktion über die von der wirklichen Maschine benutzten Objekte. Daher werden dem Programmierer, der eine solche "höhere" Sprache benutzt, die Fragen der Zahlendarstellung abgenommen (d.h. Information über die verwendete Darstellung ist ihm gar nicht zugänglich), falls die Zahl ein Elementarobjekt im Bereich dieser Sprache ist.

Die Verwendung einer Sprache, die eine für die meisten bei der Datenverarbeitung auftretenden Probleme geeignete Menge grundlegender Abstraktionen bietet, ist hinsichtlich der Zuverlässigkeit der entstehenden Programme besonders wichtig. Es ist einfacher, ein Programm auszuarbeiten, das auf einer Beweisführung mit mathematischen Begriffen wie Zahlen, Mengen, Folgen und Wiederholungen basiert, als auf rechnerorientierten Begriffen wie Bits, Wörtern und Sprüngen. Natürlich stellt eine wirkliche Rechenanlage alle diese Daten, ob Zahlen, Mengen oder Folgen, letztlich durch binäre Ziffern (Bits) dar. Aber dies ist für den Programmierer ziemlich nebensächlich, solange er sich nicht um die Einzelheiten der Darstellung seiner ausgewählten Abstraktionen kümmern muss, und solange er sicher sein kann, dass die entsprechende, vom Computer (oder Compiler) gewählte Darstellung für seine Zwecke richtig ist. Je näher die Abstraktionen bei einer bestimmten Rechenanlage liegen, um so einfacher ist es für den Ingenieur oder den Entwickler eines Compilers, für die Sprache eine Wahl der Darstellung zu treffen, und um so grösser ist die Wahrscheinlichkeit, dass eine einzige Wahl für alle (oder fast alle) denkbaren Anwendungen geeignet ist. Diese Tatsache setzt dem Grad an Abstraktion von einem bestimmten wirklichen Computer feste Grenzen. Es wäre z.B. Unsinn, geometrische Objekte als grundlegende Datenelemente in eine allgemein verwendbare Sprache aufzunehmen, da deren genaue Darstellung wegen der ihnen eigenen Komplexität weitgehend von den auf diese Objekte anzuwendenden Operationen abhängt. Die Art und Häufigkeit dieser Operationen wird jedoch dem Entwickler einer allgemein verwendbaren Sprache und deren Compiler nicht bekannt sein, und jede von ihm getroffene Wahl kann für einige mögliche Anwendungen ungeeignet sein.

Diese Überlegungen bestimmen die Wahl der Notation zur Beschreibung von Algorithmen und ihrer Daten in diesem Buch. Genau gesagt, möchten wir bekannte mathematische Begriffe wie Zahlen, Mengen, Folgen, usw. benutzen und nicht vom Computer abhängige Einheiten wie Bit-Folgen. Ausserdem wollen wir eine Notation verwenden, für die tatsächlich brauchbare Compiler bereits existieren. Es ist ebenso unklug, eine streng maschinenorientierte und maschinenabhängige Sprache anzuwenden, wie es nutzlos ist, Computerprogramme in einer abstrakten Notation unter völliger Vernachlässigung von Darstellungsproblemen zu beschreiben.

Die Programmiersprache Pascal wurde in einem Versuch entwickelt, einen Kompromiss zwischen diesen Extremen zu finden, und die Sprache Modula-2 ist das Resultat zehnjähriger Erfahrung mit Pascal [1.1]. Sie behält grundlegende Pascal-Konzepte bei und enthält einige Verbesserungen und Erweiterungen. Modula-2 wird im ganzen vorliegenden Buch verwendet [1.2]. Sie wurde erfolgreich auf mehreren Rechenanlagen eingeführt, und es hat sich gezeigt, dass die Notation nahe genug bei den wirklichen Maschinen liegt, um die gewählten Elemente und ihre Darstellungen deutlich erklären zu können. Die Sprache ist auch nahe genug bei anderen Sprachen, so dass die hier gelehrten Lektionen für deren Gebrauch direkt übernommen werden können.

1.2. DER BEGRIFF DES DATENTYPS

In der Mathematik ist es üblich, Variable nach bestimmten wichtigen Eigenschaften zu ordnen. Genaue Unterscheidungen werden gemacht zwischen Variablen, die einzelne Werte oder Wertmengen oder Mengen von Mengen darstellen, oder zwischen Funktionen, Funktionalen, Mengen von Funktionen, usw. Dieser Begriff der Klassifizierung ist in der Datenverarbeitung ebenso wichtig, wenn nicht sogar noch wichtiger. Wir werden uns nach dem Prinzip richten, wonach jede Konstante und Variable, jeder Ausdruck und jede Funktion von einem bestimmten *Typ* ist. Dieser Typ bezeichnet hauptsächlich die Menge der Werte, der eine Konstante, resp. der Wert einer Variablen, resp. das Resultat der Auswertung eines Ausdrucks oder einer Funktion angehört.

Wie in der Mathematik ist es daher üblich, den verwendeten Typ in einer *Vereinbarung* (declaration) der Konstanten, Variablen oder Funktion festzulegen. Diese Vereinbarung steht im Text vor der Verwendung dieser Konstanten, Variablen oder Funktion. Diese Regel ist besonders verständlich bei Berücksichtigung der Tatsache, dass ein Compiler eine Wahl zur Darstellung des Objekts im Speicher des Computers zu treffen hat. Natürlich ist die einer Variablen zugeordnete Speichermenge je nach der Grösse des Bereichs zu wählen, dessen Werte die Variable annehmen kann. Wenn diese Information dem Compiler bekannt ist, kann eine sogenannte dynamische Speicherzuordnung vermieden werden: das ist sehr oft der Schlüssel zu einer effizienten Realisierung eines Algorithmus.

Die hauptsächlichen Eigenschaften des Begriffs Typ, wie er im vorliegenden Text benutzt wird und wie er in der Programmiersprache Modula verkörpert ist, lassen sich folgendermassen zusammenfassen [1.3]:

1. Ein Datentyp bestimmt die Menge, zu der eine Konstante gehört, oder deren Werte durch eine Variable oder einen Ausdruck angenommen oder durch einen Operator oder eine Funktion berechnet werden können.

2. Der Typ eines durch eine Konstante, Variable oder Ausdruck bezeichneten Wertes kann seiner Notation oder seiner Vereinbarung entnommen werden, ohne dass der Rechenprozess durchgeführt werden müsste.

3. Jeder Operator und jede Funktion erwartet Argumente eines bestimmten Typs und liefert ein Resultat eines bestimmten Typs. Wenn ein Operator Argumente verschiedener Typen zulässt (z.B. wird + zur Addition sowohl von ganzen als auch reellen Zahlen benutzt), dann ist der Typ des Ergebnisses durch Sprachregeln festgelegt.

Folglich kann ein Compiler diese Typeninformation zur Prüfung der Vereinbarkeit und Zulässigkeit verschiedener Konstruktionen benutzen. Zum Beispiel kann die Zuweisung eines Booleschen (logischen) Wertes zu einer arithmetischen (reellen) Variablen ohne Ausführung des Programms entdeckt werden. Diese Art von Redundanz im Programmtext ist eine überaus grosse Hilfe bei der Programmentwicklung und muss als der wesentliche Vorteil guter höherer Sprachen gegenüber dem Maschinen-Code (oder dem symbolischen Assembler-Code) betrachtet werden. Natürlich werden im Endeffekt die Daten durch eine grosse Zahl binärer Ziffern dargestellt, unabhängig davon, ob das Programm ursprünglich in einer höheren, den Begriff des Typs benutzenden Sprache oder in einem typenlosen Assembler-Code betrachtet wurde. Für die Rechenanlage ist der Speicher eine homogene Masse von Bits ohne sichtbare Struktur. Es ist jedoch einzig und allein diese abstrakte Struktur, die es dem menschlichen Programmierer ermöglicht, einen Sinn in der monotonen Welt eines Computerspeichers zu finden.

Die in diesem Buch dargelegte Theorie und die Programmiersprache Modula-2 beschreiben gewisse Methoden zur Definition von Datentypen. In den meisten Fällen werden neue Datentypen mit Hilfe vorher eingeführter Typen definiert. Werte eines solchen Typs sind gewöhnlich Zusammenfassungen von Komponentenwerten früher definierter Komponententypen und werden als *strukturiert* bezeichnet. Wenn es nur einen Komponententyp gibt, d.h. wenn alle Komponenten vom gleichen Typ sind, dann heisst dieser *Grundtyp*, und die Struktur selbst wird als *homogen* bezeichnet. Die Anzahl bestimmter, zu einem Typ T gehörender Werte heisst *Kardinalität* von T . Sie ist ein Mass für den Speicherplatz, der zur Darstellung einer Variablen x vom Typ T benötigt wird. Die Vereinbarung hat die Form *x: T*.

Da Komponententypen ihrerseits strukturiert sein können, ist es möglich, ganze Strukturhierarchien zu erstellen. Es ist jedoch klar, dass die letzten Komponenten einer Struktur unteilbar sein müssen. Deshalb ist eine Notation zur Einführung solcher primitiver, unstrukturierter Typen vorzusehen. Eine direkte Methode ist die *Aufzählung* der den Typ bildenden Werte. In ein Programm mit einfachen geometrischen Figuren kann z.B. ein primitiver Typ, *Form*, eingeführt werden, dessen Werte durch die Namen *Rechteck*, *Quadrat*, *Ellipse*, *Kreis* bezeichnet werden können. Neben solchen vom Programmierer definierten Typen muss es *Standard-Typen* geben, die man als vordefiniert auffassen kann. Sie umfassen normalerweise *Zahlen* und *logische Werte*. Wenn eine Ordnung zwischen den einzelnen Werten besteht, wird der Typ geordnet oder *skalar* genannt. In Modula werden alle unstrukturierten Typen als geordnet angenommen; im Fall von expliziter Aufzählung entspricht die Ordnung der Reihenfolge der Aufzählung.

Mit diesem Instrument ist es möglich, primitive Typen zu definieren und Konglomerate zu bilden, d.h. strukturierte Typen bis zu einem willkürlichen Grad zu verschachteln. In der Praxis genügt eine allgemeine Methode allein nicht, um Komponententypen in einer Struktur zu vereinigen. Mit gebührender Rücksicht auf praktische Probleme bei Darstellung und Gebrauch muss eine allgemein verwendbare Programmiersprache verschiedene Methoden zur Strukturierung anbieten. Im mathematischen Sinn können sie alle gleichwertig sein; sie unterscheiden sich jedoch in den zur Verfügung stehenden Operatoren zur Bildung ihrer Werte und zur Auswahl von Komponenten dieser Werte. Die grundlegenden, hier dargestellten Strukturen sind der *Array* (Feld), der *Record* (Verbund), der *Set* (Menge) und die *Sequenz* (Folge). Kompliziertere Strukturen werden gewöhnlich nicht als statische Typen definiert, sondern während der Ausführung des Programms dynamisch generiert; dabei können sich Grösse und Form verändern. Solche Strukturen werden in Kapitel 4 behandelt und umfassen Listen, Ringe, Bäume und allgemeine endliche Graphen.

Variablen und Datentypen werden in einem Programm eingeführt, um sie bei

Berechnungen benutzen zu können. Zu diesem Zweck muss eine Menge von *Operatoren* zur Verfügung stehen. Wie bei Datentypen bieten Programmiersprachen eine gewisse Anzahl primitiver Standard-Operatoren, sowie Methoden zur Strukturierung und Ablaufsteuerung, durch die zusammengesetzte Operationen mittels primitiver Operatoren definiert werden können. Die Aufgabe des Zusammmensetzens von Operationen wird oft als Kern der Programmierkunst bezeichnet. Es wird sich jedoch zeigen, dass die zweckmässige Anordnung der Daten ebenso fundamental und wichtig ist.

Die wichtigsten Grundoperationen sind *Vergleich* und *Zuweisung*, d.h. der Test auf Gleichheit (und Ordnungsbeziehung bei geordneten Typen) und der Befehl, Gleichheit zu erzwingen. Die grundlegende Differenz zwischen diesen beiden Operationen wird in diesem Text über die klare Unterscheidung ihrer Bezeichnung hervorgehoben:

Gleichheitstest: x = y (ein Ausdruck mit dem Wert TRUE oder FALSE)
Zuweisung an x: x := y (eine Anweisung, die x gleich y macht)

Diese fundamentalen Operatoren sind für alle Datentypen definiert. Es sollte jedoch beachtet werden, dass mit ihrer Ausführung ein beträchtlicher rechenmässiger Aufwand verbunden ist, wenn viele und stark strukturierte Daten vorliegen.

Für die einfachen Standard-Datentypen wird zusätzlich zur Zuweisung und dem Vergleich eine Anzahl primitiver Standard-Operatoren postuliert. Es sind dies die arithmetischen Grundoperationen für Zahlen und die Grundoperationen der Aussagenlogik für logische Werte.

1.3. ELEMENTARE DATENTYPEN

In vielen Programmen werden ganze Zahlen zur Darstellung benutzt, auch wenn auf diese Daten keine numerischen Operatoren angewendet werden, und die Variablen nur eine kleine Zahl vor Alternativwerten annehmen können. In diesen Fällen führen wir einen neuen, einfachen, unstrukturierten Datentyp T durch Aufzählung der Menge aller möglichen Werte ein. Ein solcher Typ wird als *Enumerationstyp* bezeichnet.

$$\text{TYPE } T = (c_1, c_2, \ldots, c_n) \tag{1.1}$$

T ist der neue Typenbezeichner, und die c_i sind die neuen Konstantenbezeichner. Die Kardinalität von T ist card(T) = n.

Beispiele:

TYPE Form = (Rechteck, Quadrat, Ellipse, Kreis)
TYPE Farbe = (rot, gelb, grün)
TYPE Geschlecht = (männlich, weiblich)
TYPE BOOLEAN = (FALSE, TRUE)
TYPE Wochentag = (Montag, Dienstag, Mittwoch, Donnerstag,
Freitag, Samstag, Sonntag)
TYPE Währung = (Franken, Mark, Pfund, Dollar, Schilling,
Lire, Gulden, Krone, Rubel, Cruzeiro, Yen)

```
TYPE Bestimmungsort = (Hölle, Fegefeuer, Himmel)
TYPE Fahrzeug = (Zug, Bus, Auto, Schiff, Flugzeug)
TYPE Rang = (Soldat, Gefreiter, Korporal,
        Leutnant, Hauptmann, Major, Oberst, General)
TYPE Objekt = (Konstante, Typ, Variable, Prozess, Funktion)
TYPE Struktur = (array, record, set, sequence)
TYPE Zustand = (manuell, ungeladen, parität, schräglaufend)
```

Die Definition solcher Typen führt nicht nur einen neuen Typen-Namen ein, sondern gleichzeitig die ganze Menge der Namen, die die Werte des neuen Typs bezeichnen. Diese Namen können dann als Konstanten im ganzen Programm benutzt werden und tragen wesentlich zu dessen Verständlichkeit bei. Wenn wir als Beispiel die Variablen s, d, r und b einführen

```
VAR s: Geschlecht
VAR d: Wochentag
VAR r: Rang
VAR b: BOOLEAN
```

sind folgende Zuweisungen möglich:

```
s  := männlich
d  := Sonntag
r  := Major
b  := TRUE
```

Offensichtlich sagen sie bedeutend mehr aus als ihre Gegenstücke

```
s := 1   d := 7   r := 6   b := 2
```

die auf der Annahme beruhen, dass s, d, r und b Zahlenvariablen sind und dass die Konstanten in der Reihenfolge ihrer Aufzählung auf die natürlichen Zahlen abgebildet werden. Ausserdem kann ein Compiler prüfen, ob arithmetische Operatoren auf solche nichtnumerische Typen ungewollt angewendet werden. So wäre zum Beispiel die Anweisung $s := s+1$ sinnlos, wenn, wie angegeben, s als Enumerationstyp vereinbart wurde.

Wenn wir jedoch einen Typ als geordnet betrachten, so ist es vernünftig, Operatoren einzuführen, die den Nachfolger und Vorgänger ihres Arguments generieren. Diese Operatoren heissen INC (increment) und DEC (decrement):

INC(x) DEC(x) (1.2)

1.4. STANDARD-TYPEN

Einfache Standard-Typen sind solche Typen, die in den meisten Sprachen implizit definiert sind. Sie umfassen die ganzen Zahlen, die logischen Wahrheitswerte und eine Menge von Schriftzeichen. Oft sind auch gebrochene Zahlen sowie eine passende Menge einfacher Operatoren verfügbar. Wir bezeichnen diese Typen mit den Namen

INTEGER, CARDINAL, REAL, BOOLEAN, CHAR

Der Typ INTEGER umfasst eine Teilmenge der ganzen Zahlen, deren Grösse bei den einzelnen Rechenanlagen unterschiedlich ist. Für einen Rechner, der n Binärziffern zur Darstellung einer ganzen Zahl (und Zweierkomplement für negative Zahlen) verwendet, gilt, dass jede Zahl x die Beziehung $-2^{n-1} \leq x < 2^{n-1}$ erfüllen muss. Es wird jedoch angenommen, dass alle Operationen mit Daten dieses Typs genau sind und den normalen arithmetischen Gesetzen entsprechen, und dass der Rechenprozess unterbrochen wird, falls ein Ergebnis ausserhalb der darstellbaren Teilmenge liegt (Überlauf). Die Standard-Operatoren sind die vier arithmetischen Grundoperationen Addition (+), Subtraktion (-), Multiplikation (*) und Division (/, DIV).

Bezüglich der Division unterscheiden wir zwischen der Eulerschen, ganzzahligen Arithmetik, und der Modulus-Arithmetik. In der ersteren wird Division durch einen Bruchstrich bezeichnet, und der Rest der Division durch den Operator REM (remainder). Es sei der Quotient q = m/n und der Rest r = m REM n. Dann gelten stets die Beziehungen

$$q*n + r = m \quad \text{und} \quad 0 \leq \text{ABS}(r) < \text{ABS}(n) \tag{1.3}$$

Das Vorzeichen des Rests ist stets gleich demjenigen des Dividenden (oder der Rest ist gleich Null). Somit ist die Eulersche Division symmetrisch bezüglich Null, was durch folgende Gleichungen ausgedrückt wird:

$$(-m)/n = m/(-n) = -(m/n)$$

Beispiele:

```
 31 /  10  =  3        31 REM  10  =  1
-31 /  10  = -3       -31 REM  10  = -1
 31 / -10  = -3        31 REM -10  =  1
-31 / -10  =  3       -31 REM -10  = -1
```

In der Modulus-Arithmetik (auch Kongruenz-Arithmetik genannt) ist der Wert m MOD n eigentlich eine Kongruenzklasse, d.h. eine Menge ganzer Zahlen. Diese Menge besteht aus allen ganzen Zahlen m-Q*n für beliebige Q. Bekanntlich kann eine Menge stets durch ein bestimmtes Mitglied repräsentiert werden, zum Beispiel durch das kleinste, nichtnegative Mitglied. So definieren wir R = m MOD n und gleichzeitig den Quotienten Q = m DIV n durch die Beziehungen

$$Q*n + R = m \quad \text{und} \quad 0 \leq R < n \tag{1.4}$$

Beispiele:

```
 31 DIV 10 =  3        31 MOD 10  = 1
-31 DIV 10 = -4       -31 MOD 10  = 9
```

Wir stellen noch fest, dass die Teilung durch 10^n stets durch Verschieben der dezimalen Ziffern um n Stellen nach rechts erfolgen kann, wobei die "verlorenen" Stellen einfach ignoriert werden, d.h. den Rest darstellen. Dasselbe gilt für die Division durch Potenzen von 2, wenn Zahlen in binärer Form dargestellt sind. Wird das Zweierkomplement für negative

Zahlen verwendet (wie in den meisten Rechnern), dann stellen Verschiebungen (shifts) den DIV operator (nicht den Eulerschen / operator) dar. Gute Compiler werden daher Ausdrücke der Form m DIV 2^n in schnelle Schiebebefehle übersetzen, während diese Abkürzung für Ausdrücke der Art $m/2^n$ nicht zulässig ist.

Falls eine Variable, wie zum Beispiel ein Zähler, nie einen negativen Wert annehmen kann, so wird dies durch Verwendung eines weiteren Standard-Typs ausgedrückt. Er heisst CARDINAL. Wenn ein Rechner vorzeichenlose, ganze Zahlen mit n Bits darstellt, so gilt für eine Variable x dieses Typs stets $0 \leq x < 2^n$.

Der Typ REAL bezeichnet eine Teilmenge der reellen Zahlen. Während man von ganzzahliger Arithmetik annimmt, dass sie exakte Resultate liefert, seien bei Arithmetik mit Werten des Typs REAL Ungenauigkeiten innerhalb der Grenzen von Rundungsfehlern erlaubt. Die Fehler werden durch das Rechnen mit einer begrenzten Zahl von Ziffern verursacht. Dies ist der wesentliche Grund für die Unterscheidung zwischen den Typen INTEGER und REAL, die in den meisten Programmiersprachen gemacht wird.

Die beiden Werte des Standard-Typs BOOLEAN werden durch die Namen TRUE und FALSE gekennzeichnet. Die Booleschen Operatoren sind die logische Konjunktion (AND), Disjunktion (OR) und Negation (NOT), die in Tabelle 1.1 definiert sind. Das Zeichen & gilt als Synonym für AND, und das Zeichen ~ als Synonym für NOT. Vergleiche sind Operatoren, die ein Resultat vom Typ BOOLEAN liefern. Somit kann das Resultat eines Vergleichs einer Variablen zugewiesen werden, oder es kann als Operand eines logischen Operators in einem Booleschen Ausdruck verwendet werden. Sind zum Beispiel die Booleschen Variablen p und q und die ganzzahligen Variablen x, y, und z mit aktuellen Werten x = 5, y = 8 und z = 10 gegeben, so liefern die beiden Anweisungen

```
p := x = y
q := (x <= y) AND (y < z)
```

die Resultate FALSE für p und TRUE für q.

p	q	p OR q	p AND q	NOT p
TRUE	TRUE	TRUE	TRUE	FALSE
TRUE	FALSE	TRUE	FALSE	FALSE
FALSE	TRUE	TRUE	FALSE	TRUE
FALSE	FALSE	FALSE	FALSE	TRUE

Tabelle 1.1 Boolesche Operatoren

Die Booleschen Operatoren AND und OR haben in Modula-2 (und auch in gewissen anderen Sprachen) eine Eigenschaft, die sie von anderen dyadischen Operatoren unterscheidet. Während zum Beispiel die Summe x + y undefiniert ist, wenn entweder x oder y undefiniert ist, so ist z.B. die Konjunktion x AND y auch definiert, wenn y undefiniert ist, sofern x FALSE ist. Die genaue Definition von AND und OR ist daher durch die folgenden Gleichungen gegeben:

$$
\begin{aligned}
p \text{ AND } q &= \text{if } p \text{ then } q \text{ else FALSE} \\
p \text{ OR } q &= \text{if } p \text{ then TRUE else } q
\end{aligned} \tag{1.5}
$$

Der Standard-Typ CHAR bezeichnet eine Menge von Schriftzeichen. Leider gibt es keinen allgemein gültigen Standard-Zeichensatz, der auf allen Rechenanlagen verwendet wird. Deshalb ist der Gebrauch des Prädikats "Standard" in diesem Fall etwas irreführend; es ist im Sinn von "Standard für die Rechenanlage, auf der ein gewisses Programm auszuführen ist" zu verstehen.

Am weitesten verbreitet ist wohl der durch die *International Standards Organization* (ISO) definierte Zeichensatz, und besonders seine amerikanische Version ASCII (American Standard Code for Information Interchange). Der ASCII-Satz ist deshalb im Anhang aufgeführt. Er besteht aus 95 *Schriftzeichen* (Graphic characters) und 33 *Steuerzeichen* (Control characters), wobei letztere hauptsächlich bei der Datenübermittlung und für die Steuerung der Druckgeräte verwendet werden.

Um Algorithmen angeben zu können, die zwar druckbare Zeichen enthalten (d.h. Werte vom Typ CHAR), aber trotzdem von einer speziellen Rechenanlage unabhängig sein sollen, fordern wir von einem Zeichensatz gewisse verbindliche Eigenschaften, nämlich:

1. Der Typ CHAR enthalte die 26 lateinischen Grossbuchstaben, die 26 Kleinbuchstaben, die 10 arabischen Ziffern und eine Anzahl anderer graphischer Zeichen, wie z.B. Satzzeichen.

2. Die Teilmengen der Buchstaben und der Ziffern seien *geordnet* und *zusammenhängend*.

$$
\begin{aligned}
(\text{"A"} \leq x) \,\&\, (x \leq \text{"Z"}) &\rightarrow x \text{ ist ein Grossbuchstabe} \\
(\text{"a"} \leq x) \,\&\, (x \leq \text{"z"}) &\rightarrow x \text{ ist ein Kleinbuchstabe} \\
(\text{"0"} \leq x) \,\&\, (x \leq \text{"9"}) &\rightarrow x \text{ ist eine Ziffer}
\end{aligned} \tag{1.6}
$$

3. Der Typ CHAR enthalte ein Leerzeichen, das als Trennzeichen verwendet werden kann.

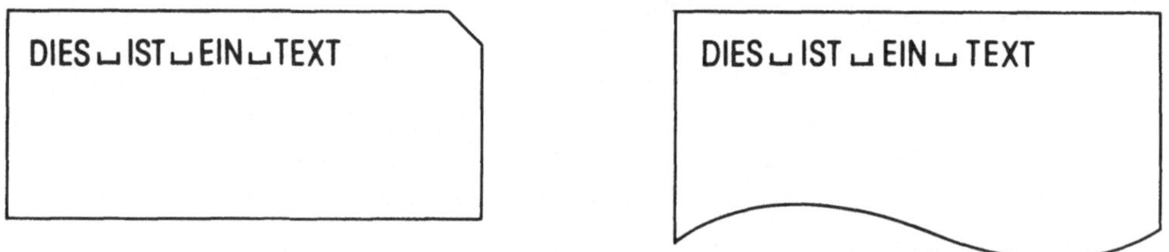

Fig. 1.1. Darstellung eines Textes mit Lochkarte und Liste

Das Vorhandensein von zwei Standard-Transferfunktionen zwischen den Typen CHAR und INTEGER ist besonders wichtig beim Versuch, Programme in einer Form zu schreiben, die unabhängig von einer spezifischen Rechenanlage ist. Wir werden sie ORD(c) nennen für die Ordinalzahl des Zeichens c in der Zeichenmenge CHAR, und CHR(i) für das i-te Zeichen in der Zeichenmenge CHAR. Somit ist CHR die Umkehrfunktion von ORD und umgekehrt.

$$
\begin{aligned}
\text{ORD(CHR(i))} &= i \quad \text{(falls CHR(i) definiert ist)} \\
\text{CHR(ORD(c))} &= c
\end{aligned} \tag{1.7}
$$

Ferner postulieren wir die Standard-Funktion CAP(ch). Ihr Wert ist der zu *ch* gehörende Grossbuchstabe, sofern ch ein Buchstabenwert ist.

ch ist ein Kleinbuchstabe → CAP(ch) = entsprechender Grossbuchstabe (1.8)
ch ist ein Grossbuchstabe → CAP(ch) = ch

1.5. UNTERBEREICH-TYPEN

In vielen Fällen nimmt eine Variable eines bestimmten Typs nur Werte innerhalb eines gewissen Intervalls an. Dies lässt sich durch Definition als Variable eines *Unterbereich-Typs* mit den Intervallgrenzen *min* und *max* ausdrücken:

TYPE T = [min .. max] (1.9)

Man beachte, dass die Grenzen allgemeine Ausdrücke sein können, wobei jedoch ihre Operanden Konstanten sein müssen.

Beispiele:

```
TYPE Jahr       = [1900 .. 1999]
TYPE Buchstabe  = ["A" .. "Z"]
TYPE Ziffer     = ["0" .. "9"]
TYPE Offizier   = [Leutnant .. General]
TYPE index      = [0 .. 2*N-1]
```

Zu den durch die Vereinbarungen

```
VAR y: Jahr
VAR L: Buchstabe
```

gegebenen Variablen sind die Zuweisungen y := 1973 und L := "L" zulässig, y := 1291 und L := "9" jedoch sind es nicht. Die Gültigkeit einer solchen Zuweisung kann nicht vom Compiler geprüft werden, es sei denn, der zuzuweisende Wert sei durch eine Konstante oder eine Variable des gleichen Typs bezeichnet. Jedoch kann die Zulässigkeit von Zuweisungen wie y := i oder L := c, wobei i vom Typ INTEGER und c vom Typ CHAR ist, erst während der *Ausführung* des Programms geprüft werden. In der Praxis haben sich Systeme, die diese Prüfungen ausführen, bei der Programmentwicklung als besonders wertvoll erwiesen. Ihre Verwendung von redundanter Information, um mögliche Fehler zu finden, ist ein weiterer Grund für die Benutzung einer höheren Sprache.

1.6. DIE STRUKTURART ARRAY

Der *Array* ist wohl die am weitesten verbreitete Datenstruktur; in manchen Sprachen ist sie sogar die einzige explizit verfügbare Struktur. Ein Array ist eine *homogene* Struktur; alle seine Komponenten sind vom gleichen Typ, dem sogenannten *Grundtyp*. Der Array ist zudem eine sogenannte *random access* Struktur, was bedeutet, dass auf alle Komponenten direkt und gleich schnell zugegriffen werden kann. Um eine einzelne Komponente zu bezeichnen, wird der Name der gesamten Struktur um den sogenannten *Index* zur Wahl der Komponente erweitert. Dieser Index muss ein Wert des *Indextyps* des Array sein. Die Definition eines Array-Typs T spezifiziert deshalb sowohl einen Komponententyp T0 als auch einen Indextyp T1.

TYPE T = ARRAY T1 OF T0 (1.10)

Beispiele:

```
TYPE Zeile  = ARRAY [1 .. 5] OF REAL
TYPE Karte  = ARRAY [1 .. 80] OF CHAR
TYPE alfa   = ARRAY [0 .. 15] OF CHAR
```

Den Wert einer Variablen x, die als

VAR x: Zeile

vereinbart ist, und deren Komponenten die Gleichung $x_i = 2^{-i}$ erfüllen, kann man sich zum Beispiel wie in Fig. 1.2 als Tabelle dargestellt vorstellen.

x_1	0.5
x_2	0.25
x_3	0.125
x_4	0.0625
x_5	0.03125

Fig. 1.2. Array als Tabelle

Individuelle Komponenten eines Array können durch einen berechneten Index ausgewählt werden. Dem Namen des Array (x) folgt der Indexwert (i), und wir schreiben x_i oder x[i]. Wir nennen dies eine *indizierte Variable*.

Beim Arbeiten mit Arrays, besonders mit grossen Arrays, ist es üblich, einzelne Komponenten selektiv zu verändern, anstatt ganz neue strukturierte Werte zu bilden. Dies wird dadurch ausgedrückt, dass eine Array-Variable als Darstellung eines Array von Komponenten-Variablen betrachtet wird, und dass Zuweisungen an einzelne Komponenten erlaubt sind, wie zum Beispiel x[3] := 0.125. Obwohl durch die selektive Zuweisung nur ein einzelner Komponentenwert geändert wird, müssen wir vom begrifflichen Standpunkt aus auch den ganzen, zusammengesetzten Wert als geändert ansehen.

Die Tatsache, dass Array-Indizes, d.h. Nummern von Array-Komponenten, von einem definierten (skalaren) Datentyp sein müssen, hat eine äusserst wichtige Konsequenz: Indizes können *berechnet* werden. Ein Index-*Ausdruck* kann anstelle einer Index-Konstanten stehen. Dieser Ausdruck ist auszuwerten, und das Ergebnis bestimmt die Wahl der Komponenten. Diese Allgemeinheit bietet nicht nur eine wichtige und spürbare Erleichterung beim Programmieren, sondern ist gleichzeitig Ursache für einen der am häufigsten vorkommenden Programmierfehler: Der resultierende Wert liegt ausserhalb des festgelegten Indexbereichs. Wir wollen annehmen, dass geeignete Systeme eine Warnung geben, wenn solch ein irrtümlicher Zugriff zu einer nicht existierenden Array-Komponente versucht wird.

Die Kardinalität eines strukturierten Typs ist das Produkt der Kardinalitäten seiner Komponenten. Da alle Komponenten eines Array-Typs T vom gleichen Grundtyp T0 sind, erhalten wir, falls T1 der Indextyp ist

$$card(T) = card(T0)^{card(T1)} \quad (1.11)$$

Komponenten von Array-Typen können selbst wieder strukturiert sein. Eine Array-Variable, deren Komponenten ebenfalls Arrays sind, heisst *Matrix*. Zum Beispiel ist

```
M: ARRAY [1 .. 10] OF Zeile
```

ein aus zehn Komponenten (Zeilen) bestehender Array; jede einzelne Komponente besteht selbst aus fünf Komponenten vom Typ REAL. M heisst eine 10 × 5 Matrix mit reellen Komponenten. Selektoren können entsprechend aneinandergefügt werden, so dass M_{ij} und M[i][j] die j-te Komponente der Zeile M[i] bezeichnet, während M[i] wiederum die i-te Komponente von M ist. M[i][j] wird gewöhnlich abgekürzt mit M[i, j], und entsprechend kann die Vereinbarung

```
M: ARRAY [1 .. 10] OF ARRAY[1 .. 5] OF REAL
```

abgekürzt werden mit

```
M: ARRAY [1 .. 10], [1 .. 5] OF REAL.
```

Wenn eine bestimmte Operation mit allen Komponenten eines Array oder mit aufeinanderfolgenden Komponenten eines Teils des Array durchgeführt werden soll, kann dies durch Verwendung der sogenannten *FOR-Anweisung* entsprechend betont werden, wie dies in den folgenden zwei Beispielen zur Berechnung der Summe aller Komponenten und zur Bestimmung des grössten Wertes gezeigt wird.

```
VAR a: ARRAY [0 .. N-1] OF INTEGER

sum := 0;
FOR i := 0 TO N-1 DO sum := a[i] + sum END
```

```
k := 0; max := a[0];
FOR i := 1 TO N-1 DO
  IF max < a[i] THEN k := i; max := a[k] END
END.
```

Ein weiteres Beispiel der Anwendung der Array-Struktur und der FOR-Anweisung beschliesse dieses Kapitel. Angenommen, ein Bruch f werde durch den Array d dargestellt, so dass

$$f = \sum_{i=1}^{k-1} d_i * 10^{-i},$$

d.h. in seiner Dezimalform $0.d_1d_2...$ mit k-1 Ziffern. Nun sei f durch 2 zu dividieren. Dies erfolgt durch Wiederholung der bekannten Divisionsoperation für *alle* k-1 Ziffern d_i, beginnend mit i = 1. Man dividiert die Ziffer durch 2 unter Berücksichtigung eines möglichen Übertrags von der vorhergehenden Stelle und bewahrt den Rest für den nächsten Schritt auf.

```
r := 10*r + d[i]; d[i] := r DIV 2; r := r MOD 2
```

Dieser Algorithmus wird in Programm 1.1. angewendet, um eine Tabelle der Potenzen mit negativen Exponenten von 2 zu berechnen. Das wiederholte Halbieren zur Berechnung von $2^{-1}, 2^{-2}, \ldots, 2^{-n}$ wird wiederum zweckmässig durch eine FOR-Anweisung ausgedrückt, woraus sich eine Verschachtelung von zwei FOR-Anweisungen ergibt.

```
MODULE Power;
  (*compute decimal representation of negative powers of 2*)
  FROM InOut IMPORT Write, WriteLn;
  CONST N = 10;
  VAR i, k, r: CARDINAL;
    d: ARRAY [1 .. N] OF CARDINAL;
BEGIN
  FOR k := 1 TO N DO
    Write("."); r := 0;
    FOR i := 1 TO k-1 DO
      r := 10*r + d[i]; d[i] := r DIV 2; r := r MOD 2;
      Write(CHR(d[i] + ORD("0")))
    END ;
    d[k] := 5; Write("5"); WriteLn
  END
END Power.
```

Programm 1.1. Zweierpotenzen

Für n = 10 erhalten wir das folgende Resultat:

```
.5
.25
.125
.0625
.03125
.015625
.0078125
.00390625
.001953125
.0009765625
```

1.7. DIE STRUKTURART RECORD

Die allgemeinste Methode zur Erstellung strukturierter Typen ist das Zusammenfassen von Elementen willkürlicher, möglicherweise selbst strukturierter Typen zu einer Einheit. Beispiele aus der Mathematik sind die komplexen Zahlen, bestehend aus zwei reellen Zahlen, sowie die Darstellung von Punkten als Koordinatenpaare oder -tripel. Ein Beispiel aus der Datenverarbeitung ist eine Personenbeschreibung durch wenige sachdienliche Eigenschaften, wie Vor- und Nachnamen, Geburtsdatum, Geschlecht und Zivilstand einer Person.

In der Mathematik heisst ein solcherart zusammengesetzter Typ das *kartesische Produkt* seiner Komponenten, weil die durch diesen zusammengesetzten Typ definierte Wertemenge alle möglichen Kombinationen von Werten umfasst, mit je einem aus jeder durch die Komponententypen definierten Mengen. Somit ist die Zahl dieser Kombinationen, auch *n-Tupel* genannt, das Produkt der Anzahl von Elementen in jeder Einzelmenge, d.h. die Kardinalität des zusammengesetzten Typs ist das Produkt der Kardinalitäten der Komponententypen.

$$\mathrm{card}(T) = \prod_{i=1}^{n} \mathrm{card}(T_i)$$

In der Datenverarbeitung kommen zusammengesetzte Typen, wie Personen- oder Sachbeschreibungen, gewöhnlich in Files oder Dateien vor und registrieren (to record) die wichtigen Eigenschaften dieser Person oder dieses Objekts. Das Wort *record* hat sich deshalb zur Beschreibung eines Verbunds von Daten dieser Art eingebürgert, und wir ziehen diese Bezeichnung dem Ausdruck kartesisches Produkt vor. Ein Record-Typ T mit Komponententypen $T_1, T_2, \dots, T_n$ wird allgemein wie folgt definiert:

$$\begin{aligned} \mathrm{TYPE}\ T = \quad & \mathrm{RECORD}\ s_1 : T_1; \\ & \qquad\quad s_2 : T_2; \\ & \qquad\quad \dots \\ & \qquad\quad s_n : T_n \\ & \mathrm{END} \end{aligned} \tag{1.12}$$

Beispiele:

```
TYPE Komplex = RECORD re: REAL;
                      im: REAL
               END

TYPE Datum   = RECORD Tag: [1 .. 31];
                      Monat: [1 .. 12];
                      Jahr: [1 .. 2000]
               END

TYPE Person  = RECORD Name: alfa;
                      Vorname: alfa;
                      Geburtsdatum: Datum;
                      Geschlecht: (männlich, weiblich);
                      Zivilstand: (ledig, verheiratet, verwitwet, geschieden)
               END
```

Die Record-Variablen

z: Komplex
d: Datum
p: Person

kann man sich zum Beispiel wie in Fig. 1.3 gezeigt vorstellen.

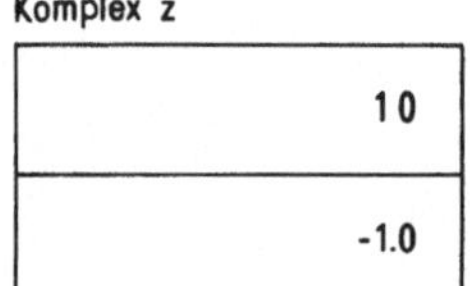

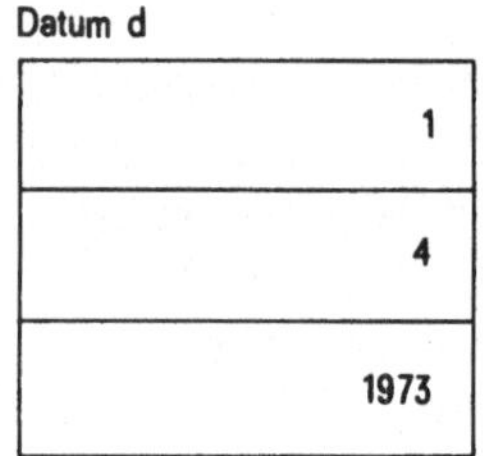

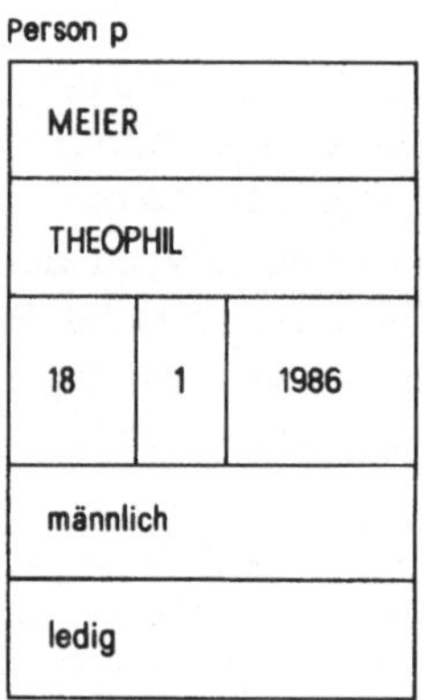

Fig. 1.3. Records vom Typ Komplex, Datum und Person

Die durch die Vereinbarung eines Record-Typs eingeführten Bezeichner $s_1, s_2, \dots, s_n$ sind die Namen der Komponenten dieses Typs. Diese Komponenten heissen *Felder*, und die Bezeichner heissen daher *Feld-Bezeichner*. Ist zum Beispiel die Variable x: T vereinbart, so bezeichnet der Selektor $x.s_i$ das i-te Feld von x. Gegeben die Variablen z, d und p (wie oben vereinbart), so sind zum Beispiel folgende Record-Selektoren zulässig:

z.im	(vom Typ REAL)
d.Monat	(vom Typ [1 .. 12])
p.Name	(vom Typ alfa)
p.Geburtsdatum	(vom Typ Datum)
p.Geburtsdatum.Tag	(vom Typ [1 .. 31])

Das Beispiel vom Typ *Person* zeigt, dass eine Komponente eines Record-Typs selbst strukturiert sein kann. Deshalb können Selektoren aneinandergereiht werden. Natürlich können auch verschiedene Strukturtypen in einer verschachtelten Form verwendet werden. Zum Beispiel wird die i-te Komponente eines Array *a*, der eine Komponente einer Record-Variablen r ist, mit r.a[i] bezeichnet, und die Komponente mit dem Selektor-Namen s der i-ten, record-strukturierten Komponente des Array *a* wird mit a[i].s bezeichnet.

Es ist für das kartesische Produkt charakteristisch, dass es alle Kombinationen von Elementen der Komponententypen umfasst. Es ist jedoch zu beachten, dass bei der praktischen Anwendung unter Umständen nicht alle "legal", d.h. sinnvoll sind. Zum Beispiel enthält der oben definierte Typ *Datum* die Werte "31. April" als auch "29. Februar 1985", obwohl dies Daten von Tagen sind, die es nie gab. Somit gibt die Definition dieses Typs nicht die Situation der wirklichen Welt wieder; sie genügt jedoch für praktische Zwecke, und es liegt im Verantwortungsbereich des Programmierers, dafür zu sorgen, dass während der Ausführung des Programms niemals sinnlose Werte auftreten.

Der folgende, kurze Programmauszug zeigt die Verwendung von Record-Variablen. Dabei sollen die in der Array-Variablen *Familie* dargestellten Personen gezählt werden, die sowohl weiblich als auch ledig sind:

```
VAR Zähler: CARDINAL;
  Familie: ARRAY [1 .. N] OF Person;

Zähler := 0;
FOR i := 1 TO N DO
  IF (Familie[i].Geschlecht = weiblich) & (Familie[i].Zivilstand = ledig) THEN
    Zähler := Zähler + 1
  END
END
```

Die relevante Schleifeninvariante ist "Zähler = Anzahl der ledigen weiblichen Personen der Untermenge $a_1 \dots a_i$".

Eine nur in der Notation verschiedene Variante der obigen Anweisung verwendet die sogenannte *with-Anweisung*:

```
FOR i := 1 TO N DO
  WITH Familie[i] DO
    IF (Geschlecht = weiblich) & (Zivilstand = ledig) THEN
      Zähler := Zähler + 1
    END
  END
END
```

Allgemein bedeutet "WITH r DO S", dass die Selektor-Namen des Typs der Record-Variablen r innerhalb der Anweisung S ohne Präfix verwendet werden und sich auf die Variable r beziehen. Durch die with-Anweisung wird somit der Programmtext verkürzt und, im vorliegenden Fall, die wiederholte Berechnung der Speicheradresse der indizierten

Komponente *Familie[i]* vermieden.

Die Record- und die Array-Strukturen haben die gemeinsame Eigenschaft, dass beide beliebig zugreifbare Strukturen sind. Der Record ist insofern allgemeiner, als nicht alle Komponententypen identisch sein müssen. Der Array seinerseits bietet grössere Flexibilität, da die Komponenten-Selektoren berechenbare Werte sein können (dargestellt durch Ausdrücke), während die Selektoren von Record-Komponenten festgelegte, in der Record-Typendefinition enthaltene Namen sind.

1.8. DIE STRUKTURART DES VARIANTEN RECORD

In der Praxis ist es oft zweckmässig und natürlich, zwei Typen einfach als *Varianten* des gleichen Typs zu betrachten. Zum Beispiel kann der Typ Koordinaten des vorangehenden Abschnitts für die Vereinigung der beiden Varianten der kartesischen und polaren Koordinaten gehalten werden, deren Komponenten zwei Längen, bzw. eine Länge und ein Winkel sind. Um die durch eine Variable tatsächlich angenommene Variante zu identifizieren, wird eine dritte Komponente eingeführt. Sie heisst *Typen-Diskriminator* oder *tag field*.

```
TYPE KoordinatenArt = (kartesisch, polar);
TYPE Koordinaten =
        RECORD
          CASE Art: KoordinatenArt OF
            kartesisch: x, y: REAL |
            polar:      r, phi: REAL
          END
        END
```

In diesem Beispiel ist der Name des Typen-Diskriminators *Art*, und die Namen der Koordinaten sind x und y im Fall eines kartesischen Wertes, oder r und phi im Fall eines polaren Wertes. Der durch diesen Typ bezeichnete Wertebereich ist die Vereinigung der zwei Typen

$$T_1 = (x, y: \text{REAL})$$
$$T_2 = (r, phi: \text{REAL})$$

und seine Kardinalität ist die Summe der Kardinalitäten seiner Komponenten.

$$\text{card}(T) = \text{card}(T_1) + \text{card}(T_2). \tag{1.13}$$

Sehr oft müssen nicht zwei völlig verschiedene Typen vereinigt werden, sondern zwei Typen mit teilweise identischen Komponenten. Aus diesem Bedürfnis entstand die Struktur des *Varianten-Record*. Ein Beispiel hierfür ist der im voranstehenden Abschnitt definierte Typ *Person*, bei dem die wichtigen, in einem File zu registrierenden Eigenschaften vom Geschlecht einer Person abhängen. Zum Beispiel kann es bei einem Mann in einem besonderen Fall wichtig sein, welches Gewicht er hat und ob er einen Bart trägt, während bei einer Frau drei Körpermasse als wissenswert (ihr Gewicht dagegen als vertraulich) angesehen werden. Eine Typdefinition, die sich aus solchen Betrachtungen heraus ergibt, kann folgendermassen aussehen:

```
TYPE Person =
  RECORD Name, Vorname: alfa;
    Geburtsdatum: Datum;
    Zivilstand: (ledig, verheiratet, verwitwet, geschieden);
    CASE sex: Geschlecht OF
      männlich: Gewicht: REAL;  bärtig: BOOLEAN |
      weiblich:  Umfang: ARRAY [1 .. 3] OF INTEGER
    END
  END
```

Die allgemeine Form einer varianten Record-Typdefinition ist

$$
\begin{array}{l}
\text{TYPE } T = \\
\quad \text{RECORD } s_1: T_1;\ s_2: T_2;\ \dots;\ s_{n-1}: T_{n-1}; \\
\qquad \text{CASE } s_n: T_n \text{ OF} \\
\qquad\quad v_1:\ s_{11}: T_{11};\ \dots;\ s_{1,n_1}: T_{1,n_1}\ | \\
\qquad\quad v_2:\ s_{21}: T_{21};\ \dots;\ s_{2,n_2}: T_{2,n_2}\ | \\
\qquad\quad \dots \\
\qquad\quad v_m: s_{m,1}: T_{m,1};\ \dots;\ s_{m,n_m}: T_{m,n_m} \\
\qquad \text{END} \\
\quad \text{END}
\end{array}
\qquad (1.14)
$$

Die s_i (für $i = 1 \dots n-1$) sind die zum *gemeinsamen Teil* gehörenden Feldbezeichner, die s_{ij} sind die den Varianten angehörenden Selektor-Namen, und s_n ist der Name des Typ-Diskriminators vom Typ T_n. Die Konstanten $v_1, v_2, \dots, v_m$ bezeichnen die Werte dieses Typs. Jede Variante i hat n_i Felder im Variantenteil. Eine Variable x vom Typ T besteht somit aus den Komponenten

$$x.s_1, x.s_2, \dots, x.s_n, x.s_{k,1}, \dots, x.s_{k,n_k}$$

genau dann, wenn der aktuelle Wert von $x.s_n = v_k$ ist. Daraus folgt, dass die Verwendung eines Komponenten-Selektors $x.s_{k,h}$ $(1 \leq h \leq n_k)$ als ein schwerer Programmierfehler betrachtet werden muss, falls $x.s_n \neq v_k$ ist. Bezüglich des oben definierten Typs *Person* führt ein derartiger Fehler zum Beispiel zur Frage, ob eine Dame einen Bart habe, oder (im Fall von selektiver Änderung) ob ihr ein Bart angehängt werden könne. Beim Umgang mit varianten Records ist deshalb äusserste Vorsicht geboten. Die entsprechenden Operationen mit den einzelnen Varianten werden am besten in eine selektive Anweisung gruppiert, die sogenannte *case-Anweisung*, deren Struktur diejenige der varianten Record-Typdefinition widerspiegelt.

$$
\begin{array}{l}
\text{CASE } x.s_n \text{ OF} \\
\qquad v_1 : S_1; \\
\qquad v_2 : S_2; \\
\qquad \dots
\end{array}
\qquad (1.15)
$$

```
        v_m : S_m
    END
```

S_k steht für die Anweisung, die den Fall behandelt, in dem x die Form von Variante k annimmt, d.h. sie wird genau dann zur Ausführung kommen, wenn der Diskriminator $x.s_n$ den Wert v_k hat. Somit ist es ziemlich einfach, den Missbrauch von Selektor-Namen zu verhindern, indem geprüft wird, ob jedes S_k nur Selektoren $x.s_1 \ldots x.s_{n-1}$ und $x.s_{k,1} \ldots x.s_{k,n_k}$ enthält.

Das folgende kurze Programmstück soll die Anwendung der case-Anweisung in Verbindung mit Record-Varianten aufzeigen. Seine Aufgabe ist die Berechnung der Distanz zwischen zwei Punkten A und B, die durch die Variablen a und b vom varianten Record-Typ *Koordinaten* gegeben sind. Der Rechenprozess ist je nach den vier möglichen Kombinationen von kartesischen und polaren Koordinaten verschieden (siehe Fig. 1.4).

```
CASE a.art OF
 kartesisch: CASE b.art OF
               kartesisch: d := sqrt(sqr(a.x-b.x) + sqr(a.y-b.y)) |
               polar:      d := sqrt(sqr(a.x - b.r*cos(b.phi) + sqr(a.y - b.r*sin(b.phi))
             END |
 polar:      CASE b.art OF
               kartesisch: d := sqrt(sqr(a.r*cos(a.phi) - b.x) + sqr(a.r*sin(a.phi) - b.y)) |
               polar:      d := sqrt(sqr(a.r) + sqr(b.r) - 2*a.r*b.r*cos(a.phi - b.phi))
             END
END
```

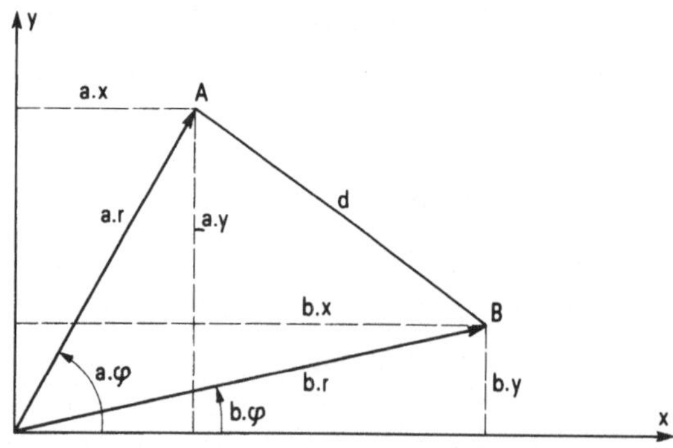

Fig. 1.4. Kartesische und Polarkoordinaten

1.9. DIE STRUKTURART SET

Die dritte fundamentale Datenstruktur ist die Strukturart *Set*. Sie wird nach folgendem Schema definiert:

$$\text{TYPE T = SET OF T0} \tag{1.16}$$

Die möglichen Werte einer Variablen x vom Typ T sind Mengen von Elementen von T0. Die Menge aller Untermengen von Elementen einer Menge T0 wird die *Potenzmenge* von T0 genannt. Der Typ T umfasst somit die Potenzmenge seines *Grundtyps* T0.

Beispiele:

```
TYPE BITSET =          SET OF [0 .. 15]
TYPE Bandzustand =     SET OF Zustand   (s. Kap. 1.3)
```

Sind die Variablen

```
b: BITSET
t: ARRAY [1 .. 6] OF Bandzustand
```

gegeben, so können Mengenwerte wie folgt gebildet und den Variablen zugewiesen werden:

```
b := {2, 3, 5, 7, 11, 13}
t[3] := Bandzustand {manuell}
t[5] := Bandzustand {}
t[6] := Bandzustand {ungeladen .. schräglaufend}
```

Hierbei ist der t_3 zugewiesene Wert die einelementige Menge, die nur aus dem Element *manuell* besteht; t_5 wird die leere Menge zugewiesen, was bedeutet, dass sich das fünfte Band wieder im normalen (nicht Ausnahme-) Zustand befindet, während t_6 die Menge aller drei Ausnahmen zugeordnet wird.

Die Kardinalität eines Mengentyps T ist

$$card(T) = 2^{card(T0)} \tag{1.17}$$

Dies ist leicht aus der Tatsache abzuleiten, dass jedes der card(T_0) Elemente von T_0 durch einen der beiden Werte *anwesend* und *abwesend* dargestellt werden kann, und dass alle Elemente voneinander unabhängig sind. Für eine effiziente und wirtschaftliche Implementation ist es natürlich wichtig, dass der Grundtyp nicht nur endlich, sondern dass seine Kardinalität ziemlich klein ist.

Folgende Grundoperatoren sind für alle Mengentypen definiert:

*	Mengen-Durchschnitt
+	Mengen-Vereinigung
-	Mengen-Differenz
IN	Mengen-Einschluss

Das Bilden von *Durchschnitt* (intersection) und *Vereinigung* (union) zweier Mengen heisst oft Mengenmultiplikation bzw. Mengenaddition; die Prioritäten der Mengenoperatoren werden entsprechend definiert, wobei der Durchschnittsoperator Priorität über Vereinigungs- und Differenzoperator hat; diese ihrerseits haben Vorrang vor dem Operator IN, der wie ein Relationsoperator eingestuft ist. Die folgenden Beispiele zeigen Mengenausdrücke und ihre vollständig geklammerten Äquivalenten:

```
r * s + t     = (r*s) + t
r - s * t     = r - (s*t)
r - s + t     = (r-s) + t
x IN s + t    = x IN (s+t)
```

1.10. DARSTELLUNG VON FUNDAMENTALEN STRUKTUREN

Das Wesentliche bei der Verwendung von Abstraktionen in der Programmierung ist, dass ein Programm allein aufgrund der für die Abstraktion geltenden Gesetze entwickelt, verstanden und verifiziert werden kann, und dass dazu weitere Kenntnisse über die Art der Implementation und Darstellung der Abstraktionen in einem bestimmten Computer unnötig sind. Trotzdem ist es für einen erfolgreichen Programmierer hilfreich, wenn er die allgemein verwendeten Techniken für die Darstellung der Grundkonzepte versteht, wie z.B. die der Datenstrukturen. Es ist insofern hilfreich, als es dem Programmierer erlaubt, vernünftige Entscheidungen über Programm- und Datenentwurf nicht nur im Licht der abstrakten Eigenschaften der Strukturen, sondern auch im Hinblick auf ihre Darstellung in einer bestimmten Rechenanlage zu treffen und dabei ihre besonderen Vor- und Nachteile zu berücksichtigen.

Das Problem der Datendarstellung ist das der Abbildung der abstrakten Struktur auf einen Computerspeicher. Speicher sind - in einer ersten Näherung - Arrays von individuellen Speicherzellen, sogenannten *Wörtern*, und Indizes dieser Wörter heissen *Adressen*.

VAR Speicher: ARRAY ADDRESS OF WORD

Die Kardinalität der Typen ADDRESS und WORD wechselt von einer Rechenanlage zur anderen. Ein spezielles Problem sind die grossen Unterschiede der Kardinalität des Typs Wort. Der Zweier-Logarithmus der Kardinalität heisst *Wortgrösse*, da er die Zahl der Bits (binären Ziffern) angibt, die eine Speicherzelle umfasst.

1.10.1. Darstellung von Arrays

Die Darstellung einer Array-Struktur ist eine Abbildung des (abstrakten) Array mit Komponenten vom Typ T auf einen Speicher, der selbst ein Array mit Komponenten vom Typ WORD ist. Der Array sollte so abgebildet werden, dass die Berechnung der Adressen von Array-Komponenten so einfach (und deshalb so effizient) wie möglich ist. Die Adresse oder der Speicherindex i der j-ten Array-Komponente wird berechnet durch die lineare Funktion

$$i = a + j*s \qquad (1.18)$$

wobei a die Adresse der ersten Komponenten ist und s die Zahl der Wörter angibt, die eine Komponente belegt. Da das Wort nach Definition die kleinste individuell zugreifbare Speichereinheit bildet, ist es höchst wünschenswert, dass s eine ganze Zahl ist; der einfachste Fall ist s = 1. Ist s keine ganze Zahl (und das ist der Normalfall), dann wird s gewöhnlich auf die nächste ganze Zahl aufgerundet. Jede Array-Komponente besetzt dann $\lceil s \rceil$ Wörter, wobei $\lceil s \rceil$ - s Wörter unbenutzt bleiben (vgl. Fig. 1.5 und 1.6.). Das Aufrunden der benötigten Anzahl Wörter auf die nächste ganze Zahl heisst *Auffüllen* (padding). Der Speicherausnutzungsfaktor u ist der Quotient des minimal zur Darstellung einer Struktur benötigten Speichers und des wirklich benötigten Speichers:

$$u = s / \lceil s \rceil \tag{1.19}$$

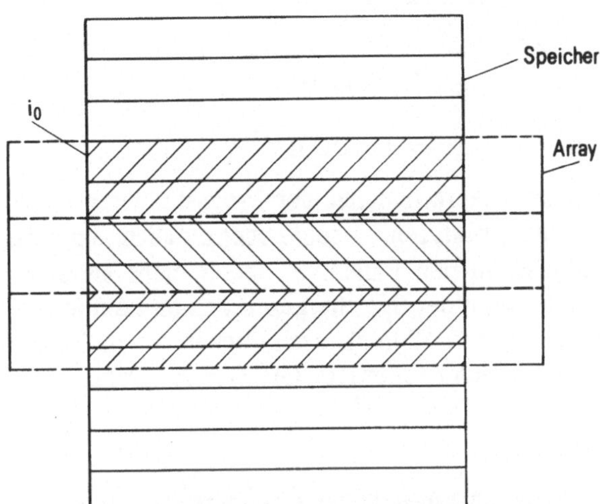

Fig. 1.5. Abbildung eines Array im Speicher

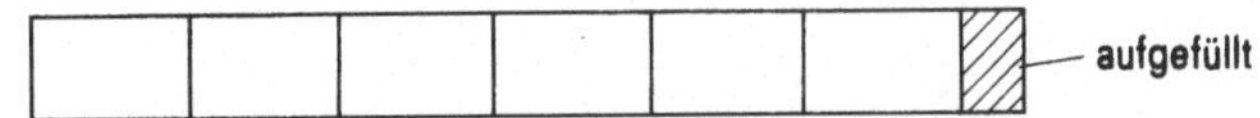

Fig. 1.6. Packen von 6 Komponenten in ein Wort

Da ein Implementator eine Speicherausnutzung möglichst nahe bei 1 zu erreichen sucht und da der Zugriff zu Teilen eines Wortes umständlich und relativ ineffizient ist, wird er einen Kompromiss zu schliessen haben. Dabei sind folgende Punkte zu berücksichtigen:

1. Auffüllen verkleinert die Speicherausnutzung.
2. Verzicht auf Auffüllen kann ineffizienten Zugriff zu Wortteilen erfordern.
3. Durch Zugriff zu Wortteilen kann der Code (übersetztes Programm) grösser und deshalb der durch Verzicht auf Auffüllen erzielte Gewinn verkleinert werden.

Tatsächlich überwiegen die Punkte 2 und 3 so sehr, dass Compiler immer automatisch auffüllen. Wir bemerken, dass für den Ausnutzungsfaktor immer gilt: $u > 0.5$, wenn $s > 0.5$. Ist aber $s \leq 0.5$, dann kann der Ausnutzungsfaktor wesentlich verbessert werden, wenn man mehr als eine Array-Komponente in jedes Wort setzt. Diese Technik heisst *Packen*. Werden n Komponenten in ein Wort gepackt, so ergibt sich der Ausnutzungsfaktor zu

$$u = \frac{n*s}{\lceil n*s \rceil} \tag{1.20}$$

Zugriff zur i-ten Komponente eines gepackten Array bedingt die Berechnung der Wortadresse j, in der die gewünschte Komponente sitzt, und die Berechnung der Komponentenposition k innerhalb des Wortes gemäss

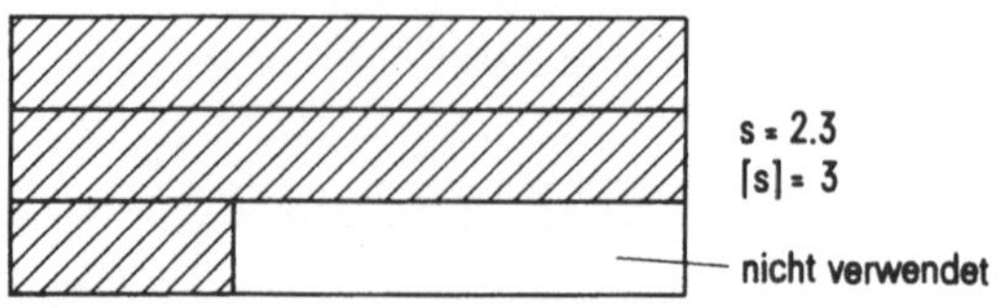

Fig. 1.7. Abbildung eines Record

$$j = i \text{ DIV } n \qquad k = i \text{ MOD } n$$

In den meisten Programmiersprachen hat der Programmierer keine Kontrolle über die Darstellung der abstrakten Strukturen. Es sollte aber möglich sein anzugeben, wenn Packen gewünscht wird, zumindest in den Fällen, in denen mehr als eine Komponente in ein einzelnes Wort passt, d.h. wenn der Speichergewinn einen Faktor 2 und mehr beträgt. Wir führen die Konvention ein, den Wunsch nach Packen durch Vorausstellen des Symbols PACKED vor das Symbol ARRAY (oder RECORD) in der Deklaration anzuzeigen.

1.10.2. Darstellung von Records

Records werden durch einfaches Nebeneinandersetzen ihrer Komponenten auf den Computerspeicher abgebildet. Die Adresse der i-ten Komponente (eines Feldes) relativ zur Anfangsadresse des Record r heisst *offset* der Komponente. Er berechnet sich zu

$$k_i = \sum_{j=1}^{i-1} s_j, \tag{1.21}$$

wobei s_j die Grösse der j-ten Komponente ist. Im Falle des Array hat die Tatsache, dass alle Komponenten vom gleichen Typ sind, zur Folge, dass $k_i = (i-1)*s$ ist. Die Allgemeinheit der Record-Struktur erlaubt jedoch keine so einfache lineare Funktion zur Berechnung der Offset-Adresse; sie ist deshalb der eigentliche Grund dafür, dass Record-Komponenten nur über feste Namen zugegriffen werden können. Diese Einschränkung hat die angenehme Konsequenz, dass die jeweiligen Offsets zur Compilationszeit bekannt sind. Die sich daraus ergebende grössere Effizienz des Zugriffs zum Record-Feld ist bekannt.

Das Problem des Packens kommt auf, wenn mehrere Record-Komponenten wie z.B. in Fig. 1.8 in ein einzelnes Speicherwort passen. Wir wollen wieder annehmen, dass Voranstellen des Symbols PACKED vor das Symbol RECORD in der Deklaration den Wunsch nach Packen angibt. Da Offsets von einem Compiler berechnet werden können, kann auch der Offset einer Komponente in einem Wort vom Compiler bestimmt werden. Das bedeutet, dass auf vielen Rechenanlagen das Packen von Records eine wesentlich kleinere Minderung der Effizienz beim Zugriff verursacht als das Packen von Arrays.

1.10.3. Darstellung von Sets

Eine Menge m ist in einem Computerspeicher dargestellt durch ihre charakteristische Funktion C(s). Dies ist ein Array von logischen Werten, dessen i-te Komponente die An- oder Abwesenheit des Wertes i in der Menge angibt.

$$C(s_i) = (i \text{ IN } s) \tag{1.22}$$

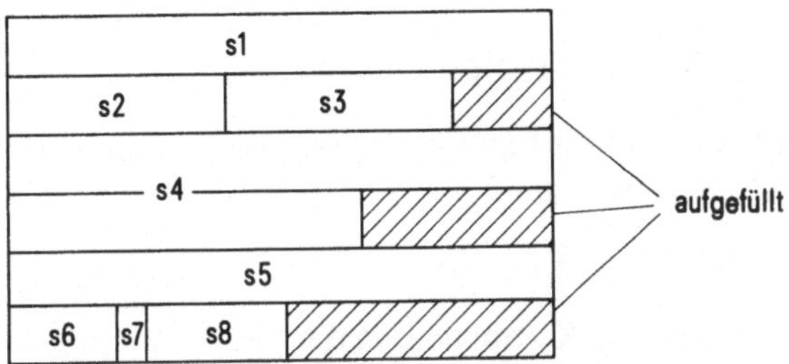

Fig. 1.8. Darstellung eines gepackten Record

Zum Beispiel lässt sich die Menge von kleinen Zahlen s = {2, 3, 5, 7, 11, 13} durch die Folge C der logischen Werte F (FALSE) und T (TRUE)

C(s) = (FFTTFTFTFFFTFTFF)

darstellen, wenn der zugrundeliegende Typ von s der ganzzahlige Unterbereich [0 .. 15] ist. In einem Computerspeicher ist die Folge der logischen Werte durch eine sogenannte Bit-Folge dargestellt, d.h. durch eine Folge von Nullen und Einsen.

Die Darstellung von Mengen durch ihre charakteristische Funktion hat den Vorteil, dass die Operationen zur Berechnung der Vereinigung, des Durchschnitts und der Differenz zweier Mengen so einfach implementiert werden können wie elementare logische Operationen. Die folgenden Äquivalenzen, die für alle Elemente i des Grundtyps der Mengen x und y gelten, setzen die logischen Operationen mit Mengenoperationen in Relation:

$$\begin{aligned} \text{i IN } (x+y) &= (\text{i IN x}) \text{ OR } (\text{i IN y}) \\ \text{i IN } (x*y) &= (\text{i IN x}) \text{ AND } (\text{i IN y}) \\ \text{i IN } (x-y) &= (\text{i IN x}) \text{ AND NOT } (\text{i IN y}) \end{aligned} \tag{1.23}$$

Diese logischen Operationen sind auf allen digitalen Rechenanlagen verfügbar und arbeiten sogar gleichzeitig auf allen entsprechenden Elementen (Bits) eines Wortes. Um grundlegende Mengenoperationen effizient implementieren zu können, scheint es daher richtig, Mengen in einer kleinen, festen Anzahl von Wörtern darzustellen, auf der nicht nur die elementaren logischen Operationen, sondern auch Schiebe-Operationen verfügbar sind. Der Test auf Vorhandensein eines Elements in einer Menge wird dann durch eine einzige Schiebe-Operation und einen anschliessenden Bit-Test implementiert. Damit kann z.B. ein Test der Form x IN $\{c_1, c_2, \ldots, c_n\}$ wesentlich effizienter werden als der übliche äquivalente Boolesche Ausdruck

$$(x = c_1) \text{ OR } (x = c_2) \text{ OR } \ldots \text{ OR } (x = c_n)$$

Als Korollar ergibt sich, dass die Struktur der Menge nur für Grundtypen kleiner Kardinalität verwendet werden soll. Die Kardinalität der Grundtypen, für die eine effiziente Implementation garantiert werden kann, wird durch die Wortlänge des jeweiligen Computers begrenzt. Selbstverständlich sind Computer mit grossen Wortlängen in dieser Beziehung bevorzugt. Bei relativ kleiner Wortlänge ist eine Darstellung zu wählen, die eine kleine Zahl von Wörtern für eine Menge verwendet.

1.11. DIE SEQUENZ-STRUKTUR

Die vierte elementare Strukturart ist die *Sequenz* Man könnte einen Sequenztyp analog zum Array oder der Menge vereinbaren:

TYPE T = SEQUENCE OF T0 (1.24)

Damit wird ausgedrückt, dass alle Komponenten der Sequenz vom gleichen Typ T0, genannt *Grundtyp*, sind. Wir wollen eine Sequenz s mit n Komponenten wie folgt darstellen:

$$s = \langle s_0, s_1, s_2, \dots, s_{n-1} \rangle$$

n wird *Länge* der Sequenz genannt. Im Unterschied zum Array, wo die Anzahl der Elemente in der Vereinbarung fixiert wird, bleibt diese Anzahl hier offen. Sie kann sich während der Ausführung eines Programms verändern. Obwohl jede Sequenz zu jeder Zeit eine bestimmte, endliche Länge hat, müssen wir die Kardinalität der Sequenzstruktur als unendlich auffassen, weil es keine obere Grenze für Sequenzlängen gibt.

Eine direkte Konsequenz der variablen Länge von Sequenzen ist die Unmöglichkeit, einer Sequenzvariablen einen festen Speicherplatz zuzuweisen. Anstatt dessen muss Speicherplatz während der Programmausführung zugewiesen werden, und zwar jedesmal, wenn die Sequenz wächst. Möglicherweise kann Speicherplatz zurückgewonnen werden, wenn die Sequenz schrumpft; auf jeden Fall muss eine dynamische Speicherverwaltung verwendet werden. Alle Strukturen, deren Grösse sich zeitlich verändert, haben diese Eigenschaft, die derart wichtig ist, dass wir diese Strukturen in Unterscheidung zu den fundamentalen Strukturen als *höhere Strukturen* bezeichnen.

Was veranlasst uns dann, einen Abschnitt über Sequenzen in diesem Kapitel über fundamentale Strukturen unterzubringen? Der vordringlichste Grund liegt darin, dass die für Sequenzen (im Gegensatz zu andern dynamischen Strukturen) notwendige Strategie zur Speicherverwaltung hinreichend einfach ist, falls wir uns eine gewisse Disziplin in der Verwendung von Sequenzen auferlegen. Mit dieser Auflage ist es möglich, einen allgemeinen Algorithmus zur Speicherverwaltung zur Verfügung zu stellen, der in jedem Fall eine effiziente Lösung darstellt. Der zweite Grund ist die Tatsache, dass Sequenzen in allen Anwendungen überaus häufig vorkommen. Die Sequenzstruktur ist vor allem dort anzutreffen, wo es darum geht, Daten von einem Speichermedium auf ein anderes zu übertragen, wie zum Beispiel vom Magnetband auf Platten, oder in den Hauptspeicher, oder umgekehrt.

Die erwähnte Disziplin besteht in der Beschränkung auf *sequentiellen Zugriff*. Darunter versteht man, dass eine Sequenz nur durch Voranschreiten von einem Element zu seinem unmittelbaren Nachfolger inspiziert werden kann, und dass eine Sequenz nur durch wiederholtes Anfügen eines Elementes *am Ende* aufgebaut werden kann. Die unmittelbare Folge dieser Beschränkung ist, dass Elemente nicht direkt zugreifbar sind, mit der Ausnahme des einen Elementes, das gerade an der Reihe ist. Es ist diese Zugriffs-Disziplin, die die Sequenz grundsätzlich vom Array unterscheidet. Wie aus Kapitel 2 ersichtlich wird, ist der Einfluss einer Zugriffs-Disziplin auf Programme tiefgreifend.

Wie erwähnt ist der Vorteil des rein sequentiellen Zugriffs, der eine ernstzunehmende Einschränkung darstellt, die relative Einfachheit der notwendigen Speicherverwaltung. Aber ebenso wichtig ist die Möglichkeit der Verwendung effizienter Pufferungstechniken, wenn Daten von einem Speichermedium auf ein anderes verschoben werden müssen. Sequentieller Zugriff erlaubt, Daten als Ströme (streams) durch Röhren fliessen zu lassen, die zwischen den Medien gelegt sind. Die *Pufferung* ermöglicht das Ansammeln der zu übertragenden Daten und die nachfolgende Übermittlung des gesamten Pufferinhalts als Einheit. Damit wird eine wesentlich effizientere Verwendung von Sekundärspeichern möglich. Unter der Voraussetzung strikten sequentiellen Zugriffs ist der Algorithmus für die Pufferung einfach für alle Arten von Sequenzen und Speichermedien. Er kann daher ohne Vorbehalt in ein System eingebaut werden, und der Programmierer braucht nicht mit seinem Aufbau belastet zu werden. Ein solches System, das Sequenzen auf sekundärem Speicher verwaltet, wird *Dateiverwaltung* (File-System) genannt. Sekundäre Speicher (Disks) werden verwendet, weil sie genügend Speicherkapazität aufweisen und die Daten bewahren, selbst wenn der Rechner ausgeschaltet wird. Die logische Einheit der Daten auf diesen Medien ist die Sequenz, auch *sequentielle Datei* oder *sequentielles File* genannt. Wir verwenden die Bezeichnung File als Synonym zu Sequenz.

Es gibt sogar Medien, bei denen allein der sequentielle Zugriff überhaupt anwendbar ist. Dazu gehören alle Arten von Bändern. Aber auch auf Magnetplatten stellt jede Spur ein Band dar, auf das nur sequentiell zugegriffen wird. Rein sequentieller Zugriff ist das wesentliche Merkmal aller sich mechanisch bewegenden Medien, und dazu auch einiger anderer. Wir fassen die Hauptpunkte wie folgt zusammen:

1. Array, Record, und Set sind random-access Strukturen. Sie werden verwendet für Daten, die sich im Hauptspeicher befinden, der beliebigen Komponenten-Zugriff erlaubt.

2. Die Sequenzstruktur wird für Daten verwendet, die auf sekundärem Speicher angesiedelt sind, wie z.B. auf Plattenspeichern und Magnetbändern.

1.11.1 Elementare Sequenz-Operatoren

Die Disziplin des sequentiellen Zugriffs kann erzwungen werden, indem eine Anzahl Operatoren zur Verfügung gestellt wird, die allein den Zugriff auf Sequenzen gestatten. Offensichtlich muss der Satz von Operatoren einen solchen für das Erzeugen und einen für das Inspizieren einer Sequenz enthalten. Wie bereits erwähnt, wird eine Sequenz durch Zufügen am Ende aufgebaut, und sie wird inspiziert, indem jeweils das nächste Element an die Reihe genommen wird. Somit ist in jeder Sequenz eine gewisse Position ausgezeichnet. Wir wollen nun den folgenden Satz von primitiven Operatoren postulieren und sie informell beschreiben:

1. Open(s) definiert s als leere Sequenz, d. h. als Sequenz der Länge 0.

2. Write(s, x) fügt der Sequenz s ein Element mit dem Wert x hinzu.
3. Reset(s) setzt die ausgezeichnete Position der Sequenz s an ihren Anfang.
4. Read(s, x) weist der Variablen x den Wert des durch die Position von s bezeichneten Elementes zu, und rückt die Position zum nächsten Element vor.

Die strikte Beschränkung auf diese vier Operatoren hat z. B. zur Folge, dass, obwohl wir das i-te Element der Sequenz s mit s_i bezeichnen, diese Bezeichnung in Programmen nicht erlaubt ist. Um ein exakteres Verständnis der Sequenz-Operatoren zu ermöglichen, sei das folgende Beispiel angefügt. Es zeigt, wie diese Operatoren programmiert werden *könnten*, falls Sequenzen als Arrays dargestellt werden. Dieses Beispiel einer Implementation baut absichtlich auf Konzepten auf, die bereits vorgängig eingeführt und erklärt wurden, und es stützt sich weder auf Puffer noch auf sequentielle Speichermedien ab, die eigentlich die Sequenz erst attraktiv machen. Dennoch weist das Beispiel alle wesentlichen Merkmale der primitiven Sequenz-Operatoren auf, wie sie sich in einem realen File-System ergeben.

Die Operatoren werden als gewöhnliche Prozeduren dargestellt. Diese Zusammenstellung wird *Definitions-Modul* genannt. Weil der Typ der Sequenz in den formalen Parameterlisten erscheint, muss er ebenfalls hier vereinbart werden. Diese Vereinbarung ist ein schönes Beispiel für die Anwendung einer Record-Struktur, weil zusätzlich zum Feld, das die eigentliche Sequenz darstellt, Felder benötigt werden, die die Länge und die Position, also den *Zustand* der Sequenz bezeichnen. Des weiteren fügen wir ein Feld hinzu, das anzeigt, ob eine Leseoperation erfolgreich war, oder ob sie scheiterte, weil kein nächstes Element zu lesen war.

```
DEFINITION MODULE FileSystem;                                    (1.25)
  FROM SYSTEM IMPORT WORD;

  CONST MaxLength = 4096;
  TYPE Sequence = RECORD pos, length: CARDINAL;
                    eof: BOOLEAN;
                    a: ARRAY [0 .. MaxLength-1] OF WORD
                  END ;

  PROCEDURE Open(VAR f: Sequence);
  PROCEDURE WriteWord(VAR f: Sequence; w: WORD);
  PROCEDURE Reset(VAR f: Sequence);
  PROCEDURE ReadWord(VAR f: Sequence; VAR w: WORD);
  PROCEDURE Close(VAR f: Sequence);
END FileSystem.
```

Man beachte, dass unter diesen Umständen die maximale Länge, die eine Sequenz je einnehmen darf, eine festgelegte Konstante ist. Sollte ein Programm versuchen, eine längere Sequenz zu erzeugen, so wäre dies allerdings kein Fehler dieses Programms, sondern eine Unzulänglichkeit unserer Definition. Anderseits stellt aber der Versuch, über das Ende der Sequenz hinaus weitere Elemente lesen zu wollen, einen echten Programmfehler dar. Um ihn zu vermeiden, muss die Möglichkeit der Prüfung geboten werden, ob das Sequenzende erreicht ist. Sie manifestiert sich hier im Boole'schen Feld *eof* (für *end of*). Es ist das einzige Zustands-Feld, auf das Programme, sogenannte *Klienten*, Bezug nehmen sollten.

Als Grundtyp des Array, also als Typ der Sequenzelemente, wurde hier WORD gewählt. In Modula-2 ist der Typ WORD Parameter-kompatibel mit mehreren Standard-Typen, wie z.B. INTEGER.

Die Anweisungen, die die eigentlichen Prozeduren ausmachen, werden im zugehörigen Implementations-Modul spezifiziert:

```
IMPLEMENTATION MODULE FileSystem;
 FROM SYSTEM IMPORT WORD;                                    (1.26)

 PROCEDURE Open(VAR f: Sequence);
 BEGIN f.length := 0; f.pos := 0; f.eof := FALSE
 END Open;

 PROCEDURE WriteWord(VAR f: Sequence; w: WORD);
 BEGIN
  WITH f DO
   IF pos < MaxLength THEN
    a[pos] := w; pos := pos+1; length := pos
   ELSE HALT
   END
  END
 END WriteWord;

 PROCEDURE Reset(VAR f: Sequence);
 BEGIN f.pos := 0; f.eof := FALSE
 END Reset;

 PROCEDURE ReadWord(VAR f: Sequence; VAR w: WORD);
 BEGIN
  WITH f DO
   IF pos = length THEN f.eof := TRUE
    ELSE w := a[pos]; pos := pos+1
   END
  END
 END ReadWord;

 PROCEDURE Close(VAR f: Sequence);
 BEGIN (*empty*)
 END Close;
END FileSystem.
```

Aus diesen vorliegenden Sequenz-Operatoren ergeben sich die folgenden Schemata zum Erzeugen (Schreiben) und Inspizieren (Lesen) eines sequentiellen Files:

```
Open(s);
WHILE B DO P(x); WriteWord(s, x) END                          (1.27)
```

```
Reset(s); ReadWord(s, x);
WHILE ~s.eof DO Q(x); ReadWord(s, x) END
```

Hierbei ist B eine Bedingung, die gelten muss, bevor jeweils die Prozedur P aufgerufen wird, die das nächste Element x berechnet. Beim Lesen ist Q die Anweisung, die auf jeden gelesenen Wert x angewendet wird. Q ist geschützt (guarded) durch die Bedingung *~s.eof*, die garantiert, dass ein nächstes Element tatsächlich gelesen wurde. Wir beachten eine leichte Asymmetrie zwischen den beiden Schemata: Die zusätzliche Leseanweisung ist durch die Tatsache bedingt, dass zum Lesen von n Elementen n+1 Leseoperationen ausgeführt werden müssen, wovon die letzte scheitert (und dem Feld *s.eof* den Wert TRUE zuweist). Diese letzte Leseoperation ist notwendig, weil *Read* die einzige Operation ist, die den Wert von *eof* verändern kann. Sie könnte vermieden werden, wenn der Operator *Reset* dem Feld *s.eof* den Wert *s.length = 0* geben würde. In den meisten gängigen Systemen trifft dies aber nicht zu, sondern der Wert *eof* ist erst nach einer Leseoperation echt definiert. Wir beziehen uns daher auf diese unsymmetrischen, aber allgemein üblichen Schemata der Behandlung von Sequenzen.

Oft wird die strikte Disziplin des sequentiellen Zugriffs ohne merkbaren, zusätzlichen Aufwand etwas aufgelockert. Die meisten File-Systeme erlauben, die Position sowohl festzustellen als auch zu bestimmen, und zwar allgemein und nicht nur, um sie an den Anfang zu setzen. Diese Lockerung kommt dadurch zum Ausdruck, dass ein zusätzlicher Operator *SetPos(s, k)* eingeführt wird, bei dessen Anwendung die Beziehung $0 \leq k < s.length$ stets erfüllt sein muss. Offensichtlich ist *Reset(s)* gleichbedeutend mit *SetPos(s, 0)*. Die Realisierung dieses Operators wird durch die Bestimmung wesentlich erleichtert, dass stets am Ende der Sequenz "geschrieben" wird. Dementsprechend bedeutet eine Schreiboperation, die erfolgt, wenn die Position nicht auf das Ende zeigt, das Ersetzen der gesamten Teilsequenz, die der Position folgt, durch das neue Element.

1.11.2 Das Puffern von Sequenzen

Bei der Übertragung von Daten von einem Speichermedium zu einem andern werden die einzelnen Bits als sequentieller Strom betrachtet. Meistens auferlegen die Speichermedien der Übertragung strikte Kriterien und Einschränkungen. Wenn zum Beispiel ein Magnetband beschrieben wird, dann bewegt sich das Band mit einer festen Geschwindigkeit und die Daten müssen in einer vorgeschriebenen Rate anfallen. Wenn die Datenquelle ausgeschöpft ist, wird der Antrieb ausgeschaltet und die Bandgeschwindigkeit fällt rasch, aber nicht abrupt, gegen Null. Damit ergibt sich ein *Zwischenraum* (gap) auf dem Band zwischen den übertragenen Daten und denen, die im nächsten Anlauf anfallen. Um eine hohe mittlere Dichte zu erhalten, muss die Anzahl der Zwischenräume klein gehalten werden, und daher werden Daten vorzugsweise in relativ grossen Blöcken übermittelt. Ähnliche Überlegungen gelten für Magnetplatten, auf denen Daten in einzelnen Spuren aufgezeichnet werden, wobei jede Spur eine konstante Anzahl von Blöcken fixer Länge enthält. Ein Plattenspeicher wird mit Vorteil als Array von Blöcken betrachtet, wo jeder Block als ganzes gelesen und neu geschrieben wird. Typische Blocklängen sind 256, 512 und

1024 Bytes (1 Byte = 8 Bits).

Unsere Programme aber beachten diese Blockstruktur nicht; sie abstrahieren davon. Um es dem Programmierer zu ermöglichen, Blockstruktur und zeitliche Bedingungen zu ignorieren, werden Daten bei der Übertragung gepuffert. Sie werden in einer sogenannten *Puffervariablen* im Hauptspeicher gesammelt und übermittelt, sobald genügend Daten vorliegen, um einen Block der vorgeschriebenen Länge zu bilden.

Die Pufferung bringt den zusätzlichen Vorteil, dass der Prozess, der Daten erzeugt (empfängt), gleichzeitig mit dem Gerät, das Daten aufzeichnet (liest), laufen kann. Am besten wird das Gerät als autonomer Prozess betrachtet, der lediglich Datenströme kopiert. Der Puffer hat die Aufgabe, die beiden beteiligten Prozesse, die wir mit *Produzent* und *Konsument* bezeichnen wollen, bis zu einem gewissen Grad zu entkoppeln. Wenn zum Beispiel der Konsument zu einem bestimmten Zeitpunkt langsam ist, so kann er den Produzenten später wieder einholen. Diese Entkopplung ist oft zur optimalen Ausnützung eines peripheren Gerätes unerlässlich. Sie wirkt sich aber nur positiv aus, wenn die Geschwindigkeiten (Datenraten) der beiden Prozesse langfristig gleich sind, kurzfristig aber schwanken. Der Grad der Entkopplung wächst mit der Grösse des Puffers.

Wir wenden uns nun der Frage der Implementation eines Puffers zu, und wir wollen vorläufig annehmen, dass die Datenelemente individuell anstatt in Blöcken geschrieben und gelesen werden. Ein Puffer stellt im wesentlichen eine Warteschlange dar (first-in-first-out queue). Er wird als Array vereinbart; zwei Indexvariablen, genannt *in* und *out*, markieren die Pufferelemente, die beim Schreiben und Lesen als nächste an die Reihe kommen. Im Idealfall hat ein solcher Array keine Indexgrenzen. Ein endlicher Puffer ist jedoch hinreichend, da Elemente, die einmal ausgelesen wurden, nicht mehr benötigt werden und überschrieben werden dürfen. Dies führt zur Idee des *zirkulären Puffers*. Die Operationen des Ablagerns (deposit) und Auslesens (fetch) sind im nachfolgenden Modul ausgedrückt, der diese Operatoren als Prozeduren exportiert, jedoch den Puffer und dessen Indexvariablen - und damit den ganzen Pufferungs-Mechanismus - vor dem Klienten versteckt. Der Mechanismus beinhaltet auch die Variable *n*, die Anzahl der im Puffer eingelagerten Datenelemente. Wenn N die Puffergrösse bezeichnet, so ist die Ungleichung $0 \leq n \leq N$ offensichtlich eine wichtige Invariante. Die Operation *fetch* muss daher durch die Vorbedingung $n > 0$ (Puffer nicht leer) geschützt werden, die Operation *deposit* dementsprechend durch $n < N$ (Puffer nicht voll). Eine Verletzung der ersten Bedingung muss als Programmierfehler, eine Verletzung der zweiten als Unzulänglichkeit des Pufferungs-Mechanismus (Puffer zu klein) bezeichnet werden.

```
MODULE Buffer;
  EXPORT deposit, fetch;                                    (1.28)
  CONST N = 1024; (*buffer size*)
  VAR n, in, out: CARDINAL;
    buf: ARRAY [0 .. N-1] OF WORD;
  PROCEDURE deposit(x: WORD);
```

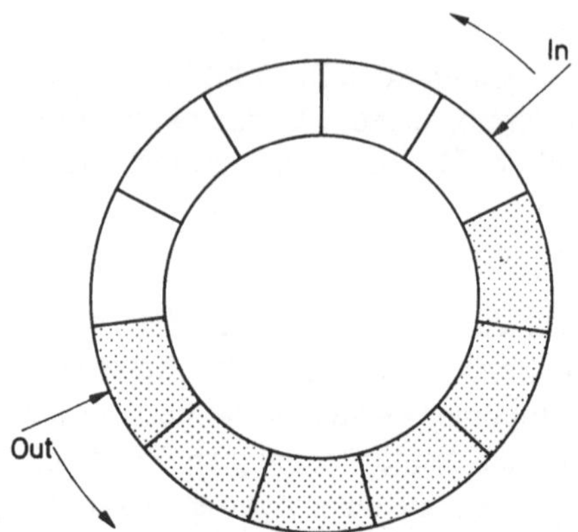

Fig. 1.9. Zirkulärer Puffer mit Indices *in* und *out*

```
  BEGIN
    IF n = N THEN HALT END ;
    n := n+1; buf[in] := x; in := (in + 1) MOD N
  END deposit;

  PROCEDURE fetch(VAR x: WORD);
  BEGIN
    IF n = 0 THEN HALT END ;
    n := n-1; x := buf[out]; out := (out + 1) MOD N
  END fetch;

BEGIN n := 0; in := 0; out := 0
END Buffer.
```

Diese Realisierung eines Puffer-Mechanismus ist nur unter der Voraussetzung annehmbar, dass die Prozeduren deposit und fetch von einem einzigen Prozess aktiviert werden, der abwechselnd als Produzent und als Konsument auftritt. Falls jedoch diese Prozeduren durch individuelle, gleichzeitig ablaufende Prozesse aufgerufen werden, ist das vorliegende Schema zu simplizistisch. Der Grund liegt darin, dass das Begehren, in einen vollen Puffer abzulagern oder aus einem leeren Puffer auszulesen durchaus legitim ist und nicht als Fehler behandelt werden darf, sondern dass die Handlungen lediglich verzögert werden müssen, bis die notwendigen Vorbedingungen geschaffen wurden. Solche Verzögerungen stellen in wesentlichen eine *Synchronisation* der einbezogenen Prozesse dar. Wir können die Verzögerungen durch folgende Anweisungen ausdrücken:

```
REPEAT UNTIL n < N
REPEAT UNTIL n > 0
```

die die beiden HALT Anweisungen in (1.28) ersetzen. Diese Lösung ist jedoch nicht empfehlenswert, selbst wenn man annehmen darf, dass die beiden Prozesse durch individuelle Prozessoren ausgeführt werden. Dies deshalb, weil die beiden Partner dieselbe Variable *n*, und damit zum gleichen Speicher zugreifen. Indem der wartende Prozess ständig die Variable n überprüft, behindert er seinen Partner, weil zu keiner Zeit mehr als ein einziger Prozess zum Speicher zugreifen kann. Diese Art des *geschäftigen Wartens* (busy waiting) muss um jeden Preis vermieden werden, und wir postulieren daher Operatoren, die die Einzelheiten der Synchronisierung weniger explizit ausdrücken, sie sogar verstecken. Als neues Konzept führen wir das sogenannte *Signal* ein, das wie ein Datentyp behandelt wird und zusammen mit primitiven Operatoren aus einem Service-Modul (genannt *Processes*) importiert werden kann.

Mit jedem Signal s ist eine Bedingung P_s (guard) assoziiert. Falls ein Prozess verzögert werden soll, bis die Bedingung P_s (durch einen andern Prozess) erfüllt worden ist, so muss der Prozess auf das Signal s warten. Wir drücken dies mit der Anweisung *Wait(s)* aus. Wenn anderseits ein Prozess die Bedingung P_s etabliert (wahr macht), dann signalisiert er diese Tatsache mit der Anweisung Send(s). Ist also P_s eine etablierte Vorbedingung jeder Anweisung *Send(s)*, so darf P_s auch stets als Resultat von *Wait(s)* betrachtet werden.

```
DEFINITION MODULE Processes;
  TYPE Signal;                                             (1.29)
  PROCEDURE Wait(VAR s: Signal);
  PROCEDURE Send(VAR s: Signal);
  PROCEDURE Init(VAR s: Signal);
END Processes.
```

Wir sind nun in der Lage, den Pufferungs-Mechanismus (1.28) in einer Form auszudrücken, die geeignet ist, wenn Produzent und Konsument individuelle, gleichzeitig ablaufende Prozesse sind.

```
MODULE Buffer;
  IMPORT Signal, Wait, Send, Init;                         (1.30)
  EXPORT deposit, fetch;
  CONST N = 1024; (*buffer size*)
  VAR n, in, out: CARDINAL;
    nonfull: Signal; (*n < N*)
    nonempty: Signal; (*n > 0*)
    buf: ARRAY [0 .. N-1] OF WORD;
  PROCEDURE deposit(x: WORD);
  BEGIN
    IF n = N THEN Wait(nonfull) END ;
    n := n+1; buf[in] := x; in := (in + 1) MOD N;
    IF n = 1 THEN Send(nonempty) END
  END deposit;
  PROCEDURE fetch(VAR x: WORD);
  BEGIN
    IF n = 0 THEN Wait(nonempty) END ;
    n := n-1; x := buf[out]; out := (out + 1) MOD N;
    IF n = N-1 THEN Send(nonfull) END
  END fetch;
```

```
BEGIN n := 0; in := 0; out := 0; Init(nonfull); Init(nonempty)
END Buffer.
```

Ein weiterer Vorbehalt ist allerdings angebracht. Dieses Prozess-Schema versagt kläglich, wenn beide Prozesse gleichzeitig auf die Zählervariable n zugreifen und ändern. Das Resultat der beiden Aktionen ist dann zufällig, entweder n+1 oder n-1, aber niemals n. Es ist daher notwendig, die Prozesse davor zu schützen, dass sie einander ins Gehege kommen und daraus unbestimmte Werte resultieren. Ganz allgemein besteht diese Gefahr dann, wenn *gemeinsame Variable verändert* werden.

Eine hinreichende (aber nicht immer notwendige) Bedingung zur Vermeidung dieser Gefahr ist die Forderung, dass alle gemeinsamen Variablen in einem Modul zusammengefasst werden, für den *gegenseitiger Ausschluss* postuliert (und garantiert) wird. Ein solcher Modul wird *Monitor* genannt [1.4]. Die Bedingung des gegenseitigen Ausschlusses bedeutet, dass zu jedem Zeitpunkt höchstens ein einziger Prozess aktiv eine Prozedur dieses Monitors ausführt. Sollte ein anderer Prozess eine Prozedur desselben Monitors aufrufen, so wird er verzögert, bis der erste Prozess die Monitor-Prozedur beendet hat.

Anmerkung: Unter aktiver Ausführung verstehen wir die Ausführung einer beliebigen Anweisung ausser einer Wait- oder Send-Anweisung.

Nach all diesen Vorbereitungen kehren wir jetzt zum ursprünglichen Problem zurück, Daten in Blöcken einer gewissen vorgegebenen Länge zu übermitteln. Der folgende Modul ist eine Variante von (1.30); N_p ist die Blockgrösse des Produzenten, N_c diejenige des Konsumenten. In diesem Fall wird die Puffergrösse üblicherweise als gemeinsames Vielfaches von N_p und N_c gewählt. Um die Symmetrie zwischen Produzent und Konsument hervorzuheben, ist die Variable *n* durch die beiden Zähler *ne* und *nf* ersetzt worden. Sie stellen die Anzahl von unbelegten (empty) und belegten (full) Pufferzellen dar. Die Definition der Zähler wird nun wie folgt erweitert: Ist der Konsument unbeschäftigt, so gibt *nf* die Anzahl der Datenelemente an, die der Konsument benötigt, um weiterzufahren. Ist der Produzent am Warten, so gibt *ne* an, wieviele Pufferplätze er benötigt, um seine Daten abzugeben. Daher ist die Gleichung ne+nf = N nicht immer erfüllt.

```
MODULE Buffer;
  IMPORT Signal, Wait, Send, Init;                                    (1.31)
  EXPORT deposit, fetch;
  CONST Np = 16;  (*size of producer block*)
    Nc = 128;  (*size of consumer block*)
    N = 1024;  (*buffer size, common multiple of Np and Nc*)
  VAR ne, nf: INTEGER;
    in, out: CARDINAL;
    nonfull: Signal;  (*ne >= 0*)
    nonempty: Signal;  (*nf >= 0*)
    buf: ARRAY [0 .. N-1] OF WORD;
  PROCEDURE deposit(VAR x: ARRAY OF WORD);
```

```
  BEGIN ne := ne - Np;
    IF ne < 0 THEN Wait(nonfull) END ;
    FOR i := 0 TO Np-1 DO buf[in] := x[i]; in := in + 1 END ;
    IF in = N THEN in := 0 END ;
    nf := nf + Np;
    IF nf >= 0 THEN Send(nonempty) END
  END deposit;
  PROCEDURE fetch(VAR x: ARRAY OF WORD);
  BEGIN nf := nf - Nc;
    IF nf < 0 THEN Wait(nonempty) END ;
    FOR i := 0 TO Nc-1 DO x[i] := buf[out]; out := out + 1 END;
    IF out = N THEN out := 0 END ;
    ne := ne + Nc;
    IF ne >= 0 THEN Send(nonfull) END
  END fetch;
BEGIN
  ne := N; nf := 0; in := 0; out := 0; Init(nonfull); Init(nonempty)
END Buffer.
```

1.11.3 Standard Ein- und Ausgabe Operationen

Unter Standard Ein- und Ausgabe versteht man die Übertragung von Daten von (zu) einem Rechnersystem zu (von) einem echt externen Agenten, insbesondere seinem Benützer. Eingabedaten stammen typischerweise von einer Tastatur, und Ausgabe erfolgt an einem Bildschirm. Das charakteristische Merkmal ist jedenfalls, dass die Daten *lesbar* sind und in den häufigsten Fällen aus einer Folge von Schriftzeichen bestehen. Die Bedingung der Lesbarkeit ist die Quelle einer weiteren Komplikation in allen echten Ein- und Ausgabeoperationen: Zusätzlich zur eigentlichen Datenübertragung wird eine *Datentransformation* vorgenommen. So werden zum Beispiel Zahlen, üblicherweise als unteilbare Elemente betrachtet und intern in binärer Form dargestellt, vor der Ausgabe in die lesbare, dezimale Darstellung umgewandelt. Datenstrukturen werden in eine geeignete, übersichtliche Anordnung gebracht, eine Operation, die als *Formatierung* bezeichnet wird.

Glücklicherweise ist die Transformationsregel für Sequenzen sehr einfach: die Transformierte einer Sequenz ist identisch mit der Sequenz der transformierten Elemente, d.h.

$$T(\langle s_0, s_1, \ldots, s_{n-1}\rangle) = \langle T(s_0), T(s_1), \ldots, T(s_{n-1})\rangle \qquad (1.32)$$

Wir betrachten im folgenden kurz die Umwandlung der Darstellung natürlicher Zahlen bei der Ein- und Ausgabe. Der Ausgangspunkt der Überlegungen ist, dass eine Zahl x, dargestellt durch die Ziffernfolge $d = \langle d_{n-1}, \ldots, d_1, d_0\rangle$ den Wert

$$x = \sum_{i=0}^{n-1} d_i * 10^i$$

hat. Nehmen wir jetzt an, dass die Sequenz d von Ziffern zu lesen sei, und dass der durch d dargestellte Wert einer Variablen x zuzuweisen sei. Der einfache Algorithmus ist in (1.33) angeführt; er terminiert, wenn ein Zeichen folgt, das keine Ziffer ist (Arithmetischer Überlauf wird hier nicht berücksichtigt).

```
x := 0; Read(ch);
WHILE ("0" <= ch) & (ch <= "9") DO                    (1.33)
  x := 10*x + (ORD(ch) - ORD("0")); Read(ch)
END
```

Bei der Datenausgabe ist die Lage etwas komplizierter, weil die Zerlegung von x in dezimale Ziffern diese in umgekehrter Reihenfolge liefert; die letzte Ziffer wird zuerst erzeugt, indem x MOD 10 berechnet wird. Somit ist ein Zwischenspeicher notwendig, der wie ein Stapel (first-in-last-out queue, stack) funktioniert. Wir stellen ihn als Array mit der Indexvariablen i dar und erhalten folgendes Programm:

```
i := 0;
REPEAT d[i] := x MOD 10; x := x DIV 10; i := i+1      (1.34)
UNTIL x = 0;
REPEAT i := i-1; Write(CHR(d[i] + ORD("0"))
UNTIL i = 0
```

Anmerkung: Eine konsistente Substitution der Konstanten 10 in (1.33) und (1.34) durch eine Konstante B (>0) führt zu allgemeinen Konversionsprogrammen von Zahlen von und zu ihrer Darstellung zur Basis B. Die am häufigsten verwendeten Fälle sind B = 8 (oktal) und B = 16 (hexadezimal); die nötigen Multiplikationen und Divisionen werden durch einfache Schiebeoperationen ersetzt.

Selbstverständlich sollte es nicht nötig sein, diese überall auftretenden Operationen in jedem Programm in ihren Einzelheiten zu spezifizieren. Wir postulieren daher ein Modul, das die häufigsten Ein- und Ausgabeoperationen von Zahlen und Zeichenfolgen als Prozeduren zur Verfügung stellt. Auf diesen Modul wird in diesem Buch immer wieder Bezug genommen, und er wird *InOut* genannt. Die Prozeduren dienen zum Lesen und Schreiben eines Zeichens, einer ganzen Zahl (mit Vorzeichen), einer natürlichen Zahl, oder einer Zeichenfolge. Wegen der häufigen Verwendung in diesem Buch sei der Definitionsteil hier vollständig aufgeführt.

```
DEFINITION MODULE InOut;
 FROM SYSTEM IMPORT WORD;                             (1.35)
 FROM FileSystem IMPORT File;

 CONST EOL = 36C;
 VAR Done: BOOLEAN;
  termCH: CHAR; (*terminating character in ReadInt, ReadCard*)
  in, out: File; (*for exceptional cases only*)

 PROCEDURE OpenInput(defext: ARRAY OF CHAR);
  (*request a file name and open input file "in".
```

```
    Done := "file was successfully opened".
    If open, subsequent input is read from this file.
    If name ends with ".", append extension defext*)

PROCEDURE OpenOutput(defext: ARRAY OF CHAR);
  (*request a file name and open output file "out"
    Done := "file was successfully opened.
    If open, subsequent output is written on this file*)

PROCEDURE CloseInput;
  (*closes input file; returns input to terminal*)

PROCEDURE CloseOutput;
  (*closes output file; returns output to terminal*)

PROCEDURE Read(VAR ch: CHAR);
  (*Done := NOT in.eof*)

PROCEDURE ReadString(VAR s: ARRAY OF CHAR);
  (*read string, i.e. sequence of characters not containing
    blanks nor control characters; leading blanks are ignored.
    Input is terminated by any character <= " ";
    this character is assigned to termCH.
    DEL is used for backspacing when input from terminal*)

PROCEDURE ReadInt(VAR x: INTEGER);
  (*read string and convert to integer. Syntax:
      integer = ["+"|"-"] digit {digit}.
    Leading blanks are ignored.
    Done := "integer was read"*)

PROCEDURE ReadCard(VAR x: CARDINAL);
  (*read string and convert to cardinal. Syntax:
      cardinal = digit {digit}.
    Leading blanks are ignored.
    Done := "cardinal was read"*)

PROCEDURE ReadWrd(VAR w: WORD);
  (*Done := NOT in.eof*)

PROCEDURE Write(ch: CHAR);

PROCEDURE WriteLn;    (*terminate line*)

PROCEDURE WriteString(s: ARRAY OF CHAR);

PROCEDURE WriteInt(x: INTEGER; n: CARDINAL);
  (*write integer x with (at least) n characters on file "out".
    If n is greater than the number of digits needed,
    blanks are added preceding the number*)

PROCEDURE WriteCard(x, n: CARDINAL);
PROCEDURE WriteOct(x, n: CARDINAL);
```

```
  PROCEDURE WriteHex(x, n: CARDINAL);
  PROCEDURE WriteWrd(w: WORD);
END InOut.
```

In den Parameterlisten der Prozeduren dieses Moduls fehlt offensichtlich die Sequenz (File), die gelesen oder aufgebaut wird. Anstatt dessen wird angenommen, dass sich die Operationen stets auf die Standardmedien der Ein- und Ausgabe beziehen. Diese Medien sind üblicherweise die Tastatur und der Bildschirm. Die implizite Annahme kann aber durch einen Aufruf von *OpenInput* oder *OpenOutput* annulliert werden. Diese Prozeduren verlangen die Eingabe eines Filenamens und substituieren danach das Standardmedium durch das genannte File. Die Prozeduren *CloseInput* und *CloseOutput* dienen dazu, die Datenströme wieder auf die Standardmedien zurückzuschalten.

1.12 SUCH-ALGORITHMEN

Das Suchen ist eine der häufigsten Operationen in Computer-Programmen. Es ist auch ein ideales Anwendungsfeld der Datenstrukturen, die hier beschrieben worden sind. Es gibt mehrere Variationen über das Thema des Suchens, und viele verschiedene Algorithmen wurden dazu entwickelt. Im folgenden nehmen wir als fundamental an, dass die Datenmenge, in der ein gewisses Element gesucht werden soll, sich nicht verändert. Wir nehmen an, dass diese Menge von N Elementen durch den Array

```
a: ARRAY [0 .. N-1] OF item
```

dargestellt sei. Es ist üblich, dass der Typ *item* die Struktur eines Record besitzt, und dass ein Feld *key* als Schlüsselfeld auftritt. Es sei x der vorgegebene Schlüsselwert. Die Aufgabe des Suchens kann nun präziser formuliert werden: es ist ein Index i so zu bestimmen, dass a[i].key = x. Die Kenntnis dieses Index ermöglicht den Zugriff auf die übrigen Felder, die normalerweise die gesuchte, relevante Information enthalten. Weil wir uns in diesem Kapitel auf die Aufgabe des Suchens konzentrieren wollen, und uns nicht um die assoziierten Daten kümmern, nehmen wir an, dass der Typ *item* nur das Feld *key* besitzt. Er ist also selber der Schlüssel.

1.12.1 Lineares Suchen

Falls über die zu untersuchende Datenmenge keine weiteren Angaben vorliegen, ist es naheliegend, den Array sequentiell zu durchlaufen. Dabei wird Schritt für Schritt die Menge vergrössert, unter der das gesuchte Element sich mit Sicherheit *nicht* befindet. Diese Methode wird *lineares Suchen* genannt. Die Operation terminiert unter zwei Bedingungen:

1. Das Element ist gefunden, d. h. $a_i = x$.
2. Der ganze Array ist durchlaufen, aber kein Element hat den Schlüssel x.

Daraus folgt der Algorithmus

```
i := 0;                                                    (1.36)
WHILE (i < N) & (a[i] # x) DO i := i+1 END
```

wobei zu beachten ist, dass die Reihenfolge der Terme des Booleschen Ausdrucks wesentlich ist: erst $i < N$ gewährleistet, dass a_i überhaupt existiert. Die Invariante, d.h. die Bedingung, die stets gilt, ist

$$(0 \leq i \leq N) \ \& \ \forall_{k=0}^{i-1} \ a_k \neq x \tag{1.37}$$

Sie drückt aus, dass für alle Indexwerte k kleiner als i kein Element das gesuchte ist. Aus der Invarianten und der Tatsache, dass nach der Beendigung der while-Anweisung die while-Bedingung nicht erfüllt ist, ergibt sich das Resultat:

$$((i = N) \text{ OR } (a_i = x)) \;\&\; \forall_{k=0}^{i-1} \; a_k \neq x$$

Diese Bedingung ist nicht nur das gewünschte Resultat, sondern besagt darüber hinaus, dass, falls ein Element gefunden wurde, es dasjenige mit dem kleinstmöglichen Indexwert ist. Falls i = N ist, gibt es kein entsprechendes Element.

Termination der Wiederholung ist offensichtlich dadurch sichergestellt, dass i in jedem Schritt um 1 erhöht wird, d. h. nach einer endlichen Anzahl Schritten die Grenze N erreicht, falls kein Element gefunden wurde.

Jeder Schritt verlangt offenbar die Erhöhung des Index und die Auswertung eines Booleschen Ausdrucks. Gibt es einen Weg, diese Operationen zu vereinfachen und damit den Suchvorgang zu beschleunigen? Die einzige Möglichkeit besteht offenbar darin, eine Vereinfachung des zusammengesetzten Booleschen Ausdrucks zu finden. Es gilt also, eine Bedingung zu finden, die aus einem einzigen Faktor besteht, der beide obigen Faktoren einschliesst. Dies wiederum ist nur möglich, wenn garantiert wird, dass auf jeden Fall ein Element gefunden wird (dessen Auffindung den Prozess abbricht). Wir plazieren daher ein Hilfselement mit dem gesuchten Schlüsselwert an das Ende des Array. Dieses Element wird *Marke* (sentinel) genannt, weil es das Weitersuchen über die Arraygrenze hinaus verhindert. Der Array wird nun neu vereinbart zu

```
a: ARRAY [0 .. N]  OF INTEGER
```

und der Algorithmus des linearen Suchens stellt sich folgendermassen dar:

```
a[N] := x; i := 0;                                   (1.38)
WHILE a[i] # x DO i := i+1 END
```

Das von der gleichen Invarianten wie zuvor abgeleitete Resultat ist

$$(a_i = x) \;\&\; \forall_{k=0}^{i-1} \; a_k \neq x$$

Offensichtlich bedeutet i = N, dass kein passendes Element (ausser der Marke) angetroffen wurde.

1.12.2 Binäres Suchen

Leider besteht keine Möglichkeit, den Suchalgorithmus weiter zu beschleunigen, es sei denn, es liege weitere Information über die zu durchsuchenden Daten vor. Bekanntlich kann das Suchen wesentlich effizienter gestaltet werden, wenn die Daten geordnet sind. Man stelle sich zum Beispiel ein Telephonverzeichnis vor, dessen Einträge nicht alphabetisch geordnet sind; es wäre schlechthin unbrauchbar. Wir stellen daher einen Suchalgorithmus vor, der sich die Tatsache der *Ordnung* zu Nutzen macht. Es gilt also

$$\forall_{k=1}^{N-1} a_{k-1} \leq a_k \tag{1.39}$$

Die Grundidee ist, ein zufälliges Element, zum Beispiel a_m, auszuwählen und mit dem Suchargument x zu vergleichen. Ist es gleich x, so ist die Suche beendet. Ist es kleiner als x, so folgern wir aus (1.39), dass alle Elemente mit Index kleiner oder gleich m ausgeschlossen werden dürfen. Ist es aber grösser als x, so sind alle Elemente mit Index grösser oder gleich m auszuschliessen. Diese Methode heisst *binäres Suchen*, weil in jedem Schritt entweder die Elemente oberhalb oder unterhalb der gewählten Stichprobe eliminiert werden können. Wir verwenden zwei Indexvariablen L und R, die das linke und das rechte Ende des Bereichs markieren, in dem das gesuchte Element noch liegen könnte.

```
L := 0; R := N-1; found := FALSE ;                                    (1.40)
WHILE (L ≤ R) & ~found DO
  m := beliebiger Wert zwischen L und R;
  IF a[m] = x THEN found := TRUE
  ELSIF a[m] < x THEN L := m+1
  ELSE R := m-1
  END
END
```

Die Schleifen-Invariante, die Bedingung, die vor jedem Wiederholungsschritt gültig ist, lautet

$$\forall_{k=0}^{L-1} a_k < x \quad \& \quad \forall_{k=R+1}^{N-1} a_k > x \tag{1.41}$$

Daraus, sowie aus der Negation der while-Bedingung, ergibt sich das Resultat

$$(\text{found OR } (L > R)) \quad \& \quad \forall_{k=0}^{L-1} a_k < x \quad \& \quad \forall_{k=R+1}^{N-1} a_k > x$$

das

$$(a_m = x) \text{ OR } \forall_{k=0}^{N-1} a_k \neq x$$

impliziert. Die Wahl von m ist offensichtlich in dem Sinn willkürlich, dass das Resultat von ihr unabhängig ist. Sie beeinflusst jedoch die Effizienz des Algorithmus. Selbstverständlich ist es erstrebenswert, in jedem Schritt möglichst viele Elemente zu eliminieren, unabhängig davon, wie der Schlüsselvergleich ausfiel. Die beste Wahl ist das Element in der Mitte, weil damit auf jeden Fall die Hälfte der verbliebenen Elemente ausgeschlossen wird. Daher ergibt sich die maximale Anzahl von Vergleichen als log N, zur nächsten ganzen Zahl aufgerundet. Dieser Algorithmus stellt also eine drastische Verbesserung gegenüber dem linearen Suchen dar, wo die mittlere erwartete Anzahl von Vergleichen N/2 ist.

Die Effizienz lässt sich sogar noch etwas verbessern, indem die beiden if-Klauseln vertauscht werden. Gleichheit sollte in zweiter Linie geprüft werden, weil sie nur einmal auftritt und den Algorithmus terminiert. Aber noch wichtiger ist die Frage, ob - wie im Fall des linearen Suchens - eine Lösung mit einer einfacheren Testbedingung existiert. Wir stossen erst darauf, wenn wir den etwas naiven Wunsch aufgeben, das Suchen sofort zu beenden, wenn ein Element mit dem gesuchten Schlüssel vorliegt. Obwohl dies auf den ersten Blick als ungeschickt erscheinen mag, wiegt die Summe der Gewinne bei jedem Schritt den einmaligen Verlust am Schluss leicht auf, wenn einige Elemente zuviel verglichen werden. Man beachte, dass die Anzahl von Vergleichen höchstens gleich log N, also relativ klein ist. Die schnelle Version des Algorithmus beruht auf der folgenden Invarianten:

$$\forall_{k=0}^{L-1} a_k < x \quad \& \quad \forall_{k=R}^{N-1} a_k > x \tag{1.42}$$

Die Suche wird fortgesetzt, bis die beiden Bereiche (0 ... L und R ... N) den ganzen Array überdecken.

```
L := 0; R := N;                                        (1.43)
WHILE L < R DO
  m := (L+R) DIV 2;
  IF a[m] < x THEN L := m+1 ELSE R := m END
END
```

Die Schlussbedingung ist $L \geq R$. Wird sie auf jeden Fall erreicht? Um dies zu garantieren, muss gezeigt werden, dass die Differenz R-L in jedem Schritt echt verkleinert wird. $L < R$ gilt am Anfang jedes Schrittes. Dann gilt für das arithmetische Mittel $L \leq m < R$. Und daraus ergibt sich, dass die Differenz tatsächlich reduziert wird, indem entweder m+1 der Variablen L (Erhöhen von L), oder m der Variablen R (Reduzieren von R) zugewiesen wird. Die Wiederholung terminiert mit $L = R$. Diese Gleichheit, zusammen mit der Invarianten (1.42) garantiert aber nicht, dass ein Element gefunden wurde. Falls $R = N$, so existiert sicher kein Element mit dem gesuchten Schlüssel; sonst aber müssen wir beachten, dass das Element a[R] gar nie zu einem Vergleich herangezogen wurde. Daher ist ein zusätzlicher Vergleich a[R] = x unumgänglich. Im Gegensatz zur ersten Lösung (1.40) findet diese Variante - wie das lineare Suchen - das Element mit dem kleinstmöglichen Index.

1.12.3 Tabellen-Suchen

Ein Suchen im Array wird manchmal auch *Tabellen-Suchen* genannt, besonders wenn die Schlüssel selbst strukturierte Werte sind, wie zum Beispiel Arrays von Zahlen oder Zeichen. Letzteres tritt besonders häufig auf; ein Array von Zeichen heisst *String* oder *Wort*. Wir wollen daher gleich einen Typ *String* vereinbaren als

$$\text{String} = \text{ARRAY}\ [0\ ..\ M\text{-}1]\ \text{OF CHAR} \tag{1.44}$$

und eine Ordnungsrelation zwischen zwei Wörtern definieren mit

$$(x = y) = \forall_{j=0}^{M-1}\ x_j = y_j$$

$$(x < y) = \exists_{i=0}^{N-1}\ [\ \forall_{j=0}^{i-1}\ x_j = y_j\ \ \&\ (x_i < y_i)]$$

Um Gleichheit zweier Wörter zu etablieren, muss also gezeigt werden, dass alle sich entsprechenden Zeichen der Wörter gleich sind. Der Vergleich zweier strukturierter Operanden wird dadurch zur Suche nach einem ungleichen Elementepaar, also zu einer Suche nach Ungleichheit. Falls kein ungleiches Paar aufgefunden wird, ist Gleichheit etabliert.

In den meisten Fällen der Praxis möchte man Wörter vergleichen können, die von unterschiedlicher Länge sind. Dies wird ermöglicht, indem jeder Zeichenfolge eine Längenangabe zugeordnet wird. Im obigen Fall darf diese Länge allerdings nie den Grenzwert M überschreiten. Diese Lösung bietet zwar in den meisten Fällen die gewünschte Flexibilität, vermeidet jedoch die Komplexität einer dynamischen Speicherverwaltung (wie sie nötig wäre ohne obere Grenze M). Zwei Arten der Längenangabe werden besonders häufig verwendet:

1. Die Länge ist *implizit* angegeben, indem ein Endzeichen angefügt wird, das sonst nicht in Zeichenfolgen (Wörtern) vorkommt. Meistens wird dazu das Zeichen mit dem Wert 0C eingesetzt. (Es ist sogar in manchen der nachfolgenden Anwendungen wichtig, dass das Zeichen mit dem kleinsten Wert dafür reserviert wird).

2. Die Länge wird *explizit* als erstes Element des Array angegeben. Die Zeichenfolge ist

   $$s = s_0, s_1, s_2, \ldots, s_{N-1}$$

   wobei $s_1 \ldots s_{N-1}$ die eigentlichen Zeichen sind und s_0 = CHR(N). Diese Lösung hat den Vorteil, dass die Länge direkt zugreifabr ist, und den Nachteil, dass sie durch die Grösse des Zeichensatzes limitiert ist (256).

Im nachfolgenden Algorithmus legen wir uns auf die erste Strategie fest. Ein Vergleich zwischen zwei Strings hat dann die Form

```
i := 0;                                                        (1.45)
WHILE (x[i] = y[i]) & (x[i] # 0C) DO i := i+1 END
```

Das Endzeichen funktioniert jetzt als Marke, und die Schleifeninvariante ist

$$\forall_{j=0}^{i-1}\ x_j = y_j \neq 0C$$

Das Resultat ergibt sich daraus zu

$$((x_i \neq y_i) \text{ OR } (x_i = 0C)) \;\&\; (\forall_{j=0}^{i-1} x_j = y_j \neq 0C)$$

Es garantiert eine Übereinstimmung zwischen gefundenem Schlüssel und Suchargument, falls $x_i = y_i$, und impliziert $x < y$, falls $x_i < y_i$.

Nach diesen Vorbereitungen sind wir in der Lage, die Aufgabe des Tabellen-Suchens aufzugreifen. Sie bedingt eine geschachtelte Suche, nämlich ein Suchen durch die ganze Tabelle, und für jeden Eintrag ein Suchen nach einem ungleichen Zeichenpaar der Schlüssel. Als Beispiel seien die Tabelle T und das Suchargument x wie folgt vereinbart:

```
T: ARRAY [0 .. N-1] OF String;
x: String
```

Unter der Annahme, dass N ziemlich gross sein mag, und dass die Tabelle alphabetisch geordnet sei, kommt binäres Suchen zur Anwendung. Der Algorithmus (1.43) zusammen mit dem Vergleich von Strings (1.45) ergibt schliesslich folgendes Programm:

```
L := 0; R := N;
WHILE L < R DO                                                    (1.46)
  m := (L+R) DIV 2; i := 0;
  WHILE (T[m,i] = x[i]) & (x[i] # 0C) DO i := i+1 END ;
  IF T[m,i] < x[i] THEN L := m+1 ELSE R := m END
END ;
IF R < N THEN i := 0;
  WHILE (T[R,i] = x[i]) & (x[i] # 0C) DO i := i+1 END
END
(* (R < N) & (T[R,i] = x[i]) garantieren Übereinstimmung*)
```

1.12.4 Direktes Muster-Suchen in Zeichenfolgen

Eine häufig anzutreffende Variante des Suchens ist das sogenannte Muster-Suchen (string search), das folgendermassen charakterisiert wird. Gegeben seien ein Array s mit N Elementen und ein Array p mit M Elementen, wobei $0 < M \leq N$ ist.

```
s: ARRAY [0 .. N-1] OF item
p: ARRAY [0 .. M-1] OF item
```

Das Muster-Suchen besteht darin, das Muster (pattern) p als Teilfolge in s zu finden. Typisch ist der Fall, dass die Elemente Zeichen sind; dann ist s ein Text, und p sei ein Wort. Hier gilt es, das Wort p im Text s zu finden. Dieser Vorgang ist fundamental in jedem System zur Textverarbeitung, und es besteht daher ein reges Interesse, für diese Aufgabe einen möglichst effizienten Algorithmus zu finden. Bevor wir uns allerdings um Probleme der Effizienz kümmern, wollen wir eine einfache, leicht verständliche Methode präsentieren und sie *direktes Mustersuchen* nennen.

Bevor wir allerdings einen Algorithmus aufstellen können, müssen wir eine genauere Formulierung der eigentlichen Aufgabe, d.h. des Resultats des Algorithmus fordern. Es sei i der Index, der zur Stelle des ersten Auftritts des gesuchten Musters zeigt. Wir führen dazu das Prädikat P(i, j) ein mit der Bedeutung

$$P(i,j) \;=\; \forall_{k=0}^{j-1} \; s_{i+k} = p_k \tag{1.47}$$

Der Resultat-Index i muss also P(i, M) erfüllen. Diese Bedingung ist zwar notwendig, aber nicht hinreichend, weil gefordert ist, nicht ein beliebiges, sondern das *erste* Vorkommen des Musters zu finden. Dies bedeutet, dass P(k, M) für alle k < i nicht erfüllt sein darf, was wir mit dem Prädikat Q(i) ausdrücken.

$$Q(i) \;=\; \forall_{k=0}^{i-1} \; \sim P(k, M) \tag{1.48}$$

Diese Form der Aussage legt es nahe, den Suchalgorithmus als Iteration von Vergleichen zu formulieren. Wir schlagen folgende erste Version vor:

```
i := -1;
REPEAT i := i+1; (* Q(i) *)
  found := P(i,M)
UNTIL found OR (i = N-M)
```

Die Bestimmung von P führt demzufolge zu einer weiteren, geschachtelten Iteration von Vergleichen einzelner Zeichenwerte. Falls wir das Prädikat P durch einen existentiellen Quantor ausdrücken, erweist sich diese Iteration als Suche nach einer Ungleichkeit zwischen Text- und Musterzeichen.

$$P(i,j) \;=\; \forall_{k=0}^{j-1} \; s_{i+k} = p_k \;=\; \sim \exists_{k=0}^{j-1} \; s_{i+k} \neq p_k$$

Das folgende Programm stellt das Resultat des Verfeinerungsschrittes dar, wobei die Invarianten P und Q dort als Kommentare eingefügt sind, wo sie gültig sind. Sobald ein ungleiches Zeichenpaar vorliegt, terminiert die innere Iteration, und i wird um 1 erhöht. Man stelle sich dabei vor, dass damit das Muster relativ zum Text um eine Stelle nach rechts verschoben wird. Danach beginnt das Vergleichen der Zeichen neu am Anfang des Musters.

```
i := -1;                                                        (1.49)
REPEAT i := i+1; j := 0; (* Q(i) *)
  WHILE (j < M) & (s[i+j] = p[j]) DO (* P(i, j+1) *) j := j+1 END
  (* Q(i) & P(i, j) & ((j = M) OR (s[i+j] # p[j])) *)
```

UNTIL (j = M) OR (i = N-M)

Der Term j = M in der Abschlussbedingung entspricht tatsächlich der Bedingung *found*, weil nämlich j = M die Aussage P(i, M) impliziert. Der Term i = N-M impliziert Q(N-M) und damit die Aussage, dass das Muster p im ganzen Text s nicht vorkommt. Falls die Iteration mit $j < M$ fortgesetzt wird, dann muss auch $s_{i+j} \neq p_j$ zutreffen. Nach (1.47) folgt daraus ~P(i, j), woraus nach (1.48) wiederum Q(i+1) folgt. Aus dieser Bedingung ergibt sich wiederum Q(i) nach der nächsten Erhöhung von i um 1.

Analyse des einfachen Mustersuchens. Dieser Algorithmus arbeitet verhältnismässig gut, wenn angenommen werden darf, dass eine allfällige Nichtübereinstimmung zwischen Muster und Wort im Text jeweils nach höchstens einigen ganz wenigen Zeichenvergleichen festgestellt wird. Dies ist relativ wahrscheinlich, wenn die Kardinalität des Elementtyps gross ist. Für Texte mit einem Zeichensatz der Grösse 128 ist anzunehmen, dass eine Ungleichheit meistens nach einem oder zwei Zeichenvergleichen vorliegt. Trotzdem ist die Leistung dieses Algorithmus im schlechtesten Fall enttäuschend. Man betrachte als Beispiel den Text, der aus N-1 A's besteht, gefolgt von einem einzigen B, während das Muster aus M-1 A's gefolgt von einem B besteht. Dann werden ungefähr N*M Vergleiche ausgeführt, bis am Ende des Textes die Übereinstimmung gefunden wird. Wie das nächste Kapitel zeigt, gibt es einen Algorithmus, der in allen Fällen schneller arbeitet.

1.12.5. Der Knuth-Morris-Pratt Suchalgorithmus

Um 1970 erfanden D.E. Knuth, J.H. Morris, und V.R. Pratt einen Algorithmus, der selbst im ungünstigsten Fall nur ungefähr N Zeichenvergleiche erfordert [1.5]. Er beruht auf der Feststellung, dass wertvolle Information verloren geht, wenn bei jeder Verschiebung des Musters (relativ zum Text) stets wieder mit dem ersten Musterzeichen begonnen wird. Nachdem festgestellt wurde, dass zum Beispiel das k-te Zeichen des Musters nicht mit dem Text übereinstimmt, kennen wir die k-1 letzten Zeichen des Textes, weil sie gleich dem Muster sind. Vielleicht wäre es denkbar, aus dem Muster selber gewisse Informationen abzuleiten, sozusagen zu kompilieren, mit Hilfe derer ein rascheres Vorwärtsschieben des Musters möglich würde. Das folgende Beispiel eines Suchvorgangs nach dem Wort *Hooligan* hilft, das Prinzip des Algorithmus zu erfassen. Zeichen, die soeben verglichen wurden, sind unterstrichen. Wenn zwei verglichene Zeichen ungleich sind, so wird das Muster jeweils bis zu dieser Stelle weitergeschoben, weil keine geringere Verschiebung zu einer Übereinstimmung führen könnte.

```
Hoola-Hoola girls like Hooligans.
Hooligan
    Hooligan
     Hooligan
      Hooligan
          Hooligan
           Hooligan
             ......    Hooligan
```

Der KMP-Algorithmus ist in (1.50) gezeigt; dabei kommen die gleichen Prädikate (1.47) und (1.48) zur Anwendung wie beim einfachen Mustersuchen.

```
i := 0; j := 0;
WHILE (j < M) & (i < N) DO                                    (1.50)
  (* Q(i-j) & P(i-j, j) *)
  WHILE (j >= 0) & (s[i] # p[j]) DO j := D END ;
  i := i+1; j := j+1
END
```

Diese Formulierung ist jedoch nicht vollständig, denn sie enthält eine nicht näher spezifizierte Grösse D, die angibt, um wieviel das Muster jeweils nach rechts verschoben wird. Wir kommen später auf D zurück und halten für den Moment fest, dass die Bedingungen Q(i-1) und P(i-j, j) als globale Invarianten auftreten. Ferner gilt stets $0 \leq i < N$ und $0 \leq j < M$. Dies bedeutet, dass wir i nicht länger als die Position des ersten Musterzeichens bezüglich dem Text, d.h. als Lage des Musters relativ zum Text, betrachten dürfen. Diese Musterposition wird vielmehr durch die Grösse i-j angezeigt.

Falls der Algorithmus auf Grund der Bedingung $j = M$ terminiert, so wird der Invariantenterm P(i-j, j) zur Aussage P(i-M, M). Nach (1.47) bedeutet dies, dass das Muster an der Stelle i-M gefunden wurde. Andernfalls terminiert der Algorithmus mit $i = N$, und weil dabei $j < M$ ist, so impliziert die Invariante Q(i), dass das Muster nicht vorkommt.

Nun verbleibt uns allerdings noch die wichtige Aufgabe zu beweisen, dass der Algorithmus die Invariante nie verletzt. Es ist leicht zu zeigen, dass die Invariante anfänglich mit $i = j = 0$ gültig ist. So wollen wir zuerst den Effekt des gemeinsamen Erhöhens der Werte i und j genauer untersuchen. Sie stellen offensichtlich weder eine Verschiebung des Musters nach rechts dar, noch beeinflussen sie die Aussage Q(i-j), da die Differenz konstant bleibt. Könnten sie jedoch P(i-j, j), den zweiten Term der Invarianten, verletzen? Dazu bemerken wir, dass an dieser Stelle die Negation der while-Bedingung gilt, d. h. entweder ist $j < 0$ oder $s_i = p_j$. Letztere Bedingung erweitert den Bereich der partiellen Übereinstimmung zwischen Muster und Text und etabliert damit P(i-j, j+1). Im Fall $j < 0$ postulieren wir, das P(i-j, j+1) ebenfalls gültig sei. Damit ist also erwiesen, dass das gemeinsame Erhöhen von i und j die Invarianten beibehält. Die einzige verbleibende Anweisung ist j := D. Wir müssen D derart festlegen, dass die Substitution von D für j die Invariante ebenfalls intakt lässt.

Um für D einen Ausdruck zu finden, der diesen Bedingungen entspricht, müssen wir allerdings den Effekt der Zuweisung j := D genauer verstehen. Unter der Bedingung $D < j$ stellt diese Zuweisung eine *Verschiebung des Musters nach rechts um j-D Stellen* dar. Diese Verschiebung sollte so gross wie nur möglich sein; daraus folgt, dass D der kleinste Wert sein muss, der die Invariante nicht verletzt. Dazu beachte man Fig. 1.10.

Gemäss dem Zuweisungs-Axiom müssen also die Aussagen P(i-D, D) & Q(i-D) gültig sein, *bevor* die Zuweisung von D an j erfolgt, denn nur dann kann *nach* der erfolgten Zuweisung P(i-j, j) & Q(i-j) gelten. Diese Vorbedingung gibt uns den nötigen Hinweis, um

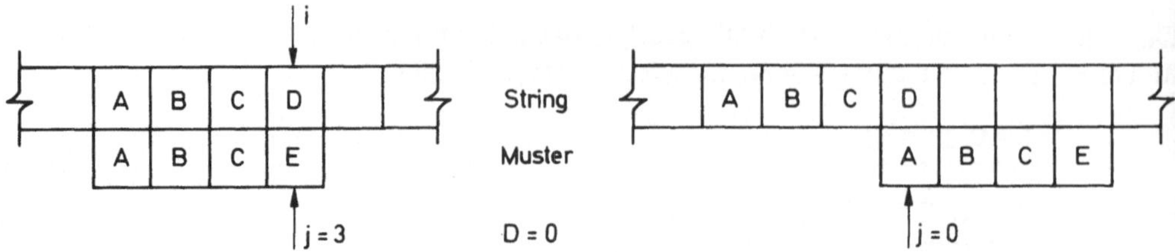

Fig. 1.10. Zuweisung j := D verschiebt Muster um j-D Stellen

den gesuchten Ausdruck für D zu finden. Den Schlüssel liefert dabei die Beobachtung, dass auf Grund von P(i-j, j)

$$s_{i-j} \dots s_{i-1} = p_0 \dots p_{j-1},$$

denn die ersten j Zeichen des Musters wurden soeben mit dem Text verglichen und haben sich als übereinstimmend erwiesen. Deshalb lässt sich die Aussage P(i-D, D) im Fall $D \leq j$, d.h.

$$p_0 \dots p_{D-1} = s_{i-D} \dots s_{i-1}$$

auch durch

$$p_0 \dots p_{D-1} = p_{j-D} \dots p_{j-1} \qquad (1.51)$$

ausdrücken. Um die Invarianz von Q(i-D) unter Beweis zu stellen, übersetzen wir noch die Aussagen ~P(i-k, M) für k = 1 ... j-D in die Form

$$p_0 \dots p_{k-1} \neq p_{j-k} \dots p_{j-1} \quad \text{für } k = 1 \dots j\text{-}D \qquad (1.52)$$

Das wesentliche Resultat ist, dass D offensichtlich nur vom Muster selbst (und nicht vom Text) abhängt. Die Bedingungen (1.51) und (1.52) sagen aus, dass zur Bestimmung von D für jeden Wert j die kleinste Anzahl von Zeichen gefunden werden muss, die mit ebenso vielen Zeichen am Musteranfang übereinstimmen. Wir bezeichnen den Wert D für ein gegebenes j mit d_j. Da diese Werte vom Muster allein abhängen, kann die Hilfstabelle d berechnet werden, bevor das eigentliche Suchen beginnt; diese Berechnung gleicht daher einer Vorkompilation des Musters und lohnt sich offensichtlich nur, wenn der Text wesentlich länger ist als das Muster (M << N). Falls mehrfaches Auftreten des Musters im Text festgestellt werden soll, so kann die gleiche Tabelle d wieder verwendet werden, und eine Neuberechnung erübrigt sich. Das Beispiel in Fig. 1.11 illustriert die Bedeutung von d.

Das letzte Beispiel in Fig. 1.11 weist darauf hin, dass sogar noch eine kleine Leistungssteigerung möglich ist; wäre das Zeichen p_j ein A anstatt ein F, so wüssten wir, dass das entsprechende Zeichen im Text kein A sein könnte, weil $s_i \neq p_j$ die Wiederholung abbricht. Dies bedeutet aber, dass eine Verschiebung des Musters um 5 Stellen auch nicht zu einer

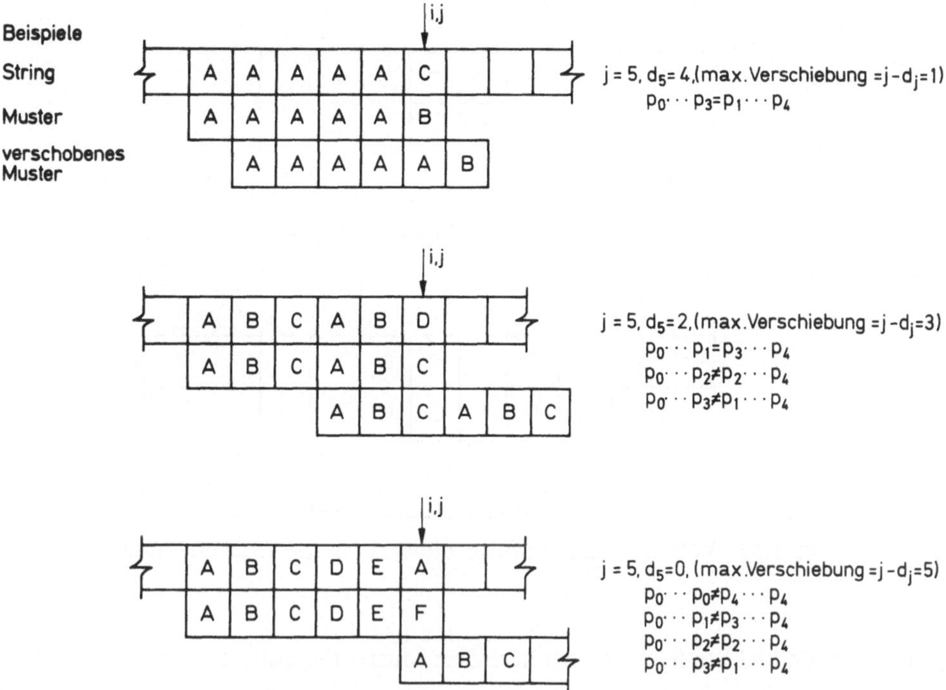

Fig. 1.11. Partielle Musterübereinstimmung und Berechnung von d_j

vollen Übereinstimmung führen könnte, und wir dürfen daher den Schiebebetrag auf 6 erhöhen (s. Fig. 1.12, oberer Teil). Indem wir diese Feststellung in unsere Betrachtung mitaufnehmen, definieren wir die Berechnung von d neu als die Suche nach der längsten, übereinstimmenden Folge

$$p_0 \cdots p_{d_j-1} = p_{j-d_j} \cdots p_{j-1}$$

mit der zusätzlichen Randbedingung $p_{d_j} \neq p_j$. Falls keine Übereinstimmung vorliegt, so definieren wir $d_j = -1$, und bestimmen damit, dass das gesamte Muster über seine gegenwärtige Position hinausgeschoben werde (s. Fig. 1.12, unterer Teil).

Hier stellen wir fest, dass uns die Berechnung von d offenbar eine erste Anwendung des Suchalgorithmus selbst liefert. Weshalb sollten wir dazu nicht gerade die schnelle KMP-Version verwenden? Die Lösung ist als Ganzes im Programm 1.2 angeführt. Dieses besteht aus den folgenden Teilen: Zuerst wird der Text s gelesen, worauf eine Wiederholung folgt, die zuerst ein Muster p einliest, dann das Muster zur Tabelle d

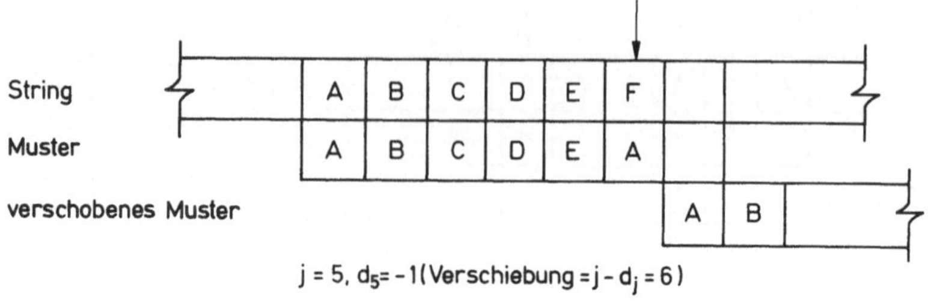

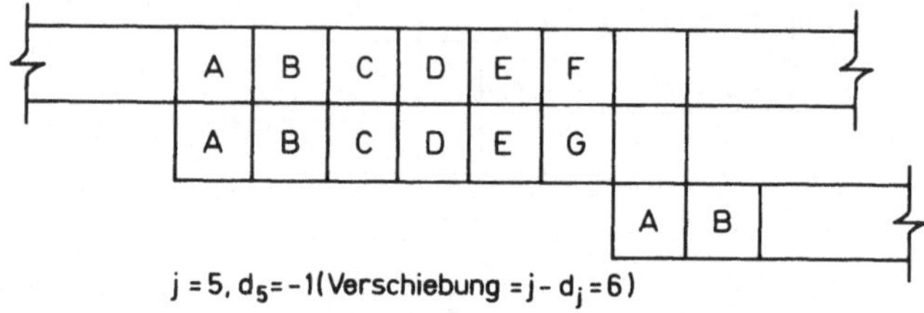

Fig. 1.12. Verschieben des Musters über das letzte Zeichen hinaus

vorkompiliert, und schliesslich den Text nach dem Muster durchsucht.

```
MODULE KMP;
  FROM InOut IMPORT
    OpenInput, CloseInput, Read, Write, WriteLn, Done;
  CONST Mmax = 100; Nmax = 10000; ESC = 33C;
  VAR i, j, k, k0, M, N: INTEGER;
    ch: CHAR;
    p: ARRAY [0 .. Mmax-1] OF CHAR;  (*pattern*)
    s: ARRAY [0 .. Nmax-1] OF CHAR;  (*string*)
    d: ARRAY [0 .. Mmax-1] OF INTEGER;
BEGIN OpenInput("TEXT"); N := 0; Read(ch);
  WHILE Done DO
    Write(ch); s[N] := ch; N := N+1; Read(ch)
  END ;
  CloseInput;
  LOOP WriteLn; Write(">"); M := 0; Read(ch);
    WHILE ch > " " DO
      Write(ch); p[M] := ch; M := M+1; Read(ch)
    END ;
    WriteLn;
    IF ch = ESC THEN EXIT END ;
    j := 0; k := -1; d[0] := -1;
```

```
    WHILE j < M-1 DO
      WHILE (k >= 0) & (p[j] # p[k]) DO k := d[k] END ;
      j := j+1; k := k+1;
      IF p[j] = p[k] THEN d[j] := d[k] ELSE d[j] := k END
    END ;
    i := 0; j := 0; k := 0;
    WHILE (j < M) & (i < N) DO
      WHILE k <= i DO Write(s[k]); k := k+1 END ;
      WHILE (j >= 0) & (s[i] # p[j]) DO j := d[j] END ;
      i := i+1; j := j+1
    END ;
    IF j = M THEN Write("!") (*found*) END
  END
END KMP.
```

Programm 1.2. Knuth-Morris-Pratt Mustersuche

Analyse des KMP-Algorithmus. Die genaue Analyse der Leistung des KMP-Algorithmus ist kompliziert. In [1.5] beweisen die Autoren, dass die Anzahl der Zeichenvergleiche höchstens M+N beträgt, was gegenüber dem Produkt M*N des direkten Mustersuchens eine beachtliche Verbesserung darstellt. Die Autoren weisen ferner auf die nützliche Eigenschaft hin, dass der Index i monoton wächst, während beim einfachen Suchalgorithmus i an den Anfang des Musters zurückgestellt wird und damit einen Zugriff zu Zeichen erfordert, die bereits inspiziert worden sind. Dies kann unter Umständen unangenehme Probleme mit sich bringen, wenn der Text vom sekundären Speicher gelesen wird, wo das Zurücksetzen (backing up) aufwendig sein kann. Selbst wenn die Eingabe gepuffert ist, so kann unter ungünstigen Bedingungen über den Puffer hinaus zurückgelesen werden müssen.

1.12.6 Der Boyer-Moore Algorithmus

Die geschickte Strategie des KMP-Algorithmus liefert eigentlich nur dann einen Vorteil, wenn eine Übereinstimmung zwischen einem längeren Teil des Musters und dem Text gefunden wurde, bevor ein ungleiches Zeichenpaar auftritt. Denn nur in diesem Fall tritt eine Verschiebung des Musters um mehr als eine Stelle auf. Leider ist dies aber eher die Ausnahme als die Regel, denn Ungleichheiten treten viel öfters auf als Gleichheiten. Daher hält sich der Gewinn der KMP-Strategie beim üblichen Textsuchen in Grenzen. Die nachfolgend darzulegende Methode jedoch verbessert die Leistung nicht nur im schlimmsten Fall, sondern im Durchschnitt. Hingegen bietet sie den Vorteil des "no backup" nicht. Sie wurde um 1975 von R.S. Boyer und J.S. Moore erfunden, und wir nennen sie BM-Algorithmus. Zudem präsentieren wir hier eine etwas vereinfachte und leichter verständliche Version, die jedoch praktisch dieselbe Leistung erbringt.

Der BM-Algorithmus basiert auf der unkonventionellen Idee, die Zeichenvergleiche nicht am Anfang, sondern am Ende des Musters zu beginnen. Wie beim KMP-Algorithmus wird das Muster vor dem eigentlichen Suchen in eine Tabelle d vorkompiliert. Für jedes Zeichen x im Zeichensatz sei d_x die Distanz zwischen dem letzten x im Muster und dem Ende des Musters. Nehmen wir nun eine Nicht-Übereinstimmung zwischen Muster und Text an. Dann kann das Muster sofort um $d_{p[M-1]}$ Stellen verschoben werden. Dieser Betrag aber ist sehr wahrscheinlich grösser als 1. Falls p_{M-1} im Muster gar nicht auftritt, so ist die Verschiebung sogar noch grösser, nämlich die ganze Musterlänge. Das folgende Beispiel zeigt diesen Sachverhalt.

```
Hoola-Hoola girls like Hooligans.
Hooligan
     Hooligan
       Hooligan
               Hooligan
                       Hooligan
```

Weil die Zeichenvergleiche jetzt von rechts nach links fortschreiten, sind die folgenden, leicht modifizierten Prädikate zur Erklärung des Algorithmus geeigneter.

$$P(i,j) = \underset{j=k}{\overset{M-1}{\forall}} s_{i-j+k} = p_k \tag{1.53}$$

$$Q(i) = \underset{k=0}{\overset{i-1}{\forall}} \sim P(i, 0)$$

Wir verwenden sie in der Formulierung (1.54) des Algorithmus, um die Invarianten auszudrücken.

```
i := M; j := M;
WHILE (j > 0) & (i <= N) DO                               (1.54)
  (* Q(i-M) *) j := M; k := i;
  WHILE (j > 0) & (s[k-1] = p[j-1]) DO
    (* P(k-j, j) & (k-j = i-M) *)
    k := k-1; j := j-1
  END;
  i := i + d[s[i-1]]
END
```

Die Index-Variablen i, j und k genügen den folgenden Bedingungen: $0 \leq j \leq M$ und $0 \leq i,k \leq N$. Terminierung mit j = 0, zusammen mit P(k-j, j), garantiert daher P(k, 0), d. h. dass das Muster an der Stelle k gefunden wurde. Termination mit j > 0 verlangt i = N; Q(i-M) wird daher zu Q(N-M), was bedeutet, dass das Muster im Text nicht vorkommt. Natürlich bleibt uns noch zu zeigen, dass Q(i-M) und P(k-j, j) überhaupt invariant sind. Beide Bedingungen sind anfänglich trivialerweise erfüllt, da Q(0) und P(x, M) immer wahr sind.

Betrachten wir zuerst die Auswirkungen der beiden Anweisungen, die k und j verkleinern. Q(i-M) wird nicht berührt und, weil $s_{k-1} = p_{j-1}$ etabliert ist, gilt die Aussage P(k-j, j-1) vor dem Zuweisungspaar. Damit besagt das Zuweisungsaxiom, dass P(k-j, j) gilt, nachdem k und j je um 1 reduziert wurden. Wenn die innere Repetition mit j > 0 terminiert, dann impliziert $s_{k-1} \neq p_{j-1}$ die Aussage ~P(k-j, 0), weil

$$\sim P(i, 0) \; = \; \exists_{k=0}^{M-1} \; s_{i+k} \neq p_k$$

Weil zudem k-j = M-i ist, so gilt Q(i-M) & ~P(k-j, 0), und damit Q(i+1-M), womit die Nicht- Übereinstimmung an der Stelle i-M+1 erwiesen ist.

Als nächstes müssen wir zeigen, dass die Zuweisung $i := i + d_{s_{i-1}}$ die Invariante nicht verletzt. Dies ist sicher der Fall, wenn zuvor die Bedingung $Q(i+d_{s_{i-1}}-M)$ gültig ist. Da wir wissen, dass Q(i+1-M) zutrifft, so genügt es zu zeigen, dass ~P(i+h-M) für h = 2, 3, ... , $d_{s_{i-1}}$. Formal ergibt sich damit die quantifizierte Aussage

$$\forall_{k=M-d_x}^{M-2} \; p_k \neq x$$

Indem wir darin x durch s_{i-1} ersetzen, erhalten wir

$$\forall_{h=M-d_{s_{i-1}}}^{M-2} \; s_{i-1} \neq p_h$$

$$\forall_{h=2}^{d_{s_{i-1}}} \; s_{i-1} \neq p_{h-M} \qquad\qquad \forall_{h=2}^{d_{s_{i-1}}} \sim P(i+h-M) \qquad \text{q.e.d.}$$

Das nachfolgende Programm 1.3 enthält die vereinfachte Version des Boyer-Moore Algorithmus in einer ähnlichen Umgebung, wie dies im vorangehenden KMP-Programm der Fall war. Als Einzelheit ist zu beachten, dass in der inneren Repetition eine repeat-Anweisung verwendet wird, die k und j erhöht, bevor s und p verglichen werden. Damit wird der Wert -1 in den Index-Ausdrücken eliminiert.

```
MODULE BM;
 FROM InOut IMPORT
  OpenInput, CloseInput, Read, Write, WriteLn, Done;

 CONST Mmax = 100; Nmax = 10000;

 VAR i, j, k, i0, M, N: INTEGER;
    ch: CHAR;
    p: ARRAY [0 .. Mmax-1] OF CHAR;  (*pattern*)
    s: ARRAY [0 .. Nmax-1] OF CHAR;  (*string*)
```

```
    d: ARRAY [0C .. 177C] OF INTEGER;

  BEGIN OpenInput("TEXT"); N := 0; Read(ch);
   WHILE Done DO
    Write(ch); s[N] := ch; N := N+1; Read(ch)
   END ;
   CloseInput;
   LOOP WriteLn; Write(">"); M := 0; Read(ch);
    WHILE ch > " " DO
     Write(ch); p[M] := ch; M := M+1; Read(ch)
    END ;
    WriteLn;
    IF ch = 33C THEN EXIT END ;

    FOR ch := 0C TO 177C DO d[ch] := M END ;
    FOR j := 0 TO M-2 DO d[p[j]] := M-j-1 END ;

    i := M; i0 := 0;
    REPEAT
     WHILE i0 < i DO Write(s[i0]); i0 := i0+1 END ;
     j := M; k := i;
     REPEAT k := k-1; j := j-1
     UNTIL (j < 0) OR (p[j] # s[k]);
     i := i + d[s[i-1]]
    UNTIL (j < 0) OR (i > N);
    IF j < 0 THEN Write("!") END
   END
  END BM.
```

Programm 1.3. Vereinfachte Boyer-Moore Mustersuche

Analyse des Boyer-Moore Algorithmus. Die Original-Publikation dieses Algorithmus enthält eine detaillierte Analyse seiner Leistung [1.6]. Die beachtenswerte Tatsache ist, dass er in allen ausser speziell konstruierten, eher pathologischen Fällen wesentlich weniger als N Zeichenvergleiche benötigt. Im günstigsten Fall, wo das letzte Zeichen des Musters stets vom verglichenen Textzeichen verschieden ist, beträgt die Anzahl der Vergleiche sogar nur N/M.

Die Autoren geben Hinweise auf verschiedene Verbesserungsmöglichkeiten. Eine davon ist die Vereinigung der dargelegten Strategie, die eine raschere Verschiebung des Musters erlaubt, wenn der Text *nicht* mit dem Muster übereinstimmt, mit der KMP-Strategie, die eine raschere Verschiebung des Musters erlaubt, nachdem eine Teilübereinstimmung festgestellt wurde. Diese verbesserte Methode benötigt zwei im voraus berechnete Tabellen; d1 sei die oben verwendete Tabelle d, während d2 die Tabelle des KMP-Algorithmus ist. Als Betrag einer Verschiebung kann dann jeweils der grössere der beiden genommen werden, weil beide Werte besagen, dass kein kleinerer Betrag noch zu einer Übereinstimmung führen könnte. Wir verzichten hier aber auf eine weitere Ausführung, denn die zusätzliche Komplikation der Berechnung der Tabellen und der Suche selbst scheinen in einem schlechten Verhältnis zum Gewinn zu sein. In der Tat ist der erforderliche Mehraufwand derart, dass es fraglich erscheint, ob diese raffinierte Kombination wirklich eine Verbesserung darstellte.

ÜBUNGEN

1.1 Die Kardinalitäten der Standard-Typen INTEGER, REAL, und CHAR seien mit C_I, C_R und C_{CH} bezeichnet. Wie gross sind dann die Kardinalitäten der folgenden Datentypen, die als Beispiele in diesem Kapitel definiert wurden:

Geschlecht, BOOLEAN, Wochentag, Buchstabe, Ziffer, Offizier, Zeile, alfa, Komplex, Datum, Person, Koordinaten, Bandzustand.

1.2 Wie könnte man die in Aufgabe 1.1 erwähnten Datentypen darstellen:

(a) Im Speicher eines Computers?
(b) In Fortran?
(c) In der Ihnen geläufigsten Programmiersprache?

1.3 Welche Befehlsfolgen werden (auf Ihrem Rechner) verwendet für

(a) Zugriffe von und Zuweisungen an Elemente von gepackten Records und Arrays?
(b) Mengenoperationen inklusive Operator IN ?

1.4. Kann die richtige Verwendung von varianten Records zur Ausführungszeit geprüft werden? Kann sie sogar zur Compilationszeit geprüft werden?

1.5. Welche Gründe führen zur Definition von gewissen Datenmengen als Sequenzen anstelle von Arrays?

1.6. Gegeben sei ein Fahrplan, der die täglichen Verbindungen auf verschiedenen Linien eines Eisenbahnnetzes angibt. Zu finden ist eine Darstellung dieser Daten in Form von Arrays, Records oder Sequenzen, die sich für das Nachschlagen von Ankunfts- und Abfahrtszeiten an einer gewissen Station und für eine gewünschte Zugsverbindung eignet.

1.7. Gegeben sei ein Text T in Form einer Sequenz sowie von Tabellen mit einigen wenigen Wörtern in der Form von zwei Arrays A und B. Wörter seien kurze Arrays von Zeichen mit kleiner, konstanter Maximallänge. Man entwerfe ein Programm, das den Text T in einen Text S umformt, wobei jedes in T auftretende Wort A_i durch das entsprechende Wort B_i ersetzt wird.

1.8. Man vergleiche die folgenden drei Versionen des binären Such-Algorithmus mit (1.43). Welche der drei Programme sind richtig? Welche sind effizienter? Gegeben seien die folgenden Variablen und eine Konstante $N > 0$:

```
VAR i, j, k, x: INTEGER;
    a: ARRAY[1 .. N] OF INTEGER;
```

Programm A:

```
i := 1; j := N;
REPEAT k := (i+j) DIV 2;
   IF a[k] < x THEN i := k ELSE j := k END
UNTIL (a[k] = x) OR (i ≥ j)
```

Programm B:

```
i := 1; j := N;
REPEAT k := (i+j) DIV 2;
   IF x ≤ a[k] THEN j := k-1 END ;
   IF a[k] ≤ x THEN i := k+1 END
UNTIL i > j
```

Programm C:

```
i := 1; j := N;
REPEAT k := (i+j) DIV 2;
   IF x < a[k] THEN j := k ELSE i := k+1 END
UNTIL i ≥ j
```

Hinweis: Alle Programme müssen mit $a_k = x$ abschliessen, wenn ein solches Element existiert, oder mit $a_k \neq x$, wenn kein Element mit dem Wert x existiert.

1.9. Eine Gesellschaft führt eine Umfrage zur Bestimmung des Erfolgs ihrer Produkte durch. Die Produkte sind Schlagerplatten und -bänder, und die beliebtesten Schlager sollen in einer Hit-Parade gesendet werden. Die befragte Bevölkerung ist entsprechend Geschlecht und Alter (bis 20 oder älter) in vier Kategorien einzuteilen. Jede Person soll fünf Schlager wählen. Schlager werden durch Zahlen von 1 bis N bezeichnet (z.B. N = 30). Das Ergebnis der Umfrage liegt in Form der Sequenz *Umfrage* vor.

```
TYPE Schlager = [0 .. N-1];
        Geschlecht = (männlich, weiblich);
        Antwort =
           RECORD Name, Vorname: alfa;
                          sex: Geschlecht;
                          Alter: INTEGER;
                          Auswahl: ARRAY [0 .. 4] OF Schlager·
           END ;
VAR Umfrage: Sequence
```

Somit entspricht jedes File-Element einem Befragten und enthält seinen Namen, Vornamen, Geschlecht, Alter und die fünf von ihm bevorzugten Schlager in der Reihenfolge der Beliebtheit. Diese Sequenz ist die Eingabe zu einem Programm, das folgende Resultate liefern soll:

1. Eine Liste von Schlagern in der Reihenfolge ihrer Beliebtheit. Jeder Eintrag besteht

aus der Nummer des Schlagers und der Anzahl der in der Umfrage erhaltenen Stimmen. Nie genannte Schlager werden in der Liste nicht aufgeführt.

2. Vier getrennte Listen mit den Namen und Vornamen aller Befragten, die an erster Stelle einen der drei in ihrer Kategorie beliebtesten Schlager genannt haben.

Die fünf Listen sind mit geeigneten Überschriften zu versehen.

2. Sortieren

2.1. EINLEITUNG

Dieses Kapitel enthält in der Hauptsache eine ausgiebige Menge von Beispielen, die die Verwendung der im vorangehenden Kapitel behandelten Datenstrukturen erläutern und zeigen, wie stark die Wahl der Struktur der zugrundeliegenden Daten die Algorithmen beeinflusst, die eine bestimmte Aufgabe ausführen.

Unter *Sortieren* versteht man allgemein den Prozess des Anordnens einer gegebenen Menge von Objekten in einer bestimmten *Ordnung*. Der Sinn des Sortierens (d.h. Ordnens) liegt in der Vereinfachung des späteren Suchens nach Elementen in der geordneten Menge. In diesem Zusammenhang ist das Sortieren eine fast universell angewandte, grundlegende Tätigkeit. Objekte sind sortiert in Telefonbüchern, Steuerlisten, Inhaltsangaben, Büchereien, Wörterbüchern, Lagerhäusern und fast überall, wo gespeicherte Objekte gesucht und wiedergefunden werden müssen. Sogar kleinen Kindern wird gelehrt, ihre Sachen zu ordnen, und sie werden mit einer gewissen Art von Sortieren bereits konfrontiert, lange bevor sie etwas über Arithmetik lernen.

Demnach ist Sortieren besonders in der Datenverarbeitung eine häufige und wesentliche Tätigkeit. Was wäre einfacher zu sortieren als *Daten*! Trotzdem richten wir beim Sortieren unser hauptsächliches Augenmerk auf noch grundlegendere Techniken, die bei der Konstruktion von Algorithmen verwendet werden. Es gibt nicht viele Programmierprobleme, die nicht in irgendeiner Weise in Verbindung mit den Sortier-Algorithmen vorkommen. Ganz besonders ist Sortieren ein ideales Beispiel, um eine grosse Vielfalt von Algorithmen aufzuzeigen, alle mit dem gleichen Zweck, viele in gewisser Hinsicht optimal und die meisten mit Vorteilen gegenüber anderen. Das Thema eignet sich ausserdem gut, um die Notwendigkeit der Leistungsanalyse von Algorithmen darzulegen. Am Beispiel des Sortierens kann man überdies den sehr bedeutenden Leistungszuwachs zeigen, der durch die Entwicklung raffinierter Algorithmen erzielt werden kann.

Die Wahl eines Algorithmus hängt beim Sortieren so stark von der Struktur der zu bearbeitenden Daten ab - ein häufig auftretendes Phänomen - dass Sortiermethoden allgemein in zwei Kategorien eingeteilt werden, nämlich *Sortieren von Arrays* und *Sortieren von sequentiellen Files*. Diese Arten werden oft *internes* bzw. *externes* Sortieren genannt, da die Arrays im schnellen, willkürlich zugreifbaren "internen" Speicher der Rechenanlagen gespeichert sind, während Files zweckmässig in den langsameren, jedoch grösseren "externen" Speichern untergebracht sind, die auf mechanisch bewegten Vorrichtungen beruhen (Platten und Bänder). Die Bedeutung dieser Unterscheidung geht aus dem Beispiel des Sortierens numerierter Karten hervor (Fig. 2.1). Das Strukturieren der Karten als Array entspricht ihrem Auslegen vor dem Sortierenden, so dass jede Karte sichtbar und einzeln greifbar ist.

Fig. 2.1. Sortieren eines Arrays

Fig. 2.2. Sortieren eines Files

Das Strukturieren der Karten als Sequenz (Datei, File) bedeutet jedoch, dass von jedem Stapel nur die oberste Karte sichtbar ist (Fig.2.2). Eine derartige Einschränkung wird natürlich für die zu verwendende Sortiermethode wesentliche Konsequenzen haben, ist aber nicht zu vermeiden, wenn der zur Verfügung stehende Tisch die auszulegenden Karten nicht vollständig aufnehmen kann.

Bevor wir weiterfahren, führen wir eine im ganzen Kapitel verwendete Terminologie und Notation ein. Gegeben seien die n Elemente

$$a_1, a_2, \dots, a_n$$

Das Sortieren besteht im Umordnen dieser Elemente in eine Reihenfolge

$$a_{k_1}, a_{k_2}, \dots, a_{k_n},$$

so dass für eine gegebene *Ordungsfunktion f* gilt

$$f(a_{k_1}) \leq f(a_{k_2}) \leq \dots \leq f(a_{k_n}) \qquad (2.1.)$$

Gewöhnlich wird die Ordnungsfunktion nicht nach einer bestimmten Vorschrift berechnet, sondern als explizite Komponente (Feld) eines jeden Elementes (item) gespeichert. Ihr Wert heisst *Schlüssel* (key) des Elementes. Folglich ist die Strukturart Record für die Darstellung der Elemente a[i] besonders geeignet. Wir definieren deshalb einen Typ *item*, wie er in allen Anwendungen verwendet wird:

```
TYPE item =  RECORD key: INTEGER;
               (*weitere Felder werden hier vereinbart*)
             END
```

Die anderen Komponenten stellen wichtige Daten bezüglich der Elemente der Sammlung dar; der Schlüssel dient nur zur Identifizierung der Elemente. Für unsere Sortier-Algorithmen ist jedoch der Schlüssel die *einzige* wichtige Komponente, und es ist nicht notwendig, irgendwelche weiteren Komponenten zu definieren. Wir ersetzen daher im folgenden *item* durch INTEGER, wobei die Wahl von INTEGER als Schlüsseltyp willkürlich ist. Natürlich könnte ebenso gut jeder andere Typ verwendet werden, für den eine vollständige Ordnungsrelation definiert ist.

```
TYPE item = INTEGER
```
(2.2)

Eine Sortiermethode heisst *stabil*, wenn die relative Ordnung der Elemente mit gleichen Schlüsseln beim Sortieren unverändert bleibt. Stabilität beim Sortieren ist oft erwünscht, wenn die Elemente bereits nach einem zweitrangigen Schlüssel geordnet (sortiert) sind, d.h. nach Eigenschaften, die nicht durch den (Haupt-) Schlüssel selbst ausgedrückt werden.

Dieses Kapitel soll nicht als umfassende Übersicht über Sortiertechniken betrachtet werden. Es behandelt vielmehr einige ausgewählte Methoden ausführlicher. Für eine eingehende Behandlung des Themas Sortieren wird der interessierte Leser auf das ausgezeichnete und umfassende Kompendium von D. E. Knuth [2.7] verwiesen (siehe auch [2.10]).

2.2. SORTIEREN VON ARRAYS

Die wichtigste Forderung an Sortiermethoden für Arrays ist eine wirtschaftliche Verwendung des vorhandenen Speichers. Dies bedeutet, dass die Umstellung zur Ordnung der Elemente *am Ort* auszuführen ist, d.h. dass Methoden, die Elemente von einem Array a zu einem Resultat-Array b transportieren, nicht sehr interessant sind. Wenn wir so unsere Wahl unter den vielen möglichen Methoden durch das Kriterium der Wirtschaftlichkeit des Speicher-Einsatzes einschränken, kommen wir zu einer ersten Klassifikation nach ihrer Effizienz, d.h. ihrem Zeitaufwand. Ein gutes *Mass für Effizienz* bilden die Anzahl C der erforderlichen *Schlüsselvergleiche* und die Anzahl M der *Bewegungen (Umstellungen) der Elemente.* Diese Zahlen sind Funktionen der Anzahl n der zu sortierenden Elemente.

Während später behandelte, gute Sortier-Algorithmen ungefähr n*log(n) Vergleiche benötigen, erörtern wir zuerst verschiedene einfache und leicht verständliche Techniken des Sortierens, sogenannte *direkte Methoden*, die alle in der Grössenordnung n^2 Schlüsselvergleiche benötigen. Es gibt drei gute Gründe, die direkten Methoden vor den schnelleren Algorithmen zu behandeln.

1. Die direkten Methoden sind besonders gut geeignet, um die Eigenschaften der wesentlichen Prinzipien des Sortierens darzulegen.

2. Ihre Programme sind kurz und leicht verständlich. Man beachte, dass auch Programme Speicherplatz benötigen.

3. Obwohl höher entwickelte Methoden weniger Operationen erfordern, sind diese Operationen im Detail gewöhnlich komplexer; folglich sind die direkten Methoden für hinreichend kleine n schneller, jedoch sind sie für grosse n zu vermeiden.

Sortiermethoden, die Elemente *am Ort* sortieren, können nach der zugrundeliegenden Methode in drei Hauptkategorien eingeteilt werden:

Sortieren durch Einfügen (insertion)
Sortieren durch Auswählen (selection)
Sortieren durch Austauschen (exchange)

Diese drei Prinzipien sollen nun untersucht und verglichen werden. Die Programme arbeiten mit der Variablen a, deren Komponenten am Ort zu sortieren sind, und beziehen sich auf die in (2.2) und (2.3) definierten Datentypen *item* und *index:*

```
TYPE index = INTEGER;
VAR a: ARRAY[1 .. n] OF item                                    (2.3)
```

2.2.1. Sortieren durch direktes Einfügen

Diese Methode wird mit Vorliebe beim Kartenspiel benutzt. Die Elemente (Karten) werden begrifflich in eine Ziel-Sequenz $a_1 \dots a_{i-1}$ und eine Quellen-Sequenz $a_i \dots a_n$ aufgeteilt. Beginnend mit i = 2, wird bei jedem Schritt das Element a_i der Quellen-Sequenz herausgegriffen und an der entsprechenden Stelle in die Ziel-Sequenz eingefügt; dann wird i um 1 erhöht. Der Vorgang des Sortierens durch Einfügen wird anhand eines Beispiels in Tabelle 2.1 mit acht willkürlich gewählten Zahlen gezeigt.

Anfangswerte	44	55	12	42	94	18	06	67
i=2	44	55	12	42	94	18	06	67
i=3	12	44	55	42	94	18	06	67
i=4	12	42	44	55	94	18	06	67
i=5	12	42	44	55	94	18	06	67
i=6	12	18	42	44	55	94	06	67
i=7	06	12	18	42	44	55	94	67
i=8	06	12	18	42	44	55	67	94

Tabelle 2.1. Beispiel einer Sortierung durch direktes Einfügen

Der Algorithmus des direkten Einfügens lautet

```
FOR i := 2 TO n DO
  x := a[i];
  füge x am geeigneten Ort in a1 ... ai ein
END
```

Zur Bestimmung des entsprechenden Ortes ist es angebracht, zwischen Vergleichen und Bewegungen abzuwechseln, d.h. x nach links wandern zu lassen, mit dem nächsten Element a_j zu vergleichen und entweder x einzufügen oder a_j nach rechts zu schieben und nach links fortzufahren. Wir erkennen zwei verschiedene Bedingungen, die den Prozess des nach links Wanderns beenden können:

1. Ein Element a_j mit kleinerem Schlüssel als x wird gefunden.
2. Das linke Ende der Ziel-Sequenz ist erreicht.

Dieser typische Fall einer Wiederholung mit zwei Abbruchbedingungen lenkt unsere Aufmerksamkeit auf die bekannte Technik der Verwendung einer Marke (s. 1.12.1). Sie wird hier durch Setzen eines Markierungselementes $a_0 = x$ mühelos realisiert. (Man beachte, dass dazu der Indexbereich in der Vereinbarung von a auf 0 .. n zu erweitern ist.) Damit erhalten wir das vollständige Programm 2.1:

```
PROCEDURE StraightInsertion;
  VAR i, j: index; x: item;
BEGIN
  FOR i := 2 TO n DO
    x := a[i]; a[0] := x; j := i;
    WHILE x < a[j-1] DO a[j] := a[j-1]; j := j-1 END ;
    a[j] := x
  END
END StraightInsertion
```

Programm 2.1. Direktes Einfügen

Analyse des direkten Einfügens: Die Zahl C_i der Vergleiche von Schlüsseln beim i-ten

Durchlauf ist höchstens i-1 und mindestens 1 und somit - unter der Annahme, dass alle Permutationen gleich wahrscheinlich sind - im Mittel i/2. Die Zahl M_i der Bewegungen (Zuweisungen von Elementen) ist C_i+2 (inklusive Markierung). Deshalb sind die Gesamtzahlen der Vergleiche und Bewegungen

$$\begin{array}{ll} C_{min} = n-1 & M_{min} = 3*(n-1) \\ C_{mit} = (n^2 + n - 2)/4 & M_{mit} = (n^2 + 9n - 10)/4 \\ C_{max} = (n^2 + n - 4)/4 & M_{max} = (n^2 + 3n - 4)/2 \end{array} \quad (2.4)$$

Die kleinsten Zahlen kommen dann vor, wenn die Elemente von Anfang an geordnet sind; die schlimmsten Fälle treten ein, wenn die Elemente zu Beginn in umgekehrter Reihenfolge angeordnet sind. In diesem Sinn zeigt Sortieren durch Einfügen ein wirklich *natürliches Verhalten*. Es ist klar, dass der gegebene Algorithmus auch einen stabilen Sortierprozess beschreibt: die Reihenfolge der Elemente mit gleichen Schlüsseln bleibt unverändert.

Der Algorithmus des direkten Einfügens lässt sich ohne weiteres verbessern, indem die bereits vorhandene Ordnung der Ziel-Sequenz $a_1 \ldots a_{i-1}$, in die das neue Element einzufügen ist, ausgenutzt wird. Dazu kann eine schnellere Methode zur Bestimmung der Einschubstelle verwendet werden. Auf der Hand liegt eine binäre Suche, die in der Mitte der Ziel-Sequenz prüft und so lange halbiert, bis die Einschubstelle gefunden ist. Der modifizierte Sortier-Algorithmus heisst *Einfügen mit binärem Suchen* und wird im Programm 2.2 gezeigt.

```
PROCEDURE BinaryInsertion;
  VAR i, j, m, L, R: index; x: item;
BEGIN
  FOR i := 2 TO n DO
    x := a[i]; L := 1; R := i;
    WHILE L < R DO
      m := (L+R) DIV 2;
      IF a[m] <= x THEN L := m+1 ELSE R := m END
    END ;
    FOR j := i TO R+1 BY -1 DO a[j] := a[j-1] END ;
    a[R] := x
  END
END BinaryInsertion
```

Programm 2.2. Einfügen mit binärem Suchen

Analyse des binären Einfügens. Die Einschubstelle ist gefunden, wenn a[j].key <= x.key < a[j+1].key. Somit muss die Länge des Suchintervalls am Ende 1 sein, und dazu ist das Intervall mit i Schlüsseln log(i) mal zu halbieren, und es gilt:

$$C = \sum_{i=1}^{n} \lceil \log i \rceil$$

Wir approximieren diese Summe durch das Integral von 1 bis n

$$\int_1^n \log x \, dx = n*(\log n - c) + c \qquad (2.5)$$

wobei c = log e = 1/ln 2 = 1.44269... . Die Zahl der Vergleiche ist im wesentlichen unabhängig von der ursprünglichen Reihenfolge der Elemente. Aber bedingt durch das Abschneiden bei der in der Bisektion des Suchintervalls vorkommenden ganzzahligen Division, kann die Zahl der für i Elemente wirklich benötigten Vergleiche um 1 grösser sein als erwartet. Durch diese Asymmetrie werden Einschubstellen am unteren Ende im Mittel etwas schneller gefunden als am oberen Ende. Dadurch sind die Fälle begünstigt, bei denen die Elemente ursprünglich völlig ungeordnet sind. Tatsächlich wird das Minimum an Vergleichen benötigt, wenn die Elemente anfangs in umgekehrter Reihenfolge sind, und das Maximum, wenn sie bereits geordnet sind. Folglich ist dies ein Fall von *unnatürlichem Verhalten* eines Sortier-Algorithmus. Die Anzahl C von Vergleichen ist ungefähr

$$n * (\log n - \log e)$$

Leider gilt die durch eine binäre Suchmethode erreichte Verbesserung nur für die Zahl der Vergleiche, aber nicht für die Zahl der notwendigen Verschiebungen. Da das Verschieben von Elementen im allgemeinen wesentlich zeitaufwendiger ist als der Vergleich von zwei Schlüsseln, ist die Verbesserung keineswegs beträchtlich: der wesentliche Faktor M ist immer noch von der Ordnung n^2. Tatsächlich benötigt das Sortieren eines bereits geordneten Array mehr Zeit als direktes Einfügen mit sequentiellem Suchen. Dieses Beispiel zeigt, dass eine "offensichtliche Verbesserung" oft wesentlich kleinere Konsequenzen hat, als man zunächst annimmt, und dass sich in gewissen Fällen (die wirklich vorkommen) die "Verbesserung" als Verschlechterung herausstellt.

Das Sortieren durch Einfügen scheint also keine sehr geeignete Methode für digitale Rechenanlagen zu sein: Einfügen eines Elementes mit dem nachfolgenden Verschieben einer ganzen Zeile von Elementen um eine einzige Position ist eher unwirtschaftlich. Man sollte bessere Resultate von einer Methode erwarten, die einzelne Elemente über grössere Distanzen verschiebt. Diese Idee führt zum Sortieren durch Auswählen.

2.2.2. Sortieren durch direktes Auswählen

Diese Methode beruht auf folgenden Schritten:

1. Auswahl des Elementes mit dem kleinsten Schlüssel
2. Austausch gegen das erste Element a_1
3. Wiederholung dieser Schritte mit den verbleibenden n-1 Elementen, dann mit n-2 Elementen, bis schliesslich ein Element - das grösste - übrigbleibt.

Diese Methode wird mit den gleichen acht Schlüsseln wie in Tabelle 2.1 gezeigt:

Anfangswerte	44	55	12	42	94	18	06	67
	06	55	12	42	94	18	44	67
	06	12	55	42	94	18	44	67
	06	12	18	42	94	55	44	67
	06	12	18	42	94	55	44	67

06	12	18	42	44	55	94	67
06	12	18	42	44	55	94	67
06	12	18	42	44	55	67	94

Tabelle 2.2. Beispiel einer Sortierung durch direkte Auswahl

Das Programm lautet wie folgt:

FOR i := 1 TO n-1 DO
weise den Index des kleinsten Elementes von a_i ... a_n *der Variablen k zu;*
vertausche a_i mit a_k
END

Diese Methode, die ***direkte Auswahl***, ist gewissermassen das Gegenteil von direktem Einfügen: Beim direkten Einfügen betrachtet man bei jedem Schritt nur ein Element der *Quellen-Sequenz* und alle Elemente des *Ziel-Arrays*, um die Einschubstelle zu finden. Umgekehrt betrachtet man bei der direkten Auswahl alle Elemente des *Quellen-Array*, um das Element mit dem kleinsten Schlüssel zu finden und es als das *eine* nächste Element der *Ziel-Sequenz* anzufügen. Das vollständige Programm für direkte Auswahl ist in Programm 2.3 angegeben.

```
PROCEDURE StraightSelection;
  VAR i, j, k: index; x: item;
BEGIN
  FOR i := 1 TO n-1 DO
    k := i; x := a[i];
    FOR j := i+1 TO n DO
      IF a[j] < x THEN k := j; x := a[k] END
    END ;
    a[k] := a[i]; a[i] := x
  END
END StraightSelection
```

Programm 2.3. Direkte Auswahl

Analyse der direkten Auswahl: Die Zahl C der Vergleiche der Schlüssel ist natürlich unabhängig von der ursprünglichen Ordnung. In diesem Sinn verhält sich diese Methode weniger natürlich als das direkte Einfügen. Wir erhalten

$$C = (n^2 - n)/2$$

Die Anzahl M der Bewegungen ist mindestens

$$M_{min} = 3*(n-1) \tag{2.6}$$

bei ursprünglich geordneten Schlüsseln, und höchstens

$$M_{max} = n^2/4 + 3*(n-1),$$

falls die Schlüssel ursprünglich in umgekehrter Reihenfolge sind. Um den erwarteten Mittelwert M_{mit} zu bestimmen, machen wir folgende Überlegungen: Es wird ein Element um das andere mit dem bisher ermittelten Minimalwert verglichen. Falls das neue Element kleiner ist als dieser Minimalwert, so wird eine Zuweisung ausgeführt. Die Wahrscheinlichkeit, dass das zweite Element kleiner ist als das erste, ist 1/2; dies ist also auch die Wahrscheinlichkeit, dass bereits eine Zuweisung erfolgt. Die Wahrscheinlichkeit, dass das dritte Element kleiner ist als beide vorangehenden, ist 1/3, diejenige dass das vierte kleiner ist als die ersten drei ist 1/4, und so weiter. Daher wird die gesamte erwartete Anzahl von Zuweisungen gleich H_n-1, wobei H_n die n-te *harmonische Zahl* ist:

$$H_n = 1 + \frac{1}{2} + \frac{1}{3} + \ldots + \frac{1}{n} \tag{2.7}$$

H_n kann ausgedrückt werden durch

$$H_n = \ln n + g + \frac{1}{2n} - \frac{1}{12n^2} + \ldots \tag{2.8}$$

mit der Euler'schen Konstanten g = 0.577216... . Für hinreichend grosses n können wir die gebrochenen Summanden ignorieren und somit das Mittel der Anzahl von Zuweisungen im i-ten Durchlauf approximieren durch

$$F_i = \ln i + g + 1$$

Die mittlere Anzahl M_{mit} der Bewegungen beim Sortieren durch Auswahl ist dann die Summe der F_i mit i von 1 bis n .

$$M_{mit} = n*(g+1) + \sum_{i=1}^{n} \ln i$$

Durch weitere Approximation der Summe mit diskreten Summanden durch das bestimmte Integral (mit den Grenzen 1 und n)

$$\int_1^n \ln x \, dx = n * \ln(n) - n + 1$$

erhalten wir für M_{mit} den approximativen Wert

$$n * (\ln(n) + g) \tag{2.9}$$

Wir können daraus folgern, dass im allgemeinen der Algorithmus der direkten Auswahl dem des direkten Einfügens vorzuziehen ist, obwohl bei anfangs bereits sortierten oder beinahe sortierten Schlüsseln das direkte Einfügen immer noch etwas schneller geht.

2.2.3. Sortieren durch direktes Austauschen

Die Klassifikation von Sortiermethoden ist selten völlig eindeutig. Beide bisher diskutierten Methoden können auch als Sortieren durch Austausch betrachtet werden. In diesem Abschnitt jedoch legen wir eine Methode dar, in der der Austausch von zwei Elementen die wesentliche Charakteristik des Prozesses ist. Der nachfolgende Algorithmus des direkten Austausches beruht auf dem Prinzip des fortgesetzten Vergleichens und Austauschens von Paaren nebeneinanderliegender Elemente, bis alle Elemente sortiert sind.

Wie bei den früheren Methoden der direkten Auswahl durchlaufen wir den Array mehrmals und lassen jedesmal das kleinste Element der restlichen Menge zum linken Ende des Array wandern. Wenn wir zur Abwechslung den Array vertikal statt horizontal betrachten und - mit einiger Phantasie - die Elemente als Blasen (bubbles) auffassen, so steigt bei jedem Durchlauf durch den Array eine Blase auf die ihrem Gewicht (Schlüsselwert) entsprechende Höhe auf (vgl. Tabelle 2.3). Diese Methode ist unter der Bezeichnung *Bubblesort* bekannt (s. Programm 2.4).

i=1	2	3	4	5	6	7	8
44	06	06	06	06	06	06	06
55	44	12	12	12	12	12	12
12	55	44	18	18	18	18	18
42	12	55	44	42	42	42	42
94	42	18	55	44	44	44	44
18	94	42	42	55	55	55	55
06	18	94	67	67	67	67	67
67	67	67	94	94	94	94	94

Tabelle 2.3. Beispiel einer Bubble-Sortierung

```
PROCEDURE BubbleSort;
  VAR i, j: index; x: item;
BEGIN
  FOR i := 2 TO n DO
    FOR j := n TO i BY -1 DO
      IF a[j-1] > a[j] THEN
        x := a[j-1]; a[j-1] := a[j]; a[j] := x
      END
    END
  END
END BubbleSort
```

Programm 2.4. Direktes Austauschen (Bubblesort)

Dieser Algorithmus lässt sich ohne viel Aufwand verbessern. Das Beispiel in Tabelle 2.3 zeigt, dass die letzten drei Durchgänge keine Veränderung der Reihenfolge der Elemente bewirken, da die Elemente bereits geordnet sind. Offensichtlich kann dieser Algorithmus verbessert werden, wenn man sich merkt, ob während eines Durchlaufs überhaupt ein Austausch stattgefunden hat. Ein letzter Durchlauf ohne Austauschoperationen ist also notwendig, um das Ende des Prozesses zu bestimmen. Diese Verbesserung kann sogar selbst noch verbessert werden, indem man sich nicht nur merkt, ob ein Austausch stattgefunden habe, sondern indem man sich sogar die Position (Index) des letzten Austausches merkt. Denn es ist klar, dass alle Paare nebeneinanderliegender Elemente unterhalb des Index k in der gewünschten Reihenfolge sind. Weitere Durchläufe können daher bei diesem Index abbrechen und müssen nicht bis zu einer vorher bestimmten unteren Grenze i ausgeführt werden. Der aufmerksame Leser wird jedoch eine besondere Asymmetrie feststellen: Eine falsch plazierte Blase im "schweren" Ende eines sonst sortierten Array wird in einem einzigen Durchlauf an ihren Platz gebracht, während ein im "leichten" Ende falsch plaziertes Element bei jedem Durchlauf nur um einen Schritt zu seinem richtigen Platz vorrückt. Zum Beispiel wird der Array

12 18 42 44 55 67 94 06

durch den verbesserten Bubblesort in einem Durchlauf sortiert, während der Array

94 06 12 18 42 44 55 67

zum Sortieren sieben Durchläufe benötigt. Diese unnatürliche Asymmetrie legt eine dritte Verbesserung nahe: Die Änderung der Richtung aufeinanderfolgender Durchläufe. Entsprechend nennen wir diesen Algorithmus *Shakersort*. Tabelle 2.4 zeigt sein Verhalten bei Anwendung auf die gleichen acht Schlüssel wie in Tabelle 2.3.

```
PROCEDURE ShakerSort;
  VAR j, k, L, R: index;  x: item;
BEGIN L := 2; R := n; k := n;
  REPEAT
    FOR j := R TO L BY -1 DO
      IF a[j-1] > a[j] THEN
        x := a[j-1]; a[j-1] := a[j]; a[j] := x; k := j
      END
    END ;
    L := k+1;
    FOR j := L TO R BY +1 DO
      IF a[j-1] > a[j] THEN
        x := a[j-1]; a[j-1] := a[j]; a[j] := x; k := j
      END
    END ;
    R := k-1,
  UNTIL L > R
END ShakerSort
```

Programm 2.5. Shaker-Sortierung

L,R=2,8	3,8	3,7	4,7	4,4
dir= ↑	↓	↑	↓	↑
44	06	06	06	06
55	44	44	12	12
12	55	12	44	18
42	12	42	18	42
94	42	55	42	44
18	94	18	55	55
06	18	67	67	67
67	67	94	94	94

Tabelle 2.4. Beispiel einer Shaker-Sortierung

Analyse von Bubblesort und Shakersort: Die Zahl der Vergleiche im direkten Austausch-Algorithmus ist

$$C = \frac{n^2 - n}{2} \tag{2.10}$$

und die minimale, mittlere und maximale Zahl der Bewegungen (Zuweisungen von Elementen) ist

$$M_{min} = 0, \qquad M_{mit} = \frac{3}{2} * (n^2 - n), \qquad M_{max} = \frac{3}{4} * (n^2 - n) \tag{2.11}$$

Die Analyse der verbesserten Methoden, besonders des Shakersort, ist ziemlich kompliziert. Die kleinste Zahl der Vergleiche ist $C_{min} = n-1$. Für den verbesserten Bubblesort berechnet Knuth eine mittlere Zahl von Durchläufen, die proportional zu $n - k_1 n^{½}$ und eine mittlere Zahl von Vergleichen, die proportional zu $(n^2 - n*(k_2 + \ln n))/2$ (mit Konstanten k1 und k2) ist. Zu beachten ist, dass alle oben angeführten Verbesserungen die Zahl der Austausche nicht verändern; sie vermindern lediglich die Zahl der unnötigen mehrfachen Tests. Leider ist ein Austausch von zwei Elementen im allgemeinen eine aufwendigere Operation als ein Vergleich von zwei Schlüsseln; unsere trickreichen Verbesserungen haben daher keine so tiefgreifende Wirkung, wie man intuitiv erwarten würde.

Die Analyse zeigt, dass das Sortieren durch Austausch, und selbst eine seiner verbesserten Varianten, sowohl dem Sortieren durch Einfügen als auch dem Sortieren durch Auswahl unterlegen ist; tatsächlich enthält Bubblesort wenig Empfehlenswertes ausser einem gefälligen Namen. Der Algorithmus Shakersort ist in den Fällen vorteilhaft, in denen die Elemente bereits weitgehend geordnet sind - ein Fall, auf den man nicht zählen sollte.

Man kann zeigen, dass jedes der n Elemente während des Sortierens eine mittlere Distanz von n/3 Plätzen zurückzulegen hat. Diese Erkenntnis ist der Ausgangspunkt für die Suche nach besseren, d.h. effektiveren Sortiermethoden. Alle direkten Sortiermethoden bewegen im wesentlichen jedes Element um eine Position bei jedem elementaren Schritt. Deshalb benötigen sie eine Anzahl von Schritten in der Grössenordnung von n^2. Jede Verbesserung muss also auf dem Prinzip beruhen, Elemente in einzelnen Sprüngen über grössere Distanzen zu bewegen.

Nachfolgend werden drei bessere Methoden untersucht, je eine für jede der elementaren Sortiermethoden: Einfügen, Auswahl und Austausch.

2.3. SCHNELLE SORTIERMETHODEN

2.3.1. Sortieren durch Einfügen mit abnehmender Schrittweite

Eine Verfeinerung des Sortierens durch direktes Einfügen wurde 1959 von D.L Shell vorgeschlagen. Die Methode wird an unserem Standard-Beispiel der acht Elemente erklärt und vorgeführt (vgl. Tabelle 2.5). Zuerst werden alle Elemente, die vier Positionen voneinander entfernt sind, zusammengefasst und dann getrennt sortiert. Dieser Prozess heisst 4-Sortierung. In dem Beispiel der acht Elemente enthält jede Gruppe genau zwei Elemente. Nach diesem ersten Durchlauf werden die Elemente erneut in Gruppen von Elementen zusammengefasst, die zwei Positionen voneinander entfernt sind, und dann erneut sortiert. Dieser Prozess heisst 2-Sortierung. Schliesslich werden in einem dritten Durchlauf alle Elemente in einer gewöhnlichen, d.h. einer 1-Sortierung geordnet. Tabelle 2.5 zeigt die Resultate aufeinanderfolgender 4-, 2-, und 1-Sortierungen.

44	55	12	42	94	18	06	67
44	18	06	42	94	55	12	67
06	18	12	42	44	55	94	67
06	12	18	42	44	55	67	94

Tabelle 2.5 Beispiel einer Sortierung mit abnehmender Schrittweite

Man wird sich zunächst wundern, dass die Notwendigkeit mehrerer Durchläufe, die jeweils alle Elemente betreffen, nicht mehr Aufwand verursacht als erspart. Aber jeder Sortierschritt betrifft entweder relativ wenige Elemente, oder die Elemente sind bereits grösstenteils sortiert, so dass verhältnismässig wenige Umstellungen erforderlich sind.

Es ist klar, dass die Methode einen geordneten Array liefert, und (da jede i-Sortierung zwei durch die vorangehende 2i-Sortierung geordnete Gruppen zusammenfasst), dass jeder Durchlauf aus den vorhergehenden Durchläufen Nutzen zieht. Es ist ausserdem klar, dass jede Folge von Schrittweiten verwendet werden kann, falls die letzte Schrittweite 1 beträgt. Im schlimmsten Fall verrichtet der letzte Durchlauf die ganze Arbeit. Es ist dagegen nicht sofort ersichtlich, dass die Methode mit Schrittweiten, die keine Potenzen von 2 sind, sogar bessere Resultate liefert.

Das Programm wird deshalb ohne Bezug auf eine spezielle Folge von Schrittweiten entwickelt. Die t Schrittweiten werden bezeichnet mit

$$h_1, h_2, \dots , h_t$$

wobei verlangt wird, dass

$$h_t = 1, \quad h_{i+1} < h_i \quad \text{für } i = 1 \dots t\text{-}1 \tag{2.12}$$

Jede h-Sortierung wird als ein Sortieren durch direktes Einfügen programmiert. Die Verwendung einer Marke führt zu einem einfachen Abbruchkriterium bei der Suche der

Einschubstelle. Jedes Sortieren muss natürlich seine eigene Marke setzen, und das Programm zur Bestimmung der Position soll so einfach wie möglich sein. Der Array a muss deshalb nicht nur um eine Komponente a_0, sondern um h_1 Komponenten erweitert werden, so dass er jetzt vereinbart wird als

a: ARRAY [$-h_1$ .. n] OF item

Der Algorithmus wird in der folgenden Prozedur *ShellSort* [2.11] mit t = 4 beschrieben.

```
PROCEDURE ShellSort;
  CONST t = 4;
  VAR i, j, k, s: index;
    x: item;  m: 1 .. t;
    h: ARRAY [1 .. t] OF INTEGER;
BEGIN h[1] := 9; h[2] := 5; h[3] := 3; h[4] := 1;
  FOR m := 1 TO t DO
    k := h[m]; s := -k;  (*position of sentinel*)
    FOR i := k+1 TO n DO
      x := a[i]; j := i-k;
      IF s = 0 THEN s := -k END ;
      s := s+1; a[s] := x;  (*post sentinel*)
      WHILE x < a[j] DO a[j+k] := a[j]; j := j-k END ;
      a[j+k] := x
    END
  END
END ShellSort
```

Programm 2.6. Sortierung nach Shell

Analyse des Shellsort: Die Analyse dieses Algorithmus stellt einige sehr schwierige mathematische Probleme, von denen viele bis jetzt noch ungelöst sind. Insbesondere ist noch nicht bekannt, welche Wahl der Schrittweiten die besten Resultate liefert. Überraschend ist aber, dass sie nicht Vielfache voneinander sein sollen. Dies verhindert die im obigen Beispiel ersichtliche Erscheinung, dass jeder Durchlauf beim Sortieren zwei Ketten kombiniert, die vorher überhaupt keine Verbindung hatten. Es ist sogar wünschenswert, dass so oft wie möglich Verbindungen zwischen verschiedenen Ketten stattfinden, und es gilt das folgende Theorem: Wenn eine k-sortierte Sequenz i-sortiert wird, bleibt sie k-sortiert. Knuth [2.8] gibt Anhaltspunkte, nach denen die (in umgekehrter Reihenfolge geschriebene) Folge von Schrittweiten

1, 4, 13, 40, 121, ...

mit $h_{k-1} = 3h_k+1$, $h_t = 1$, und $t = \lfloor \log_3 n \rfloor - 1$ eine vernünftige Wahl darstellt. Er empfiehlt ausserdem die Sequenz

1, 3, 7, 15, 31, ...

mit $h_{k-1} = 2h_k+1$, $h_t = 1$, und $t = \lfloor \log_2 n \rfloor - 1$. Für die letztere Wahl ergibt eine mathematische Analyse des Sortierens von n Elementen mit dem Algorithmus Shellsort einen zu $n^{1.2}$ proportionalen Aufwand. Obwohl dies eine wesentliche Verbesserung gegenüber n^2 ist, wollen wir diese Methode nicht weiterverfolgen, da es noch bessere Algorithmen gibt.

2.3.2. Sortieren mit Bäumen

Die Methode des Sortierens durch direkte Auswahl beruht auf dem wiederholten Auslesen des kleinsten Schlüssels aus n Elementen, aus den restlichen n-1 Elementen, usw. Natürlich benötigt das Finden des kleinsten Schlüssels unter n Elementen n-1 Vergleiche, das Finden unter n-1 Elementen benötigt n-2 Vergleiche, usw. Wie kann nun das Sortieren durch Auswahl verbessert werden? Es lässt sich nur verbessern, wenn man von jedem Durchlauf mehr Information zurückbehält als nur die Identifikation des kleinsten Elementes. Zum Beispiel kann mit n/2 Vergleichen der kleinere Schlüssel von jedem Paar von Elementen bestimmt werden, mit weiteren n/4 Vergleichen kann der kleinere von jedem Paar solcher kleineren Schlüssel gewählt werden, usw. Schliesslich können wir mit nur n-1 Vergleichen den Auswahlbaum von Fig. 2.3 konstruieren und die Wurzel als den gewünschten kleinsten Schlüssel identifizieren [2.2].

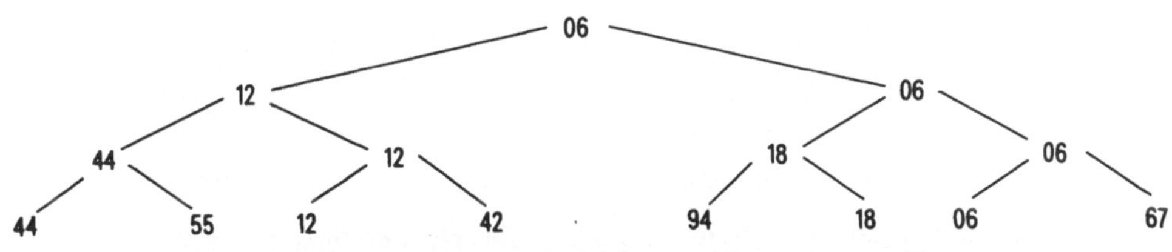

Fig. 2.3. Auswahl des jeweils kleineren Elementes aus Paaren

Der zweite Schritt besteht nun aus dem Hinabsteigen entlang dem durch den kleinsten Schlüssel markierten Weg, wobei dieser sukzessiv bis zum Ende entweder durch ein leeres Element oder, bei dazwischenliegenden Knoten, durch das Element des anderen Zweiges ersetzt wird (vgl. Fig. 2.4 und 2.5). Wiederum hat das nun an der Wurzel erscheinende Element des Baumes den (insgesamt zweit-) kleinsten Schlüssel und kann entfernt werden. Nach n solchen Auswahlschritten ist der Baum leer (d.h. voller Löcher), und der Sortierprozess ist beendet. Man beachte, dass jeder der n Auswahlschritte nur etwa log(n) Vergleiche benötigt. Der vollständige Auswahlprozess braucht deshalb nur O(n*log(n)) elementare Operationen zusätzlich zu den n Schritten, die zur Erstellung des Baumes nötig waren. Dies ist eine sehr wesentliche Verbesserung gegenüber den direkten Methoden mit $O(n^2)$ Schritten und sogar gegenüber Shellsort mit $O(n^{1.2})$ Schritten. Natürlich wird die Buchführung aufwendiger, und deshalb ist die Komplexität der einzelnen Schritte bei der Methode des Sortierens mit Bäumen grösser; schliesslich muss zur Aufbewahrung der grösseren Menge von Information aus dem einleitenden Durchlauf eine Art Baumstruktur aufgebaut werden. Als nächstes müssen wir daher Methoden suchen, mit denen wir diese Information effizient organisieren können.

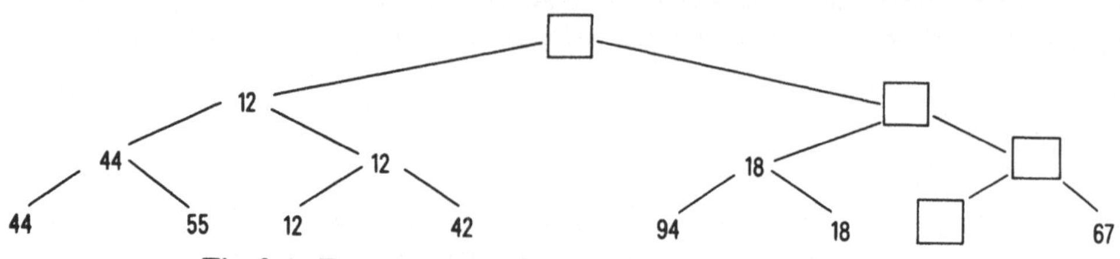

Fig. 2.4. Ersetzen des kleinsten Elementes durch Löcher

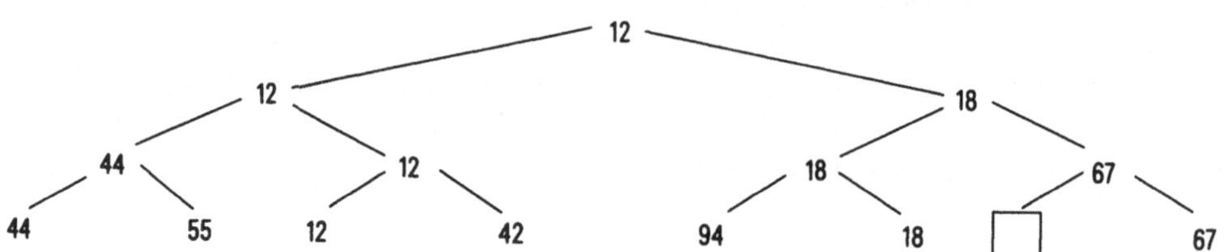

Fig. 2.5. Füllen der Löcher durch Auswahl des kleineren Nachfolgers

Es wäre natürlich äusserst wünschenswert, die Notwendigkeit für die Löcher zu eliminieren, die am Ende den ganzen Baum bevölkern und die Anlass für viele unnötige Vergleiche sind. Ausserdem sollte eine Darstellung des Baumes mit n Elementen gefunden werden, die mit n statt mit 2n-1 Speichereinheiten auskommt. Diese Ziele werden durch das von seinem Schöpfer J. Williams mit *Heapsort* bezeichnete Verfahren erreicht [2.14]; diese Methode stellt tatsächlich eine drastische Verbesserung gegenüber konventionellen Versuchen des Sortierens mit Bäumen dar. Ein *heap* ist (in diesem Zusammenhang) definiert als eine Folge von Schlüsseln $h_L, h_{L+1}, \dots, h_R$ mit den Relationen

$$h_i \leq h_{2i} \quad \text{und} \quad h_i \leq h_{2i+1} \quad \text{für } i = L \dots R/2. \tag{2.13}$$

Aus der Darstellung eines binären Baumes wie in Fig. 2.6 erkennt man, dass die Sortierbäume in Fig. 2.7 und 2.8 Heaps sind, und insbesondere, dass das erste Element ein minimales Element des Heap ist:

$$h_1 = \min(h_1, h_2, \dots, h_n)$$

Wir wollen nun annehmen, dass für gegebene Werte L und R ein Heap mit den Elementen $h_{L+1} \dots h_R$ vorliegt, der um ein neues Element x zu einem Heap $h_L \dots h_R$ erweitert werden soll. Gehen wir z.B. vom Heap $h_1 \dots h_7$ in Fig. 2.7 aus und erweitern ihn nach links um ein Element $h_1 = 44$. Wir erhalten den neuen Heap, indem wir x zunächst auf die Spitze der Baumstruktur setzen und es dann entlang dem Weg der kleineren verglichenen Elemente, die gleichzeitig nach oben wandern, nach unten sinken lassen. Bei diesem Beispiel wird der Wert 44 zuerst gegen 6 ausgetauscht, dann gegen 12, woraus sich der Baum von Fig. 2.8 ergibt. Wir formulieren nun diesen Algorithmus des Einfügens folgendermassen: i, j ist das Paar der Indizes, das die jeweils auszutauschenden Elemente bezeichnet. Der Leser möge sich selbst überzeugen, dass die vorgeschlagene Methode des Einfügens alle Bedingungen unverändert lässt, durch die ein Heap definiert ist.

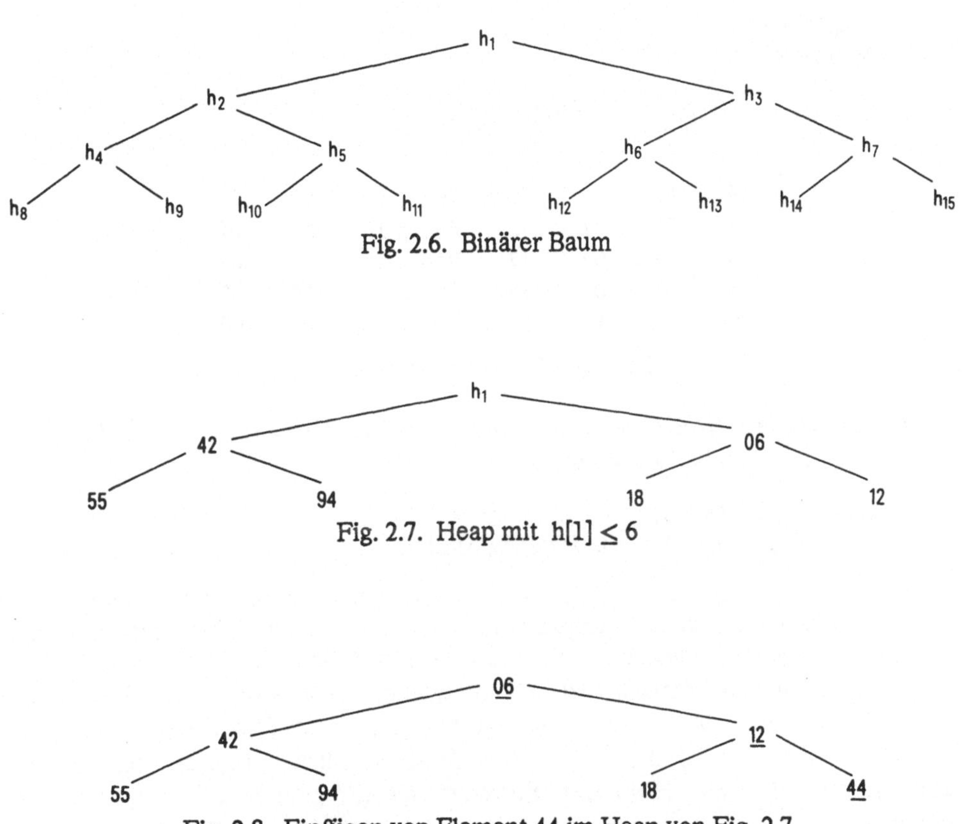

Fig. 2.6. Binärer Baum

Fig. 2.7. Heap mit h[1] ≤ 6

Fig. 2.8. Einfügen von Element 44 im Heap von Fig. 2.7

In der ersten Phase des Heapsort ist der gegebene Array $h_1 \ldots h_n$ am Ort in einen Heap zu verwandeln. Dazu findet gemäss einem Vorschlag von R.W. Floyd [2.2] die in Programm 2.7 gezeigte Prozedur *sift* wie folgt Verwendung: Die Elemente $h_m \ldots h_n$ (mit m = (n DIV 2) +1) bilden trivialerweise bereits einen Heap, da keine zwei Indizes i, j so existieren, dass j = 2i (oder j = 2i+1). Diese Elemente können wir als unterste Zeile des zugeordneten binären Baumes auffassen (vgl. Fig. 2.6). Der Heap wird nun nach links erweitert, wobei in jedem Schritt ein neues Element hinzukommt und an der richtigen Stelle eingefügt wird. Dieser Prozess wird in Tabelle 2.6 illustriert und liefert den Heap von Fig. 2.6

```
PROCEDURE sift(L, R: index);
  VAR i, j: index;  x: item;
BEGIN i := L; j := 2*L; x := a[L];
  IF (j < R) & (a[j+1] < a[j]) THEN j := j+1 END ;
  WHILE (j <= R) & (a[j] < x) DO
    a[i] := a[j]; i := j; j := 2*j;
    IF (j < R) & (a[j+1] < a[j]) THEN j := j+1 END
  END ;
  a[i] := x
END sift
```

Programm 2.7. Sift

44	55	12	42 |	94	18	06	67
44	55	12 |	42	94	18	06	67
44	55 |	06	42	94	18	12	67
44 |	42	06	55	94	18	12	67
06	42	12	55	94	18	44	67

Tabelle 2.6. Aufbau eines Heap

Folglich lässt sich der Prozess der Umwandlung am Ort eines Array in einen Heap mit n Elementen $h_1 \ldots h_n$ beschreiben durch

```
L := (n DIV 2) + 1;
WHILE L > 1 DO  L := L-1; sift(L, n) END
```

Das Element an der Spitze eines Heap ist wie erwähnt stets ein Minimum. Diese Tatsache wird in der zweiten Phase des Heapsort ausgenutzt. Im ersten Schritt nimmt man das Element x von der Spitze des Heap weg, setzt das letzte Element (h_n) an seine Stelle und lässt es dann an seinen richtigen Platz hinuntergleiten, so dass ein neuer Heap $h_1 \ldots h_n$ entsteht. Der freie Platz in h_n wird schliesslich benutzt, um das Element x aufzubewahren. Genau gleich verfährt man in den folgenden Schritten mit n-1, n-2, etc. anstelle von n. Dieser Prozess wird mit Hilfe der Prozedur *sift* (Programm 2.7) folgendermassen beschrieben:

```
R := n;
WHILE R > 1 DO
  x := a[1]; a[1] := a[R]; a[R] := x;
  R := R-1; sift(1, R)
END
```

Die notwendigen n-1 Schritte sind aus Tabelle 2.7 ersichtlich. Das Beispiel zeigt, dass die resultierende Anordnung gerade umgekehrt ist. Dies lässt sich aber leicht ändern, indem man die Ordnungsrelationen in der Prozedur *sift* ändert. Dies ergibt die in Programm 2.8 dargelegte Prozedur *Heapsort*.

<table>
<tr><td>06</td><td>42</td><td>12</td><td>55</td><td>94</td><td>18</td><td>44</td><td>67</td></tr>
<tr><td>12</td><td>42</td><td>18</td><td>55</td><td>94</td><td>67</td><td>44 |</td><td>06</td></tr>
<tr><td>18</td><td>42</td><td>44</td><td>55</td><td>94</td><td>67 |</td><td>12</td><td>06</td></tr>
<tr><td>42</td><td>55</td><td>44</td><td>67</td><td>94 |</td><td>18</td><td>12</td><td>06</td></tr>
<tr><td>44</td><td>55</td><td>94</td><td>67 |</td><td>42</td><td>18</td><td>12</td><td>06</td></tr>
<tr><td>55</td><td>67</td><td>94 |</td><td>44</td><td>42</td><td>18</td><td>12</td><td>06</td></tr>
<tr><td>67</td><td>94 |</td><td>55</td><td>44</td><td>42</td><td>18</td><td>12</td><td>06</td></tr>
<tr><td>94 |</td><td>67</td><td>55</td><td>44</td><td>42</td><td>18</td><td>12</td><td>06</td></tr>
</table>

Tabelle 2.7. Beispiel einer Heap-Sortierung

```
PROCEDURE HeapSort;
  VAR L, R: index;  x: item;

   PROCEDURE sift(L, R: index);
     VAR i, j: index;  x: item;
   BEGIN i := L; j := 2*L; x := a[L];
     IF (j < R) & (a[j] < a[j+1]) THEN j := j+1 END ;
     WHILE (j <= R) & (x < a[j]) DO
       a[i] := a[j]; i := j; j := 2*j;
       IF (j < R) & (a[j] < a[j+1]) THEN j := j+1 END
     END ;
     a[i] := x
   END sift;

BEGIN L := (n DIV 2) + 1; R := n;
  WHILE L > 1 DO L := L-1; sift(L, R) END ;
  WHILE R > 1 DO
    x := a[1]; a[1] := a[R]; a[R] := x;
    R := R-1; sift(L, R)
  END
END HeapSort
```

Programm 2.8. Heap-Sortierung

Analyse des Heapsort: Auf den ersten Blick ist es nicht offensichtlich, dass diese Sortiermethode gute Resultate liefert. Schliesslich werden grosse Elemente nach links verschoben, bevor sie endlich ganz rechts landen. Tatsächlich kann diese Prozedur für kleine Anzahlen von Elementen (wie im gezeigten Beispiel) nicht empfohlen werden. Für grosse n aber ist Heapsort sehr effizient, und je grösser n, um so besser ist er sogar im Vergleich zu Shellsort.

In der ersten Phase sind n/2 Schritte für das Einfügen von Elementen in n/2, n/2+1, ... , n-1 Positionen nötig, die schlimmstenfalls log(n/2), ... , log(n-1) Bewegungen beanspruchen, wobei der Logarithmus auf die nächst kleinere, ganze Zahl abzuschneiden ist. Die Sortierphase benötigt n-1 Einfügeschritte mit höchstens log(n-1), log(n-2), ... , 1 Bewegungen. Dazu kommen noch n-1 Bewegungen für das Nachrechtsschieben des geordneten Elementes. Dieses Argument zeigt, dass Heapsort auch im schlimmsten Fall

O(n*log(n)) Schritte benötigt. Diese hervorragende Leistung im schlimmsten Fall ist eine der stärksten Eigenschaften des Heapsort.

Es ist durchaus nicht klar, in welchem Fall die schlechteste (oder die beste) Leistung zu erwarten ist. Aber im allgemeinen scheinen Heapsort Sequenzen zu liegen, die von Anfang an mehr oder weniger in der umgekehrten Reihenfolge geordnet sind. Damit zeigt er ein unnatürliches Verhalten. Das Aufbauen des Heap erfordert keine Bewegungen, wenn die Elemente anfänglich in umgekehrter Reihenfolge vorliegen. Die mittlere Zahl der Bewegungen ist ungefähr n/2 * log(n), und die Abweichungen von diesem Wert sind relativ klein.

2.3.3. Sortieren durch Zerlegen (Partition)

Nach der Erörterung der beiden höheren Sortiermethoden, die auf den Prinzipien des Einfügens und des Auswählens aufbauen, führen wir nun eine dritte, verbesserte Methode ein, die auf dem Prinzip des Austauschens beruht. Unter Berücksichtigung der Tatsache, dass Bubblesort im Mittel die schlechteste Effizienz unter den drei direkten Sortier-Algorithmen hat, sollte man einen signifikanten Verbesserungsfaktor erwarten. Dennoch ist es überraschend, dass die hier erörterte Verbesserung, die auf Austauschen beruht, die beste bisher bekannte Sortiermethode mit Arrays liefert. Ihre Leistung ist so beeindruckend, dass ihr Erfinder C.A.R. Hoare sie berechtigterweise *Quicksort* [2.5, 2.6] nannte.

Quicksort stützt sich auf die Tatsache, dass Austauschen vorzugsweise über grössere Distanzen ausgeführt wird und dann am effizientesten ist. Sind z.B. n Elemente in umgekehrter Reihenfolge ihrer Schlüssel gegeben, so kann man sie mit nur n/2 Austauschvorgängen sortieren, indem man, links und rechts aussen beginnend, schrittweise von beiden Seiten nach innen vorgeht. Natürlich ist dies nur möglich, wenn wir wissen, dass die Reihenfolge gerade umgekehrt ist. Aber aus diesem Beispiel kann man dennoch etwas lernen.

Versuchen wir den folgenden Algorithmus: Man wähle willkürlich ein Element (und nenne es x), durchsuche dann den Array von links, bis ein Element $a_i > x$ gefunden wird, und von rechts, bis ein Element $a_j < x$ gefunden wird. Nun werden diese beiden Elemente vertauscht, und dieser Prozess des Durchsuchens und Vertauschens wird so lange fortgesetzt, bis man sich beim Durchsuchen aus beiden Richtungen irgendwo trifft. Als Resultat ist jetzt der Array zerlegt in einen linken Teil mit Schlüsseln kleiner als x und einen rechten Teil mit Schlüsseln grösser als x. Dieser Zerlegungsprozess ist als Prozedur in Programm 2.9 formuliert. Man beachte, dass die Relationen > und < durch ≥ und ≤ ersetzt wurden, deren Negationen < und > in der while-Klausel vorkommen. Damit wird x zu einer Marke für das Durchsuchen.

```
PROCEDURE partition;
  VAR w, x: item;
BEGIN i := 1; j := n;
  wähle ein zufälliges Element x aus;
  REPEAT
    WHILE a[i] < x DO i := i+1 END ;
```

```
    WHILE x < a[j] DO j := j-1 END ;
    IF i <= j THEN
      w := a[i]; a[i] := a[j]; a[j] := w; i := i+1; j := j-1
    END
  UNTIL i > j
END partition
```

Programm 2.9 Partition

Wird z.B. der mittlere Schlüssel 42 als Vergleichswert x gewählt, so erfordert der Array von Schlüsselwerten

44 55 12 42 94 06 18 67

für die folgende Zerlegung des Array die zwei Vertauschungen 18↔44 und 06↔55

18 06 12 42 94 55 44 67

Die Endwerte der Indizes sind $i = 5$ und $j = 3$. Die Schlüssel $a_1 \ldots a_{i-1}$ sind kleiner oder gleich dem Schlüssel $x = 42$, die Schlüssel von $a_{j+1} \ldots a_n$ sind grösser oder gleich x. Folglich entstehen zwei Teile, nämlich

$$\forall_{k=1}^{i-1} \; a_k \leq x \qquad \forall_{k=j+1}^{n} \; x \leq a_k \tag{2.14}$$

Dieser Algorithmus ist offensichtlich sehr direkt und effizient, da die wesentlichen zu vergleichenden Werte i, j und x während des Durchsuchens in schnellen Registern bleiben können. Er kann aber auch schwerfällig sein, wie der Fall mit n gleichen Schlüsseln zeigt, in dem n/2 Austausche vorgenommen werden. Dieses unnötige Austauschen ist leicht zu eliminieren, wenn man die Anweisungen für das Durchsuchen abändert auf

```
WHILE a[i] <= x DO i := i+1 END ;
WHILE x <= a[j] DO j := j-1 END
```

In diesem Fall dient aber das ausgewählte Element x, das selbst im Array liegt, nicht mehr als Marke für die beiden Durchläufe. Der Array mit lauter gleichen Schlüsseln würde bewirken, dass das Durchlaufen über die Grenzen des Array hinausgeht, wenn nicht kompliziertere Abbruchbedingungen verwendet würden. Für die Einfachheit der Bedingungen in Programm 2.9 nimmt man die zusätzlichen Austausche in Kauf, die im mittleren "zufälligen" Fall relativ selten vorkommen. Eine leichte Ersparnis kann aber erreicht werden, wenn man die Kontrollklausel für den Austauschschritt von $i \leq j$ ändert auf $i < j$. Diese Änderung darf aber nicht auf die beiden Anweisungen

```
i := i+1; j := j-1
```

ausgedehnt werden, die somit eine getrennte Bedingungsklausel benötigen. Vertrauen in die Richtigkeit des Zerlegungs-Algorithmus kann man gewinnen, indem man verifiziert, dass die beiden Zusicherungen (2.14) Invarianten der repeat-Anweisung sind. Zu Beginn, d.h. für $i = 1$ und $j = n$, sind sie trivialerweise richtig, und am Ende, d.h. für $i > j$, implizieren sie das gewünschte Resultat.

Wir müssen uns nun daran erinnern, dass unser eigentliches Ziel nicht das Finden von Zerlegungen des ursprünglichen Array von Elementen war, sondern seine Sortierung. Es ist jedoch nur ein kleiner Schritt vom Zerlegen zum Sortieren: Nach dem Zerlegen des Array wende man den gleichen Prozess auf beide Teile an, dann auf die Teile der neuen Zerlegung, usw., bis jeder Teil nur ein Element umfasst. Programm 2.10 beschreibt dieses Rezept.

```
PROCEDURE QuickSort;

  PROCEDURE sort(L, R: index);
    VAR i, j: index; w, x: item;
  BEGIN i := L; j := R;
    x := a[(L+R) DIV 2];
    REPEAT
      WHILE a[i] < x DO i := i+1 END ;
      WHILE x < a[j] DO j := j-1 END ;
      IF i <= j THEN
        w := a[i]; a[i] := a[j]; a[j] := w; i := i+1; j := j-1
      END
    UNTIL i > j;
    IF L < j THEN sort(L, j) END ;
    IF i < R THEN sort(i, R) END
  END sort;

BEGIN sort(1, n)
END QuickSort
```

Programm 2.10. Quick-Sortierung

Die Prozedur *sort* ruft sich selbst rekursiv auf. Die Rekursion in Algorithmen ist ein sehr wirkungsvolles Werkzeug. Sie wird in Kapitel 3 ausführlich behandelt. In einigen Programmiersprachen älteren Datums wird Rekursion aus gewissen technischen Gründen nicht zugelassen. Wir werden nun zeigen, wie der gleiche Algorithmus als nichtrekursive Prozedur ausgedrückt werden kann. Offensichtlich liegt die Lösung im Ersetzen der Rekursion durch Iteration, wobei gewisse zusätzliche Operationen zur Buchhaltung nötig werden.

Der Schlüssel zu einer iterativen Lösung liegt im Unterhalt einer Liste von Zerlegungen, die noch auszuführen sind. Jeder Schritt zieht die Forderung nach zwei weiteren Zerlegungen nach sich. Nur eine davon kann in der anschliessenden Iteration direkt in Angriff genommen werden, die andere wird in der erwähnten Liste gespeichert. Es ist natürlich wesentlich, dass diese Liste in einer bestimmten, nämlich der gegenüber der Erstellung umgekehrten Reihenfolge abgearbeitet wird. Dies bedeutet, dass die erste eingetragene Zerlegung als letzte ausgeführt wird und umgekehrt; die Liste wird wie ein pulsierender *Stapel* (Stack, Kellerspeicher) behandelt. In der folgenden, nichtrekursiven Version des Quicksort wird jede verlangte Zerlegung einfach durch die Indizes der linken und rechten Grenze des weiterzuzerlegenden Teils dargestellt. Dazu führen wir eine

Array-Variable *stack* und einen Index s ein, der die letzte Eintragung angibt (vgl. Programm 2.11). Die geeignete Wahl der Stapel-Länge m wird in der nachfolgenden Analyse des Quicksort erörtert.

```
PROCEDURE NonRecursiveQuickSort;
  CONST M = 12;
  VAR i, j, L, R: index;  x, w: item;
    s: [0 .. M];
    stack: ARRAY [1 .. M] OF RECORD L, R: index END ;
BEGIN s := 1; stack[1].L := 1; stack[s].R := n;
  REPEAT (*take top request from stack*)
    L := stack[s].L; R := stack[s].R; s := s-1;
    REPEAT (*partition a[L] ... a[R]*)
      i := L; j := R; x := a[(L+R) DIV 2];
      REPEAT
        WHILE a[i] < x DO i := i+1 END ;
        WHILE x < a[j] DO j := j-1 END ;
        IF i <= j THEN
          w := a[i]; a[i] := a[j]; a[j] := w; i := i+1; j := j-1
        END
      UNTIL i > j;
      IF i < R THEN  (*stack request to sort right partition*)
        s := s+1; stack[s].L := i; stack[s].R := R
      END ;
      R := j  (*now L and R delimit the left partition*)
    UNTIL L >= R
  UNTIL s = 0
END NonRecursiveQuickSort
```

Programm 2.11. Quick-Sortierung ohne Rekursion

Analyse des Quicksort: Um die Leistung des Quicksort zu analysieren, müssen wir zuerst das Verhalten des Zerlegungsprozesses untersuchen. Nach der Wahl einer Grenze x wird der ganze Array abgesucht. Dabei werden genau n Vergleiche ausgeführt. Die Zahl der Austauschoperationen kann durch folgende wahrscheinlichkeitstheoretische Überlegung bestimmt werden.

Die erwartete Anzahl notwendiger Austauschoperationen bei fest gewählter Grenze x ist gleich der Anzahl Elemente im linken Teil der Zerlegung, nämlich x-1, multipliziert mit der Wahrscheinlichkeit, dass ein solches Element durch Austausch an seinen Platz gelangt ist. Ein Austausch fand statt, wenn sich das Element vorher im rechten Teil befunden hatte; die Wahrscheinlichkeit dafür beträgt (n-(x-1))/n. Die im Mittel zu erwartende Anzahl der Austauschoperationen ergibt sich als Mittelwert des Erwartungswertes über alle möglichen Grenzen x:

$$M = \frac{1}{n}\sum_{x=1}^{n}(x-1)\,\frac{n-(x-1)}{n} = \frac{1}{n^2}\sum_{u=0}^{n-1} u*(n-u)$$

$$= \frac{n*(n-1)}{2n} - \frac{2n^2-3n+1}{6n} = \frac{n-1/n}{6} \qquad (2.15)$$

Nehmen wir an, wir hätten viel Glück und würden immer das mittlere Element als Grenze wählen. Dann teilt jede Zerlegung den Array in zwei gleichgrosse Teile, und zum Sortieren sind log(n) Durchläufe notwendig. Damit ergeben sich insgesamt n*log(n) Vergleiche und n*log(n)/6 Austauschoperationen.

Natürlich kann man nicht erwarten, immer das mittlere Element zu treffen. Die Wahrscheinlichkeit dafür ist nur 1/n. Überraschenderweise ist aber die durchschnittliche Leistung von Quicksort bei zufälliger Wahl der Grenze nur um den Faktor 2*ln(2) = 1.39... schlechter als im besten Fall.

Aber auch Quicksort hat seine Tücken. Zunächst ist seine Leistung für kleine Werte von n relativ schwach, wie dies bei allen höheren Methoden der Fall ist. Sein Vorzug gegenüber den anderen Methoden liegt in der Leichtigkeit, mit der eine direkte Sortiermethode zum Sortieren kleiner Zerlegungsteile eingebaut werden kann. Dies ist bei einer rekursiven Version des Programms besonders von Vorteil.

Es bleibt immer noch die Frage des schlimmsten Falls. Wie verhält sich Quicksort dann? Die Antwort ist leider enttäuschend und deckt die eine Schwäche des Quicksort auf (der in diesen Fällen zum Slowsort wird). Betrachtet man z.B. den ungünstigen Fall, bei dem jedesmal der grösste Wert einer Zerlegung als Vergleichswert gewählt wird. Bei jedem Schritt wird dann ein Segment mit n Elementen in einen linken Teil mit n-1 und einen rechten Teil mit einem einzigen Element zerlegt. Als Folge werden n anstatt nur log(n) Zerlegungen notwendig, und der Aufwand im schlimmsten Fall ist somit von der Grössenordnung n^2.

Anscheinend ist der entscheidende Punkt die Wahl des Vergleichswertes x. In unserem Beispielprogramm wird dazu das mittlere Element gewählt. Man beachte, dass man praktisch ebenso gut das erste oder letzte Element wählen könnte. Dabei wäre der schlimmste Fall der ursprünglich sortierte Array; Quicksort legt dann eine bestimmte Abneigung gegen den trivialen Fall an den Tag und bevorzugt ungeordnete Arrays. Bei der Wahl des mittleren Elementes kommt diese sonderbare Eigenschaft des Quicksort weniger zur Geltung, da der ursprünglich geordnete Array der günstige Fall ist. Tatsächlich ist die Leistung im Mittel etwas besser, wenn das mittlere Element gewählt wird. Hoare schlägt vor, die Wahl von x willkürlich zu treffen oder den mittleren aus einer kleinen Auswahl von etwa drei Schlüsseln zu wählen [2.12, 2.13]. Eine derart ausgewogene Wahl beeinflusst die durchschnittliche Leistung des Quicksort kaum, sie verbessert aber die Leistung im schlimmsten Fall wesentlich. Es kommt zum Ausdruck, dass Sortieren mit Quicksort einem Glücksspiel ähnelt, bei dem man sich bewusst sein sollte, welchen Verlust man sich leisten kann, wenn man Pech hat.

Eine weitere Lehre soll aus dieser Erfahrung gezogen werden; sie betrifft ganz besonders den Programmierer. Welche Folge hat der obenerwähnte schlimmste Fall für das Programm 2.10? Wir haben bemerkt, dass jede Aufteilung einen rechten Teil mit nur einem Element liefert; die Notwendigkeit, diesen Teil zu sortieren, wird für die spätere Ausführung im Stack gespeichert. Folglich ist n die grösste Zahl solcher Anforderungen und damit auch die benötigte Stapel-Länge. Dies ist natürlich völlig unannehmbar. (Man beachte, dass wir mit der rekursiven Version nicht besser - sondern sogar schlechter - fahren, da ein System mit rekursiver Verwendung von Prozeduren die Werte der lokalen Variablen und Parameter für jeden Aufruf der Prozedur automatisch speichern muss und dazu einen impliziten Stapel verwendet).

Die Lösung dieses Problems liegt im Speichern der Forderung nach Sortierung für den grösseren Teil der Zerlegung und in der direkten Weiterzerlegung des kleineren Teils. In diesem Fall kann die Stapel-Länge m auf log(n) beschränkt werden.

Die in Programm *NonRecursiveQuicksort* notwendige Änderung betrifft den Teil, in dem neue Forderungen aufgestellt werden. Er lautet nun

```
IF j - L < R - i THEN
  IF i < R THEN (*Abspeichern des rechten Teils*)
    s := s+1; stack[s].L := i; stack[s].R := R
  END ;
  R := j  (*Weiterfahren mit Sortieren des linken Teils*)
ELSE                                                        (2.16)
  IF L < j THEN (*Abspeichern des linken Teils*)
    s := s+1; stack[s].L := L; srack[s].R := j
  END;
  L := i  (*Weiterfahren mit Sortieren des rechten Teils*)
END
```

2.3.4. Bestimmung des mittleren Elementes

Das mittlere von n Elementen (median) ist definiert als das Element, das kleiner (oder gleich) als die Hälfte der n Elemente und grösser (oder gleich) als die andere Hälfte ist. Zum Beispiel ist das mittlere Element von

16 12 99 95 18 87 10

gleich 18. Das Problem der Bestimmung des mittleren Elementes ist gewöhnlich mit dem des Sortierens verknüpft, da eine sichere Methode hierfür das Sortieren der n Elemente ist, wobei man dann das Element in der Mitte nimmt. Aber Quicksort öffnet einen Weg zu einer möglicherweise viel schnelleren Art der Bestimmung dieses Elementes. Die leicht zu erklärende Methode lässt sich zum Problem der Bestimmung des k-kleinsten von n Elementen verallgemeinern. Die Bestimmung des mittleren Elementes wird dann zum Sonderfall $k = n/2$.

Der von C.A.R. Hoare gefundene Algorithmus funktioniert folgendermassen [2.4]: Zunächst erfolgt eine Zerlegung nach Quicksort mit $L = 1$ und $R = n$ und mit a_k als Trennwert x. Für die resultierenden Indexwerte i und j gilt dann

1. $a_h < x$ für alle $h < i$
2. $a_h > x$ für alle $h > j$ (2.17)
3. $i > j$

Es können drei Fälle eintreten:

1. Die Grenze zwischen den entstandenen beiden Teilen liegt unterhalb von k; d.h. der gewählte Trennwert x war zu klein. Der Zerlegungsprozess wird mit den Elementen a_i ... a_R wiederholt (vgl. Fig.2.9).

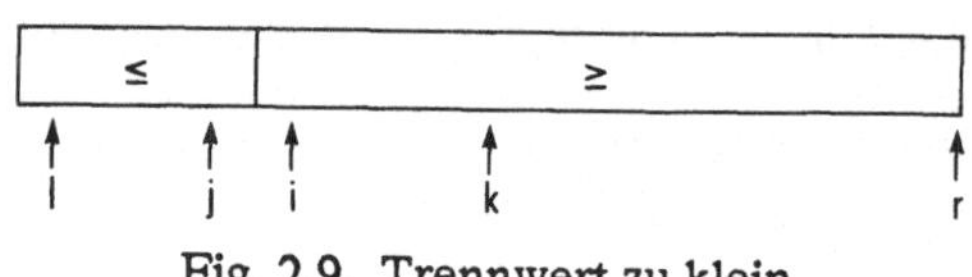

Fig. 2.9. Trennwert zu klein

2. Die Grenze liegt oberhalb von k; d.h. der gewählte Wert x war zu gross. Die Zerlegung muss auf dem Teil a_L ... a_j wiederholt werden (vgl. Fig. 2.10).

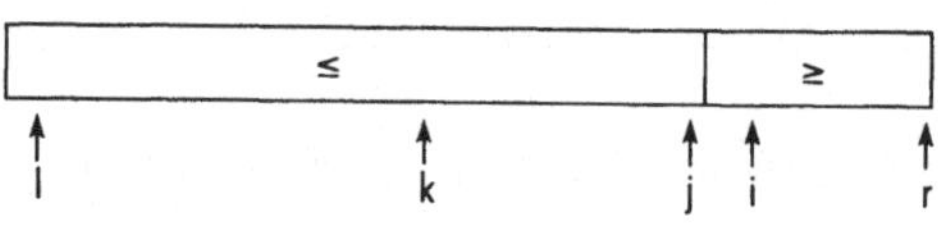

Fig. 2.10. Trennwert zu gross

3. Die Grenze liegt bei k; d.h. das Element a_k zerlegt den Array in zwei Teile im gewünschten Verhältnis (vgl. Fig. 2.11).

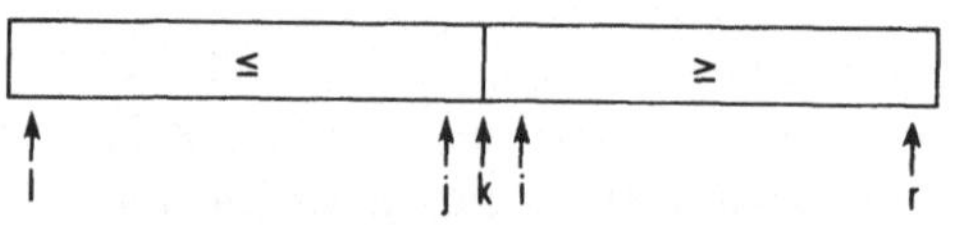

Fig. 2.11. Trennwert richtig

Der Zerlegungsprozess ist zu wiederholen, bis der Fall 3 eintritt. Das folgende Programmstück beschreibt die Wiederholung:

```
L := 1; R := n;
WHILE L < R DO                                        (2.18)
  x := a[k]; partition(a[L] ... a[R]);
```

```
    IF j < k THEN L := i END ;
    IF k < i THEN R := j END
  END
```

Für den formalen Beweis der Korrektheit dieses Algorithmus wird der Leser auf den ursprünglichen Artikel von Hoare [2.4] verwiesen. Daraus lässt sich das ganze Programm *Find* leicht ableiten.

```
PROCEDURE Find(k: INTEGER);
  VAR L, R, i, j: index; w, x: item;
BEGIN L := 1; R := n;
  WHILE L < R DO
    x := a[k]; i := L; j := R;
    REPEAT
      WHILE a[i] < x DO i := i+1 END ;
      WHILE x < a[j] DO j := j-1 END ;
      IF i <= j THEN
        w := a[i]; a[i] := a[j]; a[j] := w; i := i+1; j := j-1
      END
    UNTIL i > j;
    IF j < k THEN L := i END ;
    IF k < i THEN R := j END
  END
END Find
```

Programm 2.12. Finde k-kleinstes Element

Wenn wir davon ausgehen, dass im Mittel jede Zerlegung den Bereich halbiert, in dem die gewünschte Grösse liegt, so ist die Zahl der notwendigen Vergleiche

$$n + n/2 + n/4 + \ldots + 1 \qquad (2.19)$$

d.h. sie ist von der Grössenordnung 2n. Dies erklärt die Fähigkeit des Programms *Find* zur Bestimmung des mittleren oder k-kleinsten Elementes, sowie seine Überlegenheit gegenüber dem vorgängigen Sortieren der ganzen Menge und anschliessender Auswahl des k-ten Elementes (wo das beste Verfahren einen Aufwand von der Grössenordnung $n*\log(n)$ erfordert). Im schlimmsten Fall jedoch vermindert jeder Zerlegungsschritt die Menge der Kandidaten nur um einen und erfordert somit $O(n^2)$ Vergleiche. Wiederum bietet die Verwendung dieses Algorithmus keinen Vorteil, wenn die Zahl der Elemente klein ist.

2.3.5. Ein Vergleich der Sortiermethoden mit Arrays

Zum Abschluss dieser Parade der Sortiermethoden wollen wir versuchen, ihre Qualitäten zu vergleichen. Wenn n die Zahl der zu ordnenden Elemente bezeichnet, sollen C und M wiederum für die Zahl der erforderlichen Vergleiche der Schlüssel, bzw. Bewegungen von Elementen stehen. Für alle drei direkten Sortiermethoden können geschlossene analytische Formeln angegeben werden. Sie sind in Tabelle 2.8 aufgeführt. Die Kolonnenüberschriften min, max und mit stehen für Minima, Maxima, und die über alle n! Permutationen von n

Elementen gemittelten Werte.

Für die höheren Methoden gibt es keine einfachen, analytischen Formeln. Wesentlich ist, dass der erforderliche Rechenaufwand $c*n^{1.2}$ für Shellsort und $c'*n*\log n$ für Heapsort und Quicksort ist.

		min	mit	max
direktes	C =	n-1	$(n^2 + n - 2)/4$	$(n^2 - n)/2 - 1$
Einfügen	M =	2(n-1)	$(n^2 - 9n -10)/4$	$(n^2 - 3n - 4)/2$
direkte	C =	$(n^2 - n)/2$	$(n^2 - n)/2$	$(n^2 - n)/2$
Auswahl	M =	3(n-1)	$n*(\ln n + 0.57)$	$n^2/4 + 3(n-1)$
direkter	C =	$(n^2-n)/2$	$(n^2-n)/2$	$(n^2-n)/2$
Austausch	M =	0	$(n^2-n)*0.75$	$(n^2-n)*1.5$

Tabelle 2.8. Leistungsvergleich direkter Sortiermethoden

Diese Formeln geben ein grobes Mass des Aufwandes als Funktion von n und erlauben die Klassifizierung von Sortier-Algorithmen in einfache, direkte Methoden (n^2) und höhere oder "logarithmische" Methoden ($n*\log(n)$). Für praktische Zwecke ist es jedoch nützlich, einige experimentelle Werte zur Verfügung zu haben, die einen Eindruck über die Konstanten c und c' vermitteln, die die verschiedenen Methoden weiter unterscheiden. Ausserdem berücksichtigen diese Formeln nicht den rechnerischen Aufwand für andere Operationen als Vergleiche der Schlüssel und Bewegungen der Elemente, wie z.B. die Schleifenkontrolle. Diese Faktoren hängen sicher zu einem gewissen Grad von den einzelnen Systemen ab, aber ein Beispiel experimentell ermittelter Daten ist dennoch informativ. Tabelle 2.9 enthält die Zeiten (in Sekunden), die die bisher besprochenen Sortiermethoden bei der Ausführung im Modula-System auf einem Lilith Computer benötigen. Die drei Kolonnen enthalten die Zeiten für die Sortierung eines bereits geordneten Array, einer willkürlichen Permutation und eines umgekehrt geordneten Array. Die Resultate trennen die direkten Methoden deutlich von den logarithmischen Methoden. Folgende Punkte sind noch besonders erwähnenswert:

1. Die Verbesserung des binären Einfügens gegenüber dem direkten Einfügen ist wirklich unbedeutend und im Fall bereits vorhandener Ordnung sogar negativ.

2. Bubblesort ist tatsächlich die schlechteste Sortiermethode von allen, die wir verglichen haben. Die verbesserte Version "Shakersort" ist immer noch schlechter als direktes Einfügen und direkte Auswahl (mit Ausnahme des pathologischen Falls eines bereits sortierten Array).

3. Quicksort schlägt Heapsort um einen Faktor 2 bis 3. Er sortiert einen umgekehrt geordneten Array mit praktisch der gleichen Geschwindigkeit wie den bereits sortierten.

	geordnet	zufällig	invers
direktes Einfügen	0.02	0.82	1.64
binäres Einfügen	0.12	0.70	1.30
direkte Auswahl	0.94	0.96	1.18
BubbleSort	1.26	2.04	2.80
ShakerSort	0.02	1.66	2.92
ShellSort	0.10	0.24	0.28
HeapSort	0.20	0.20	0.20
QuickSort	0.08	0.12	0.08
NonRecQuickSort	0.08	0.12	0.08
StraightMerge	0.18	0.18	0.18

Tabelle 2.9. Ausführungszeiten von Sortierprogrammen (n = 256)

	geordnet	zufällig	invers
direktes Einfügen	0.22	50.74	103.80
binäres Einfügen	1.16	37.66	76.06
direkte Auswahl	58.18	58.34	73.46
BubbleSort	80.18	128.84	178.66
ShakerSort	0.16	104.44	187.36
ShellSort	0.80	7.08	12.34
HeapSort	2.32	2.22	2.12
QuickSort	0.72	1.22	0.76
NonRecQuickSort	0.72	1.32	0.80
StraightMerge	1.98	2.06	1.98

Tabelle 2.10. Ausführungszeiten von Sortierprogrammen (n = 2048)

2.4. SORTIEREN VON SEQUENZEN

2.4.1 Direktes Mischen

Die im vorangehenden Abschnitt behandelten Sortier-Algorithmen sind leider nicht anwendbar, wenn die zu sortierende Datenmenge nicht in den Hauptspeicher der Rechenanlage passt, sondern z.B. in einem peripheren und sequentiellen Medium, wie einem Band, gespeichert ist. In diesem Fall beschreiben wir die Daten als (sequentielles) File mit der Eigenschaft, dass zu jeder Zeit genau eine Komponente direkt zugreifbar ist. Im Vergleich zu den durch die Array-Struktur gebotenen Möglichkeiten ist dies eine starke Einschränkung, und es sind daher andere Techniken des Sortierens zu verwenden. Die bedeutendste ist Sortieren durch *Mischen* (merge sort). Mischen bedeutet das Zusammenfliessen von zwei (oder mehreren) geordneten Sequenzen zu einer einzigen geordneten Sequenz durch fortgesetzte Auswahl aus den gerade zugreifbaren Komponenten. Mischen ist eine einfachere Operation als Sortieren und wird als Hilfsoperation im komplexeren Prozess des sequentiellen Sortierens verwendet. Eine einfache Art des Sortierens durch Mischen heisst *direktes Mischen* und wird wie folgt beschrieben:

1. Zerlege die Sequenz *a* in zwei Hälften *b* und *c*.
2. Mische *b* und *c* durch Kombination einzelner Elemente zu geordneten Paaren.
3. Zerlege die neue, wieder mit *a* bezeichnete Sequenz in zwei Hälften, die wiederum mit *b* und *c* bezeichnet werden.
4. Mische *b* und *c* durch Kombination von geordneten Paaren zu geordneten Quadrupeln.
5. Zerlege die neue, wieder mit *a* bezeichnete Sequenz in zwei Hälften *b* und *c*.
6. Mische *b* und *c* durch Kombination von geordneten Quadrupeln zu geordneten Oktetten, etc. bis die ganze Sequenz geordnet ist.

Man betrachte als Beispiel die Sequenz

    44 55 12 42 94 18 06 67

Beim ersten Schritt liefert die Zerlegung die beiden Sequenzen

    44 55 12 42
    94 18 06 67

Das Mischen der einzelnen Komponenten zu geordneten Paaren ergibt

    44 94 ' 18 55 ' 06 12 ' 42 67

Erneute Zerlegung in der Mitte und Mischen der geordneten Paaren ergibt

    06 12 44 94 ' 18 42 55 67

Eine dritte Zerlegungs- und Mischoperation führt schliesslich zum gewünschten Resultat

    06 12 18 42 44 55 67 94

Jede Operation, die die ganze Menge der Daten einmal behandelt, heisst *Phase*, und der kleinste Teilprozess, dessen Wiederholung den Sortierprozess ergibt, heisst *Durchlauf* oder *Arbeitsgang*. Im obigen Beispiel umfasst das Sortieren drei Durchläufe, wobei jeder Durchlauf aus einer Zerlegungs- und einer Mischphase besteht. Zum Sortieren werden drei Bänder benötigt; der Prozess heisst daher *3-Band-Mischen* (3-tape merge).

Die Zerlegungsphasen tragen eigentlich nicht zum Sortieren bei, da sie die Reihenfolge der Elemente nicht verändern; in gewissem Sinn sind sie unproduktiv, obwohl sie die Hälfte aller Kopieroperationen ausmachen. Sie können durch Zusammenfassen der Zerlegungs- und Mischphasen ganz ausgeschaltet werden. Anstatt in eine einzige Sequenz zu mischen, wird die Ausgabe des Mischprozesses sofort wieder auf zwei Bänder verteilt, die dann die Quellen für den nächsten Durchlauf bilden. Im Gegensatz zum vorhergehenden 2-Phasen-Mischen heisst diese Methode *1-Phasen-Mischen* oder *ausgeglichenes Mischen*. Sie ist eindeutig überlegen, da nur halbsoviel Kopieroperationen nötig sind; der Preis dafür ist ein viertes Band.

Wir werden ein Mischprogramm in allen Einzelheiten ausarbeiten und gehen zu Beginn davon aus, dass die Daten in einem Array dargestellt sind, der aber *streng sequentiell* durchlaufen wird. Eine spätere Version einer Mischsortierung wird dann die Sequenz-Struktur verwenden. Der Vergleich dieser zwei Programme zeigt die starke Abhängigkeit der Form eines Programms von der zugrundeliegenden Datendarstellung.

Anstelle von zwei Files kann leicht ein einzelner Array verwendet werden, wenn er als zweiseitige Sequenz betrachtet wird. Anstatt zwei Quellen-Files zu mischen, nehmen wir die Elemente von den beiden Enden des Array. Die allgemeine Form der kombinierten Misch-Aufteilungsphase lässt sich damit wie in Fig. 2.12 darstellen. Das Ziel der gemischten Elemente wird nach jedem geordneten Paar im ersten Durchlauf, nach jedem geordneten Quadrupel im zweiten Durchlauf, usw., geändert, so dass die beiden Ziel-Sequenzen, dargestellt durch die beiden Enden eines einzelnen Array, gleichmässig aufgefüllt werden. Nach jedem Durchlauf vertauschen die beiden Arrayenden ihre Rollen, die Quelle wird zum Ziel und umgekehrt.

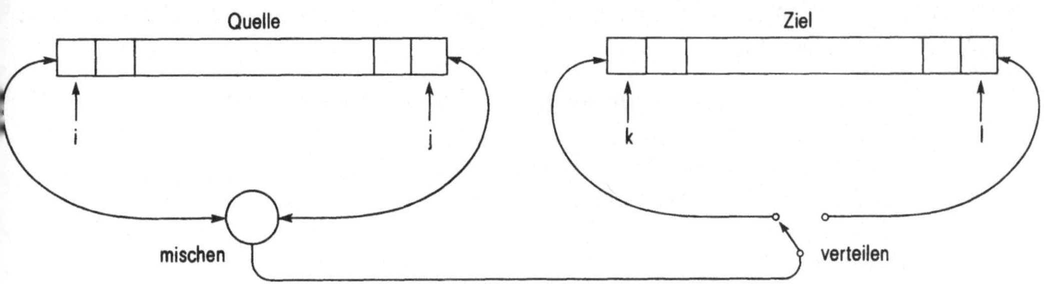

Fig. 2.12. Array-Sortieren durch Mischen

Das Programm lässt sich nun weiter vereinfachen, indem man die beiden begrifflich verschiedenen Arrays zu einem einzigen Array doppelter Grösse zusammenfasst. Somit werden die Daten dargestellt durch

```
a: ARRAY [1 .. 2*n] OF item                                    (2.20)
```

und die Indizes i und j bezeichnen die beiden Quellenelemente, während k und L die beiden Ziele angeben (siehe Fig. 2.12). Die Ausgangswerte sind natürlich die Werte a_1 ... a_n. Eine Boolesche Variable *up* wird benötigt, um die Richtung des Datenflusses anzuzeigen; *up* bedeutet, dass im gegenwärtigen Durchlauf die Komponenten a_1 ... a_n zu den Variablen a_{n+1} ... a_{2n} "hinauf" bewegt werden, während ~*up* den Transport von a_{n+1} ... a_{2n} nach a_1 ... a_n "hinunter" anzeigt. Der Wert von up ändert sich nach jedem Durchlauf. Schliesslich wird zur Angabe der Länge der zu mischenden Teil-Sequenz eine Variable p eingeführt. Ihr Wert ist zu Beginn 1 und wird für jeden folgenden Durchlauf verdoppelt. Zur Vereinfachung nehmen wir an, dass n immer eine Potenz von 2 sei. Damit hat die erste Version eines direkten Mischprogramms folgende Form:

```
PROCEDURE MergeSort;                                           (2.21)
  VAR i, j, k, L: index; up: BOOLEAN; p: INTEGER;
BEGIN up := TRUE; p := 1;
  REPEAT initialisiere Index-Variablen;
    IF up THEN i := 1; j := n; k := n+1; L := 2*n
    ELSE k := 1; L := n; i := n+1; j := 2*n
    END ;
    mische p-Tupel von den i- und j-Quellen in die k- und L-Senken;
    up := ~up; p := 2*p
  UNTIL p = n
END MergeSort
```

Im nächsten Entwicklungsschritt verfeinern wir die in Anführungszeichen stehende und in natürlicher Sprache ausgedrückte Anweisung. Wie erwähnt ist k der Index des unteren Endes des Ziel-Array und wird während der down-Phase nach jeder Bewegung eines Elementes um 1 erhöht. Der Index des oberen Endes des Ziel-Array ist l; er wird in der up-Phase nach jeder Bewegung um 1 verkleinert. Um die gegenwärtige Mischanweisung zu vereinfachen, legen wir fest, dass das Ziel immer mit k bezeichnet werden soll. Wir vertauschen daher die Werte der Variablen k und L nach jedem Durchlauf. Ferner bezeichnen wir die Schrittweite durchwegs mit h, wobei h entweder 1 oder -1 ist. Dies führt zu folgender Verfeinerung:

```
h := 1; m := n; (*m = Anzahl der zu mischenden Elemente*)      (2.22)
REPEAT q := p; r := p; m := m - 2*p;
  mische q Elemente von i mit r Elementen von j,
  Ziel-Index ist k mit Schrittweite h;
  h := -h; k ↔ L
UNTIL m = 0
```

Im nächsten Verfeinerungsschritt wird schliesslich die eigentliche Mischanweisung formuliert. Der Rest der einen, nach dem Mischen nicht leeren Teil-Sequenz wird durch eine Folge einfacher Kopieroperationen an die Ausgabe-Sequenz angehängt.

```
WHILE (q # 0) & (r # 0) DO
```

```
    IF a[i] < a[j] THEN                                                              (2.23)
      kopiere ein Element von der i-Quelle zur k-Senke; erhöhe i und k;  q := q-1
    ELSE
      kopiere ein Element von der j-Quelle zur k-Senke; erhöhe j und k;  r := r-1
    END
  END ;
  kopiere das Ende der i-Quelle; kopiere das Ende der j-Quelle
```

Nach einer letzten Verfeinerung wird das Programm in allen Einzelheiten dargelegt. Bevor wir es vollständig ausschreiben, wollen wir die Einschränkung aufheben, wonach n eine Potenz von 2 sein muss. Welche Teile des Algorithmus werden durch die Abschwächung dieser Einschränkung betroffen? Man überzeugt sich leicht, dass die beste Art der Behandlung einer neuen, allgemeineren Situation ein möglichst langes Festhalten an der alten Methode ist. In unserem Beispiel bedeutet dies, dass wir fortfahren, p-Tupel zu mischen, bis die Reste der Quellen-Sequenzen in der Länge kleiner als p sind. Die einzigen dadurch beeinflussten Anweisungen sind die, welche die Werte q und r, d.h. die Längen der zu mischenden Sequenzen bestimmen. Die nachstehenden vier Anweisungen ersetzen die drei Anweisungen

```
q := p;  r := p;  m := m -2*p
```

und stellen, wovon sich der Leser selbst überzeugen kann, wirklich eine Implementation der oben festgelegten Strategie dar. Man beachte, dass m die Gesamtzahl der restlichen, von beiden Quellen-Sequenzen zu mischenden Elemente angibt:

```
IF m >= p THEN q := p ELSE q := m END ;
m := m-q;
IF m >= p THEN r := p ELSE r := m END ;
m := m-r
```

Um die Termination des Programms zu garantieren, muss die Bedingung $p = n$, die die äussere Schleife kontrolliert, auf $p \geq n$ abgeändert werden. Wir können nun den ganzen Algorithmus als vollständiges Programm 2.13 angeben.

```
PROCEDURE StraightMerge;
  VAR i, j, k, L, t: index;  (*Index-Bereich ist 1 .. 2*n*)
    h, m, p, q, r: INTEGER; up: BOOLEAN;
BEGIN up := TRUE; p := 1;
  REPEAT h := 1; m := n;
    IF up THEN i := 1; j := n; k := n+1; L := 2*n
    ELSE k := 1; L := n; i := n+1; j := 2*n
    END ;
    REPEAT (*mische je einen Lauf von den i- und j-Quellen*)
      IF m >= p THEN q := p ELSE q := m END ;
      m := m-q;
      IF m >= p THEN r := p ELSE r := m END ;
      m := m-r;
      WHILE (q # 0) & (r # 0) DO
```

```
            IF a[i] < a[j] THEN
              a[k] := a[i]; k := k+h; i := i+1; q := q-1
            ELSE
              a[k] := a[j]; k := k+h; j := j-1; r := r-1
            END
          END ;
          WHILE r > 0 DO
            a[k] := a[j]; k := k+h; j := j-1; r := r-1
          END ;
          WHILE q > 0 DO
            a[k] := a[i]; k := k+h; i := i+1; q := q-1
          END ;
          h := -h; t := k; k := L; L := t
        UNTIL m = 0;
        up := ~up; p := 2*p
      UNTIL p >= n;
      IF ~up THEN
        FOR i := 1 TO n DO a[i] := a[i+n] END
      END
    END StraightMerge
```

Programm 2.13. Direktes Mischsortieren auf Arrays

Analyse des Mischsortierens: Da jeder Durchlauf den Wert von p verdoppelt, und da die Sortierung abgeschlossen ist, sobald $p \geq n$ ist, umfasst das Mischsortieren $\lceil \log n \rceil$ Durchläufe. Jeder Durchlauf kopiert nach Definition die ganze Menge der n Elemente genau einmal. Folglich ist die Gesamtzahl aller Bewegungen genau

$$M = n * \lceil \log n \rceil \tag{2.24}$$

Die Zahl C der Schlüsselvergleiche ist sogar kleiner als n, da die Kopieroperationen für den Rest keine Vergleiche erfordern. Da jedoch die Technik des Mischsortierens gewöhnlich zusammen mit peripheren Speichermedien verwendet wird, übertrifft der Aufwand der Bewegungsoperationen den Aufwand der Vergleiche oft um mehrere Grössenordnungen. Die detaillierte Analyse der Zahl der Vergleiche ist daher kaum von praktischer Bedeutung. Der Algorithmus des Mischsortierens schneidet offensichtlich gut ab, sogar im Vergleich mit den im vorhergehenden Abschnitt erörterten höheren Techniken des Sortierens. Aber der Aufwand für die Verwaltung der Indizes ist relativ gross. Der entscheidende Nachteil ist der Aufwand zur Speicherung von 2n Elementen. Auf Grund dieser Nachteile wird Sortieren durch Mischen auf Arrays, d.h. auf Daten im Hauptspeicher nicht angewandt. Werte zum Vergleich des zeitlichen Verhaltens dieses Algorithmus sind in den letzten Zeilen der Tabelle 2.9 aufgeführt. Er schneidet gegenüber Heapsort günstig, gegenüber Quicksort ungünstig ab.

2.4.2. Natürliches Mischen

Beim direkten Mischen wird aus einer anfangs vorhandenen, teilweisen Ordnung kein Nutzen gezogen. Die Länge aller gemischten Teil-Sequenzen im k-ten Durchlauf ist (kleiner oder) gleich 2^k, unabhängig davon, ob bereits längere Teil-Sequenzen geordnet sind und gemischt werden könnten. Tatsächlich könnten zwei beliebige, geordnete Teil-Sequenzen der Längen m und n direkt in eine Sequenz mit m+n Elementen gemischt werden. Ein Verfahren, das die beiden jeweils längsten Teil-Sequenzen mischt, heisst *natürliches Mischsortieren.*

Eine geordnete Teil-Sequenz wird oft *String* genannt. Da das Wort String jedoch häufiger zur Bezeichnung von Zeichenfolgen gebraucht wird, schliessen wir uns in unserer Terminologie Knuth an und verwenden das Wort *Lauf* (run) statt String, wenn wir uns auf geordnete Teil-Sequenzen beziehen. Wir nennen eine Teil-Sequenz $a_i \ldots a_j$ einen *maximalen Lauf* oder kurz einen Lauf, wenn sie folgende Bedingungen erfüllt:

$$(a_{i-1} > a_i) \ \& \ \forall_{k=i}^{j-1} (a_k \leq a_{k+1}) \ \& \ (a_j > a_{j+1}) \qquad (2.25)$$

Eine natürliche Mischsortierung mischt also (maximale) Läufe statt fester Sequenzen mit vorbestimmter Länge. Beim Mischen zweier Sequenzen mit n Läufen entsteht offensichtlich eine einzige Sequenz mit genau n Läufen. Somit wird die Gesamtzahl der Läufe in jedem Durchlauf halbiert, und die Zahl der benötigten Bewegungen von Elementen beträgt im schlimmsten Fall $n*\lceil \log n \rceil$, ist aber im Durchschnitt eher kleiner. Die zu erwartende Zahl von Vergleichen ist jedoch viel grösser, da zusätzlich zu den für die Auswahl der Elemente nötigen Vergleichen weitere Vergleiche zur Bestimmung des Endes jedes Laufs erforderlich sind.

Als nächste Programmierübung entwickeln wir einen Algorithmus für natürliches Mischen auf die gleiche schrittweise Art, die zur Erklärung des Algorithmus des direkten Mischens verwendet wurde. Er benutzt die Sequenz-Struktur anstelle des Arrays und stellt eine nicht ausgeglichene 2-Phasen-, 3-Band-Mischsortierung dar. Wir nehmen an, dass die ursprüngliche Sequenz der Elemente durch die Variable c gegeben ist. (Natürlich werden in der Praxis der Datenverarbeitung aus Gründen der Sicherheit die ursprünglichen Werte zuerst vom Originalband auf ein File c kopiert.) Die beiden Hilfssequenzen seien a und b. Jeder Durchlauf umfasst eine Verteilungsphase (distribution phase), welche Läufe gleichmässig von c auf a und b verteilt, und eine Mischphase (merge phase), welche Läufe von a und b auf c mischt. Dieser Prozess wird durch Fig. 2.13 illustriert.

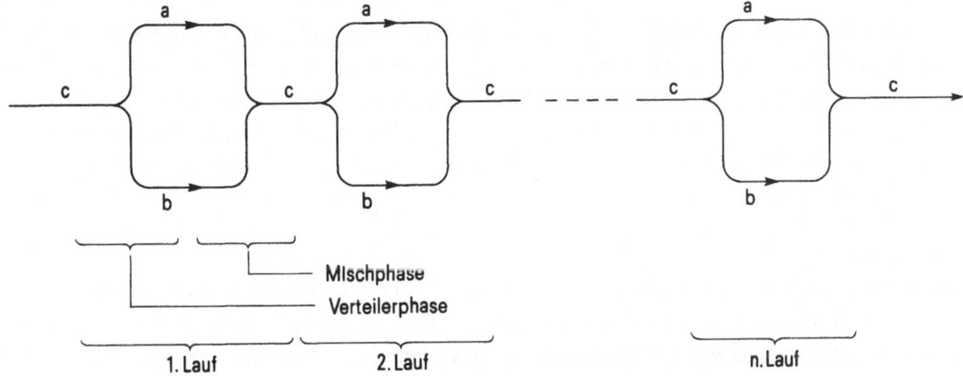

Fig. 2.13. Verteilungs- und Mischphasen beim Sortieren durch Mischen

Als Beispiel zeigt Tabelle 2.11 das File c im ursprünglichen Zustand (Zeile 1) und dann nach jedem Durchlauf (Zeilen 2 bis 4) während einer natürlichen Mischsortierung mit 20 Zahlen. Man beachte, dass nur drei Durchläufe benötigt werden:

```
17 31'05 59'13 41 43 67'11 23 29 47'03 07 71'02 19 57'37 61
05 17 31 59'11 13 23 29 41 43 47 67'02 03 07 19 57 71'37 61
05 11 13 17 23 29 31 41 43 47 59 67'02 03 07 19 37 57 61 71
02 03 05 07 11 13 17 19 23 29 31 37 41 43 47 57 59 61 67 71
```

Tabelle 2.11. Mischsortierung mit 3 Durchläufen

Das Sortieren ist beendet, sobald nur noch ein Lauf auf c ist. (Wir nehmen an, dass die ursprüngliche Sequenz mindestens einen nicht leeren Lauf enthält). Wir verwenden daher eine Variable L, um die Anzahl der gemischten Läufe festzuhalten. Definieren wir die globalen Einheiten als

```
VAR L: INTEGER; a, b, c: Sequence;
```

so kann das Programm folgendermassen formuliert werden:

```
REPEAT Reset(a); Reset(b); Reset(c);
  distribute; (*verteile c nach a und b*)                    (2.26)
  Reset(a); Reset(b); Reset(c);
  L := 0; merge (*mische a und b nach c*)
UNTIL L = 1
```

Die beiden Phasen ergeben sich als völlig getrennte Anweisungen. Sie sind nun zu verfeinern, d.h. in weitere Einzelheiten aufzugliedern. Die verfeinerten Beschreibungen sind (2.27) für *distribute* und (2.28) für *merge*

```
REPEAT copyrun(c, a);
  IF ~c.eof THEN copyrun(c, b) END                           (2.27)
UNTIL c.eof
```

```
REPEAT mergerun; L := L+1
UNTIL b.eof;                                                 (2.28)
IF ~a.eof THEN copyrun(a, c); L := L+1 END
```

Diese Art der Verteilung bringt entweder die gleiche Zahl von Läufen auf die Files a und b oder auf das File a einen Lauf mehr als auf das File b. Da entsprechende Paare von Läufen gemischt werden, kann ein einzelner Lauf auf dem File a übrigbleiben, der dann einfach zu kopieren ist. Die Prozeduren *merge* und *distribute* sind unter Verwendung der untergeordneten Prozeduren *mergerun* und *copyrun* formuliert, deren Aufgaben aus ihrem Namen hervorgehen: Mischen zweier Läufe bzw. Kopieren eines Laufs. Beim Versuch, diese Operationen in Einzelheiten zu formulieren, gerät man jedoch unverhofft in Schwierigkeiten: Um das Ende eines Laufs zu ermitteln, müssen jeweils zwei aufeinanderfolgende Elemente einer Sequenz verglichen werden. Sequentieller Zugriff erlaubt jedoch lediglich den direkten Zugriff zu einem einzigen Element. Offenbar lässt sich ein gewisses *Vorausschauen* (look ahead) nicht vermeiden, wozu es unumgänglich ist, mit jeder Sequenz einen Puffer zu assoziieren. Dieser Puffer enthält das noch zu lesende (zum

Vergleich jedoch bereits herangezogene) Element und stellt gewissermassen ein Fenster dar, durch das ein Element sichtbar ist, und das der Sequenz entlang gleitet.

Anstatt diesen Mechanismus explizit in unserem Programm auszuarbeiten, bevorzugen wir die Einführung einer weiteren Abstraktionsebene. Sie wird durch den neuen Modul *Sequences* verkörpert, der an die Stelle des Moduls *FileSystem* tritt. Der neue Modul definiert einen neuen, für das Vorausschauen geeigneten Datentyp *Sequence* für seine Klienten, stützt sich aber selber auf den Typ *Sequence* des Moduls *FileSystem* (1.25) ab. Dieser neue Typ zeigt nicht nur das Erreichen des Endes, sondern auch des Endes eines Laufs an. Hinzu kommt natürlich auch das erste Element des verbleibenden Teils der Sequenz. Der neue Datentyp und seine Operatoren sind durch den folgenden Definitionsmodul festgelegt.

```
DEFINITION MODULE Sequences;                                        (2.29)
  IMPORT FileSystem;
  TYPE item = INTEGER;

    Sequence =
      RECORD first: item;
          eor, eof: BOOLEAN;
          f: FileSystem.Sequence
      END ;

  PROCEDURE OpenSeq(VAR s: Sequence);
  PROCEDURE OpenRandomSeq(VAR s: Sequence; length, seed: INTEGER);
  PROCEDURE StartRead(VAR s: Sequence);
  PROCEDURE StartWrite(VAR s: Sequence);
  PROCEDURE copy(VAR x, y: Sequence);
  PROCEDURE CloseSeq(VAR s: Sequence);
  PROCEDURE ListSeq(VAR s: Sequence);
END Sequences.
```

Einige zusätzliche Erläuterungen zu diesen Prozeduren sind notwendig. Wie später ersichtlich sein wird, sind die behandelten Sortieralgorithmen darauf ausgerichtet, einzelne Elemente von einer Sequenz auf eine andere zu kopieren. Eine Prozedur *copy* nimmt daher den Platz von zwei separaten Read- und Write-Operatoren ein. Nachdem eine Sequenz eröffnet wurde, muss der Pufferungs-Mechanismus darüber instruiert werden, ob die Sequenz gelesen oder geschrieben werden soll. Im ersten Fall muss das erste Element in den Puffer *first* vorausgelesen werden. Die Prozeduren *StartRead* und *StartWrite* nehmen daher die Rolle von *Reset* in *FileSystem* ein.

Rein aus Gelegenheitsgründen seien zwei weitere Prozeduren eingeführt. *OpenRandomSeq* nimmt den Platz von *OpenSeq* ein, wenn eine Sequenz mit Zufallszahlen gefordert ist. *ListSeq* erzeugt eine Liste der spezifizierten Sequenz. Beide Prozeduren dienen zur Prüfung der nachfolgend beschriebenen Algorithmen zum sequentiellen Sortieren. Die Realisierung des neuen Sequenz-Konzepts ist im folgenden Modul (2.30) dargelegt. Wir bemerken dazu lediglich noch, dass das Feld *first* einer Zielsequenz nach Ausführung von *copy* das *zuletzt* geschriebene Element enthält. Die Werte der Felder *eof* und *eor* sind als Resultate von *copy* definiert, genau so wie zuvor *eof* als Resultat von *Read* galt.

```
IMPLEMENTATION MODULE Sequences;                                   (2.30)
  FROM FileSystem IMPORT
    File, Open, ReadWord, WriteWord, Reset, Close;
  FROM InOut IMPORT WriteInt, WriteLn;

  PROCEDURE OpenSeq(VAR s: Sequence);
  BEGIN Open(s.f)
  END OpenSeq;

  PROCEDURE OpenRandomSeq(VAR s: Sequence; length, seed: INTEGER);
    VAR i: INTEGER;
  BEGIN Open(s.f);
    FOR i := 0 TO length-1 DO
      WriteWord(s.f, seed); seed := (31*seed) MOD 997 + 5
    END
  END OpenRandomSeq;

  PROCEDURE StartRead(VAR s: Sequence);
  BEGIN Reset(s.f); ReadWord(s.f, s.first); s.eof := s.f.eof
  END StartRead;

  PROCEDURE StartWrite(VAR s: Sequence);
  BEGIN Reset(s.f)
  END StartWrite;

  PROCEDURE copy(VAR x, y: Sequence);
  BEGIN y.first := x.first;
    WriteWord(y.f, y.first); ReadWord(x.f, x.first);
    x.eof := x.f.eof; x.eor := x.eof OR (x.first < y.first)
  END copy;

  PROCEDURE CloseSeq(VAR s: Sequence);
  BEGIN Close(s.f)
  END CloseSeq;

  PROCEDURE ListSeq(VAR s: Sequence);
    VAR i, L: CARDINAL;
  BEGIN Reset(s.f); i := 0; L := s.f.length;
    WHILE i < L DO
      WriteInt(INTEGER(s.f.a[i]), 6); i := i+1;
      IF i MOD 10 = 0 THEN WriteLn END
    END ;
    WriteLn
  END ListSeq;
END Sequences.
```

Wir kehren nun zur Aufgabe der Ausarbeitung des Sortierprozesses durch natürliches Mischen zurück. Die Prozedur *copyrun* und die Anweisung *merge* sind jetzt mit Hilfe des

Moduls *Sequences* leicht auszudrücken, wie (2.31) und (2.32) zeigen.

```
PROCEDURE copyrun(VAR x, y: Sequence);
BEGIN (*from x to y*)                                    (2.31)
  REPEAT copy(x, y) UNTIL x.eor
END copyrun

(*merge from a and b to c*)                              (2.32)
REPEAT
  IF a.first < b.first THEN
    copy(a, c);
    IF a.eor THEN copyrun(b, c) END
  ELSE copy(b, c);
    IF b.eor THEN copyrun(a, c) END
  END
UNTIL a.eor OR b.eor
```

Der Prozess des Vergleichens und Auswählens von Schlüsseln beim Mischen eines Laufs ist beendet, sobald einer der beiden Läufe verarbeitet ist. Danach ist der Rest des noch nicht abgearbeiteten Laufs auf das Zielband zu kopieren. Dies wird durch den Aufruf der Prozedur *copyrun* getan.

Damit scheint die Entwicklung der Prozedur zur natürlichen Mischsortierung abgeschlossen. Leider ist dieses Programm jedoch unkorrekt, wie der sorgfältige Leser vielleicht schon gemerkt hat. Das Programm sortiert in bestimmten Fällen nicht richtig. Man betrachte z.B. folgende Eingabe-Sequenz:

```
03 02 05 11 07 13 19 17 23 31 29 37 43 41 47 59 57 61 71 67
```

Verteilung aufeinanderfolgender Läufe auf die Files a und b ergibt:

```
a = 03 ' 07  13  19 ' 29  37  43 ' 57  61  71
b = 02   05  11 ' 17  23  31 ' 41  47  59 ' 67
```

Diese Sequenzen werden leicht zu einem einzigen Lauf gemischt, wonach das Sortieren erfolgreich beendet ist. Obwohl das Beispiel nicht zu fehlerhaftem Verhalten des Programms führt, macht es uns darauf aufmerksam, dass das Verteilen von Läufen auf verschiedene Files zu einer kleineren Zahl von Ausgabe-Läufen führen kann, als Eingabe-Läufe vorhanden waren. Dies tritt dann ein, wenn das erste Element des (i+2)-ten Laufs grösser ist als das letzte Element des i-ten Laufs und somit zwei Läufe automatisch zu einem Lauf verschmelzen.

```
17 19 13 57 23 29 11 59 31 37 07 61 41 43 05 67 47 71 02 03
13 17 19 23 29 31 37 41 43 47 57 71 11 59
11 13 17 19 23 29 31 37 41 43 47 57 59 71
```

Tabelle 2.12. Inkorrekte Verteilung mit Verlust

Obwohl die Prozedur *distribute* anscheinend gleichviel Läufe auf beide Files bringt, kann also die tatsächliche Zahl der auf a und b entstehenden Läufe wesentlich verschieden sein. Unsere Prozedur *merge* aber mischt Paare von Läufen und bricht ab, sobald das File b gelesen ist, wobei der Rest des einen Files verlorengeht. Man betrachte die folgenden

Eingabe-Daten, die in zwei aufeinanderfolgenden Durchläufen geordnet (und abgeschnitten) werden:

Das Beispiel dieses Programmierfehlers ist typisch. Der Fehler wird verursacht, indem eine mögliche Konsequenz einer anscheinend einfachen Operation übersehen wird. Er ist auch in dem Sinne typisch, als es verschiedene Wege zu seiner Behebung gibt, unter denen einer ausgewählt werden muss. Oft stehen zwei wesentlich und grundlegend verschiedene Möglichkeiten zur Diskussion:

1. Wir erkennen, dass die Operation der Verteilung nicht korrekt programmiert wurde und dass sie die Läufe nicht in gleicher Zahl (oder höchstens mit dem Unterschied 1) verteilt. Wir halten uns an die ursprüngliche Aufgabe und verbessern dementsprechend die falsche Prozedur.

2. Wir erkennen, dass die Verbesserung des falschen Teils weitreichende Änderungen verursacht, und versuchen, andere Teile des Algorithmus so zu ändern, dass sie zu dem momentan falschen Teil passen.

Im allgemeinen scheint der erste Weg der sicherere, sauberere und ehrlichere zu sein. Er schützt uns bis zu einem gewissen Grad vor späteren Folgen von übersehenen oder verworrenen Nebenwirkungen. Im allgemeinen (und zurecht) ist deshalb dieser Weg zur Lösung zu empfehlen. Es ist jedoch darauf hinzuweisen, dass manchmal auch die zweite Möglichkeit nicht völlig ausser acht gelassen werden soll. Aus diesem Grund arbeiten wir dieses Beispiel weiter aus und zeigen eine Korrektur, indem wir die Prozedur *merge* anstelle der eigentlich falschen Prozedur *distribute* ändern.

Das bedeutet, dass wir das Schema der Verteilung unverändert lassen und die Bedingung aufheben, dass die Läufe gleichmässig verteilt seien. Dies kann eine nicht optimale Leistung zur Folge haben. Die Leistung im schlimmsten Fall bleibt aber unverändert, und ausserdem ist der Fall einer äusserst ungleichmässigen Verteilung statistisch sehr unwahrscheinlich. Betrachtungen über die Effizienz liefern deshalb kein ernstes Argument gegen diese Lösung.

Wenn die Bedingung der Gleichverteilung der Läufe nicht mehr aufrecht erhalten wird, muss die Prozedur *merge* so geändert werden, dass sie nach Erreichen des Endes eines Files den *ganzen* Rest des anderen Files statt höchstens einen Lauf kopiert. Diese Änderung ist direkt und sehr einfach im Vergleich zu irgendeiner Änderung im Verteilungsschema. (Der Leser sollte sich unbedingt selbst von der Richtigkeit dieser Behauptung überzeugen.) Die geänderte Version des Misch-Algorithmus ist Teil des vollständigen Programms 2.14.

```
MODULE NaturalMerge;
  FROM Sequences IMPORT item, Sequence, OpenSeq, OpenRandomSeq,
     StartRead, StartWrite, copy, CloseSeq, ListSeq;

  VAR L: INTEGER; (*no. of runs merged*)
    a, b, c: Sequence;
    ch: CHAR;

  PROCEDURE copyrun(VAR x, y: Sequence);
  BEGIN (*from x to y*)
```

```
      REPEAT copy(x, y) UNTIL x.eor
    END copyrun;
  BEGIN OpenSeq(a); OpenSeq(b); OpenRandomSeq(c, 16, 531);
    ListSeq(c);
    REPEAT StartWrite(a); StartWrite(b); StartRead(c);
      REPEAT copyrun(c, a);
        IF ~c.eof THEN copyrun(c, b) END
      UNTIL c.eof;
      StartRead(a); StartRead(b); StartWrite(c);
      L := 0;
      REPEAT
        LOOP
          IF a.first < b.first THEN
            copy(a, c);
            IF a.eor THEN copyrun(b, c); EXIT END
          ELSE copy(b, c);
            IF b.eor THEN copyrun(a, c); EXIT END
          END
        END ;
        L := L+1
      UNTIL a.eof OR b.eof;
      WHILE ~a.eof DO copyrun(a, c); L := L+1 END ;
      WHILE ~b.eof DO copyrun(b, c); L := L+1 END
    UNTIL L = 1;
    ListSeq(c); CloseSeq(a); CloseSeq(b); CloseSeq(c)
  END NaturalMerge.
```

Programm 2.14. Natürliches Mischsortieren

2.4.3. Ausgeglichenes n-Weg-Mischen

Der Aufwand für sequentielles Sortieren ist proportional zur Zahl der benötigten Durchläufe, da nach Definition bei jedem Durchlauf die ganze Menge der Daten kopiert wird. Ein Weg zur Reduktion dieser Zahl ist die Verteilung der Läufe auf mehr als zwei Files. Das Mischen von r Läufen, die auf N Bänder gleich verteilt sind, ergibt eine Sequenz mit r/N Läufen. Ein zweiter Durchlauf vermindert ihre Zahl auf r/N^2, ein dritter Durchlauf auf r/N^3, und nach k Durchläufen bleiben r/N^k Läufe übrig. Zum Sortieren von n Elementen durch ein sogenanntes *N-Weg Mischen* werden also insgesamt $k = \lceil \log_N n \rceil$ Durchläufe benötigt. Da jeder Durchlauf N Kopieroperationen erfordert, beträgt die Gesamtzahl der Kopieroperationen im schlimmsten Fall $M = n * \lceil \log_N n \rceil$.

Als nächste Programmierübung wollen wir ein auf N-Weg-Mischen beruhendes Programm entwickeln. Um es von der vorhergehenden Prozedur für natürliches 2-Phasen-Mischen stärker abzusetzen, werden wir das N-Weg-Mischen als ausgeglichene 1-Phasen-Mischsortierung formulieren. Dies bedingt, dass in jedem Durchlauf die gleiche Zahl von Ein- und Ausgabe-Sequenzen zur Verfügung steht, auf welche aufeinanderfolgende Läufe abwechselnd verteilt werden. Verwendet man eine gerade Anzahl N von Sequenzen, so beruht der Algorithmus auf einem N/2-Weg-Mischen. Entsprechend der bisher verfolgten Strategie wollen wir uns nicht um das automatische Verschmelzen von zwei aufeinanderfolgenden, auf die gleiche Sequenz verteilten Läufen kümmern. Folglich haben wir ein Mischprogramm zu entwerfen, das nicht unbedingt gleichviel Läufe auf den Eingabe-Sequenzen erwartet.

In diesem Programm begegnen wir zum ersten Mal einer natürlichen Anwendung der Datenstruktur eines Array von Sequenzen. Es ist überraschend, wie sehr sich das folgende Programm aufgrund des Übergangs vom 2-Weg- zum N-Weg-Mischen vom vorhergehenden unterscheidet. Die Änderung ist im wesentlichen dadurch bedingt, dass der Mischvorgang nicht mehr ohne weiteres abgeschlossen werden kann, wenn einer der Eingabe-Läufe abgearbeitet ist. Stattdessen ist stets eine Liste noch aktiver, d.h. noch nicht abgearbeiteter Läufe zu führen. Eine weitere Komplikation entsteht durch das notwendige Umschalten zwischen den Gruppen der Ein- und Ausgabe-Sequenzen nach jedem Durchlauf.

Zusätzlich zu den bereits vertrauten Typen *item* und *Sequence* definieren wir den Typ

seqno = [1 .. N] (2.33)

Sequenz-Nummern werden offensichtlich zur Indizierung des Arrays von Sequenzen verwendet. Die ursprüngliche Sequenz von Elementen sei gegeben durch die Variable

f0: Sequence (2.34)

Für den Sortierprozess soll eine (gerade) Anzahl n von Sequenzen zur Verfügung stehen:

f: ARRAY seqno OF Sequence (2.35)

Eine empfehlenswerte Technik zur Behandlung des Problems des Umschaltens ist die Einführung einer Abbildung der Sequenz-Indizes in sich. Anstatt eine Sequenz direkt mit ihrem Index zu bezeichnen, wird sie indirekt über die Abbildung adressiert, d.h. anstatt f_i schreiben wir f_{t_i}, wobei die Abbildung wie folgt definiert ist:

t: ARRAY seqno OF seqno (2.36)

Ursprünglich gilt $t_i = i$ für alle i. Umschalten besteht dann lediglich aus dem Vertauschen der Paare der Abbildungs-Komponenten. Folglich können wir durchwegs $f_{t_1}, \dots, f_{t_{Nh}}$ als Eingabe-Bänder und $f_{t_{Nh+1}}, \dots, f_{t_N}$ als Ausgabe-Bänder betrachten (Nh = N/2). (Im folgenden wird f_{t_j} einfach *Sequenz j* genannt.) Der Algorithmus kann nun zunächst folgendermassen formuliert werden:

```
MODULE BalancedMerge;
  VAR i, j: seqno;
    L: INTEGER; (*no. of runs distributed*)
    t: ARRAY seqno OF seqno;
BEGIN (*verteile die ursprünglichen Läufe auf t[1] ... t[Nh]*)      (2.37)
  j := Nh; L := 0;
```

```
REPEAT
  IF j < Nh THEN j := j+1 ELSE j := 1 END ;
  kopiere einen Lauf von f0 auf Sequenz j;
  L := L+1
UNTIL f0.eof;
FOR i := 1 TO N DO t[i] := i END ;
REPEAT (*mische von t[1] ... t[nh] nach t[nh+1] ... t[n]*)
  setze Eingabe-Sequenzen zurück;
  L := 0;
  j := Nh+1; (*j = Index der Ausgabe-Sequenz*)
  REPEAT L := L+1;
    mische einen Lauf aus den Eingaben nach t[j];
    IF j < N THEN j := j+1 ELSE j := Nh+1 END
  UNTIL alle Eingabe-Sequenzen durchlaufen;
  schalte Sequenzen um
UNTIL L = 1
(*sortierte Sequenz ist t[1]*)
END BalancedMerge.
```

Zuerst verfeinern wir die in der ursprünglichen Verteilung der Läufe verwendete Kopieroperation; indem wir die Definitionen von Sequence (2.26) und copy (2.32) verwenden, ersetzen wir *kopiere einen Lauf von f0 auf Sequenz j* durch

```
REPEAT copy(f0, f[j]) UNTIL f0.eor                                (2.38)
```

Das Kopieren eines Laufs ist beendet, wenn entweder das erste Element des nächsten Laufs gefunden oder das Ende des ganzen Eingabe-Files erreicht ist.

Im obigen Sortier-Algorithmus sind zu den Anweisungen

1. Setze Eingabe-Sequenzen zurück
2. Mische einen Lauf aus den Eingaben nach t[j]
3. Schalte Sequenzen um

und dem Prädikat

4. alle Eingabe-Sequenzen durchlaufen

noch weitere Einzelheiten anzugeben. Zunächst müssen wir die gegenwärtigen Eingabe-Sequenzen bestimmen. Insbesondere kann die Zahl der *aktiven* Eingabe-Sequenzen kleiner als N/2 sein. Tatsächlich gibt es höchstens so viele Quellen wie Läufe; das Sortieren ist abgeschlossen, sobald nur eine einzige Sequenz übrigbleibt. Deshalb ist es möglich, dass bei der Initialisierung des letzten Sortierdurchgangs weniger als N/2 Läufe vorhanden sind. Wir führen daher eine Variable k1 zur Bezeichnung der Anzahl der tatsächlich verwendeten Eingabe-Sequenzen ein. Wir schliessen die Initialisierung von k1 folgendermassen in die Anweisung *setze Eingabe-Sequenzen zurück* ein:

```
IF L < Nh THEN k1 := L ELSE k1 := Nh END ;
FOR i := 1 TO k1 DO StartRead(f[t[i]]) END
```

Natürlich muss Anweisung (2) k1 jedesmal verkleinern, sobald eine Eingabe-Quelle erschöpft ist. Prädikat (4) kann nun einfach ausgedrückt werden durch die Relation k1 = 0. Anweisung (2) ist schwieriger auszuarbeiten; sie besteht aus wiederholter Auswahl des kleinsten Schlüssels aus den verfügbaren Quellen und dem anschliessenden Transport des entsprechenden Elementes an das Ziel, d.h. auf das gegenwärtige Ausgabe-Band. Dieser Vorgang wird wiederum komplizierter durch das notwendige Bestimmen des Endes eines jeden Laufs. Das Ende eines Laufs ist erreicht, wenn entweder (a) der nachfolgende Schlüssel kleiner ist als der gegenwärtige oder (b) das Ende der Quellen-Sequenz erreicht ist. Im letzteren Fall wird die Sequenz durch Verkleinern von k1 ausgeschlossen, im ersteren Fall wird sie von der weiteren Auswahl der Elemente ausgeschlossen, aber nur, bis das Erstellen des gegenwärtigen Ausgabe-Laufs beendet ist. Daraus ergibt sich die Notwendigkeit, eine zweite Variable, sagen wir k2, zur Bezeichnung der Zahl der gegenwärtig für die Auswahl des nächsten Elementes zur Verfügung stehenden Sequenzen einzuführen. Dieser Wert wird zu Anfang gleich k1 gesetzt und jedesmal verkleinert, wenn ein Lauf nach Bedingung (a) beendet ist.

Leider ist das Einführen von k2 nicht ausreichend; die Kenntnis der Zahl der Sequenzen genügt nicht. Wir müssen auch genau wissen, *welche* Sequenzen noch im Spiel sind. Eine naheliegende Lösung ist die Verwendung eines Array mit Boole'schen Komponenten, die die Verfügbarkeit der Sequenzen angeben. Wir wählen aber eine andere Methode, die zu einer Steigerung der Effizienz der Auswahlprozedur führt, welche ohnehin der am häufigsten wiederholte Teil des ganzen Algorithmus ist. Anstelle eines Boole'schen Array führen wir eine zweite Abbildung *ta* ein, die sich auf die *aktuellen* Bänder bezieht. Diese Abbildung wird anstelle von t benutzt, so dass $ta_1 \dots ta_{k2}$ die Indizes der verfügbaren Bänder sind. Anweisung (2) kann somit geschrieben werden als:

```
k2 := k1;
REPEAT wähle minimales Element aus,
  es sei ta[mx] die Nummer der Sequenz, zu der es gehört;
  copy(f[ta[mx]], f[t[j]]);                                    (2.39)
  IF f[ta[mx]].eof THEN eliminiere diese Quelle
  ELSIF f[ta[mx]].eor THEN schliesse Lauf ab
  END
UNTIL k2 = 0
```

Da die bei jeder Rechenanlage zur Verfügung stehende Zahl von Bandeinheiten gewöhnlich klein ist, kann der im nächsten Verfeinerungsschritt im einzelnen auszuführende Auswahl-Algorithmus auch eine direkte lineare Suche sein. Die Anweisung *eliminiere diese Quelle* impliziert eine Verkleinerung von k1 und auch k2, sowie eine neue Zuweisung der Indizes in der Abbildung ta, während die Anweisung *schliesse Lauf ab* nur k2 verkleinert und die Komponenten von ta entsprechend umordnet. Die Einzelheiten sind in Programm 2.15 enthalten, das eine letzte Verfeinerung von (2.37) bis (2.39) darstellt. Die Anweisung *schalte Sequenzen um* ist entsprechend den früher gegebenen Erläuterungen ausgearbeitet.

```
MODULE BalancedMerge;
  FROM Sequences IMPORT item, Sequence, OpenSeq, OpenRandomSeq,
```

```
    StartRead, StartWrite, copy, CloseSeq, ListSeq;

  CONST N = 4; Nh = N DIV 2;
  TYPE seqno = [1 .. N];
  VAR i, j, mx, tx: seqno;
    L, k1, k2: CARDINAL;
    min, x: item;
    t, ta: ARRAY seqno OF seqno;
    f0: Sequence;
    f:  ARRAY seqno OF Sequence;

BEGIN OpenRandomSeq(f0, 100, 737); ListSeq(f0);
  FOR i := 1 TO N DO OpenSeq(f[i]) END ;
  (*distribute initial runs to t[1] ... t[Nh]*)
  FOR i := 1 TO Nh DO StartWrite(f[i]) END ;
  j := Nh; L := 0; StartRead(f0);
  REPEAT
    IF j < Nh THEN j := j+1 ELSE j := 1 END ;
    REPEAT copy(f0, f[j]) UNTIL f0.eor;
    L := L+1
  UNTIL f0.eof;
  FOR i := 1 TO N DO t[i] := i END ;
  REPEAT (*merge from t[1] ... t[nh] to t[nh+1] ... t[n]*)
    IF L < Nh THEN k1 := L ELSE k1 := Nh END ;
    FOR i := 1 TO k1 DO
      StartRead(f[t[i]]); ta[i] := t[i]
    END ;
    L := 0;     (*no. of runs merged*)
    j := Nh+1;  (*j = index of output sequence*)
    REPEAT (*merge a run from inputs to t[j]*)
      L := L+1; k2 := k1;
      REPEAT (*select the minimal key*)
        i := 1; mx := 1; min := f[ta[1]].first;
        WHILE i < k2 DO
          i := i+1; x := f[ta[i]].first;
          IF x < min THEN min := x; mx := i END
        END ;
        copy(f[ta[mx]], f[t[j]]);
        IF f[ta[mx]].eof THEN (*eliminate tape*)
          StartWrite(f[ta[mx]]); ta[mx] := ta[k2];
          ta[k2] := ta[k1]; k1 := k1-1; k2 := k2-1
        ELSIF f[ta[mx]].eor THEN (*close run*)
          tx := ta[mx]; ta[mx] := ta[k2]; ta[k2] := tx; k2 := k2-1
        END
      UNTIL k2 = 0;
```

```
      IF j < N THEN j := j+1 ELSE j := Nh+1 END
    UNTIL k1 = 0;
    FOR i := 1 TO Nh DO
      tx := t[i]; t[i] := t[i+Nh]; t[i+Nh] := tx;
    END
  UNTIL L = 1;
  ListSeq(f[t[1]])
  (*sorted sequence is t[1]*)
END BalancedMerge.
```

Programm 2.15. Ausgeglichenes Mischsortieren

2.4.4. Mehrphasen-Sortieren

Wir haben nun die Grundlagen zur Untersuchung und Programmierung eines weiteren Sortier-Algorithmus erworben, der noch effizienter als ausgeglichenes Sortieren ist. Wir haben gesehen, dass ausgeglichenes Mischen die reinen Kopieroperationen durch die Zusammenfassung von Verteilen und Mischen in einer einzigen Phase eliminiert. Es erhebt sich die Frage, ob die gegebenen Sequenzen noch besser ausgenutzt werden könnten. Dies ist tatsächlich der Fall; der Schlüssel zu dieser nächsten Verbesserung liegt in der Aufgabe des Begriffs des streng geschlossenen Durchlaufs, d.h. in der Aufgabe des Prinzips, stets gleich viele Ziel- und Quellen-Sequenzen (Bänder) zu verwenden und diese am Ende jedes Durchlaufs zu vertauschen. Stattdessen wird der Begriff des Durchlaufs abgeschwächt. Diese Methode wurde von R.L. Gilstad [2.3] eingeführt und *Mehrphasen-Sortierung* (Polyphase Sort) genannt.

Sie wird zuerst an einem Beispiel mit drei Sequenzen illustriert. Zu jedem Zeitpunkt werden Elemente von zwei Sequenzen zu einer dritten Sequenzen gemischt. Jedesmal, wenn eine der Quellen-Sequenzen erschöpft ist, wird sie sofort Ziel-Sequenz für das Mischen der noch nicht abgearbeiteten Quellen und der bisherigen Ziel-Sequenz.

Da wir wissen, dass durch das Mischen aus n Läufen auf jeder Eingabe-Sequenz im allgemeinen n Läufe auf der Ausgabe-Sequenz entstehen, brauchen wir nur die Zahl der in jeder Sequenz vorhandenen Läufe festzuhalten (anstatt die Schlüssel selbst anzugeben). In Fig. 2.14 gehen wir von zwei Quellen f_1 und f_2 aus, die 13 bzw. 8 Läufe enthalten. Somit werden im ersten Durchlauf 8 Läufe von f_1 und f_2 auf f_3 gemischt, im zweiten Durchlauf die restlichen 5 Läufe von f_3 und f_1 auf f_2, usw. Zum Schluss ist f_1 die geordnete Sequenz.

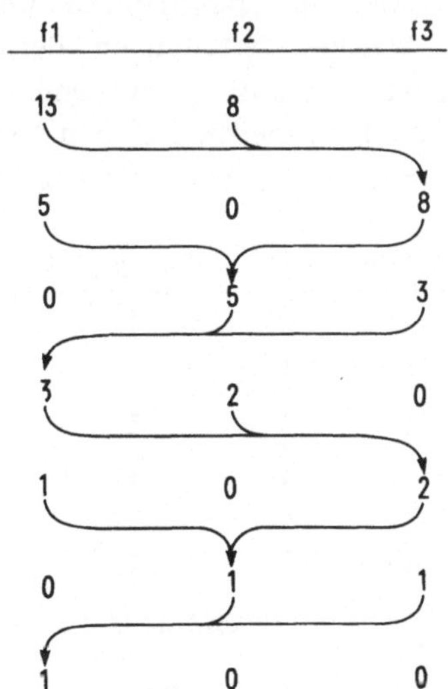

Fig. 2.14. Mischen mit drei Bändern

Ein zweites Beispiel zeigt die Mehrphasen-Methode mit sechs Sequenzen. Seien ursprünglich 16 Läufe auf f_1, 15 auf f_2, 14 auf f_3, 12 auf f_4 und 8 auf f_5; beim ersten Durchlauf werden 8 Läufe auf f6 geschrieben. Zum Schluss stellt nach Fig. 2.15 die Sequenz f_2 die geordnete Menge der ursprünglichen Elemente dar.

f1	f2	f3	f4	f5	f6
16	15	14	12	8	
8	7	6	4	0	8
4	3	2	0	1	4
2	1	0	2	2	2
1	0	1	1	1	1
0	1	0	0	0	0

Fig. 2.15. Mischen mit 6 Bändern

Mehrphasen-Sortieren ist effizienter als ausgeglichenes Mischen, da es - für n gegebene Sequenzen - immer in einem (N-1)-Weg mischt statt in einem N/2-Weg. Da die Zahl der erforderlichen Durchläufe ungefähr $\log_N n$ ist, wenn n die Zahl der zu sortierenden Elemente und N der Grad der Mischoperationen ist, verspricht Mehrphasen-Sortierung eine wesentliche Verbesserung gegenüber ausgeglichenem Mischen.

Natürlich war in obigem Beispiel die ursprüngliche Verteilung der Läufe sorgfältig gewählt. Um herauszufinden, welche Verteilungen der Läufe zu einem sauberen Funktionieren führen, arbeiten wir rückwärts, ausgehend von der Endverteilung (letzte Zeile in Fig. 2.15). Wir erhalten so die Tabellen 2.13 und 2.14 für die Laufverteilung bei 6 Durchläufen und drei, bzw. sechs Bändern. Dabei ist jede Zeile um eine Position rotiert.

L	$a_1^{(L)}$	$a_2^{(L)}$	Summe $a_i^{(L)}$
0	1	0	1
1	1	1	2
2	2	1	3
3	3	2	5
4	5	3	8
5	8	5	13
6	13	8	21

Tabelle 2.13. Laufverteilung mit 3 Bändern

L	$a_1^{(L)}$	$a_2^{(L)}$	$a_3^{(L)}$	$a_4^{(L)}$	$a_5^{(L)}$	Summe $a_i^{(L)}$
0	1	0	0	0	0	1
1	1	1	1	1	1	5
2	2	2	2	2	1	9

3	4	4	4	3	2	17
4	8	8	7	6	4	33
5	16	15	14	12	8	65

Tabelle 2.14. Laufverteilung mit 6 Bändern

Aus Tabelle 2.13 lassen sich für L > 0 folgende Relationen ableiten

$$\begin{aligned} a_2^{(L+1)} &= a_1^{(L)} \\ a_1^{(L+1)} &= a_1^{(L)} + a_2^{(L)} \end{aligned} \tag{2.40}$$

und $a_1^{(0)} = 1$, $a_2^{(0)} = 0$. Verwenden wir $f_{i+1} = a_1^{(i)}$, so resultiert für $i > 0$

$$f_{i+1} = f_i + f_{i-1}, \; f_1 = 1, \; f_0 = 0 \tag{2.41}$$

Dies sind die rekursiven Regeln (oder Rekursions-Relationen) zur Definition der sogenannten *Fibonacci*-Zahlen:

$$f = 0, 1, 1, 2, 3, 5, 8, 13, 21, 34, 55, \ldots$$

Jede Fibonacci-Zahl ist die Summe ihrer beiden Vorgänger. Folglich müssen die Anzahlen der ursprünglichen Läufe der beiden Sequenzen zwei aufeinanderfolgende Fibonacci-Zahlen sein, damit die Mehrphasen-Sortierung mit drei Sequenzen sauber abläuft.

Wie steht es mit dem zweiten Beispiel in Tabelle 2.14 mit sechs Sequenzen? Die Bildungsregeln lassen sich leicht herleiten als

$$\begin{aligned} a_5^{(L+1)} &= a_1^{(L)} \\ a_4^{(L+1)} &= a_1^{(L)} + a_5^{(L)} = a_1^{(L)} + a_1^{(L-1)} \\ a_3^{(L+1)} &= a_1^{(L)} + a_4^{(L)} = a_1^{(L)} + a_1^{(L-1)} + a_1^{(L-2)} \\ a_2^{(L+1)} &= a_1^{(L)} + a_3^{(L)} = a_1^{(L)} + a_1^{(L-1)} + a_1^{(L-2)} + a_1^{(L-3)} \\ a_1^{(L+1)} &= a_1^{(L)} + a_2^{(L)} = a_1^{(L)} + a_1^{(L-1)} + a_1^{(L-2)} + a_1^{(L-3)} + a_1^{(L-4)} \end{aligned} \tag{2.42}$$

Setzt man für $a_1^{(i)}$ die Funktion f_i ein, so ergibt sich

$$\begin{aligned} f_{i+1} &= f_i + f_{i-1} + f_{i-2} + f_{i-3} + f_{i-4} \quad \text{für } i \geq 4 \\ f_4 &= 1 \\ f_i &= 0 \quad \text{für } i < 4 \end{aligned} \tag{2.43}$$

Dies sind die sogenannten Fibonacci-Zahlen der Ordnung 4. Allgemein sind die *Fibonacci-Zahlen der Ordnung p* wie folgt definiert:

$$\begin{aligned} f_{i+1}^{(p)} &= \sum_{j=i-p}^{i} f_j^{(p)} \\ f_p^{(p)} &= 1 \\ f_i^{(p)} &= 0 \quad \text{für } 0 \leq i < p \end{aligned} \tag{2.44}$$

Man beachte, dass die gewöhnlichen Fibonacci-Zahlen die der Ordnung 1 sind.

Wir haben nun gesehen, dass die ursprüngliche Zahl der Läufe für eine perfekte Mehrphasen-Sortierung mit N Sequenzen die Summe irgendwelcher N-1, N-2, ... , 1 (vgl. Tabelle 2.15) aufeinanderfolgender Fibonacci-Zahlen der Ordnung N-2 sind. Daraus folgt aber, dass diese Methode nur für Eingaben anwendbar ist, deren Zahl von Läufen die Summe von N-1 Fibonacci-Zahlen ist. Es stellt sich die wichtige Frage: Was tut man, wenn die Zahl der ursprünglichen Läufe keine solche ideale Summe ist? Die Antwort ist sehr einfach (und für solche Situationen typisch): Man simuliert die Existenz zusätzlicher, leerer Läufe, so dass die Summe der echten und simulierten Läufe eine ideale Summe bildet. Die leeren Läufe heissen *Pseudo-Läufe*.

Dies ist jedoch keine wirklich befriedigende Antwort, da sich sofort eine weitere und schwierigere Frage stellt: Wie erkennen wir diese Pseudo-Läufe während des Mischens? Bevor wir diese Frage beantworten, müssen wir zuerst das Problem der ursprünglichen Verteilung der Läufe untersuchen und uns für eine Regel zur Verteilung der wirklichen und der Pseudo-Läufe auf die N-1 Sequenzen entscheiden.

L	N = 3	4	5	6	7	8
1	2	3	4	5	6	7
2	3	5	7	9	11	13
3	5	9	13	17	21	25
4	8	17	25	33	41	49
5	13	31	49	65	81	97
6	21	57	94	129	161	193
7	34	105	181	253	321	385
8	55	193	349	497	636	769
9	89	355	673	977	1261	1531
10	144	653	1297	1921	2501	3049
11	233	1201	2500	3777	4961	6073
12	377	2209	4819	7425	9841	12097
13	610	4063	9289	14597	19521	24097
14	987	7473	17905	28697	38721	48001

Tabelle 2.15. Zahl der ursprünglichen Läufe mit N Sequenzen und L Phasen

Um eine geeignete Regel für die Verteilung finden zu können, müssen wir aber wissen, wie wirkliche und Pseudo-Läufe zu mischen sind. Natürlich bedeutet die Wahl eines Pseudo-Laufs von der Quelle i genau, dass diese Quelle während dieses Mischvorgangs zu ignorieren ist, so dass von weniger als N-1 Quellen gemischt wird. Mischen eines Pseudo-Laufs von allen N-1 Quellen bedeutet keine echten Mischoperationen, sondern das Aufzeichnen eines resultierenden Pseudo-Laufs auf der Ausgabe-Sequenz. Daraus schliessen wir, dass Pseudo-Läufe so gleichmässig wie möglich auf die N-1 Sequenzen zu verteilen sind, da wir bei wirklichen Mischvorgängen an möglichst vielen Quellen interessiert sind.

Vergessen wir für einen Moment die Pseudo-Läufe, und betrachten wir das Problem der Verteilung einer *unbekannten* Zahl von Läufen auf N-1 Sequenzen (Bänder). Es ist klar, dass die Fibonacci-Zahlen der Ordnung N-2, die die gewünschte Zahl von Läufen in jeder

Sequenz angeben, gerade während des Verteilungsprozesses erzeugt werden können. Nehmen wir z.B. N = 6 an und schauen zurück auf Tabelle 2.14. Wir beginnen die Verteilung der Läufe, wie es in der Zeile mit dem Index L = 1 angegeben ist, (1, 1, 1, 1, 1); sind mehr Läufe vorhanden, so gehen wir weiter zur zweiten Zeile (2, 2, 2, 2, 1); ist die Quelle immer noch nicht erschöpft, so geht die Verteilung entsprechend der dritten Zeile weiter (4, 4, 4, 3, 2), usw. Wir nennen den Zeilen-Index *Stufe*. Je grösser natürlich die Zahl der Läufe ist, um so höher wird die Stufe (nicht zu verwechseln mit der Ordnung) der Fibonacci-Zahlen sein. Sie ist übrigens gleich der Zahl der für das anschliessende Sortieren notwendigen Mischdurchläufe, d.h. Umschaltungen der Sequenzen. Der Verteilungs-Algorithmus kann nun in einer ersten Version folgendermassen formuliert werden:

1. Das Ziel der Verteilung seien die Fibonacci-Zahlen der Ordnung N-2 und der Stufe 1 .
2. Man verteile entsprechend dem gesetzten Ziel.
3. Ist das Ziel erreicht, berechne man die nächste Stufe der Fibonacci-Zahlen; die Differenz zwischen diesen und denjenigen der vorhergehenden Stufe bilden das neue Ziel der Verteilung. Man gehe zurück zu Schritt 2. Ist das Ziel nicht erreichbar, da die Quelle erschöpft ist, beende man den Verteilungsprozess.

Die Definition der Fibonacci-Zahlen in (2.44) enthält die Regeln zur Berechnung der Zahlen der nächsten Stufe. Wir können unser Augenmerk daher auf Schritt 2 richten, in dem, entsprechend einem gegebenen Ziel, die nachfolgenden Läufe einer nach dem anderen auf die N-1 Sequenzen verteilt werden. Hier erscheinen nun die Pseudo-Läufe wieder in unseren Betrachtungen.

Nehmen wir an, dass wir beim Weiterschreiten zur nächsten Stufe das neue Ziel in den Differenzen d_i mit i = 1 ... N-1 festhalten, wobei d_i die Anzahl der in diesem Schritt auf die Sequenz i zu schreibenden Läufe angibt. Wir können nun annehmen, dass wir der Sequenz i sofort d_i Pseudo-Läufe zuordnen; sodann betrachten wir die nachfolgende Verteilung als *Ersetzen* der Pseudo-Läufe durch wirkliche Läufe, wobei wir jedesmal das Ersetzen durch Verkleinern der Zahl d_i um 1 ausdrücken. Somit gibt d_i die Anzahl der der Sequenz i zugeordneten Pseudo-Läufe an, wenn die Quelle erschöpft ist.

Es ist nicht bekannt, welcher Algorithmus die beste Verteilung liefert, aber die folgende Methode hat sich als sehr gut erwiesen. Sie heisst *horizontale Verteilung* (vgl. [2.9]). Diese Bezeichnug wird bei der Betrachtung der in Silos aufgestapelten Läufe verständlich, wie es etwa Fig. 2.16 für N = 6 und für Stufe 5 zeigt (vgl. Tabelle 2.14).

Um eine Verteilung der restlichen Pseudo-Läufe so schnell wie möglich zu erreichen, muss die Ersetzung durch wirkliche Läufe, welche die Höhe der Stapel durch Herausnehmen auf horizontalen Ebenen verkleinert, von links nach rechts vorgenommen werden. Auf diese Art werden die Läufe so auf die Sequenzen verteilt, wie es die Zahlen ihrer Reihenfolge in Fig. 2.16 angeben.

Wir sind nun in der Lage, den Algorithmus in einer Prozedur *select* zu beschreiben, die nach dem Kopieren eines Laufs jedesmal dann aufgerufen wird, wenn eine neue Sequenz für den nächsten Lauf zu wählen ist. Die Variable j bezeichne den Index der gegenwärtigen Ziel-Sequenz. a_i und d_i bezeichnen die Zahlen der idealen Verteilung und der Pseudo-Läufe auf Sequenz i:

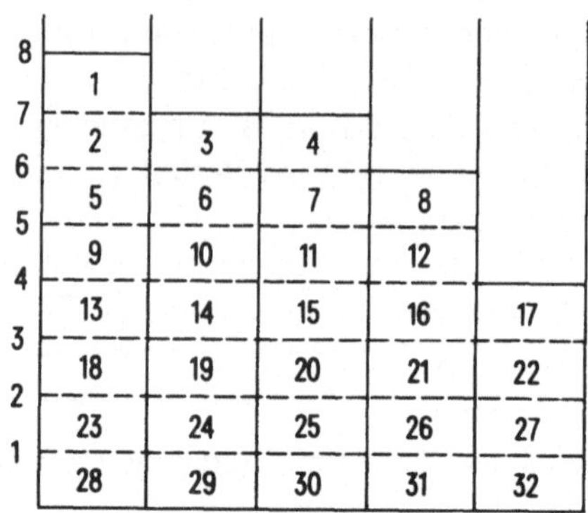

Fig. 2.16. Horizontale Verteilung beim Mehrphasen-Sortieren

```
j:      seqno;
a, d:   ARRAY seqno OF INTEGER;
level:  INTEGER
```

Diese Variablen werden folgendermassen initialisiert:

$$a_i = 1, d_i = 1 \quad \text{für } i = 1 \ldots N\text{-}1 \qquad (2.45)$$
$$a_N = 0, d_N = 0$$
$$j = 1, \quad level = 1 \text{ (Stufe)}$$

Man beachte, dass *select* bei jedem Wechsel auf eine höhere Stufe die nächste Zeile von Tabelle 2.14, d.h. die Werte $a_1^{(L)} \ldots a_{N-1}^{(L)}$, zu berechnen hat. Das nächste Ziel, d.h. die Differenzen $d_i = a_i^{(L)} - a_i^{(L-1)}$ werden gleichzeitig berechnet. Der angegebene Algorithmus beruht auf der Tatsache, dass die resultierenden d_i mit zunehmendem Index abnehmen (absteigende Treppe in Fig. 2.16). Man beachte die Ausnahme beim Übergang von Stufe 0 zu Stufe 1; dieser Algorithmus ist deshalb erst ab Stufe 1 zu verwenden. *Select* schliesst mit dem Verkleinern von d_j um 1; diese Operation bedeutet das nachfolgende Ersetzen eines Pseudo-Laufes auf Band j durch einen wirklichen Lauf.

```
PROCEDURE select;
  VAR i, z: CARDINAL;                                    (2.46)
BEGIN
  IF d[j] < d[j+1] THEN j := j+1
  ELSE
    IF d[j] = 0 THEN
      level := level + 1; z := a[1];
      FOR i := 1 TO N-1 DO
        d[i] := z + a[i+1] - a[i]; a[i] := z + a[i+1]
      END
    END;
    j := 1
  END;
  d[j] := d[j] - 1
```

```
END select
```

Wenn wir annehmen, dass bereits eine Routine zum Kopieren eines Laufs von der Quelle f_0 auf f_j zur Verfügung steht, so können wir die Phase der ursprünglichen Verteilung folgendermassen formulieren (immer unter der Annahme, dass die Quelle mindestens einen Lauf enthält):

```
REPEAT select; copyrun
UNTIL f0.eof                                                        (2.47)
```

Hier sollten wir einen Moment innehalten, und uns an einen Effekt erinnern, der bei der Verteilung der Läufe nach dem bereits erörterten Algorithmus des natürlichen Mischens auftrat: Zwei nacheinander auf die gleiche Ziel-Sequenz geschriebene Läufe können zu einem einzigen Lauf zusammenfallen und bewirken, dass die angenommene Zahl von Läufen falsch ist. Konzipiert man den Algorithmus zur Sortierung so, dass seine Korrektheit nicht von der Zahl der Läufe abhängt, so kann dieser Nebeneffekt ruhig ignoriert werden. Bei der Mehrphasen-Sortierung sind wir aber hauptsächlich mit dem Aufzeichnen der *genauen* Zahlen der Läufe auf jeder Sequenz beschäftigt. Folglich können wir den Effekt eines zufälligen Verschmelzens nicht unbeachtet lassen. Eine zusätzliche Komplikation des Verteilungs-Algorithmus ist daher nicht zu umgehen. Wir müssen die Schlüssel der letzten Elemente des letzten Laufs pro Sequenz aufbewahren. Glücklicherweise übernimmt aber gerade das Feld *f.first* diese Aufgabe, wenn *f* eine Ausgabe-Sequenz ist. Ein nächster Versuch, den Verteilungs-Algorithmus zu beschreiben, ist

```
REPEAT select;                                                      (2.48)
  IF f[j].first <= f0.first THEN fahre mit altem Lauf fort END ;
  copyrun
UNTIL f0.eof
```

Offensichtlich wurde dabei vergessen, dass f[j].first erst nach dem Kopieren des ersten Laufs einen (definierten) Wert hat. Eine richtige Lösung verteilt zuerst je einen Lauf auf jedes der N-1 Bänder, ohne f[j].first zu verwenden. Die restlichen Läufe werden nach Rezept (2.49) verteilt.

```
WHILE ~f0.eof DO                                                    (2.49)
  select;
  IF f[j].first <= f0.first THEN
    copyrun;
    IF f0.eof THEN d[j] := d[j] + 1 ELSE copyrun END
  ELSE copyrun
  END
END
```

Nun sind wir endlich in der Lage, den Haupt-Algorithmus für das Mehrphasen-Mischsortieren in Angriff zu nehmen. Seine wesentliche Struktur ist dem Hauptteil des N-Weg-Mischprogramms ähnlich: eine äussere Schleife, deren Rumpf Läufe bis zur Erschöpfung der Quellen mischt, eine innere Schleife, deren Rumpf die Quellen-Läufe mischt, und eine innerste Schleife, deren Rumpf den Schlüssel wählt und das betreffende Element auf die Ziel-Sequenz bringt. Es gibt vier wesentliche Unterschiede zum ausgeglichenen Mischen:

1. Statt N/2 gibt es in jedem Durchlauf nur eine einzige Ausgabe-Sequenz.
2. Statt nach jedem Durchlauf die Rollen der N/2 Eingabe- und N/2 Ausgabe-Sequenzen zu vertauschen, werden diesmal die Sequenzen rotiert. Dies geschieht wiederum unter Verwendung einer Index-Abbildung t.
3. Die Anzahl der Quellen ändert sich von Lauf zu Lauf; zu Beginn jedes Laufes wird sie aus den Zählern d_i der Pseudo-Läufe bestimmt. Ist $d_i > 0$ für alle i, so werden N-1 Pseudo-Läufe zu einem einzigen Pseudo-Lauf gemischt, indem man nur den Zähler d_N der Ausgabe-Sequenz erhöht. Sonst werden Läufe von allen Quellen mit $d_i = 0$ gemischt, und für alle übrigen Sequenzen wird d_i verkleinert, um anzugeben, dass ein Pseudo-Lauf entfernt wurde. Wir bezeichnen die Zahl der bei einem Lauf beteiligten Quellen mit k.
4. Es ist nicht korrekt, die Beendigung einer Phase aus dem end-of-file Zustand der (N-1)-ten Quelle abzuleiten, da weitere Mischvorgänge mit Pseudo-Läufen von dieser Sequenz nötig sein könnten. Stattdessen wird die theoretische Zahl von Läufen aus den Koeffizienten a_i bestimmt. Die Koeffizienten a_i wurden während der Verteilungsphase berechnet und können nun rückwärts wieder ermittelt werden.

Der Hauptteil des Mehrphasen-Sortierens kann nun entsprechend diesen Regeln formuliert werden unter der Voraussetzung, dass alle N-1 Bänder mit ursprünglichen Läufen zurückgesetzt sind, und dass die Bandabbildung auf $t_i = i$ initialisiert wurde.

```
REPEAT (*mische von t[1] ... t[N-1] nach t[N]*)                    (2.50)
  z := a[N-1]; d[N] := 0; StartWrite(f[t[N]]);
  REPEAT k := 0;  (*mische einen Lauf*)
    (*bestimme Anzahl k der aktiven Quellen*)
    FOR i := 1 TO N-1 DO
      IF d[i] > 0 THEN d[i] := d[i] - 1
      ELSE k := k+1; ta[k] := t[i]
      END
    END ;
    IF k = 0 THEN d[N] := d[N] + 1
    ELSE mische einen echten Lauf von t[1] ... t[k] nach t[N]
    END ;
    z := z-1
  UNTIL z = 0;
  StartRead(f[t[N]]);
  rotiere Sequenzen in Abbildung t; berechne a[i] der nächsten Stufe;
  StartWrite(f[t[N]]); level := level - 1
UNTIL level = 0
(*sortierte Ausgabe ist t[1]*)
```

Die eigentliche Mischoperation ist mit derjenigen des N-Weg-Mischsortierens nahezu identisch. Sie unterscheidet sich nur durch einen etwas einfacheren Algorithmus zum Ausschalten eines Bandes. Die Rotation in der Bandindex-Abbildung und der entsprechenden Zähler d_i sowie die Rückwärts-Berechnung der Koeffizienten a_i ergibt sich direkt. Die Details können aus Programm 2.16 entnommen werden, das den ganzen Algorithmus des Mehrphasen-Sortierens enthält.

```
MODULE Polyphase;
  FROM Sequences IMPORT item, Sequence, OpenSeq, OpenRandomSeq,
     StartRead, StartWrite, copy, CloseSeq, ListSeq;

  CONST N = 6;
  TYPE seqno = [1 .. N];
  VAR i, j, mx, tn: seqno;
    k, dn, z, level: CARDINAL;
    x, min: item;
    a, d:  ARRAY seqno OF CARDINAL;
    t, ta: ARRAY seqno OF seqno;
    f0:   Sequence;
    f:   ARRAY seqno OF Sequence;

  PROCEDURE select;
    VAR i, z: CARDINAL;
  BEGIN
    IF d[j] < d[j+1] THEN j := j+1
    ELSE
      IF d[j] = 0 THEN
        level := level + 1; z := a[1];
        FOR i := 1 TO N-1 DO
          d[i] := z + a[i+1] - a[i]; a[i] := z + a[i+1]
        END
      END ;
      j := 1
    END ;
    d[j] := d[j] - 1
  END select;

  PROCEDURE copyrun; (*from f0 to f[j]*)
  BEGIN
    REPEAT copy(f0, f[j]) UNTIL f0.eor
  END copyrun;

BEGIN OpenRandomSeq(f0, 100, 561); ListSeq(f0);
  FOR i := 1 TO N DO OpenSeq(f[i]) END ;
  (*verteile ursprüngliche Läufe*)
  FOR i := 1 TO N-1 DO
    a[i] := 1; d[i] := 1; StartWrite(f[i])
  END ;
  level := 1; j := 1; a[N] := 0; d[N] := 0; StartRead(f0);
  REPEAT select; copyrun
  UNTIL f0.eof OR (j = N-1);
```

```
  WHILE ~f0.eof DO
    select; (*f[j].first = letztes Element der Sequenz f[j]*)
    IF f[j].first <= f0.first THEN
      copyrun;
      IF f0.eof THEN d[j] := d[j] + 1 ELSE copyrun END
    ELSE copyrun
    END
  END ;

  FOR i := 1 TO N-1 DO t[i] := i; StartRead(f[i]) END ;
  t[N] := N;
  REPEAT (*mische von t[1] ... t[N-1] nach t[N]*)
    z := a[N-1]; d[N] := 0; StartWrite(f[t[N]]);
    REPEAT k := 0; (*mische einen Lauf*)
      FOR i := 1 TO N-1 DO
        IF d[i] > 0 THEN d[i] := d[i] - 1
        ELSE k := k+1; ta[k] := t[i]
        END
      END ;
      IF k = 0 THEN d[N] := d[N] + 1
      ELSE (*mische einen echten Lauf von t[1] ... t[k] nach t[N]*)
        REPEAT i := 1; mx := 1; min := f[ta[1]].first;
          WHILE i < k DO
            i := i+1; x := f[ta[i]].first;
            IF x < min THEN min := x; mx := i END
          END ;
          copy(f[ta[mx]], f[t[N]]);
          IF f[ta[mx]].eor THEN (*entferne diese Quelle*)
            ta[mx] := ta[k]; k := k-1
          END
        UNTIL k = 0
      END ;
      z := z-1
    UNTIL z = 0;
    StartRead(f[t[N]]); (*rotiere Sequenzen*)
    tn := t[N]; dn := d[N]; z := a[N-1];
    FOR i := N TO 2 BY -1 DO
      t[i] := t[i-1]; d[i] := d[i-1]; a[i] := a[i-1] - z
    END ;
    t[1] := tn; d[1] := dn; a[1] := z;
    StartWrite(f[t[N]]); level := level - 1
  UNTIL level = 0 ;
  ListSeq(f[t[1]]);
  FOR i := 1 TO N DO CloseSeq(f[i]) END
END Polyphase.
```

Programm 2.16. Mehrphasensortierung

2.4.5. Verteilung der ursprünglichen Läufe

Wir kamen zu den aufwendigeren sequentiellen Sortiermethoden, weil die einfacheren, mit Arrays arbeitenden Methoden von der Verfügbarkeit eines direkt zugreifbaren Speichers abhängen, der hinreichend gross sein muss, um die ganze Menge der zu sortierenden Daten aufnehmen zu können. Sehr oft steht ein solcher Speicher nicht zur Verfügung; stattdessen müssen hinreichend grosse sequentielle Speichermedien, wie Bänder (oder Platten) verwendet werden. Zu beachten ist, dass die bisher entwickelten sequentiellen Sortiermethoden praktisch keinerlei Vordergrundspeicher benötigen, ausser für die File-Puffer und natürlich für das Programm selbst. Tatsächlich haben aber selbst kleine Rechenanlagen mehr direkt zugreifbaren Vordergrundspeicher, als die hier entwickelten Programme effektiv brauchen. Diesen nicht optimal einzusetzen, lässt sich nicht rechtfertigen.

Die optimale Lösung liegt in der *Kombination* von Array- und File-Sortiertechniken. Insbesondere kann ein angepasstes Array-Sortierverfahren in der Verteilungsphase der ursprünglichen Läufe verwendet werden, so dass die Längen dieser Läufe ungefähr dem verfügbaren Vordergrundspeicher entsprechen. Es ist klar, dass in den nachfolgenden Mischdurchläufen die Leistung durch zusätzliche Array-Sortierung nicht verbessert werden kann, da die Länge der Läufe stetig wächst und diese somit im verfügbaren Hauptspeicher keinen Platz finden. Folglich können wir unsere Aufmerksamkeit auf die Verbesserung des Algorithmus zur Erzeugung der ursprünglichen Läufe konzentrieren.

Natürlich richten wir unser Augenmerk sofort auf die logarithmischen Methoden des Array-Sortierens. Am besten eignet sich die Methode des Baum-Sortierens oder Heapsort (vgl. 2.2.5). Der Heap kann als Kanal betrachtet werden, den alle File-Komponenten durchlaufen müssen, einige schneller, einige langsamer. Der kleinste Schlüssel wird sofort von der Spitze des Heap genommen und durch einen sehr effizienten Vorgang ersetzt. Das Durchsickern einer Komponente der Quelle f0 durch einen vollen Heap-Kanal H auf eine Ausgabe-Sequenz f[j] lässt sich einfach beschreiben als

```
WriteWord(f[j], H[1]); ReadWord(f0, H[1]); sift(1, n)          (2.51)
```

Sift ist der in Abschnitt 2.2.5 beschriebene Vorgang für das Einordnen der neu eingefügten Komponente H_1 an ihren richtigen Platz. Man beachte, dass H_1 ein minimales Element des Heap ist. Fig. 2.17 enthält ein Beispiel hierfür. Bei der genauen Ausarbeitung wird das Programm allerdings wesentlich komplexer, da

1. der Heap H ursprünglich leer ist und erst gefüllt werden muss,
2. der Heap gegen Schluss nur noch teilweise gefüllt bleibt, bis er schliesslich ganz leer wird,
3. wir den Anfang neuer Läufe erkennen müssen, um den Ausgabe-Index j rechtzeitig umzuschalten.

Bevor wir weiterfahren, wollen wir die beteiligten Variablen genau definieren:

```
VAR f0: Sequence;
    f: ARRAY seqno OF Sequence;
```

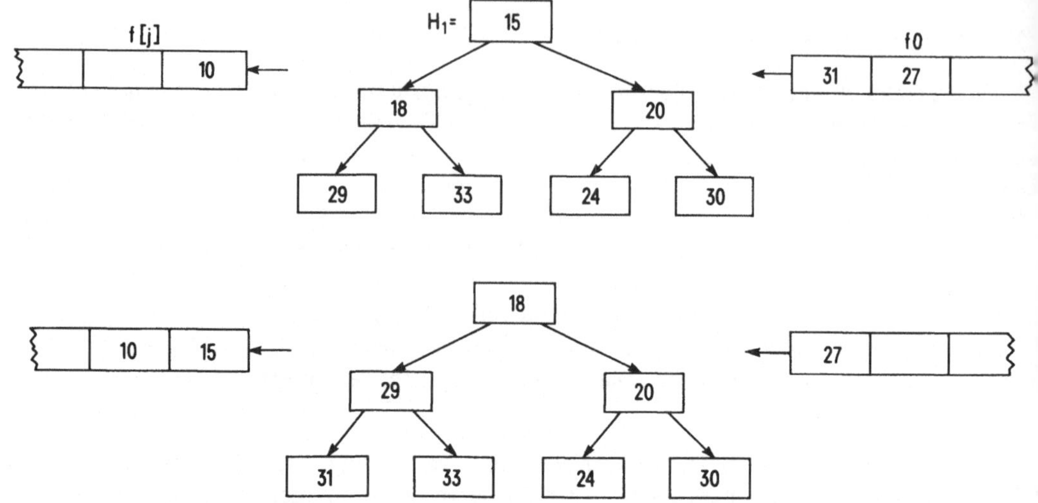

Fig. 2.17. Zustand vor und nach dem Durchlauf eines Elementes

```
H: ARRAY [1 .. m] OF item;                                    (2.52)
L, R: INTEGER
```

Dabei bezeichnet m die Grösse des Heap H. Zur Bezeichnung von m/2 verwenden wir die Konstante mh; L und R sind Indizes zu H. Der Prozess des Durchsickerns kann nun in fünf Teile aufgegliedert werden:

1. Man lese die ersten mh Elemente von f0 und setze sie in die obere Hälfte des Heap ein, ohne Berücksichtigung einer Ordnung zwischen den Schlüsseln.
2. Man lese weitere mh Elemente und bringe sie in die untere Hälfte des Heap, indem man jedes Element an der entsprechenden Position einordnet (Aufbauen des Heap).
3. Man initialisiere L als m und wiederhole den folgenden Schritt für alle restlichen Elemente auf f0: Man bringe H_1 auf die entsprechende Ausgabe-Sequenz. Ist H_1 kleiner oder gleich dem nächsten Element der Quelle, so gehört dieses nächste Element zum gleichen Lauf und kann an dem ihm entsprechenden Platz eingefügt werden. Andernfalls reduziere man die Grösse des Heap und setze das neue Element in einen zweiten, oberen Heap, der für den nächsten Lauf aufgebaut wird. Wir geben die Grenze zwischen den beiden Heaps durch den Index L an. Somit besteht der untere (gegenwärtige) Heap aus den Elementen H_1 ... H_L, der obere (nächste) Heap aus H_{L+1} ... H_m. Bei $L = 0$ wechsle man die Ausgabe und setze L wieder auf m.
4. Nun ist die Quelle erschöpft. Man setze zunächst R auf m, übertrage dann den unteren Teil als Abschluss des gegenwärtigen Laufs. Gleichzeitig ist der obere Teil aufzubauen und schrittweise in die Positionen H_{L+1} ... H_R zu bringen.

5. Der letzte Lauf wird aus den restlichen Elementen des Heap generiert.

Wir sind nun in der Lage, die fünf Schritte in allen Einzelheiten als vollständiges Programm darzustellen, wobei wir die Prozedur *select* am Ende jedes Laufes aufrufen und damit veranlassen, dass der Index der Ausgabe-Sequenz geändert wird. In Programm 2.17 wird statt dessen eine Pseudo-Routine aufgerufen. Sie zählt nur die erzeugten Läufe. Alle Elemente werden der Sequenz f1 zugewiesen.

```
MODULE Distribute;
  FROM InOut IMPORT WriteInt, WriteLn;
  FROM FS IMPORT File, Open, ReadWord, WriteWord, Reset, Close;

  CONST m = 16; mh = m DIV 2; (*Heap Grösse*)
  TYPE item = INTEGER;

  VAR L, R: CARDINAL;
    count: CARDINAL;
    x: item;
    H: ARRAY [1 .. m] OF item; (*Heap*)
    f0, f1: File;

  PROCEDURE select;
  BEGIN count := count + 1
  END select;

  PROCEDURE sift(L, R: CARDINAL);
    VAR i, j: CARDINAL; x: item;
  BEGIN i := L; j := 2*L; x := H[L];
    IF (j < R) & (H[j] > H[j+1]) THEN j := j+1 END ;
    WHILE (j <= R) & (x > H[j]) DO
      H[i] := H[j]; i := j; j := 2*j;
      IF (j < R) & (H[j] > H[j+1]) THEN j := j+1 END
    END ;
    H[i] := x
  END sift;

  PROCEDURE OpenRandomSeq(VAR s: File; length, seed: INTEGER);
    VAR i: INTEGER;
  BEGIN Open(s);
    FOR i := 0 TO length-1 DO
      WriteWord(s, seed); seed := (31*seed) MOD 997 + 5
    END
  END OpenRandomSeq;

  PROCEDURE List(VAR s: File);
    VAR i, L: CARDINAL;
  BEGIN Reset(s); i := 0; L := s.length;
    WHILE i < L DO
      WriteInt(INTEGER(s.a[i]), 6); i := i+1;
      IF i MOD 10 = 0 THEN WriteLn END
```

```
      END ;
      WriteLn
    END List;

  BEGIN count := 0; OpenRandomSeq(f0, 200, 991); List(f0);
    Open(f1); Reset(f0);
    select;
  (*step 1: fülle obere Hälfte des Heap*)
    L := m;
    REPEAT ReadWord(f0, H[L]); L := L-1
    UNTIL L = mh;
  (*step 2: fülle untere Hälfte des Heap*)
    REPEAT ReadWord(f0, H[L]); sift(L,m); L := L-1
    UNTIL L = 0;
  (*step 3: schleuse Elemente durch den Heap*)
    L := m; ReadWord(f0, x);
    WHILE ~f0.eof DO
      WriteWord(f1, H[1]);
      IF H[1] <= x THEN
        (*x gehört zum gleichen Lauf*) H[1] := x; sift(1,L)
      ELSE (*start next run*)
        H[1] := H[L]; sift(1, L-1); H[L] := x;
        IF L <= mh THEN sift(L,m) END ;
        L := L-1;
        IF L = 0 THEN
          (*Heap voll; beginne neuen Lauf*) L := m; select
        END
      END ;
      ReadWord(f0, x)
    END ;
  (*step 4: leere unteren Teil des Heap*)
    R := m;
    REPEAT WriteWord(f1, H[1]);
      H[1] := H[L]; sift(1, L-1); H[L] := H[R]; R := R-1;
      IF L <= mh THEN sift(L,R) END ;
      L := L-1
    UNTIL L = 0;
  (*step 5: leere oberen Teil des Heap*)
    select;
    WHILE R > 0 DO
      WriteWord(f1, H[1]); H[1] := H[R]; R := R-1; sift(1,R)
    END ;
    List(f1);
    Close(f0); Close(f1)
  END Distribute.
```

Programm 2.17. Initialverteilung der Läufe mit Heapsort

Versuchen wir nun, in dieses Programm z.B. das Mehrphasen-Sortieren einzubeziehen, so stossen wir auf eine ernsthafte Schwierigkeit. Sie ergibt sich aus folgenden Umständen. Das Sortierprogramm besteht in seinem Anfangsteil aus einer ziemlich komplizierten Routine zur Umschaltung der Sequenzen und geht von der Verfügbarkeit einer Prozedur *copyrun* aus, die genau einen Lauf auf die gewählte Sequenz bringt. Das Programm des Heap-Sortierens ist andererseits eine komplexe Routine, die sich auf die Verfügbarkeit einer abgeschlossenen Prozedur *select* stützt, die lediglich eine neue Sequenz wählt. Es gäbe keine Schwierigkeiten, wenn in einem (oder beiden) Programm(en) die entsprechende Prozedur nur an einer einzigen Stelle aufgerufen würde; tatsächlich wird die kritische Prozedur aber in beiden Programmen an verschiedenen Stellen aufgerufen.

Dieser Situation wird am besten durch die Verwendung einer sogenannten *Coroutine* entsprochen; sie eignet sich für Fälle, in denen verschiedene Prozesse nebeneinander existieren. Das typische Beispiel ist die Kombination eines Prozesses, der einen Strom von Information in unterscheidbaren Einheiten erzeugt, mit einem Prozess, der diesen Strom verarbeitet. Diese Erzeuger-Verbraucher-Relation kann durch zwei Coroutinen ausgedrückt werden, wovon eine durchaus das Hauptprogramm selbst sein kann.

Die Coroutine kann als Prozedur oder Subroutine mit einem oder mehreren Schnittpunkten betrachtet werden. Stösst man auf einen solchen Schnittpunkt, so geht die Kontrolle zu demjenigen Programm zurück, das die Coroutine aufgerufen hat. Wird die Coroutine erneut aufgerufen, so wird an diesem Schnittpunkt wieder eingesetzt. In unserem Beispiel könnten wir das Mehrphasen-Sortieren als Hauptprogramm betrachten, welches das als Coroutine formulierte *copyrun* aufruft. Es besteht aus dem Hauptteil von Programm 2.17, in dem jeder Aufruf von *select* einen Schnittpunkt darstellt. Der Test auf das File-Ende wäre dann systematisch durch einen Test zu ersetzen, der prüft, ob die Coroutine ihr Ende erreicht hat.

Analyse und Folgerungen: Welche Leistung kann man von einem Mehrphasen-Sortieren mit ursprünglicher Verteilung der Läufe durch Heapsort erwarten? Untersuchen wir zuerst die durch die Einführung des Heap zu erwartenden Verbesserungen.

In einer Sequenz mit zufällig verteilten Schlüsseln ist die zu erwartende mittlere Länge der Läufe gleich 2. Wie gross ist die entsprechende Länge, nachdem die Sequenz durch einen Heap der Länge m gesickert ist? Man ist versucht, m zu sagen, glücklicherweise aber ist das Ergebnis nach der Wahrscheinlichkeitsrechnung viel besser, nämlich 2m (vgl. [2.9]). Der zu erwartende Verbesserungsfaktor ist also m.

Die Leistung des Mehrphasen-Sortierens kann aus Tabelle 2.15 abgeschätzt werden, welche die maximale Zahl der ursprünglichen Läufe angibt, die in einer gegebenen Anzahl von Teildurchläufen (Stufen) mit einer gegebenen Anzahl N von Sequenzen (Bändern) sortiert werden kann. So kann z.B. mit N = 6 Bändern und einem Heap der Grösse m = 100 ein File mit bis zu 165'680'100 ursprünglichen Läufen in 20 Teildurchläufen sortiert werden. Dies ist eine beachtliche Leistung.

Betrachten wir nochmals die Kombination des Mehrphasen- und Heap-Sortierens, so können wir nur über die Komplexität dieses Programms staunen. Eigentlich löst es die gleiche, leicht zu definierende Aufgabe des Ordnens einer Menge von Elementen, wie es jedes der kurzen Programme tut, die auf den Prinzipien des direkten Array-Sortierens aufgebaut sind. Folgende zwei Punkte, die in diesem Kapitel eingehend erörtert wurden, sind besonders beachtenswert:

1. Die enge Verbindung zwischen Algorithmus und zugrundeliegender Datenstruktur und speziell der Einfluss der Datendarstellung auf die Wahl des Algorithmus.

2. Die mögliche Verbesserung der Leistung eines Programms durch Perfektionieren des Algorithmus, selbst wenn die verfügbare Struktur für die Daten (Sequenz statt Array) für die Aufgabe ziemlich ungeeignet ist.

ÜBUNGEN

2.1. Welche der durch die Programme 2.1 bis 2.6, 2.8, 2.10 und 2.13 gegebenen Algorithmen sind stabile Sortiermethoden?

2.2. Wäre Programm 2.2 immer noch korrekt, wenn in der while-Klausel $L < R$ durch die Bedingung $L \leq R$ ersetzt würde? Wäre es immer noch korrekt, wenn die Zuweisung an L := m+1 zu L := m vereinfacht würde? Falls nicht, suche man eine Menge von Werten $a_1 \ldots a_n$, die das geänderte Programm falsch verarbeitet.

2.3. Man programmiere die drei Methoden des direkten Sortierens und messe die Ausführungszeiten auf der eigenen Rechenanlage. Weiter bestimme man Gewichte, mit denen die Faktoren C und M zu multiplizieren sind, damit sie echte Zeitabschätzungen ergeben.

2.4. Spezifiziere Invarianten für die Repetitionen in den drei einfachen Sortieralgorithmen.

2.5. Man betrachte die folgende "auf der Hand liegende" Version des Zerlegungsprogramms 2.9 und bestimme Mengen von Werten $a_1 \ldots a_n$, für die diese Version versagt:

```
i := 1; j := n; x := a[n DIV 2];
REPEAT
  WHILE a[i] < x DO i := i+1 END ;
  WHILE x < a[j] DO j := j-1 END ;
  w := a[i]; a[i] := a[j]; a[j] := w
UNTIL i > j
```

2.6. Man schreibe ein Programm, welches die Algorithmen des Quicksort und Bubblesort folgendermassen kombiniert: Man verwende Quicksort zum Erstellen von (unsortierten) Zerlegungen der Länge m ($1 \leq m \leq n$) und dann Bubblesort zur Beendigung der Aufgabe. Man beachte, dass letzterer über den ganzen Array der n Elemente laufen kann und somit den Aufwand der Buchhaltung minimalisiert. Man bestimme den Wert von m, für den die gesamte Zeit des Sortierens minimal wird.

Anmerkung: Natürlich wird der beste Wert von m sehr klein sein. Es kann sich daher auszahlen, Bubblesort genau m-1 Mal auf den Array anzuwenden, statt einen letzten Durchlauf anzuschliessen, der nur feststellt, dass kein weiterer Austausch notwendig ist.

2.7. Man führe das gleiche Experiment wie in Aufgabe 2.6 mit direkter Auswahl statt mit Bubblesort durch. Selbstverständlich kann das Auswahlsortieren nicht über den ganzen Array stattfinden; deshalb ist ein grösserer Aufwand bei der Indizierung zu erwarten.

2.8. Man schreibe einen rekursiven Algorithmus für Quicksort entsprechend der Empfehlung, den kürzeren Teil der Zerlegung vor dem längeren Teil zu sortieren. Man löse den ersten Teil der Aufgabe mit einer iterativen Anweisung, den zweiten durch rekursiven Aufruf. (Die Sortierprozedur wird somit nur einen einzigen rekursiven

Aufruf enthalten anstelle der zwei in Programm 2.10 und keinem in Programm 2.11)

2.9. Man finde eine Permutation der Schlüssel 1, 2, ... , n, für die Quicksort sich am schlechtesten (besten) erweist (n = 5, 6, 8).

2.10. Man konstruiere ein Programm für natürliches Mischen entsprechend dem Programm 2.13 für direktes Mischen, das auf einem Array doppelter Länge von beiden Enden her nach innen arbeitet, und vergleiche die Leistung mit der von Programm 2.13.

2.11. Man beachte, dass wir in einem natürlichen (2-Weg) Mischen nicht blind den kleinsten unter den verfügbaren Schlüsseln wählen. Stattdessen wird beim Auftreten des Endes eines Laufs der Rest des anderen Laufs einfach auf die Ausgabe-Sequenz kopiert. Zum Beispiel führt Mischen von

2, 4, 5, 1, 2, ...
3, 6, 8, 9, 7, ...

zur Sequenz

2, 3, 4, 5, 6, 8, 9, 1, 2, ...

anstatt zu

2, 3, 4, 5, 1, 2, 6, 8, 9, ...

wo die kleinsten Schlüssel weiter nach vorn gerutscht sind. Welcher Grund führt zu dieser Strategie?

2.12. Eine dem Mehrphasen-Sortieren ähnliche Methode heisst *Kaskaden-Mischsortieren* ([2.1], [2.7]). Sie verwendet ein anderes Mischverfahren. Seien z. B. sechs Bänder T1, T2, ... , T6 gegeben, so beginnt das Kaskaden-Mischen ebenfalls mit einer perfekten Verteilung der Läufe auf T1 ... T5, führt dann ein 5-Weg-Mischen von T1 ... T5 auf T6 aus, bis T5 leer ist, dann (ohne Verwendung von T6) ein 4-Weg-Mischen auf T5, dann ein 3-Weg-Mischen auf T4, ein 2-Weg-Mischen auf T3 und schliesslich ein Kopieren von T1 auf T2. Der nächste Durchlauf arbeitet auf die gleiche Art, beginnend mit einem 5-Weg-Mischen auf T1, usw. Obwohl dieses Schema dem Mehrphasen-Sortieren unterlegen zu sein scheint, da es manchmal einige Bänder nicht verwendet und ausserdem einfache Kopieroperationen vorkommen, ist es überraschenderweise dem Mehrphasen-Sortieren für (sehr) grosse Files und sechs oder mehr Bänder überlegen. Man schreibe ein strukturiertes Programm für das Prinzip des Kaskaden-Mischens.

3 REKURSIVE ALGORITHMEN

3.1. EINLEITUNG

Ein Objekt heisst *rekursiv*, wenn es sich selbst als Teil enthält oder mit Hilfe seiner selbst definiert ist. Rekursion kommt nicht nur in der Mathematik, sondern auch im täglichen Leben vor. Wer hat etwa noch nie Reklamebilder gesehen, die sich selbst enthalten?

Fig. 3.1. Rekursion im Bild

Rekursion kommt speziell in mathematischen Definitionen zur Geltung. Bekannte Beispiele sind die natürlichen Zahlen, Baumstrukturen und gewisse Funktionen:

1. Natürliche Zahlen:
   - 0 sei eine natürliche Zahl.
   - Der Nachfolger einer natürlichen Zahl ist wieder eine natürliche Zahl.

2. Baumstrukturen:
   - O sei ein Baum (genannt leerer Baum).
   - Wenn t1 und t2 Bäume sind, dann ist auch die Struktur bestehend aus einem Knoten mit zwei Verzweigungen t1 und t2 ein Baum.

3. Die Fakultät fak(n) (für natürliche Zahlen n):
   - fak(0) = 1.
   - Wenn n > 0, dann gilt fak(n) = n*fak(n-1).

Das Wesentliche der Rekursion ist die Möglichkeit, eine unendliche Menge von Objekten durch eine endliche Aussage zu definieren. Auf die gleiche Art kann eine unendliche Zahl von Berechnungen durch ein endliches rekursives Programm beschrieben werden, ohne dass das Programm explizite Schleifen enthält. Rekursive Algorithmen sind hauptsächlich dort angebracht, wo das Problem, die Funktion oder die Datenstruktur bereits rekursiv definiert ist. Ein rekursives Programm P kann im allgemeinen als Zusammensetzung (Schema) **P** der Grundanweisung **S** und P selbst ausgedrückt werden:

$$P \equiv \mathbf{P}[\mathbf{S}, P] \tag{3.1}$$

Ein notwendiges und hinreichendes Werkzeug zur Darstellung rekursiver Programme ist die *Prozedur* oder Subroutine. Sie erlaubt, eine Anweisung mit einem Namen zu versehen, mit dem die Anweisung aufgerufen werden kann. Enthält eine Prozedur P einen expliziten Aufruf ihrer selbst, so heisst P *direkt rekursiv*; enthält P einen Aufruf einer zweiten Prozedur Q, die dann ihrerseits P (direkt oder indirekt) aufruft, so heisst P *indirekt rekursiv*. Das Vorhandensein einer Rekursion muss daher nicht direkt aus der Prozedur ersichtlich sein.

Es ist üblich, mit einer Prozedur eine Menge lokaler Objekte zu verknüpfen, z.B. können Variable, Konstanten, Typen und Prozeduren lokal definiert sein und ausserhalb dieser Prozedur weder Existenz noch Bedeutung haben. Bei jeder rekursiven Aktivierung einer solchen Prozedur wird ein neuer Satz lokaler, gebundener Variablen kreiert. Obwohl sie dieselben Namen haben wie die Objekte in der lokalen Menge der aufrufenden Prozedur, so haben sie doch im allgemeinen andere Werte. Namenskonflikte werden durch die Regeln für den Gültigkeitsbereich von Namen ausgeschlossen: die Namen beziehen sich immer auf die zuletzt geschaffene Menge von Variablen. Die Werteparameter einer Prozedur spielen eine ähnliche Rolle wie die lokalen Variablen und sind den gleichen Regeln unterworfen.

Wie Wiederholungsanweisungen bergen auch rekursive Prozeduren die Gefahr nicht abbrechender Ausführung und verlangen daher die Betrachtung des Problems der *Termination*. Grundlegend ist sicher die Bedingung, dass der rekursive Aufruf einer Prozedur von einer Bedingung B abhängt, die irgendwann nicht mehr erfüllt ist. Das Schema für rekursive Algorithmen kann genauer beschrieben werden als

$$P \equiv \text{IF B THEN } \mathbf{P}[\mathbf{S}, P] \text{ END} \tag{3.2}$$

oder

$$P \equiv \mathbf{P}[\mathbf{S}, \text{IF B THEN P END}] \tag{3.3}$$

Zum Nachweis der Termination einer Repetition verwendet man die grundlegende Technik der Konstruktion einer Funktion f(x) (x sei die Menge der Programm-Variablen), so dass $f(x) \leq 0$ die Abbruchbedingung (der while- oder repeat-Klausel) impliziert. Man beweist dann, dass f(x) bei jeder Wiederholung abnimmt. Auf die gleiche Art kann die Termination eines rekursiven Programms bewiesen werden. Man zeigt, dass jede Ausführung von P den Wert f(x) verkleinert. Eine besonders einfache Art, die Termination sicherzustellen, ist die Zuordnung eines Werte-Parameters n zu P. Der rekursive Aufruf von P mit dem Parameterwert n-1 garantiert dann das strikte Abnehmen des Wertes f(x), und Ersetzen der Bedingung B durch $n > 0$ impliziert somit Termination. Dies kann durch die folgenden Programmschemata ausgedrückt werden:

$$P(n) \equiv \text{IF } n > 0 \text{ THEN } \mathbf{P}[S, P(n-1)] \text{ END} \tag{3.4}$$

$$P(n) \equiv \mathbf{P}[S, \text{IF } n > 0 \text{ THEN } P(n-1) \text{ END}] \tag{3.5}$$

Für praktische Anwendungen ist es wesentlich, dafür zu sorgen, dass die grösste Tiefe der Rekursion nicht nur endlich, sondern sogar klein ist. Dies ist bedingt durch den Speicherplatz, den jede rekursive Aktivierung einer Prozedur P für ihre lokalen Variablen benötigt. Zusätzlich zu diesen Variablen muss der gegenwärtige Stand der Berechnung gespeichert werden, damit er nach Beendigung des erneuten Aufrufs von P für die Fortsetzung der vorangegangenen Aktivierung wieder zur Verfügung steht. Wir haben diese Situation schon bei der Entwicklung der Prozedur *Quicksort* im Kapitel 2 angetroffen. Beim "naiven" Erstellen des Programms aus einer Anweisung, die die n Elemente in zwei Teile zerlegt und diese Teile durch zwei rekursive Aufrufe sortiert, kann sich die Tiefe der Rekursion im schlimmsten Fall n nähern. Durch geschicktes Überarbeiten der Situation war es möglich, diese Tiefe auf log(n) zu beschränken. Die Differenz zwischen n und log n ist gross genug, um einen für Rekursion völlig ungeeigneten Fall in einen für Rekursion bestens geeigneten überzuführen.

3.2. WO REKURSION ZU VERMEIDEN IST

Rekursive Algorithmen eignen sich besonders, wenn das zugrundeliegende Problem oder die zu behandelnden Daten rekursiv definiert sind. Das bedeutet aber nicht, dass eine solche rekursive Definition eine Garantie dafür bietet, dass ein rekursiver Algorithmus der beste Weg zur Lösung des Problems ist. Tatsächlich hat die Erklärung des Konzeptes rekursiver Algorithmen anhand von ungeeigneten Beispielen wesentlich zur Entstehung einer weitverbreiteten Abneigung und Antipathie gegen die Rekursion in der Programmierung beigetragen und zur Gleichsetzung von Rekursion mit Ineffizienz geführt.

Programme, bei denen auf rekursive Algorithmen zu verzichten ist, können durch die äquivalenten Schemata (3.6) und (3.7) charakterisiert werden, welche die Gestalt ihrer Zusammensetzung aufzeigen:

$$P \equiv \text{IF B THEN } S;\ P \text{ END} \tag{3.6}$$

$$P \equiv S;\ \text{IF B THEN } P \text{ END} \tag{3.7}$$

Diese Schemata ergeben sich dann, wenn die Werte nach einer einfachen Rekursionsrelation zu berechnen sind, und wenn der rekursive Teil als letzte (oder erste) Anweisung auftritt. Betrachten wir das bekannte Beispiel der Fakultäten f_i:

$$i = 0, 1, 2, 3, 4, 5, \ldots \qquad (3.8)$$
$$f_i = 1, 1, 2, 6, 24, 120, \ldots$$

Die nullte Zahl ist explizit definiert als $f_0 = 1$, während die folgenden Zahlen üblicherweise unter Verwendung ihrer Vorgänger rekursiv definiert sind:

$$f_{i+1} = (i+1) * f_i \qquad (3.9)$$

Diese Formel legt einen rekursiven Algorithmus zur Berechnung der n-ten Fakultät nahe. Führen wir zwei Variablen I und F zur Bezeichnung der Werte i und f_i auf der i-ten Stufe der Rekursion ein, so führen folgende Schritte der Berechnung zu den nächsten Folgegliedern (3.8):

I := I + 1; F := I * F (3.10)

Ersetzt man in (3.6) **S** durch (3.10), so erhält man das rekursive Programm

P ≡ IF I < n THEN I := I + 1; F := I * F; P END (3.11)

mit den Initialisierungsanweisungen

I := 0; F := 1; P

(3.11) lautet in unserer gebräuchlichen Programmiernotation

```
PROCEDURE P;
BEGIN
  IF I < n THEN I := I + 1; F := I*F; P END          (3.12)
END P
```

Häufiger, aber im wesentlichen äquivalent, ist die Formulierung (3.13). P ist ersetzt durch eine sogenannte *Funktions-Prozedur*. Dies ist eine Prozedur, mit der ein Resultat explixit verknüpft ist und die daher direkt als Teil eines Ausdrucks auftreten kann. Die Variable F wird deshalb überflüssig; die Rolle der Variablen I wird durch den expliziten Prozedur-Parameter übernommen.

```
PROCEDURE F(I: INTEGER): INTEGER;
BEGIN
  IF I > 0 THEN RETURN I * F(I - 1) ELSE RETURN 1 END          (3.13)
END F
```

In diesem Fall kann jedoch die Rekursion durch eine einfache *Wiederholung* ersetzt werden, nämlich durch

```
I := 0;  F := 1;
WHILE I < n DO I := I + 1; F := I*F END          (3.14)
```

Im allgemeinen sollten Programme gemäss Schemata (3.6) oder (3.7) auf die Form von Schema (3.15) umgeschrieben werden.

P ≡ [x := x0; WHILE B DO **S** END] (3.15)

Es gibt auch kompliziertere Rekursionsrelationen, die auf iterative Form gebracht werden können, bzw. gebracht werden sollen. Ein Beispiel dafür ist die Berechnung der (beim Mehrphasenmischen in 2.4.4 angetroffenen) Fibonacci-Zahlen, die durch folgende Relation definiert sind:

$$fib_{n+1} = fib_n + fib_{n-1} \quad \text{für } n > 0 \tag{3.16}$$

und $fib_1 = 1$, $fib_0 = 0$. Ein erster naiver Versuch führt zum rekursiven Programm (3.17).

```
PROCEDURE Fib(n: INTEGER): INTEGER;                              (3.17)
BEGIN
  IF n = 0 THEN RETURN 0
  ELSIF n = 1 THEN RETURN 1
  ELSE RETURN Fib(n-1) + Fib(n-2)
  END
END Fib
```

Die Berechnung von fib_n durch den Aufruf Fib(n) führt zum rekursiven Aufruf der Funktions-Prozedur. Wieviele Aufrufe finden statt? Offenbar führt jeder Aufruf mit $n > 1$ zu zwei weiteren Aufrufen, d.h. die Gesamtzahl der Aufrufe wächst exponentiell (vgl. Fig. 3.2). Somit ist das Programm (3.17) für praktische Zwecke unbrauchbar. Die Fibonacci-Zahlen können jedoch sehr wohl nach einem Iterationsschema berechnet werden, das die wiederholte Berechnung der gleichen Werte durch die Verwendung von Hilfsvariablen vermeidet. Für die Hilfsvariablen gilt die Beziehung $x = fib_i$ und $y = fib_{i-1}$.

```
i := 1; x := 1; y := 0;                                          (3.18)
WHILE i < n DO z := x; x := x + y; y := z; i := i + 1 END
```

(Man beachte, dass die drei Zuweisungen an x, y und z durch zwei Zuweisungen ohne Verwendung der Hilfsvariablen z ausgedrückt werden können: x := x+y; y := x-y.)

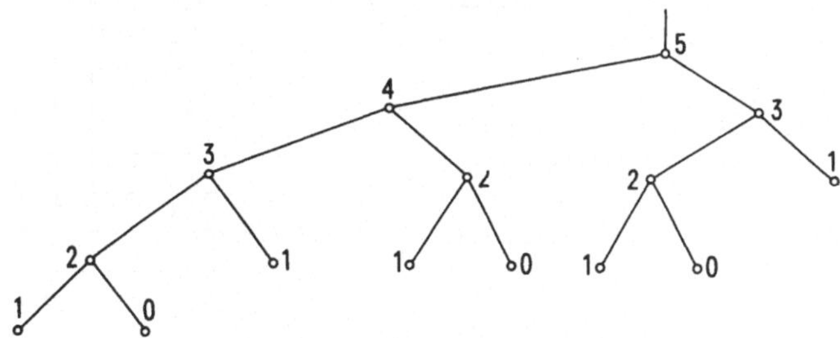

Fig. 3.2. Die 15 Aufrufe von Fib(5)

Die Folgerung aus diesen Überlegungen ist, dass man auf Verwendung von Rekursion immer dann verzichten sollte, wenn es eine offensichtliche Lösung mit Iteration gibt. Das bedeutet aber nicht, dass Rekursion um jeden Preis zu umgehen ist. Es gibt viele gute Anwendungen für Rekursion, wie die folgenden Abschnitte zeigen werden. Die Tatsache, dass Implementationen von rekursiven Prozeduren auf nichtrekursiven Maschinen existieren, beweist, dass gegebenenfalls jedes rekursive Programm in ein rein iteratives umgeformt werden kann. Dies verlangt jedoch das explizite Verwalten eines Rekursions-Stapels. Durch diese Operationen wird das Grundprinzip eines Programms oft so sehr verschleiert, dass dieses schwer zu verstehen ist. Zusammenfassend lässt sich sagen, dass Algorithmen, die ihrem Wesen nach eher rekursiv als iterativ sind, tatsächlich als rekursive Prozeduren formuliert werden sollten. (Der Leser möge dazu die Programme 2.10 und 2.11 vergleichen).

Der Rest dieses Kapitels zeigt die Entwicklung rekursiver Programme in Fällen, in denen Rekursion angebracht ist. Auch im Kapitel 4 wird Rekursion häufig verwendet, nämlich immer dann, wenn die zugrundeliegenden Datenstrukturen die Wahl einer rekursiven Lösung zweckmässig und natürlich erscheinen lassen.

3.3. ZWEI BEISPIELE REKURSIVER PROGRAMME

Das attraktive Muster von Fig. 3.5 besteht aus sechs übereinandergezeichneten Kurven. Diese Kurven haben ein regelmässiges Muster, und es liegt nahe, sie mit einem Zeichengerät unter Rechnerkontrolle zu zeichnen. Unser Ziel sei es, das Rekursionsschema zu finden, nach dem das Zeichenprogramm abläuft. Eine genauere Untersuchung ergibt, dass drei der überlagerten Kurven, nennen wir sie H_1, H_2, und H_3, die in Fig. 3.3 gezeigte Gestalt haben. Die Figuren zeigen, dass jede Kurve H_{i+1} aus vier Einheiten von H_i zusammengesetzt ist. Dabei wird die Grösse dieser Einheiten halbiert, sie werden geeignet rotiert und durch drei gerade Linien verbunden. Man kann sich H_1 aus vier Einheiten einer leeren Figur H(0) zusammengesetzt denken, die durch drei Linien verbunden sind. H_i heisst *Hilbert-Kurve* der Ordnung i nach ihrem Erfinder D. Hilbert (1891).

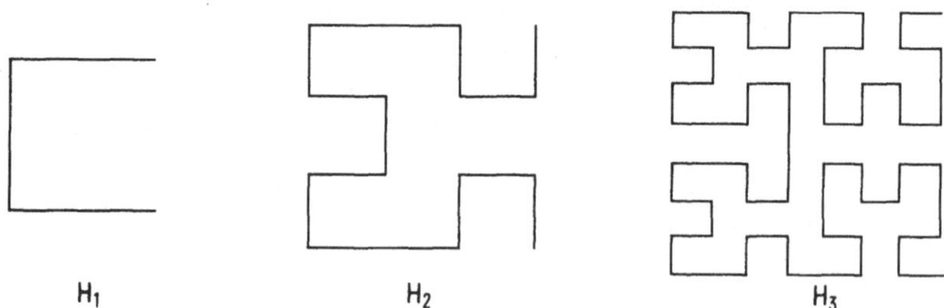

Fig. 3.3. Die Hilbert-Kurven H_1 - H_3

Da jede der Kurven H_i aus vier Kopien von H_{i-1} in halber Grösse besteht, ist es natürlich, die Prozedur, die H_i zeichnen soll, aus vier Teilen zusammenzusetzen, von denen jeder H_{i-1} in richtiger Grösse und im richtigen Winkel zeichnet. Bezeichnen wir die vier Teile mit A, B, C und D und die die Verbindungslinien zeichnenden Routinen durch Pfeile in entsprechender Richtung, dann erhalten wir folgendes Rekursionsschema (vgl. Fig. 3.3):

$$
\begin{array}{ll}
A: & D \leftarrow A \downarrow A \rightarrow B \\
B: & C \uparrow B \rightarrow B \downarrow A \\
C: & B \rightarrow C \uparrow C \leftarrow D \\
D: & A \downarrow D \leftarrow D \uparrow C
\end{array}
\qquad (3.19)
$$

Um Geraden zu zeichnen, postulieren wir eine primitive Prozedur *line*, die gleichsam eine Zeichenfeder in einer gegebenen Richtung um eine gegebene Distanz fortbewegt. Für unsere Zwecke ist es günstig, die Richtung mit einem ganzzahligen Parameter i als i*45 Grad anzugeben. Es sei ferner die Länge der zu zeichnenden Geraden durch eine globale Variable u angezeigt. Damit lässt sich das Schema A leicht durch eine rekursive Prozedur ausdrücken, und zwar unter Verwendung rekursiver Aufrufe von Prozeduren, die den Schemata D, B, und A selbst entsprechen.

```
PROCEDURE A(i: INTEGER);
BEGIN
  IF i > 0 THEN
    D(i-1); line(4, u);
    A(i-1); line(6, u);
    A(i-1); line(0, u);                                    (3.20)
    B(i-1)
  END
END A
```

Diese Prozedur wird vom Hauptprogramm einmal für jede zu überlagernde Hilbert-Kurve aufgerufen. Das Hauptprogramm bestimmt den Anfangspunkt der Kurve, d.h. die Anfangswerte von x und y und die Einheitslänge u. Das Rechteck, in das die Kurven plaziert werden, wird in die Mitte der durch die Grössen *width* und *height* gegebenen Zeichenfläche gezeichnet. Diese Parameter sowie die Prozedur *line* werden von einem Modul bezogen, den wir *LineDrawing* nennen. Das ganze Programm zeichnet die n Hilbert-Kurven $H_1 \dots H_n$ (siehe Programm 3.1 und Fig. 3.5).

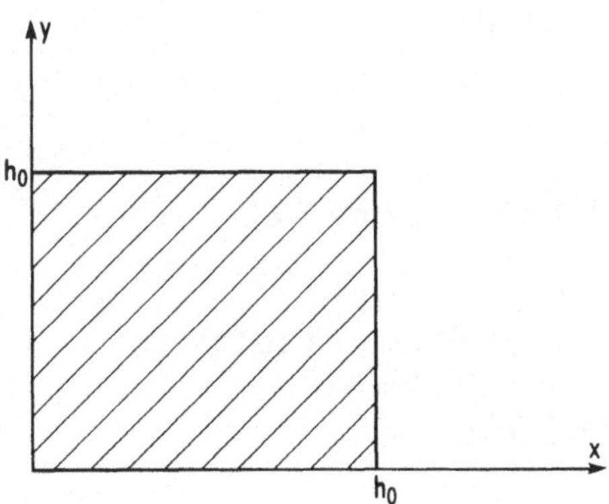

Fig. 3.4. Die Zeichenfläche

```
MODULE Hilbert;
 FROM Terminal IMPORT Read;
```

```
FROM LineDrawing IMPORT width, height, Px, Py, clear, line;
CONST SquareSize = 512;
VAR i,x0,y0,u: CARDINAL; ch: CHAR;
PROCEDURE A(i: CARDINAL);
BEGIN
 IF i > 0 THEN
  D(i-1); line(4,u); A(i-1); line(6,u);
  A(i-1); line(0,u); B(i-1)
 END
END A;
PROCEDURE B(i: CARDINAL);
BEGIN
 IF i > 0 THEN
  C(i-1); line(2,u); B(i-1); line(0,u);
  B(i-1); line(6,u); A(i-1)
 END
END B;
PROCEDURE C(i: CARDINAL);
BEGIN
 IF i > 0 THEN
  B(i-1); line(0,u); C(i-1); line(2,u);
  C(i-1); line(4,u); D(i-1)
 END
END C;
PROCEDURE D(i: CARDINAL);
BEGIN
 IF i > 0 THEN
  A(i-1); line(6,u); D(i-1); line(4,u);
  D(i-1); line(2,u); C(i-1)
 END
END D;
BEGIN clear;
 x0 := width DIV 2; y0 := height DIV 2;
 u := SquareSize; i := 0;
 REPEAT i := i+1; u := u DIV 2;
  x0 := x0 + (u DIV 2); y0 := y0 + (u DIV 2);
  Px := x0; Py := y0; A(i); Read(ch)
 UNTIL (ch = 33C) OR (i = 6);
 clear
END Hilbert.
```

Programm 3.1. Hilbert-Kurven

Fig. 3.5. Überlagerte Hilbert-Kurven H_1 - H_5

Ein ähnliches, jedoch komplexeres und höheren ästhetischen Ansprüchen genügendes Beispiel wird in Fig. 3.7 gezeigt. Dieses Muster entstand wiederum durch Überlagerung mehrerer Kurven; zwei davon zeigt Fig. 3.6. S_i steht für *Sierpinski*-Kurve i-ter Ordnung. Welches Rekursionsschema liegt zugrunde? Man ist versucht, das Blatt S_1 als eine grundlegende Figur zu isolieren, vielleicht unter Auslassung einer Ecke. Dies führt jedoch zu keiner Lösung. Der wesentliche Unterschied zwischen Sierpinski- und Hilbert-Kurven liegt darin, dass die Sierpinski-Kurven geschlossen sind (ohne Überschneidungen). Das bedingt, dass das zugrundeliegende Rekursionsschema eine offene Kurve beschreiben muss, und dass die Verbindung der vier Teile nicht zum Rekursionsmuster selbst gehört. Diese vier Verbindungen erkennt man als die in Fig. 3.6 dick ausgezogenen Geraden in den vier äussersten Ecken. Man kann sie sich als Teil einer *nicht leeren* Anfangskurve S_0 vorstellen, bestehend aus einem auf der Spitze stehenden Quadrat. Nun ist das Rekursionsschema leicht aufzustellen. Die vier grundlegenden Teile werden mit A, B, C und D bezeichnet, und das Zeichnen der Verbindungslinien wird explizit angegeben. Man beachte, dass die vier Teile bis auf Rotation um 90 Grad identisch sind.

Das Grundmuster der Sierpinski-Kurve ist

$$S:\quad A \searrow B \swarrow C \nwarrow D \nearrow \qquad (3.21)$$

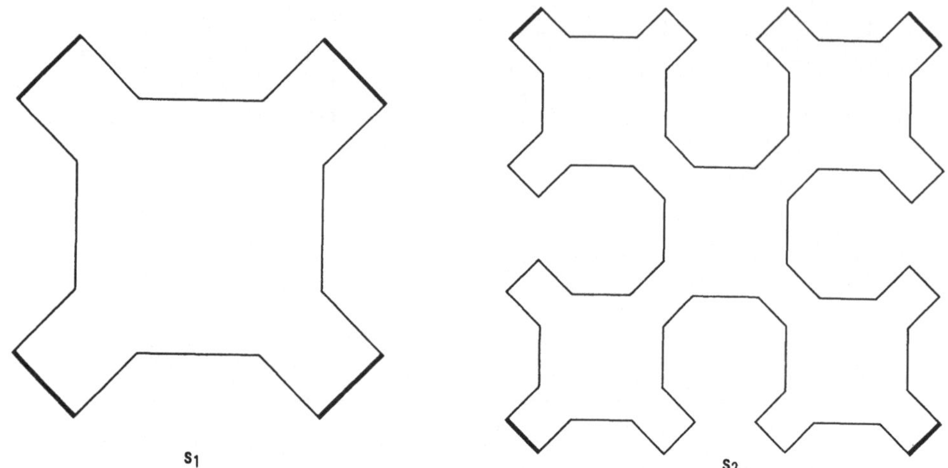

Fig. 3.6. Sierpinski-Kurven S_1 und S_2

und die Rekursionsmuster sind

$$\begin{array}{llllllll} A: & A \searrow & B \rightarrow & D \nearrow & A \\ B: & B \swarrow & C \downarrow & A \searrow & B \\ C: & C \nwarrow & D \leftarrow & B \swarrow & C \\ D: & D \nearrow & A \uparrow & C \nwarrow & D \end{array} \qquad (3.22)$$

wobei horizontale und vertikale Pfeile Strecken doppelter Länge bezeichnen. Mit den gleichen Zeichenoperationen wie beim Beispiel der Hilbert-Kurve kann man obenstehendes Rekursionsschema ohne Schwierigkeiten als (direkt oder indirekt) rekursiven Algorithmus formulieren.

```
PROCEDURE A(k: INTEGER);                                    (3.23)
BEGIN
 IF k > 0 THEN
  A(k-1); line(7, h); B(k-1); line(0, 2*h);
  D(k-1); line(1, h); A(k-1)
 END
END A
```

Die Prozedur ist aus der ersten Zeile des Schemas (3.22) abgeleitet. Die den Mustern B, C und D entsprechenden Prozeduren werden analog abgeleitet. Das Hauptprogramm entspricht dem Muster (3.21) und hat die Aufgabe, die Anfangswerte für die Koordinaten festzulegen und die Einheitslänge h entsprechend dem Papierformat zu wählen (siehe Programm 3.2). Fig. 3.7 zeigt das Resultat dieses Programms für n = 4. Man beachte, dass S_0 nicht gezeichnet wurde.

Die Eleganz der Verwendung von Rekursion ist in diesen Beispielen offensichtlich und überzeugend. Die Richtigkeit der Programme kann leicht aus ihrer Struktur und ihrem Aufbaumuster hergeleitet werden. Ausserdem garantiert die Verwendung des expliziten Verschachtelungs-Parameters i nach Schema (3.5) die Termination, da die Tiefe der

Fig. 3.7. Überlagerte Sierpinski-Kurven S_1 - S_4

Rekursion nicht grösser werden kann als n. Im Gegensatz zu dieser rekursiven Formulierung sind äquivalente Programme, die den expliziten Gebrauch von Rekursion vermeiden, äusserst schwerfällig, und ihre Korrektheit ist schwer nachzuprüfen. Dem Leser sei sehr empfohlen, sich von dieser Tatsache zu überzeugen, indem er die in [3.3] angegebenen Programme zu verstehen versucht.

```
MODULE Sierpinski;
  FROM Terminal IMPORT Read;
  FROM LineDrawing IMPORT width, height, Px, Py, clear, line;

  CONST SquareSize = 512;

  VAR i,h,x0,y0: CARDINAL; ch: CHAR;

  PROCEDURE A(k: CARDINAL);
  BEGIN
    IF k > 0 THEN
      A(k-1); line(7, h); B(k-1); line(0, 2*h);
      D(k-1); line(1, h); A(k-1)
    END
  END A;
```

```
PROCEDURE B(k: CARDINAL);
BEGIN
 IF k > 0 THEN
  B(k-1); line(5, h); C(k-1); line(6, 2*h);
  A(k-1); line(7, h); B(k-1)
 END
END B;

PROCEDURE C(k: CARDINAL);
BEGIN
 IF k > 0 THEN
  C(k-1); line(3, h); D(k-1); line(4, 2*h);
  B(k-1); line(5, h); C(k-1)
 END
END C;

PROCEDURE D(k: CARDINAL);
BEGIN
 IF k > 0 THEN
  D(k-1); line(1, h); A(k-1); line(2, 2*h);
  C(k-1); line(3, h); D(k-1)
 END
END D;

BEGIN clear; i := 0; h := SquareSize DIV 4;;
 x0 := CARDINAL(width) DIV 2; y0 := CARDINAL(height) DIV 2 + h;
 REPEAT i := i+1; x0 := x0-h;
  h := h DIV 2; y0 := y0+h; Px := x0; Py := y0;
  A(i); line(7,h); B(i); line(5,h);
  C(i); line(3,h); D(i); line(1,h); Read(ch)
 UNTIL (i = 6) OR (ch = 33C);
 clear
END Sierpinski.
```

Programm 3.2. Sierpinski-Kurven

3.4. BACKTRACKING ALGORITHMEN

Ein besonders fesselndes Ziel der Programmierung ist das Thema der sogenannten *allgemeinen Problemlösung*. Es soll ein Algorithmus zum Finden von Lösungen einer Gruppe von Problemen bestimmt werden, und zwar nicht durch Befolgen einer direkten Vorschrift für die Berechnung, sondern durch *Versuchen und Nachprüfen* (trial and error). Gewöhnlich wird der Prozess des Versuchens und Nachprüfens in einzelne Teilschritte zerlegt. Oft lassen sich diese Schritte auf natürliche Art in rekursiver Form ausdrücken und bestehen aus der Untersuchung einer endlichen Zahl untergeordneter Schritte. Wir können allgemein den ganzen Prozess als einen Prozess des Versuchens und Nachprüfens sehen, der einen Baum von untergeordneten Problemen aufbaut und durchläuft. In vielen Problemen wächst dieser

Suchbaum sehr schnell, gewöhnlich exponentiell in Abhängigkeit von einem gegebenen Parameter. Der Aufwand des Suchens wächst entsprechend. Häufig kann der Suchbaum nur durch heuristische Überlegungen beschnitten und der Berechnungsaufwand damit auf vernünftige Grenzen reduziert werden.

Es ist nicht unsere Absicht, allgemeine heuristische Regeln in diesem Text zu erörtern, wir wollen vielmehr in diesem Kapitel das allgemeine Prinzip, nach dem die Aufgabe der Lösung solcher Probleme in untergeordnete Aufgaben unterteilt wird, sowie die Anwendung der Rekursion behandeln. Wir beginnen mit der Darstellung der zugrundeliegenden Technik anhand eines wohlbekannten Beispiels, nämlich dem *Weg des Springers* auf dem Schachbrett.

Gegeben sei ein n×n Brett. Ein Springer - der nach den Schachregeln bewegt werden kann - wird auf das Feld mit den Anfangskoordinaten x_0, y_0 gestellt. Zu finden ist nun ein Weg des Springers, der genau einmal über jedes der n^2 Felder des Schachbrettes führt, sofern dies möglich ist.

Bei der Überdeckung der n^2 Felder muss man herausfinden, welches der nächste Zug ist, bzw. ob ein Zug überhaupt möglich ist. Wir wollen deshalb einen Algorithmus definieren, der versucht, den nächsten Zug auszuführen. Die Prozedur (3.24) zeigt eine erste Näherung.

```
PROCEDURE TryNextMove;                                                    (3.24)
BEGIN initialisiere Auswahlvorgang;
  REPEAT wähle nächsten Kandidaten aus der Liste der möglichen Züge;
    IF annehmbar THEN
      zeichne Zug auf;
      IF Brett nicht voll THEN
        TryNextMove;
        IF NOT erfolgreich THEN lösche vorangehende Aufzeichnung END
      END
    END
  UNTIL erfolgreich OR keine Kandidaten mehr
END TryNextMove
```

Wenn wir diesen Algorithmus genauer beschreiben wollen, müssen wir einige Entscheidungen über die Darstellung der Daten treffen. Ein naheliegender Schritt ist die Darstellung des Brettes durch eine Matrix, nennen wir sie h. Ausserdem wollen wir einen Typ für die Indexwerte einführen:

```
TYPE index = [1 .. n];                                                    (3.25)
VAR h: ARRAY index, index OF INTEGER
```

Jedes Feld des Brettes wird anstatt eines Booleschen Wertes für *Feld belegt* durch eine ganze Zahl dargestellt, da wir die Entwicklung der sukzessiven Belegung der Felder festhalten möchten. Naheliegend ist die Wahl:

h[x,y] = 0: Feld ⟨x,y⟩ noch nicht besucht
h[x,y] = i: Feld ⟨x,y⟩ im i-ten Zug besucht ($1 \leq i \leq n^2$) (3.26)

Die nächste Entscheidung betrifft die Wahl geeigneter Parameter. Sie dienen der Festlegung der Ausgangsbedingungen für den nächsten Zug und geben Auskunft über den Erfolg. Für das erstere eignet sich die Angabe der Koordinaten x und y, von denen aus der Zug zu machen ist, und der Nummer i des Zuges (zur Speicherung). Der Parameter q bedeutet: *Der Zug war möglich.*

Welche Anweisungen können nun aufgrund dieser Festlegungen verfeinert werden? Sicherlich kann *Brett nicht voll* durch $i < n^2$ ausgedrückt werden. Wenn wir zwei lokale Variablen u und v für die Koordinaten des Zieles eines möglichen Zuges einführen, können wir ausserdem das Prädikat *annehmbar* ausdrücken durch die logische Kombination der Bedingungen, dass das neue Feld auf dem Brett liegt, d.h. $1 \leq u \leq n$ und $1 \leq v \leq n$, und dass das Feld bisher noch nicht berührt wurde, d.h. $h_{uv} = 0$.

Das Aufzeichnen des legalen Zuges wird durch die Zuweisung $h_{uv} := i$ und das Löschen dieser Aufzeichnung durch $h_{uv} := 0$ ausgedrückt. Wird eine lokale Variable q1 eingeführt und als Resultat-Parameter beim rekursiven Aufruf dieses Algorithmus verwendet, dann kann q1 für *erfolgreich* stehen. Damit erhalten wir Formulierung (3.27).

```
PROCEDURE Try(i: INTEGER; x, y: index; VAR q: BOOLEAN);
  VAR u, v: INTEGER; q1: BOOLEAN;                                    (3.27)
BEGIN initialisiere Auswahlvorgang;
  REPEAT u,v seien Kandidaten für Zug nach Schachregeln;
    IF (1 <= u) & (u <= n) & (1 <= v) & (v <= n) & (h[u,v] = 0) THEN
      h[u,v] := i;
      IF i < n*n THEN Try(i+1, u, v, q1);
        IF ~q1 THEN h[u,v] := 0 ELSE q1 := TRUE END
      END
    END
  UNTIL q1 OR keine Kandidaten mehr;
  q := q1
END Try
```

Ein weiterer Verfeinerungsschritt führt uns zu einem Programm, das vollständig in der Notation unserer Programmiersprache ausgedrückt ist. Es ist zu beachten, dass das Programm bis jetzt völlig unabhängig von den Regeln für die Züge des Springers entwickelt wurde. Die Betrachtung dieser Eigenheiten des Problems wurde absichtlich zurückgestellt. Aber jetzt ist es an der Zeit, sie zu berücksichtigen.

Für ein gegebenes Paar x,y von Ausgangskoordinaten gibt es acht mögliche Zielkoordinaten u,v. In Fig. 3.8 sind sie von 1 bis 8 durchnumeriert. Man erhält u,v aus x,y einfach durch Addition der Differenz der Koordinaten, die entweder in einem Array der Differenzpaare oder in zwei Arrays einzelner Differenzen gespeichert sind. Diese Arrays seien mit a und b bezeichnet und geeignet initialisiert. Zur Angabe des nächsten Kandidaten wird der Index k eingeführt. Einzelheiten sind in Programm 3.3 ausgeführt. Die rekursive Prozedur *Try* wird durch einen Aufruf mit den Koordinaten x0,y0 desjenigen Feldes als Parameter gestartet, bei dem der Weg beginnt. Diesem Feld ist der Wert 1 zuzuweisen; alle übrigen sind als frei zu kennzeichnen:

```
h[x0, y0] := 1;  try(2, x0, y0, q)
```

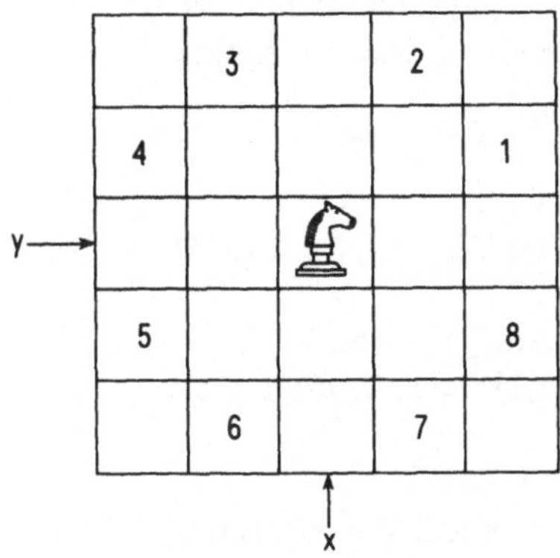

Fig. 3.8. Springer-Züge

Ein weiteres Detail darf nicht übersehen werden. Die Variable h_{uv} existiert nur dann, wenn beide Indizes, u und v, innerhalb der Array-Grenzen 1 ... n liegen. Folglich ist der Ausdruck in (3.27), der für *annehmbar* in (3.24) eingesetzt wurde, nur gültig, wenn die beiden ersten Bedingungen erfüllt sind. Es ist daher wesentlich, dass der Term $h_{uv} = 0$ als letzter auftritt. Tabelle 3.1 enthält die Lösungen für n = 5 mit den Startwerten <1,1> und <3,3> sowie für n = 6 mit dem Startwert <1,1>.

```
MODULE KnightsTour;
  FROM InOut IMPORT
    ReadInt, Done, WriteInt, WriteString, WriteLn;
  VAR i, j, n, Nsqr: INTEGER; q: BOOLEAN;
    dx, dy: ARRAY [1 .. 8] OF INTEGER;
    h: ARRAY [1 .. 8], [1 .. 8] OF INTEGER;
  PROCEDURE Try(i, x, y: INTEGER; VAR q: BOOLEAN);
    VAR k, u, v: INTEGER; q1: BOOLEAN;
  BEGIN k := 0;
    REPEAT k := k+1; q1 := FALSE;
      u := x + dx[k]; v := y + dy[k];
      IF (1 <= u) & (u <= n) & (1 <= v) & (v <= n) & (h[u,v] = 0) THEN
        h[u,v] := i;
        IF i < Nsqr THEN Try(i+1, u, v, q1);
          IF ~q1 THEN h[u,v] := 0 END
        ELSE q1 := TRUE
        END
      END
    UNTIL q1 OR (k = 8);
    q := q1
  END Try;
BEGIN
```

```
  a[1] := 2; a[2] := 1; a[3] := -1; a[4] := -2;
  a[5] := -2; a[6] := -1; a[7] := 1; a[8] := 2;
  b[1] := 1; b[2] := 2; b[3] := 2; b[4] := 1;
  b[5] := -1; b[6] := -2; b[7] := -2; b[8] := -1;
  LOOP ReadInt(n);
    IF ~Done THEN EXIT END ;
    FOR i := 1 TO n DO
      FOR j := 1 TO n DO h[i,j] := 0 END
    END ;
    ReadInt(i); ReadInt(j); WriteLn;
    Nsqr := n*n; h[1,1] := 1; Try(2, i, j, q);
    IF q THEN
      FOR i := 1 TO n DO
        FOR j := 1 TO n DO WriteInt(h[i,j], 5) END ;
        WriteLn
      END
    ELSE WriteString(" no path"); WriteLn
    END
  END
END KnightsTour.
```

Programm 3.3. Wege des Springers

23	10	15	4	25
16	5	24	9	14
11	22	1	18	3
6	17	20	13	8
21	12	7	2	19

23	4	9	14	25
10	15	24	1	8
5	22	3	18	13
16	11	20	7	2
21	6	17	12	19

1	16	7	26	11	14
34	25	12	15	6	27
17	2	33	8	13	10
32	35	24	21	28	5
23	18	3	30	9	20
36	31	22	19	4	29

Tabelle 3.1. Drei Wege des Springers

Welche allgemeingültigen Regeln können nun aus diesem Beispiel abgeleitet werden? Welches Programm-Muster, das für diese Art von Algorithmen zur "Lösung von Problemen" typisch ist, lässt es erkennen? Das charakteristische Merkmal ist folgendes: Man versucht Schritte in Richtung Ziel und zeichnet sie auf. Stellt sich später heraus, dass sie in eine Sackgasse führten, so macht man sie wieder rückgängig und löscht die Aufzeichnungen. Diese Strategie heisst *backtracking*. Das allgemeine Muster (3.28) ist aus der Prozedur (3.24) unter der Annahme abgeleitet, dass die Zahl der möglichen Kandidaten in jedem Schritt endlich ist.

```
PROCEDURE Try;
BEGIN initialisiere Wahl der Kandidaten;
  REPEAT wähle den nächsten;                                   (3.28)
    IF annehmbar THEN
      zeichne ihn auf;
      IF Lösung unvollständig THEN Try;
        IF NOT erfolgreich THEN lösche Aufzeichnung END
      END
    END
  UNTIL erfolgreich OR keine weiteren Kandidaten
END Try
```

Echte Programme können natürlich verschiedene, aus (3.28) abgeleitete Formen annehmen. Ein häufig gefundenes Muster verwendet einen expliziten Stufen-Parameter, der die Tiefe der Rekursion angibt und der eine einfache Bedingung für die Termination erlaubt. Wenn ausserdem bei jedem Schritt die Zahl der zu untersuchenden Kandidaten gleich ist, etwa m, dann ist das abgeleitete Schema (3.29) angebracht. Es ist mit der Anweisung *Try(1)* zu starten.

```
PROCEDURE Try(i: INTEGER);
  VAR k: INTEGER;
BEGIN k := 0;
  REPEAT k := k+1; wähle k-ten Kandidaten;
    IF annehmbar THEN                                          (3.29)
      zeichne ihn auf;
      IF i < n THEN Try(i+1);
        IF NOT erfolgreich THEN lösche Aufzeichnung END
      END
    END
  UNTIL erfolgreich OR (k = m)
END Try
```

Im Rest dieses Kapitels werden drei weitere Beispiele behandelt. Sie zeigen verschiedene Verkörperungen des abstrakten Schemas (3.29) und sind als weitere Illustrationen zur geeigneten Verwendung der Rekursion angeführt.

3.5. DAS PROBLEM DER ACHT DAMEN

Das Problem der acht Damen stellt ein gängiges Beispiel für die Verwendung der Methode des Versuchens und Nachprüfens und für Backtracking-Algorithmen dar. Es wurde bereits 1850 von C.F. Gauss untersucht, jedoch nicht vollständig gelöst. Dies sollte niemanden überraschen. Nach dem bisher Gesagten haben diese Probleme die charakteristische Eigenschaft, dass sie sich nicht analytisch lösen lassen. Tatsächlich erfordern sie einen grossen Aufwand an exakter Arbeit, Geduld und Zielsicherheit. Solche Algorithmen gewannen erst durch die automatischen Rechenanlagen an Bedeutung, da diese die benötigten Eigenschaften in einem wesentlich höheren Grad als Menschen besitzen. Das Problem der acht Damen ist folgendermassen formuliert (siehe auch [3.4]):

Acht Damen sind auf einem Schachbrett so aufzustellen, dass keine Dame eine andere bedroht.

Verwenden wir Schema (3.29) als Schablone, so erhalten wir leicht folgenden ersten Entwurf einer Lösung:

```
PROCEDURE Try(i: INTEGER);                                        (3.30)
BEGIN initialisiere Wahl für i-te Dame:
  REPEAT treffe nächste Wahl;
    IF sicher THEN setze die Dame;
      IF i < 8 THEN Try(i+1);
        IF NOT erfolgreich THEN entferne die Dame END
      END
    END
  UNTIL erfolgreich OR alle Positionen versucht
END Try
```

Zur Fortsetzung müssen wir die Darstellung der Daten in einigen Punkten festlegen. Von den Schachregeln wissen wir, dass eine Dame alle anderen Figuren bedroht, die auf dem Brett in der gleichen Kolonne, Zeile oder Diagonale stehen. Folglich kann jede Kolonne genau eine Dame enthalten, und die Wahl einer Position für die i-te Dame kann auf die i-te Kolonne beschränkt werden. Als Parameter i wird deshalb der Kolonnen-Index gewählt; der Auswahl-Prozess für die Positionen beschränkt sich dann auf die acht möglichen Werte für einen Zeilen-Index j.

Die Frage der Darstellung der acht Damen auf dem Brett bleibt offen. Naheliegend wäre wiederum eine quadratische Matrix zur Darstellung des Brettes. Aber schon kurzes Nachdenken zeigt, dass eine solche Repräsentation zu sehr umständlichen Operationen beim Testen der zulässigen Positionen führt. Dies ist sehr unerwünscht, da es um die am häufigsten ausgeführte Operation geht. Wir sollten deshalb die Repräsentation der Daten so wählen, dass das Prüfen so einfach wie möglich wird. Das beste Rezept ist, die wesentliche und häufig gebrauchte Information so direkt wie möglich darzustellen. In unserem Fall ist dies nicht die Position der Damen, sondern die Tatsache, ob bereits eine Dame auf einer Zeile und auf einer Diagonalen steht, in der wir eine weitere Dame plazieren wollen. Wir wissen bereits, dass in jeder Kolonne k ($1 \leq k \leq i$) genau eine Dame steht. Dies führt zu folgender Wahl von Variablen:

```
VAR x: ARRAY [1 .. 8] OF INTEGER;
    a: ARRAY [1 .. 8] OF BOOLEAN;
    b: ARRAY [b1 .. b2] OF BOOLEAN;                (3.31)
    c: ARRAY [c1 .. c2] OF BOOLEAN;
```

wobei

x_i = Position der Dame in der i-ten Kolonne

a_j = "j-te Zeile ist frei"

b_k = "k-te /-Diagonale ist frei"

c_k = "k-te \-Diagonale ist frei"

Die Wahl für die Index-Grenzen b1, b2, c1 und c2 ist durch die Art der Berechnung der Indizes b und c bestimmt; wir sehen, dass in jeder /-Diagonalen die Summe der Koordinaten i und j und in jeder \-Diagonalen die Differenz i-j für alle Felder gleich ist. Programm 3.4 zeigt eine geeignete Lösung. Mit diesen Daten kann die Anweisung *setze Dame* ausgeführt werden zu

```
x[i] := j; a[j] := FALSE; b[i+j] := FALSE; c[i-j] := FALSE        (3.32)
```

und die Anweisung *entferne die Dame* wird verfeinert zu

```
a[j] := TRUE; b[i+j] := TRUE; c[i-j] := TRUE        (3.33)
```

Die Bedingung *sicher* ist erfüllt, wenn das Feld <i,j> in einer freien Zeile und in einer freien Diagonalen liegt. Sie kann also ausgedrückt werden durch die logische Konjunktion

```
a[j] & b[i+j] & c[i-j]        (3.34)
```

Dies vervollständigt die Entwicklung dieses Algorithmus, der als Ganzes in Programm 3.4 gezeigt wird. Die berechnete Lösung x = (1, 5, 8, 6, 3, 7, 2, 4) ist in Fig. 3.9 gezeigt.

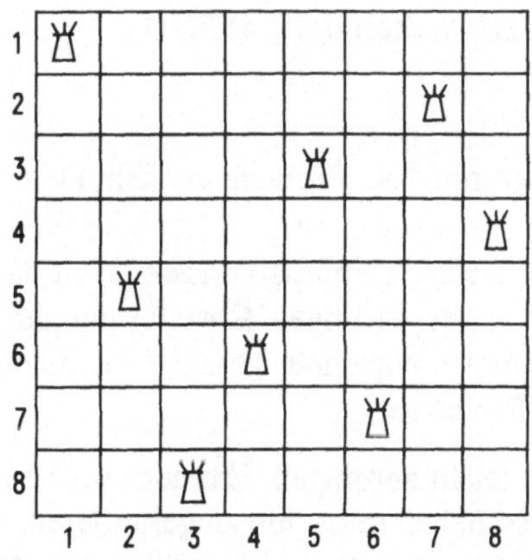

Fig. 3.9. Eine Lösung des Acht-Damen Problems

```
MODULE Queens;
  FROM InOut IMPORT WriteInt, WriteLn;

VAR i: INTEGER; q: BOOLEAN;
  a: ARRAY [ 1 .. 8] OF BOOLEAN;
  b: ARRAY [ 2 .. 16] OF BOOLEAN;
  c: ARRAY [-7 .. 7] OF BOOLEAN;
  x: ARRAY [ 1 .. 8] OF INTEGER;

 PROCEDURE Try(i: INTEGER; VAR q: BOOLEAN);
  VAR j: INTEGER;
 BEGIN j := 0;
  REPEAT j := j+1; q := FALSE;
   IF a[j] & b[i+j] & c[i-j] THEN
     x[i] := j;
     a[j] := FALSE; b[i+j] := FALSE; c[i-j] := FALSE;
     IF i < 8 THEN
       Try(i+1, q);
       IF ~q THEN
         a[j] := TRUE; b[i+j] := TRUE; c[i-j] := TRUE
       END
     ELSE q := TRUE
     END
   END
  UNTIL q OR (j = 8)
 END Try;

BEGIN
 FOR i :=  1 TO  8 DO a[i] := TRUE END ;
 FOR i :=  2 TO 16 DO b[i] := TRUE END ;
 FOR i := -7 TO  7 DO c[i] := TRUE END ;
 Try(1,q);
 FOR i := 1 TO 8 DO WriteInt(x[i], 4) END ;
 WriteLn
END Queens.
```

Programm 3.4. Problem der acht Damen

Bevor wir die Umgebung des Schachbretts verlassen, soll das Beispiel des Problems der acht Damen zur Illustration einer wichtigen Erweiterung des Backtracking Algorithmus dienen. Die Erweiterung besteht - allgemein gesagt - im Finden nicht nur einer, sondern *aller* Lösungen des gestellten Problems.

Die Erweiterung lässt sich leicht anbringen. Erinnern wir uns daran, dass das Generieren der Lösungen systematisch geschehen muss, um zu garantieren, dass kein Kandidat mehr als einmal versucht wird. Diese Eigenschaft des Algorithmus entspricht dem systematischen Durchsuchen des Baumes der Lösungs-Kandidaten, wobei jeder Knoten genau einmal inspiziert wird. Sie erlaubt - sobald eine Lösung einmal gefunden und aufgezeichnet ist - einfach mit dem nächsten Kandidaten weiterzufahren, der durch den systematischen Auswahlprozess bestimmt wird. Das allgemeine Schema ist aus (3.29) abgeleitet und in (3.35) dargestellt.

```
PROCEDURE Try(i: INTEGER);
  VAR k: INTEGER;
BEGIN                                                        (3.35)
  FOR k := 1 TO m DO
    wähle k-ten Kandidaten;
    IF annehmbar THEN zeichne ihn auf;
      IF i < n THEN Try(i+1) ELSE drucke Lösung END ;
      lösche Aufzeichnung
    END
  END
END Try
```

Man beachte, dass die Vereinfachung der Terminations-Bedingung des Auswahlprozesses auf den einen Vergleich $k = m$ die Anwendung einer for-Anweisung anstelle der repeat-Anweisung erlaubt. Die Suche nach *allen* möglichen Lösungen kann überraschenderweise mit einem einfacheren Programm bewerkstelligt werden als die Suche nach einer einzigen Lösung.

Der erweiterte Algorithmus zur Bestimmung aller 92 Lösungen des Problems der acht Damen ist in Programm 3.5 gezeigt. Im wesentlichen gibt es aber nur zwölf signifikant verschiedene, nicht symmetrische Lösungen. Die zwölf zuerst gefundenen Lösungen sind in Tabelle 3.2 aufgeführt. Die Zahlen in der rechten Kolonne geben die Häufigkeit des Testens der Sicherheit eines Feldes an. Das Mittel dieser Zahlen über alle 92 Lösungen beträgt 161.

```
MODULE AllQueens;
  FROM InOut IMPORT WriteInt, WriteLn;

VAR i: INTEGER;
   a: ARRAY [ 1 ..  8] OF BOOLEAN;
   b: ARRAY [ 2 .. 16] OF BOOLEAN;
   c: ARRAY [-7 ..  7] OF BOOLEAN;
   x: ARRAY [ 1 ..  8] OF INTEGER;

 PROCEDURE print;
   VAR k: INTEGER;
 BEGIN
   FOR k := 1 TO 8 DO WriteInt(x[k], 4) END ;
   WriteLn
 END print;

 PROCEDURE Try(i: INTEGER);
   VAR j: INTEGER;
 BEGIN
```

```
    FOR j := 1 TO 8 DO
     IF a[j] & b[i+j] & c[i-j] THEN
       x[i] := j;
       a[j] := FALSE; b[i+j] := FALSE; c[i-j] := FALSE;
       IF i < 8 THEN Try(i+1) ELSE print END ;
       a[j] := TRUE; b[i+j] := TRUE; c[i-j] := TRUE
     END
    END
  END Try;

BEGIN
  FOR i :=  1 TO  8 DO a[i] := TRUE END ;
  FOR i :=  2 TO 16 DO b[i] := TRUE END ;
  FOR i := -7 TO  7 DO c[i] := TRUE END ;
  Try(1)
END AllQueens.
```

Programm 3.5. Acht Damen, alle Lösungen

x_1	x_2	x_3	x_4	x_5	x_6	x_7	x_8	n
1	5	8	6	3	7	2	4	876
1	6	8	3	7	4	2	5	264
1	7	4	6	8	2	5	3	200
1	7	5	8	2	4	6	3	136
2	4	6	8	3	1	7	5	504
2	5	7	1	3	8	6	4	400
2	5	7	4	1	8	6	3	072
2	6	1	7	4	8	3	5	280
2	6	8	3	1	4	7	5	240
2	7	3	6	8	5	1	4	264
2	7	5	8	1	4	6	3	160
2	8	6	1	3	5	7	4	336

Tabelle 3.2. Zwölf Lösungen des Acht-Damen Problems

3.6. DAS PROBLEM DER STABILEN HEIRAT

Gegeben seien zwei verschiedene Mengen A und B mit gleicher Kardinalität. Gesucht ist eine Menge von n Paaren <a,b>, so dass a IN A, b IN B und gewisse Nebenbedingungen erfüllt sind. Eine solche Nebenbedingung wird durch die *Regel der stabilen Heirat* gegeben und geht aus folgendem Beispiel hervor:

Sei A eine Menge von Männern und B eine Menge von Frauen. Jeder Mann und jede Frau hat eine Wunschliste der Partner in der Reihenfolge ihrer Bevorzugung aufgestellt. Wenn die n Ehepaare so gewählt werden, dass es einen Mann und eine Frau gibt, die nicht miteinander verheiratet sind, die sich aber gegenseitig vor ihren tatsächlichen Ehepartnern den Vorzug geben, dann heisst die Wahl unstabil. Existiert kein solches Paar, so ist die Wahl stabil.

Diese Situation ist typisch für viele ähnliche Probleme, bei denen die Wahl je nach Bevorzugung zu treffen ist, wie z.B. die Wahl einer Schule durch Studenten, die Wahl der verschiedenen Zweige der Armee durch Rekruten, usw. Das Beispiel des Heiratens ist besonders anschaulich; zu beachten ist jedoch, dass die aufgestellte Liste der Bevorzugungen invariant ist, d.h. sich nicht ändert, nachdem eine bestimmte Zuordnung einmal getroffen wurde. Diese Regel vereinfacht das Problem; ihr wohnt aber gleichzeitig eine Verzerrung der Wirklichkeit (also eine Abstraktion) inne.

Ein Weg zur Suche einer Lösung ist der Versuch, Mitglieder aus beiden Mengen nacheinander zusammenzuführen, bis beide Mengen leer sind. Sollen *alle* stabilen Zuordnungen gefunden werden, so können wir eine Lösung leicht unter Verwendung von Programmschema (3.35) als Schablone skizzieren. Bezeichnet *Try(m)* den Algorithmus zum Finden eines Partners für den Mann m, und erfolgt diese Suche in der Reihenfolge der Liste der Bevorzugungen des Mannes, so ergibt sich eine erste Version in (3.36).

```
PROCEDURE Try(m: man);
  VAR r: rank;
BEGIN                                                        (3.36)
  FOR r := 1 TO n DO
    greife r-te Bevorzugung des Mannes m heraus;
    IF annehmbar THEN notiere Heirat;
      IF m ist nicht letzter Mann THEN Try(successor(m))
      ELSE notiere stabile Menge
      END ;
      annuliere Heirat
    END
  END
END Try
```

Hier sind wir nun wieder an einem Punkt angelangt, an dem wir ohne weitere Entscheidungen über die Darstellung der Daten nicht weiterkommen. Wir führen drei skalare Typen ein, deren Werte der Einfachheit halber die ganzen Zahlen 1 bis n sind. Obwohl diese drei Typen formal gleich sind, trägt die unterschiedliche Bezeichnung wesentlich zur Klarheit bei. Es wird dadurch offensichtlich, wozu eine Variable verwendet wird:

```
TYPE man   = [1 .. n];
     woman = [1 .. n];                                       (3.37)
     rank  = [1 .. n]
```

Die Anfangswerte sind durch zwei Matrizen dargestellt, die die Bevorzugungen der Männer und Frauen enthalten:

```
VAR wmr: ARRAY man, rank OF woman
    mwr: ARRAY woman, rank OF man                            (3.38)
```

Folglich bezeichnet wmr_m die Liste der Bevorzugungen von Mann m, d.h. $wmr_{m,r}$ ist die

Frau, die auf dem r-ten Platz in der Liste des Mannes m figuriert. Entsprechend ist mwr_w die Liste der Bevorzugungen der Frau w, und $mwr_{w,r}$ ist ihre r-te Wahl. Tabelle 3.3 ist ein Beispiel eines entsprechenden Datensatzes.

r =	1	2	3	4	5	6	7	8		1	2	3	4	5	6	7	8
m = 1	7	2	6	5	1	3	8	4	w = 1	4	6	2	5	8	1	3	7
2	4	3	2	6	8	1	7	5	2	8	5	3	1	6	7	4	2
3	3	2	4	1	8	5	7	6	3	6	8	1	2	3	4	7	5
4	3	8	4	2	5	6	7	1	4	3	2	4	7	6	8	5	1
5	8	3	4	5	6	1	7	2	5	6	3	1	4	5	7	2	8
6	8	7	5	2	4	3	1	6	6	2	1	3	8	7	4	6	5
7	2	4	6	3	1	7	5	8	7	3	5	7	2	4	1	8	6
8	6	1	4	2	7	5	3	8	8	7	2	8	4	5	6	3	1

Tabelle 3.3. Datensatz für *wmr* und *mwr*

Das Ergebnis steht in einem Array x von Frauen, und x_m bezeichnet die Partnerin des Mannes m. Um die Symmetrie zwischen Mann und Frau aufrechtzuerhalten, wird ein zusätzlicher Array y eingeführt, so dass y_w den Partner der Frau w angibt:

```
VAR x: ARRAY man OF woman;
    y: ARRAY woman OF man                                    (3.39)
```

Es ist klar, dass y nicht unbedingt erforderlich ist, da es bereits in x vorhandene Information enthält. Es gelten folgende Beziehungen

$$x_{y_w} = w, \quad y_{x_m} = m \tag{3.40}$$

für alle verheirateten m und w. Somit kann der Wert y_w durch einfaches Durchsuchen von x erhalten werden; der Array y erhöht aber die Effizienz des Algorithmus. Die durch x und y dargestellte Information wird zur Bestimmung der Stabilität einer vorgelegten Menge von Ehepaaren benötigt. Da diese Menge schrittweise durch Verheiraten eines Paares und anschliessendem Testen der Stabilität konstruiert wird, werden x und y sogar benötigt, bevor alle ihre Komponenten definiert sind. Um die bereits definierten Komponenten festzuhalten, könnten wir Boolesche Arrays einführen:

```
singlem: ARRAY man OF BOOLEAN
singlew: ARRAY woman OF BOOLEAN                              (3.41)
```

wobei aus ~$singlem_m$ folgt, dass x_m definiert ist, und aus ~$singlem_w$ folgt, dass y_w definiert ist. Betrachtet man aber den vorgeschlagenen Algorithmus, so erkennt man schnell, dass der Zivilstand eines Mannes durch den Wert m auf einfachere Art bestimmt ist, nämlich durch die Beziehung

$$\sim singlem[k] \;=\; k < m \tag{3.42}$$

Damit kann auf den Array *singlem* verzichtet werden, und der Name *singlew* wird vereinfacht zu *single*. Diese Abmachungen ergeben die in (3.43) gezeigte Verfeinerung; das Prädikat *annehmbar* wird als Konjunktion *single* und *stabil* ausgedrückt, wobei letzteres eine weiter auszuarbeitende Funktion darstellt.

```
PROCEDURE Try(m: man);
  VAR r: rank; w: woman;
BEGIN                                                    (3.43)
  FOR r := 1 TO n DO
    w := wmr[m,r];
    IF single[w] & stabil THEN
      x[m] := w; y[w] := m; single[w] := FALSE;
      IF m < n THEN Try(successor(m)) ELSE notiere stabile Menge END ;
      single[w] := TRUE
    END
  END
END Try
```

In dieser Fassung ist die starke Ähnlichkeit der Lösung mit Programm 3.5 immer noch festzustellen, da beide aus demselben Schema hervorgegangen sind. Die wesentliche Aufgabe ist nun die Verfeinerung des Algorithmus zur Bestimmung der Stabilität. Leider kann die Stabilität nicht durch einen ähnlich einfachen Ausdruck dargestellt werden wie die Sicherheit der Damen in Programm 3.5. Zunächst sollte man beachten, dass sich die Stabilität nach Definition aus Vergleichen von Bevorzugungen oder Reihenfolgen ergibt. Die Reihenfolge von Männern oder Frauen ist aber in der bisherigen Aufstellung der Daten nicht explizit verfügbar. Sicherlich kann der Platz der Frau w in der Einschätzung von Mann m berechnet werden, aber dies erfordert ein aufwendiges Suchen von w in wmr_m. Da die Berechnung der Stabilität eine äusserst häufige Operation ist, soll diese Information direkt zur Verfügung gestellt werden. Dazu führen wir zwei Matrizen ein:

```
rmw: ARRAY man, woman OF rank;                           (3.44)
rwm: ARRAY woman, man OF rank
```

so dass $rmw_{m,w}$ den Platz der Frau w in der Liste der Bevorzugungen von Mann m bezeichnet und $rwm_{w,m}$ den Platz von Mann m in der Liste der Frau w. Offensichtlich sind die Werte dieser Hilfs-Arrays konstant und können zu Beginn aus den Werten von wmr und mwr bestimmt werden.

Der Prozess zur Bestimmung des Prädikats stabil läuft nun entsprechend der ursprünglichen Definition ab. Bekanntlich untersuchen wir die Möglichkeit der Heirat zwischen m und w, wobei $w = wmr_{m,r}$, d.h. w den Platz r in der Liste der Bevorzugungen von m einnimmt. Als Optimisten nehmen wir zunächst an, dass die Stabilität erhalten bleibt, und versuchen dann, mögliche Quellen für Schwierigkeiten zu finden. Wo könnten sie verborgen sein? Es gibt zwei symmetrische Möglichkeiten:

1. Es könnte eine Frau *pw* (preferred woman) geben, die von m seiner Frau w vorgezogen wird, und diese Frau selbst zieht m ihrem Mann vor.

2. Es könnte einen Mann *pm* (preferred man) geben, der von w ihrem Mann m vorgezogen wird, während pm selbst w seiner Frau vorzieht.

Verfolgen wir Fall 1 und vergleichen die Plätze $rwm_{pw,m}$ und $rwm_{pw,y_{pw}}$ für alle Frauen, die m der Frau w vorzieht, d.h. für alle $pw = wmr_{m,i}$ mit $i < r$. Wir wissen, dass alle in Frage kommenden Frauen bereits verheiratet sind, da eine ledige schon vorher für m ausgesucht worden wäre. Der hier beschriebene Vorgang kann als einfacher linearer Suchprozess formuliert werden; dabei steht s für Stabilität.

```
s := TRUE; i := 1;
WHILE (i < r) & s DO
  pw := wmr[m,i]; i := i+1;                                        (3.45)
  IF ~single[pw] THEN s := rwm[pw,m] > rwm[pw, y[pw]] END
END
```

Verfolgen wir Fall 2, so müssen wir alle Kandidaten pm untersuchen, die w ihrem gegenwärtig angetrauten m vorzieht, d.h. in Frage kommen alle vorgezogenen Männer pm $= mwr_{w,i}$ mit $i < rwm_{w,m}$. In Analogie zu Fall 1 sind Vergleiche zwischen den Plätzen $rmw_{pm,w}$ und $rmw_{pm,x_{pm}}$ notwendig. Wir müssen dabei vorsichtig vorgehen und die Vergleiche mit x[pm] auslassen, wenn pm noch ledig ist. Dies erfordert einen Test pm < m, da bekanntlich alle Männer vor m bereits verheiratet sind.

Programm 3.6 enthält den vollständigen Algorithmus. Tabelle 3.4 schliesslich stellt die aus dem in Tabelle 3.3 gegebenen Datensatz berechneten neun stabilen Lösungen dar.

```
MODULE Marriage;
 FROM InOut IMPORT
  ReadCard, WriteCard, WriteLn;

 CONST n = 8;
 TYPE man = [1 .. n];
   woman = [1 .. n];
   rank = [1 .. n];

 VAR m: man; w: woman; r: rank;
   wmr: ARRAY man, rank OF woman;
   mwr: ARRAY woman, rank OF man;
   rmw: ARRAY man, woman OF rank;
   rwm: ARRAY woman, man OF rank;
   x: ARRAY man OF woman;
   y: ARRAY woman OF man;
   single: ARRAY woman OF BOOLEAN;
   h: CARDINAL;

 PROCEDURE print;
  VAR m: man; rm, rw: CARDINAL;
 BEGIN rm := 0; rw := 0;
  FOR m := 1 TO n DO
   WriteCard(x[m], 4);
   rm := rmw[m, x[m]] + rm; rw := rwm[x[m], m] + rw
  END ;
  WriteCard(rm, 8); WriteCard(rw, 4); WriteLn
 END print;
```

```
 PROCEDURE stable(m: man; w: woman; r: rank): BOOLEAN;
  VAR pm: man; pw: woman;
    i, lim: rank; S: BOOLEAN;
 BEGIN S := TRUE; i := 1;
  WHILE (i < r) & S DO
   pw := wmr[m,i]; i := i+1;
   IF ~single[pw] THEN S := rwm[pw,m] > rwm[pw, y[pw]] END
  END ;
  i := 1; lim := rwm[w,m];
  WHILE (i < lim) & S DO
   pm := mwr[w,i]; i := i+1;
   IF pm < m THEN S := rmw[pm,w] > rmw[pm, x[pm]] END
  END ;
  RETURN S
 END stable;

 PROCEDURE Try(m: man);
  VAR w: woman; r: rank;
 BEGIN
  FOR r := 1 TO n DO w := wmr[m,r];
   IF single[w] & stable(m,w,r) THEN
    x[m] := w; y[w] := m; single[w] := FALSE;
    IF m < n THEN Try(m+1) ELSE print END ;
    single[w] := TRUE
   END
  END
 END Try;

BEGIN
 FOR m := 1 TO n DO
  FOR r := 1 TO n DO
   ReadCard(h); wmr[m,r] := h; rmw[m, wmr[m,r]] := r
  END
 END ;
 FOR w := 1 TO n DO
  single[w] := TRUE;
  FOR r := 1 TO n DO
   ReadCard(h); mwr[w,r] := h; rwm[w, mwr[w,r]] := r
  END
 END ;
 Try(1)
END Marriage.
```

Programm 3.6. Stabile Heiraten

Dieser Algorithmus stützt sich wesentlich auf das Backtracking-Schema. Seine Effizienz hängt primär davon ab, wie weit das Schema zur Beschneidung des Lösungsbaumes entwickelt ist. Ein etwas schnellerer, aber komplexerer und wenig durchsichtiger Algorithmus wurde von McVitie und Wilson vorgelegt ([3.1] und [3.2]), die ihn auch auf verschieden grosse Mengen (von Männern und Frauen) verallgemeinert haben.

Algorithmen von der Art der beiden letzten Beispiele, die *alle* möglichen Lösungen (unter gewissen Nebenbedingungen) generieren, werden oft verwendet, um eine oder mehrere, in gewisser Beziehung *optimale* Lösungen auszuwählen. Bei diesem Beispiel könnte man an der Lösung interessiert sein, die dem Wunsch der Männer, oder der Frauen, oder aller Personen im Mittel am besten gerecht wird.

Dazu enthält Tabelle 3.4 die Summe der Plätze aller Frauen in der Liste der Bevorzugungen ihrer Ehemänner und die Summen der Plätze aller Männer in der Liste ihrer Ehefrauen. Dies sind die Werte

$$rm = \sum_{m=1}^{n} rmw_{m,x_m} \qquad rw = \sum_{m=1}^{n} rwm_{x_m,m} \tag{3.46}$$

	x_1	x_2	x_3	x_4	x_5	x_6	x_7	x_8	rm	rw	c
1	7	4	3	8	1	5	2	6	16	32	21
2	2	4	3	8	1	5	7	6	22	27	449
3	2	4	3	1	7	5	8	6	31	20	59
4	6	4	3	8	1	5	7	2	26	22	62
5	6	4	3	1	7	5	8	2	35	15	47
6	6	3	4	8	1	5	7	2	29	20	143
7	6	3	4	1	7	5	8	2	38	13	47
8	3	6	4	8	1	5	7	2	34	18	758
9	3	6	4	1	7	5	8	2	43	11	34

c = Anzahl der Tests auf Stabilität
Lösung 1 = optimale Lösung für die Männer
Lösung 9 = optimale Lösung für die Frauen

Tabelle 3.4. Resultat der Bestimmung der stabilen Heiraten.

Die Lösung mit dem kleinsten Wert rm heisst *für die Männer optimale stabile Lösung*, die mit dem kleinsten rw ist die *für die Frauen optimale stabile Lösung*. Durch die Art der gewählten Suchstrategie werden die für die Männer günstigen Lösungen zuerst generiert, die aus der Perspektive der Frauen günstigen Lösungen erscheinen am Ende. Der Algorithmus bevorzugt in diesem Sinn die männliche Bevölkerung. Dies ist (in der Abstraktion) durch systematisches Vertauschen der Rolle von Mann und Frau leicht zu ändern, nämlich durch Vertauschen von *mwr* mit *wmr* und *rmw* mit *rwm*.

Wir sehen davon ab, dieses Programm weiter auszubauen und behandeln die Suche nach einer optimalen Lösung im nächsten und letzten Beispiel eines Algorithmus mit Backtracking.

3.7. DAS PROBLEM DER OPTIMALEN AUSWAHL

Das letzte Beispiel eines Backtracking-Algorithmus ist eine logische Erweiterung der beiden vorangehenden, dem allgemeinen Schema (3.35) entsprechenden Beispiele. Zunächst verwendeten wir das Prinzip des Backtracking zur Suche einer *einzigen* Lösung eines gestellten Problems. Dies wurde durch den Weg des Springers und durch die acht Damen veranschaulicht. Dann stellten wir uns die Aufgabe, *alle* Lösungen zu finden; dies anhand der Beispiele der acht Damen und der stabilen Heirat. Nun wollen wir eine *optimale Lösung* finden.

Dazu ist es notwendig, alle möglichen Lösungen zu generieren und sich - während der Generierung - zu merken, welche Lösung in gewisser Hinsicht optimal ist. Unter der Annahme, dass die Optimalität durch eine positivwertige Funktion f(s) definiert ist, lässt sich der Algorithmus aus Schema (3.35) durch Ersetzen der Anweisung *drucke Lösung* durch

```
IF f(solution) > f(optimum) THEN optimum := solution END          (3.47)
```

ableiten. Die Variable *optimum* enthält die beste bisher gefundene Lösung. Natürlich muss sie geeignet initialisiert werden; ausserdem ist es üblich, den Wert f(optimum) in einer Hilfs-Variablen zu speichern, um unnötige Wiederholungen seiner Berechnung zu vermeiden.

Wenden wir uns nun dem grundlegenden Problem des Findens einer *optimalen Auswahl* von Objekten aus einer gegebenen Menge unter gewissen Nebenbedingungen zu. Auswahlen, die annehmbare Lösungen darstellen, werden nach und nach durch Aufnahme geeigneter Objekte der zugrundeliegenden Menge generiert. Eine Prozedur *Try* soll die Untersuchung der Eignung eines Objektes beschreiben und wird so lange rekursiv aufgerufen (zur Untersuchung des nächsten Objektes), bis alle Objekte an der Reihe waren.

Die Betrachtung jedes Objektes (in den bisherigen Beispielen Kandidaten genannt) führt zu zwei möglichen Fällen: entweder wird das untersuchte Objekt in die Auswahl *eingeschlossen* oder aus ihr *ausgeschlossen*. Dadurch wird die Verwendung der repeat- oder for-Anweisung unvorteilhaft; die beiden Fälle werden zweckmässiger explizit ausgeschrieben. Dies ist in (3.48) unter der Annahme dargestellt, dass die Objekte von 1 bis n durchnumeriert sind.

```
PROCEDURE Try(i: INTEGER);
BEGIN
  IF Einschluss möglich THEN schliesse i-tes Objekt ein;
    IF i < n THEN Try(i+1) ELSE prüfe Optimalität END ;
    eliminiere i-tes Objekt                                   (3.48)
  END ;
  IF Ausschluss möglich THEN
    IF i < n THEN Try(i+1) ELSE prüfe Optimalität END
  END
END Try
```

Insgesamt gibt es also 2^n mögliche Mengen. Es müssen daher geeignete Kriterien zur

Aufnahme verwendet werden, um die Zahl der untersuchten Kandidaten drastisch zu reduzieren. Diesen Prozess wollen wir an einem konkreten Beispiel für das Auswahlproblem beleuchten.

Es sei jedes der n Objekte $a_1, \dots, a_n$ durch sein Gewicht w und seinen Wert v beschrieben. Als optimal wird diejenige Menge angesehen, deren Elemente einen möglichst hohen Gesamtwert ergeben, ohne dabei eine vorgegebene Gewichtslimite zu überschreiten. Alle Wanderer kennen dieses Problem, nämlich die Auswahl von n Packungen, deren gesamter Nährwert maximal sein soll, und deren Gesamtgewicht eine vorgeschriebene Grenze nicht überschreiten darf, weil sonst der Rucksack allzu schwer würde. (Daher wird dieses klassische Auswahlproblem auch *Rucksackproblem* genannt).

Wir sind jetzt in der Lage, über die Darstellung der gegebenen Tatsachen in Form von Daten zu entscheiden. Die Wahl (3.49) lässt sich leicht aus obigen Überlegungen ableiten:

```
TYPE index = [1 .. n];
   object = RECORD weight, value: INTEGER END ;

VAR obj: ARRAY index OF object;                                    (3.49)
   limw, totv, maxv: INTEGER;
   s, opts: SET OF index
```

Die Variablen *limw* und *totv* bezeichnen die Gewichtsgrenze und den Gesamtwert aller Objekte. Diese beiden Werte sind während des ganzen Auswahlprozesses konstant. *s* stellt die momentane Auswahl der Objekte dar, wobei jedes Objekt durch seinen Namen (Index) dargestellt ist. *opts* ist die beste bisher gefundene Wahl, und *maxv* ist ihr Wert.

Welches sind nun die Kriterien für die Eignung eines Objektes für die jeweilige Auswahl? Das Objekt eignet sich für den *Einschluss* offenbar dann, wenn es in die Gewichtsgrenze passt. Das Kriterium für den *Ausschluss* liefert hingegen der noch erreichbare Gesamtwert. Ist dieser nämlich kleiner als der des bisherigen Optimums, so führt die Fortsetzung der Suche wohl zu einer Lösung, aber nicht zur optimalen Lösung. Jedes weitere Suchen auf diesem Weg ist also umsonst. Aus diesen beiden Bedingungen bestimmen wir die für jeden Schritt des Auswahlprozesses wesentlichen Werte:

1. Das Gesamtgewicht tw der bisherigen Auswahl s.
2. Den mit der gegenwärtigen Auswahl s noch erreichbaren Wert av.

Diese beiden Grössen sind als Parameter der Prozedur *Try* dargestellt. Die Bedingung *Einschluss möglich* in (3.48) kann nun formuliert werden als

```
tw + a[i].weight <= limw                                           (3.50)
```

und der anschliessende Test auf Optimalität lautet

```
IF av > maxv THEN (*neues Optimum, zeichne es auf*)
  opts := s; maxv := av                                            (3.51)
END
```

Die letzte Zuweisung stützt sich auf die Überlegung, dass der erreichbare Wert gleich dem erreichten Wert ist, sobald alle n Objekte behandelt wurden. Die Bedingung *Ausschluss möglich* in (3.48) wird ausgedrückt durch av - a[i].value > maxv (3.52)

Da der Wert av-a[i].v später nochmals verwendet wird, weisen wir ihm den Namen *avl* zu und vermeiden so eine erneute Berechnung.

Das ganze Programm ergibt sich nun aus (3.48) bis (3.52) unter Hinzufügung geeigneter Initialisierungs-Anweisungen für die globalen Variablen. Beachtenswert ist die Leichtigkeit, mit der Einschluss oder Ausschluss aus der Menge s durch die Verwendung der Strukturart Set ausgedrückt werden kann. Die Resultate der Ausführung von Programm 3.7 mit zulässigen Gewichten zwischen 10 und 120 sind in Tabelle 3.5 zusammengefasst.

Dieses Backtracking-Schema mit einer Kontrolle zur Wachstums-Beschränkung des Suchbaumes ist auch unter dem Namen *Branch and Bound Algorithm* bekannt.

```
MODULE Selection;
 (*find optimal selection of objects under constraint*)
 FROM InOut IMPORT
  ReadCard, Write, WriteCard, WriteString, WriteLn;

 CONST n = 10;
 TYPE index = [1 .. n];
    object = RECORD value, weight: CARDINAL END ;
    ObjSet = SET OF index;

 VAR i: index;
  obj: ARRAY index OF object;
  limw, totv, maxv: CARDINAL;
  s, opts: ObjSet;
  WeightInc, WeightLimit: CARDINAL;
  tick: ARRAY [FALSE .. TRUE] OF CHAR;

 PROCEDURE Try(i: index; tw, av: CARDINAL);
  VAR avl: CARDINAL;
 BEGIN (*try inclusion*)
  IF tw + obj[i].weight <= limw THEN
   s := s + ObjSet{i};
   IF i < n THEN Try(i+1, tw + obj[i].weight, av)
   ELSIF av > maxv THEN maxv := av; opts := s
   END ;
   s := s - ObjSet{i}
  END ;
  (*try exclusion*)
  IF av > maxv + obj[i].value THEN
   IF i < n THEN Try(i+1, tw, av - obj[i].value)
   ELSE maxv := av - obj[i].value; opts := s
   END
  END
 END Try;
```

```
BEGIN totv := 0; limw := 0;
 tick[FALSE] := " "; tick[TRUE] := "*";
 FOR i := 1 TO n DO
  ReadCard(obj[i].weight); ReadCard(obj[i].value);
  totv := totv + obj[i].value
 END ;
 ReadCard(WeightInc); ReadCard(WeightLimit);
 WriteString("Weight");
 FOR i := 1 TO n DO WriteCard(obj[i].weight, 5) END ;
 WriteLn; WriteString("Value ");
 FOR i := 1 TO n DO WriteCard(obj[i].value, 5) END ;
 WriteLn;
 REPEAT limw := limw + WeightInc; maxv := 0;
  s := ObjSet{}; opts := ObjSet{}; Try(1, 0, totv);
  WriteCard(limw, 6);
  FOR i := 1 TO n DO
   WriteString("    "); Write(tick[i IN opts])
  END ;
  WriteCard(maxv, 8); WriteLn
 UNTIL limw >= WeightLimit
END Selection.
```

Programm 3.7. Optimale Auswahl

Weight	10	11	12	13	14	15	16	17	18	19	
Value	18	20	17	19	25	21	27	23	25	24	
10	*										18
20							*				27
30					*		*				52
40	*				*		*				70
50	*	*		*			*				84
60	*	*	*	*	*						99
70	*	*			*		*		*		115
80	*	*	*		*		*	*			130
90	*	*			*		*		*	*	139
100	*	*		*	*		*	*	*		157
110	*	*	*	*	*	*	*		*		172
120	*	*			*	*	*	*	*	*	183

Tabelle 3.5. Datensatz und Resultate der optimalen Auswahl

ÜBUNGEN

3.1. (Türme von Hanoi) Gegeben seien drei Stäbe und n Scheiben verschiedener Grösse. Die Scheiben können auf die Stäbe gesteckt werden und bilden so Türme. Alle Scheiben sitzen zu Beginn auf dem Stab A, nach abnehmender Grösse geordnet, wie es in Fig. 3.10 für n = 3 gezeigt ist. Die Aufgabe besteht nun darin, die n Scheiben derart vom Stab A nach Stab C zu bringen, dass ihre ursprüngliche Ordnung erhalten bleibt. Dabei gelten folgenden Einschränkungen:

1. Jeder Schritt bewegt genau eine Scheibe von einem Stab zu einem anderen.
2. Eine Scheibe darf nie auf einer kleineren liegen.
3. Stab B darf als Zwischenspeicher verwendet werden.

Man bestimme einen Algorithmus, der diese Aufgabe löst. Man interpretiere den aus n Scheiben bestehenden Turm als Zusammensetzung aus einer einzigen Scheibe an seiner Basis und einem daraufliegenden Turm mit n-1 Scheiben. Diese Definition des Turmes ist also rekursiv; der Algorithmus wird daher vorteilhafterweise als rekursives Programm beschrieben. Man zeige, dass in der Lösung die postulierten Nebenbedingungen eingehalten werden.

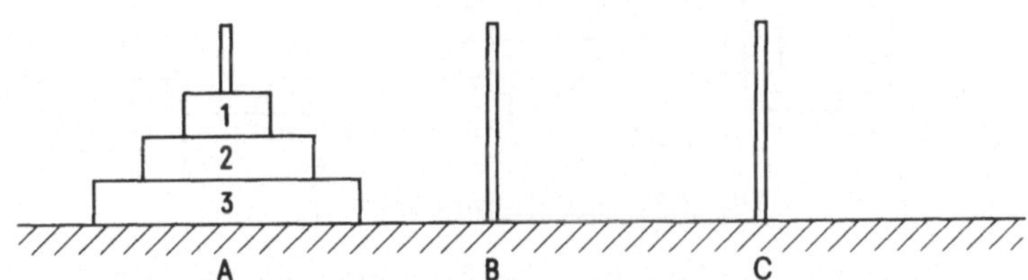

Fig. 3.10. Die Türme von Hanoi

3.2. Man schreibe eine Prozedur, die alle n! Permutationen von n Elementen $a_1, \ldots, a_n$ am Ort erzeugt, d.h. ohne die Hilfe eines weiteren Array. Nach der Generierung jeder Permutation soll eine parametrische Prozedur Q aufgerufen werden, welche die generierte Permutation ausdruckt.

Hinweis: Man betrachte die Aufgabe der Generierung aller Permutationen der Elemente $a_1, \ldots, a_m$ als bestehend aus den m Teilaufgaben der Generierung aller Permutationen von $a_1, \ldots, a_{m-1}$, gefolgt von a_m, wobei bei der i-ten Teilaufgabe zu Beginn die beiden Elemente a_i und a_m ausgetauscht wurden.

3.3. Man leite aus Fig. 3.11 das zugrundeliegende Rekursionsschema ab. Das Bild stellt die Überlagerung der vier Kurven W_1, W_2, W_3, W_4 dar. Die Struktur ähnelt der der Sierpinski-Kurven (3.21) und (3.22). Aus dem Rekursionsmuster leite man ein

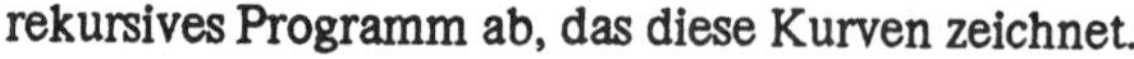

rekursives Programm ab, das diese Kurven zeichnet.

Fig. 3.11. die Kurven W_1 - W_4

3.4. Nur 12 der 92 Lösungen, die durch das Programm 3.5 der acht Damen berechnet werden, sind paarweise nicht symmetrisch. Die anderen kann man durch Spiegelungen an den Achsen oder durch Drehung um den Mittelpunkt herleiten. Man entwerfe ein Programm zur Bestimmung der 12 Hauptlösungen. Man beachte, dass beispielsweise das Suchen in Kolonne 1 auf die Positionen 1 bis 4 beschränkt werden kann.

3.5. Ändere das Programm der stabilen Heirat, so dass es die beste Lösung (für Männer oder Frauen) bestimmt. Es wird dann zu einem branch and bound Programm vom Typ des Programms 3.7.

3.6. Eine Eisenbahngesellschaft bedient n Stationen S_1, ... , S_n. Sie möchte den Informationsdienst für ihre Kunden durch rechnergesteuerte Datenstationen verbessern. Ein Kunde tippt seine Abfahrtsstation S_A und sein Ziel S_Z ein und soll sofort den Fahrplan der Zugsverbindungen mit der kürzesten Reisezeit erhalten. Man entwerfe ein Programm zur Bestimmung der gewünschten Information. Man gehe davon aus, dass der Fahrplan (die Datenbank) in geeigneter Struktur vorliegt und die Abfahrtszeiten (= Ankunftszeiten) aller möglichen Züge enthält. Selbstverständlich bestehen nicht zwischen allen Stationen direkte Verbindungen (vgl. auch Aufgabe 1.6).

3.7. Die Ackermannsche Funktion A ist für alle natürlichen Argumente m und n folgendermassen definiert:

$$A(0, n) = n + 1$$
$$A(m, 0) = A(m-1, 1) \qquad (m > 0)$$
$$A(m, n) = A(m-1, A(m, n-1)) \qquad (m, n > 0)$$

Man entwerfe ein Programm zur Berechnung von A(m,n) ohne Verwendung von Rekursion. Als Leitfaden verwende man Programm 2.11, die nicht rekursive Version des Quicksort. Man stelle einen Satz allgemeiner Regeln zur Umformung eines rekursiven Programms in ein iteratives auf.

4 DYNAMISCHE DATENSTRUKTUREN

4.1. REKURSIVE DATENTYPEN

In Kapitel 2 wurden die Array-, Record- und Set-Strukturen als grundlegende Datenstrukturen eingeführt. Sie sind grundlegend, weil sie die Bausteine für komplexere Strukturen darstellen und in der Praxis sehr häufig vorkommen. Der Sinn der Definition eines Datentyps und der späteren Spezifikation einer Variablen von diesem Typ ist die Festlegung des Wertebereichs dieser Variablen und damit auch ihres Speicherschemas. So vereinbarte Strukturen (Typen) heissen daher *statisch*. Es gibt aber viele Probleme, die weit kompliziertere Datenstrukturen erfordern. Wesentlich für diese Probleme ist die Veränderbarkeit ihrer Strukturen während der Ausführung. Solche veränderbaren Strukturen heissen *dynamisch*. Natürlich sind die Komponenten dieser Strukturen auf irgendeiner tieferen Stufe statisch, d.h. von einem Grundtyp. Dieses Kapitel ist der Konstruktion, Analyse und Verwaltung dynamischer Datenstrukturen gewidmet.

Es ist bemerkenswert, wie gross die Ähnlichkeit zwischen den Methoden zur Strukturierung von Algorithmen und denen zur Strukturierung von Daten ist. Der Vergleich von Strukturierungsmethoden für Programm und Daten ist daher sehr aufschlussreich.

Die elementare, unstrukturierte Anweisung ist die Wert-Zuweisung. Das entsprechende Mitglied der Familie der Datenstrukturen ist der skalare, unstrukturierte Typ. Diese beiden sind die unteilbaren Bausteine zusammengesetzter Anweisungen bzw. Datentypen. Die einfachsten Strukturen, die man durch Aufzählung oder Aneinanderreihung dieser elementaren Bausteine erhält, sind die zusammengesetzte Anweisung und die Record-Struktur. Beide bestehen aus einer endlichen, meist kleinen Zahl von explizit aufgeführten Komponenten, die untereinander verschieden sein können. Wenn aber sämtliche Komponenten vom gleichen Typ sind, brauchen sie nicht einzeln ausgeschrieben zu werden: In diesem Fall verwenden wir die for-Anweisung, bzw. die Array-Struktur, um die Wiederholung mit einem bekannten, festen Faktor anzugeben. Eine Wahl zwischen zwei oder mehr Varianten wird durch die bedingte oder die case-Anweisung ausgedrückt, bzw. durch die variante Record-Struktur. Ist die Anzahl der Wiederholungen anfänglich unbekannt, so wird die Repetition durch die while- oder die repeat- Anweisung ausgedrückt. Die entsprechende Datenstruktur ist die Sequenz (file), die einfachste Art der Konstruktion von Typen mit unendlicher Kardinalität.

Es erhebt sich die Frage nach der Existenz einer Datenstruktur, die auf ähnliche Weise der Prozedur-Anweisung entspricht. In diesem Zusammenhang ist die Rekursion die interessanteste Eigenschaft der Prozedur. Werte eines *rekursiven Datentyps* könnten Komponenten desselben rekursiven Datentyps enthalten in Analogie zu einer Prozedur, die sich selbst aufruft. Wie Prozeduren könnten solche Typen-Definitionen direkt oder indirekt rekursiv sein.

Ein einfaches Beispiel eines Objekts, das sich sehr gut für die Beschreibung durch einen rekursiv definierten Typ eignet, ist der arithmetische Ausdruck. Rekursion wird verwendet, um die Möglichkeit der Verschachtelung zu erfassen, d.h. um geklammerte Teilausdrücke als Operanden in Ausdrücken zu gestatten. Ein Ausdruck sei auf folgende informelle Art definiert:

> Ein *Ausdruck* bestehe aus einem Term, gefolgt von einem Operator, wieder gefolgt von einem Term. Die beiden Terme bilden die Operanden. Ein *Term* ist entweder eine Variable - dargestellt durch einen Namen - oder ein eingeklammerter Ausdruck.

Ein Datentyp, dessen Werte solche Ausdrücke darstellen, könnte leicht durch bereits vorhandene Hilfsmittel unter Hinzunahme der Rekursion beschrieben werden:

```
TYPE Ausdruck = RECORD op: Operator;
                  opd1, opd2: Term
                END

TYPE Term     = RECORD                              (4.1)
                  CASE t: BOOLEAN OF
                    TRUE: id: alfa |
                    FALSE: subex: Ausdruck
                  END
                END
```

Anmerkung: Wir sind hier gezwungen, eine case-Struktur zu verwenden, da Modula-2 innerhalb von Vereinbarungen keine if-Konstrukte erlaubt.

Folglich besteht jede Variable vom Typ *Term* aus zwei Komponenten, nämlich dem Typ-Diskriminator *t* und dem Feld *id*, falls t den Wert TRUE, oder dem Feld *subex*, wenn t den Wert FALSE hat. Betrachten wir z.B. die folgenden vier Ausdrücke (4.2):

1. x + y
2. x - (y * z)
3. (x + y) * (z - w) (4.2)
4. (x/(y + z)) * w

Sie lassen sich durch die Schemata in Fig. 4.1 veranschaulichen, welche die verschachtelt rekursive Struktur aufzeigen und die Anordnung oder Abbildung dieser Ausdrücke im Speicher bestimmen.

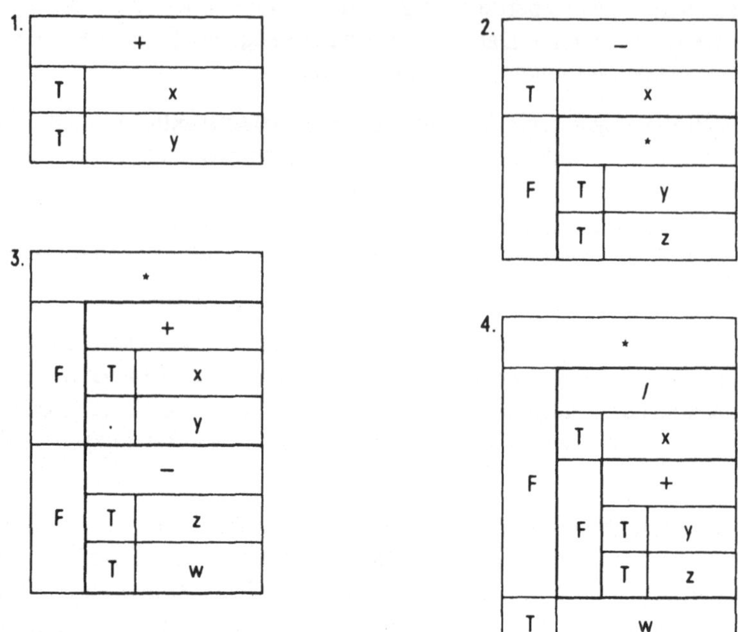

Fig. 4.1. Speicherbild rekursiver Record-Strukturen

Ein zweites Beispiel einer rekursiven Informationsstruktur ist der Familienstammbaum: Der *Stammbaum* sei durch eine Person (bzw. ihren Namen) und die beiden Stammbäume der Eltern definiert. Diese Definition führt unausweichlich zu einer unendlichen Struktur. Echte Stammbäume sind begrenzt, da auf irgendeiner Stufe Information über die Vorfahren fehlt. Dieser Tatsache kann durch Verwendung einer varianten Struktur Rechnung getragen werden:

```
TYPE Stammbaum =
            RECORD
              CASE bekannt: BOOLEAN OF
                TRUE: name: alfa; father, mother: Stammbaum |        (4.3)
                FALSE: (*leer*)
              END
            END
```

Man beachte, dass jede Variable vom Typ *Stammbaum* mindestens eine Komponente hat, nämlich das Diskriminatorfeld *bekannt*. Ist sein Wert TRUE, dann gibt es drei weitere Felder, andernfalls keines. Der Wert, der durch den rekursiven Ausdruck

(T, Ted, (T, Fred, (T, Adam, (F), (F)), (F)), (T, Mary, (F), (T, Eva, (F), (F)))

gegeben ist, ist in Fig. 4.2 so dargestellt, dass das zugrundeliegende Speicherschema erkennbar wird.

Die wichtige Rolle der Varianten wird dabei deutlich; die Variantenbildung ist das

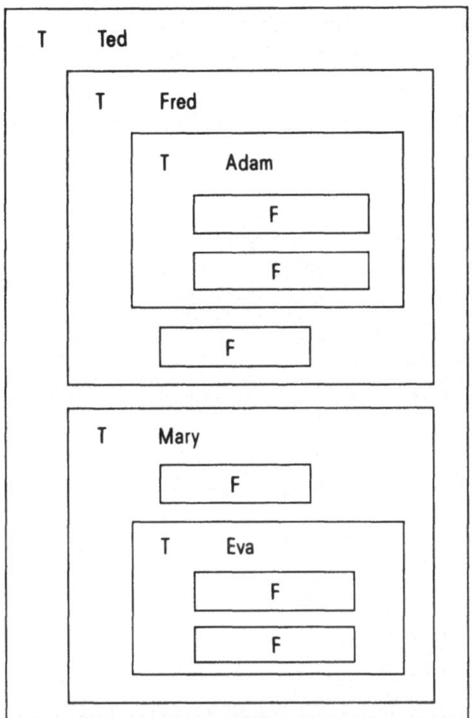

Fig. 4.2. Struktur eines Stammbaumes

einzige Mittel zur Begrenzung einer rekursiven Datenstruktur und ist deshalb unerlässlicher Teil jeder rekursiven Definition. Die Analogie zwischen Konzepten zur Programm- und Datenstrukturierung wird in diesem Fall besonders offensichtlich. Eine bedingte Anweisung muss notwendigerweise Teil jeder rekursiven Prozedur sein, damit die Ausführung der Prozedur terminieren kann. Termination der Ausführung entspricht offensichtlich endlicher Kardinalität der Datenstruktur.

4.2. ZEIGER

Die wesentliche Eigenschaft, die rekursive Strukturen gegenüber den fundamentalen Strukturen (Arrays, Records und Mengen) deutlich abgrenzt, ist die Fähigkeit, ihre Grösse zu verändern. Es ist nämlich unmöglich, einer rekursiv definierten Struktur einen festen Speicherbereich zuzuweisen, und folglich kann ein Compiler den Komponenten solcher Variablen keine festen Adresswerte zuordnen. Die weitverbreitete Technik zur Lösung dieses Problems beruht auf der *dynamischen Speicherzuordnung*. Dabei wird der Speicherplatz den Komponenten erst bei ihrer Entstehung während des Programmablaufs zugewiesen. Der Compiler reserviert lediglich Platz zur Aufnahme der Adressen dieser dynamischen

Komponenten. Diese Adressen nennt man *Zeiger, Verweise* oder *Referenzen*. So würde z.B. der in Fig. 4.2 dargestellte Stammbaum durch einzelne, möglicherweise nicht zusammenhängende Records (einen pro Person) dargestellt werden. Die Personenrecords sind dann durch ihre Adressen verbunden, die den jeweiligen Feldern father und mother zugewiesen werden. Graphisch lässt sich diese Situation am besten durch die Verwendung von Pfeilen oder Zeigern darstellen (siehe Fig. 4.3).

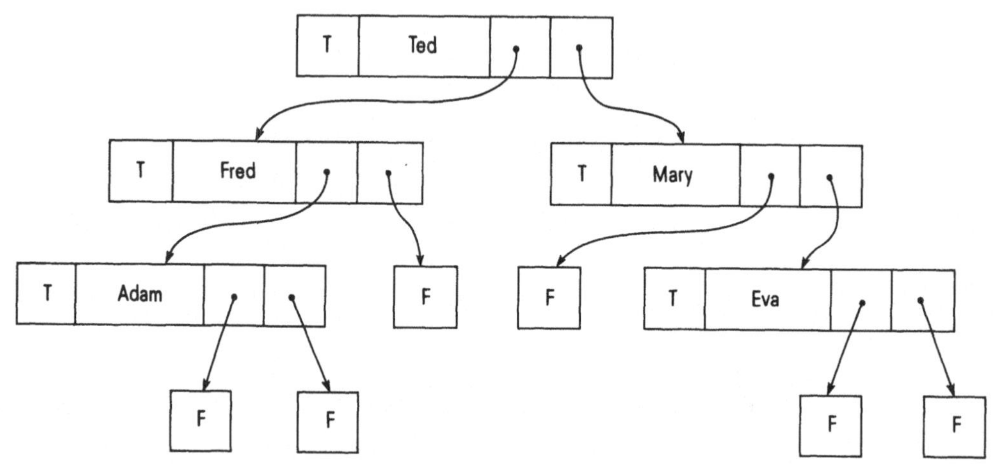

Fig. 4.3. Durch Zeiger verkettete Struktur

Es muss betont werden, dass die Verwendung von Zeigern nur ein Hilfsmittel zur Implementation rekursiver Strukturen ist. Dem Programmierer muss deren Existenz nicht bewusst sein. Sind die Zeiger dem Programmierer unzugänglich, so kann der Speicherplatz bei der Erzeugung einer neuen Komponente automatisch zugewiesen werden. Sind dagegen Zeiger explizit zugänglich, so können allgemeinere Datenstrukturen konstruiert werden, als dies durch eine rein rekursive Definition möglich wäre. Insbesondere ist es dann möglich, "unendliche" oder zirkuläre Strukturen zu definieren und zu erreichen, dass gewisse Komponenten gleichzeitig mehreren Strukturen angehören. In neueren Programmiersprachen ist es daher üblich, die Handhabung von Referenzen zu Daten zusätzlich zu den Daten selbst explizit zu ermöglichen. Dies bedingt eine klare notationelle Unterscheidung zwischen Daten und Referenzen von Daten. Zu diesem Zweck werden zusätzliche Datentypen eingeführt, deren Werte Zeiger (Referenzen) zu anderen Daten sind. Wir verwenden die folgende Notation:

TYPE T = POINTER TO T0 (4.4)

Die Typ-Vereinbarung (4.4) besagt, dass die Werte vom Typ T Zeiger zu Daten vom Typ T0 sind. So kann der Pfeil in (4.4) in Worten ausgedrückt werden als "Zeiger zu." Es ist von grundlegender Bedeutung, dass der Typ der Elemente, auf die gezeigt wird, aus der Vereinbarung des Zeigertyps ersichtlich ist. Wir sagen, T sei an T0 *gebunden*. Diese Bindung unterscheidet Zeiger in höheren Programmiersprachen von Adressen im Assembler-Code; sie ist zur Erhöhung der Sicherheit beim Programmieren durch die Redundanz der Notation äusserst wichtig.

Werte von Zeigertypen werden dann generiert, wenn ein neues Datenelement dynamisch zugewiesen wird. Wir wollen an der Konvention festhalten, dass ein solches Ereignis jedesmal explizit angegeben werden soll. Dies steht im Gegensatz zur Situation, in der die erste Erwähnung eines Elementes automatisch die Zuweisung nach sich zieht. Daher postulieren wir eine Prozedur *Allocate*. Es sei p eine Zeigervariable vom Typ T; dann veranlasst die Anweisung *Allocate(p)* die Erzeugung einer Variablen vom Typ T0 und die Zuweisung des auf sie zeigenden Zeigerwertes an die Variable p (siehe Fig. 4.4). Der Zeigerwert kann jetzt mit p (d.h. als Wert der Variablen p) bezeichnet werden, während die erzeugte Variable selbst mit p↑ angesprochen wird.

Anmerkung: Üblicherweise wird Allocate von einem allgemeinen Modul der Speicherverwaltung importiert. Dabei ist es unerlässlich, den geforderten Speicherbedarf durch einen zweiten Parameter explizit anzugeben:

Allocate(p, SIZE(T0)) (4.5)

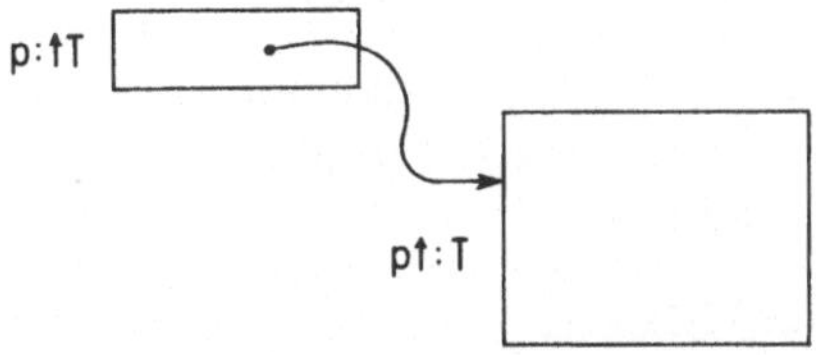

p:↑T

p↑:T

Fig. 4.4. Dynamische Speicherzuweisung an p↑

Es wurde oben erwähnt, dass eine variante Komponente wesentlicher Bestandteil eines jeden rekursiven Typs ist, um endliche Kardinalität zu sichern. Das Beispiel des Familien-Stammbaumes ist ein Muster, das eine äusserst häufig auftretende Konstellation zeigt (vgl. 4.3), nämlich die, in der der Typ-Diskriminator zweiwertig (BOOLEAN) ist und sein Wert, wenn er FALSE ist, das *Fehlen* weiterer Komponenten angibt. Dies wird ausgedrückt durch das Vereinbarungsschema (4.6):

```
TYPE T =    RECORD                                    (4.6)
              CASE terminal: BOOLEAN OF
                FALSE: S(T) |
                TRUE: (*leer*)
              END
            END
```

S(T) bezeichne eine Folge von Feld-Definitionen, die ein oder mehrere Felder vom Typ T enthalten und somit für Rekursivität sorgen. Alle Strukturen eines Typs nach Muster (4.6) stellen eine Baum- (oder Listen-) Struktur dar, ähnlich der von Fig. 4.3. Insbesondere enthalten sie Zeiger zu Datenkomponenten, die nur ein Boolesches Diskriminatorfeld p umfassen, d.h. keine weitere wesentliche Information enthalten. Die Technik der Implementation rekursiver Datenstrukturen mit Zeigern ermöglicht es, auf einfache Art Speicherplatz zu sparen, indem nämlich die Diskriminator-Information in den Wert des Zeigers selbst aufgenommen wird. Der übliche Weg dazu ist die formale Erweiterung des Wertebereichs des Typs Tp um einen einzigen Wert, der zu *keinem* Element zeigt. Wir bezeichnen diesen Wert mit dem Symbol NIL und postulieren, dass NIL automatisch zum Wertebereich aller Zeigertypen gehöre. Diese Erweiterung des Bereichs von Zeigerwerten macht deutlich, warum endliche Strukturen ohne explixites Vorhandensein von Varianten (Bedingungen) in ihrer (rekursiven) Vereinbarung generiert werden können.

Die neue Formulierung der in (4.1) und (4.3) vereinbarten Typen - gestützt auf die explizite Verwendung von Zeigern - wird in (4.7) bzw. (4.8) gegeben. Zu beachten ist im zweiten Fall - der ursprünglich dem Schema (4.6) entsprach - dass die variante Record-Komponente überflüssig wurde, da *~p.known* nun durch *p = NIL* ausgedrückt wird. Die Umbenennung des Typs *Stammbaum* in *Person* spiegelt die Veränderung des Standpunkts wieder, die mit der Einführung expliziter Zeigerwerte vonstatten ging. Anstatt die gegebene Struktur zuerst in ihrer Gesamtheit zu sehen und dann ihre Unterstrukturen und Komponenten zu untersuchen, wird die Aufmerksamkeit jetzt zuerst auf die Komponenten gerichtet.

```
TYPE TermPtr    = POINTER TO Term;                                  (4.7)

TYPE ExpPtr     = POINTER TO Ausdruck;

TYPE Ausdruck   = RECORD op: Operator;
                    opd1, opd2: TermPtr
                  END ;

TYPE Term       = RECORD
                    CASE t: BOOLEAN OF
                      TRUE: id: alfa |
                      FALSE: sub: ExpPtr
                    END
                  END

TYPE PersonPtr  = POINTER TO Person                                 (4.8)

TYPE Person     = RECORD name: alfa;
                    father, mother: PersonPtr
                  END
```

Die Datenstruktur, die den Stammbaum aus Fig. 4.2 und 4.3 zeigt, wird nochmals in Fig. 4.5 dargestellt, wo Zeiger zu unbekannten Personen durch NIL angegeben werden. Die resultierende Verbesserung der Speicherbelegung ist offensichtlich.

Fred und Mary seien - wieder mit Bezug auf Fig. 4.5 - Geschwister, d.h. sie haben denselben Vater und dieselbe Mutter. Diese Situation lässt sich leicht durch Ersetzen der beiden NIL-Werte in den entsprechenden Feldern der beiden Records ausdrücken. Eine Implementation, die das Konzept der Zeiger versteckt oder eine andere Technik der Speicherbehandlung verwendet, würde den Programmierer zwingen, die Records von Adam und Eva je zweimal darzustellen. Obwohl es beim Zugriff zu ihren Daten für die Inspizierung nichts ausmacht, ob der Vater (und die Mutter) der beiden durch zwei oder einen Record dargestellt ist, so wird der Unterschied doch *wesentlich, wenn selektives Ändern* erlaubt ist. Die Behandlung von Zeigern als explizite Datenelemente anstelle von versteckten Implementationshilfen erlaubt dem Programmierer klar zu sagen, wo *Speicher*

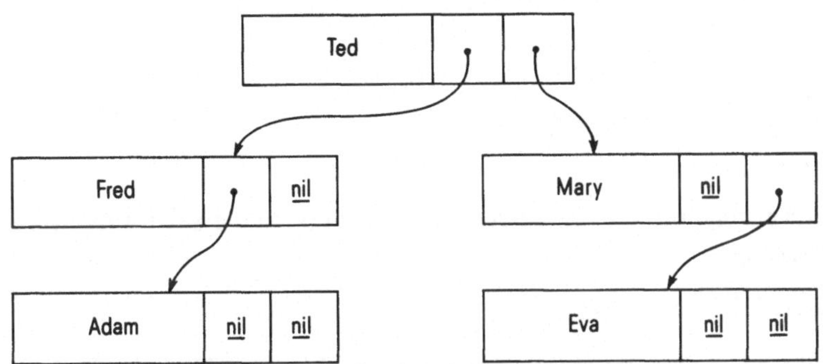

Fig. 4.5. Struktur mit NIL-Zeigern

gemeinsam genutzt werden soll, und wo nicht.

Eine weitere Konsequenz expliziter Zeiger ist die Möglichkeit der Definition und Behandlung zyklischer Datenstrukturen. Diese zusätzliche Flexibilität gibt natürlich nicht nur mehr Möglichkeiten, sondern erfordert auch eine erhöhte Sorgfalt vom Programmierer, da die Behandlung zyklischer Datenstrukturen leicht zu nicht terminierenden Prozessen führen kann.

Dieses Phänomen, dass Vielseitigkeit und Flexibilität eng mit der Gefahr des Missbrauchs verknüpft sind, ist in der Programmierung bekannt und erinnert speziell an die Sprung-Anweisung (goto). In der Tat kann, wenn man die Analogie zwischen Programm und Datenstrukturen erweitert, die rein rekursive Datenstruktur auf die entsprechende Stufe mit der Prozedur gestellt werden, während die Einführung von Zeigern mit der Verwendung der Sprung-Anweisung vergleichbar ist. Denn so wie die Sprung-Anweisung die Konstruktion irgendeines Programm-Musters erlaubt (inklusive Schleifen), so erlauben Zeiger die Erstellung jeder Art von Datenstrukturen (inklusive Zyklen). Die parallele Entwicklung entsprechender Programm- und Datenstrukturen ist in Tabelle 4.1 zusammengestellt.

Konstruktions-Muster	Programm-Anweisung	Daten-Typ
atomares Element	Zuweisung	skalarer Typ
Aufzählung	zusammengesetzte Anw.	Record-Typ
Wiederholung Anzahl bekannt	For-Anweisung	Array-Typ
Auswahl	bedingte Anweisung	varianter Record
Wiederholung Anzahl unbekannt	While- oder Repeat-Anw.	Sequenz-Typ
Rekursion	Prozedur-Anweisung	rekursiver Datentyp
allgemeiner Graph	Sprung-Anweisung	verkettete Struktur

Tabelle 4.1. Analogien zwischen Programm- und Datenstrukturen

In Kapitel 3 wurde gezeigt, dass die Rekursion durch Iteration darstellbar ist, und dass der Aufruf einer rekursiven Prozedur P entsprechend dem Schema (4.9)

```
PROCEDURE P;
BEGIN
  IF B THEN P0; P END                                    (4.9)
END
```

mit P0 als Anweisung, die P nicht aufruft, äquivalent ist und ersetzt werden kann durch die iterative Anweisung

```
WHILE B DO P0 END
```

Die in Tabelle 4.1 aufgeführten Analogien zeigen, dass eine ähnliche Beziehung zwischen rekursiven Datentypen und der Sequenz besteht. Tatsächlich ist ein nach Schema (4.10) vereinbarter rekursiver Typ

```
TYPE T = RECORD
           CASE B: BOOLEAN OF                            (4.10)
             TRUE: t0: T0; t: T |
             FALSE:
           END
         END
```

mit einer Sequenz mit Elementtyp T0 äquivalent und kann ersetzt werden durch den sequentiellen Datentyp

```
SEQUENCE OF T0
```

Der Rest dieses Kapitels ist der Erstellung und Behandlung von Datenstrukturen gewidmet, deren Komponenten durch explizite Zeiger verknüpft sind. Strukturen mit speziell einfachen Mustern werden besonders hervorgehoben. Dies sind *lineare Listen* (d.h. verkettete Sequenzen) - der einfachste Fall - und *Bäume*. Die Behandlung komplexer Strukturen beruht auf den Regeln zur Bearbeitung einfacherer Gliederungen. Wenn wir uns hauptsächlich mit den "Bausteinen" der Datenstrukturierung beschäftigen, so folgt daraus nicht, dass in Wirklichkeit nicht kompliziertere Strukturen vorkommen. Tatsächlich ist die folgende Geschichte, die in einer Zeitung im Juli 1922 in Zürich erschienen ist, ein Beweis dafür, dass Unregelmässigkeiten sogar in solchen Fällen auftreten können, die gewöhnlich als Beispiele für reguläre Strukturen dienen, wie z.B. (Familien-) Bäume. Ein Mann beschrieb dort die Tragik seines Lebens mit folgenden Worten:

Ich verheiratete mich mit einer Witwe, die eine erwachsene Tochter hatte. Mein Vater, der uns oft besuchte, verliebte sich in meine Stieftochter und heiratete sie; dadurch wurde mein Vater mein Schwiegersohn und meine Stieftochter meine Mutter. Einige Zeit darauf schenkte mir meine Frau einen Sohn, welcher der Schwager meines Vaters und mein Onkel wurde. Die Frau meines Vaters, meine Stieftochter, bekam auch einen Sohn. Dadurch erhielt ich einen Bruder und gleichzeitig einen Enkel. Meine Frau ist meine Grossmutter, da sie ja die Mutter meiner Mutter ist. Ich bin also der Mann meiner Frau und gleichzeitig der Stiefenkel meiner Frau; mit anderen Worten, ich bin mein eigener Grossvater.

4.3. LINEARE LISTEN

4.3.1. Grundoperationen

Verbindungen zwischen den Elementen einer Menge werden am einfachsten dadurch hergestellt, dass man sie in einer einzigen Liste aufreiht. Dann bedarf es einer einzigen Zeigervariablen pro Element, welche die Verbindung mit dem jeweiligen Nachfolger herstellt.

Der Typ T sei gemäss (4.11) definiert. Jede Variable dieses Typs besteht aus drei Komponenten, nämlich einem identifizierenden Schlüssel (key), dem Zeiger zum Nachfolger und eventuell weiterer Information, die in (4.11) ausgelassen ist:

```
TYPE Ptr   = POINTER TO Node;
TYPE Node  = RECORD key: INTEGER;
                next: Ptr;                              (4.11)
                data: ...
             END ;
VAR p, q: Ptr
```

Eine Liste von Elementen vom Typ T, zusammen mit einem Zeiger p zu ihrer ersten Komponente, ist in Fig. 4.6 dargestellt. Vielleicht die einfachste Operation, die auf einer wie in Fig. 4.6 gezeigten Liste ausgeführt werden kann, ist das *Einfügen eines Elementes am Kopf*. Zuerst wird ein Element vom Typ *Node* erzeugt; der zugehörige Zeiger wird einer Hilfsvariablen q vom Typ *Ptr* zugewiesen. Einfaches Umspeichern der Zeiger schliesst dann die Operation, die in (4.12) programmiert ist, ab. Man beachte, dass die Reihenfolge dieser drei Anweisungen wesentlich ist:

```
Allocate(q, SIZE(Node));  q↑.next := p;  p := q                (4.12)
```

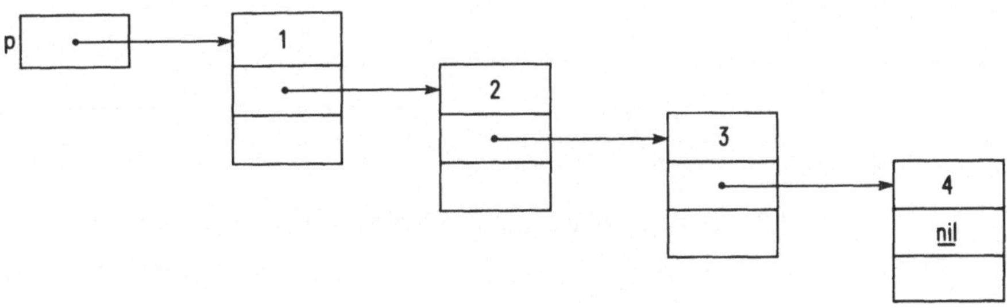

Fig. 4.6. Beispiel einer Liste

Die Operation des Anfügens eines Elementes am Kopf einer Liste legt nahe, wie eine Liste generiert werden kann: Ausgehend von der leeren Liste wird ständig ein neues Kopfelement angefügt. Dieser Prozess der *Listengenerierung* ist in (4.13) formuliert; hier ist die Zahl der zu verbindenden Elemente n.

```
p := NIL; (*beginne mit leerer Liste*)
WHILE n > 0 DO
  Allocate(q, SIZE(Node)); q↑.next := p; p := q;            (4.13)
  q↑.key := n; n := n-1
END
```

Dies ist die einfachste Art, eine Liste zu bilden. Die sich ergebende Reihenfolge der Elemente ist jedoch umgekehrt zur Reihenfolge ihrer Ankunft. In einigen Anwendungen ist dies unerwünscht; folglich müssen neue Elemente am Ende der Liste angehängt werden. Obwohl das Ende durch ein Durchlaufen der Liste leicht bestimmt werden kann, verursacht dieser naive Versuch erheblichen Aufwand. Dieser kann durch die Verwendung eines zweiten Zeigers q vermieden werden, der auf das jeweils letzte Element weist. Diese Methode ist z.B. in Programm 4.4 angewandt, das eine Cross-Reference-Liste zu einem gegebenen Text erzeugt. Als nachteilig erweist sich die Notwendigkeit, das erste einzufügende Element anders als die übrigen zu behandeln.

Die ausdrückliche Verfügbarkeit der Zeiger macht gewisse Operationen sehr einfach, die sonst recht umständlich wären; unter den elementaren Listenoperationen befinden sich auch das Einfügen und Entfernen von Elementen (selektives Ändern) und natürlich das Durchlaufen einer Liste. Wir untersuchen zuerst das *Einfügen in eine Liste* (list insertion).

Nehmen wir an, dass ein durch einen Zeiger (Variable) q angesprochenes Element in eine Liste *hinter* dem durch den Zeiger p bezeichneten Element einzufügen sei. Die notwendigen Zeigerzuweisungen sind in (4.14) ausgeführt, und ihre Wirkung ist in Fig. 4.7 skizziert:

```
q↑.next := p↑.next; p↑.next := q                             (4.14)
```

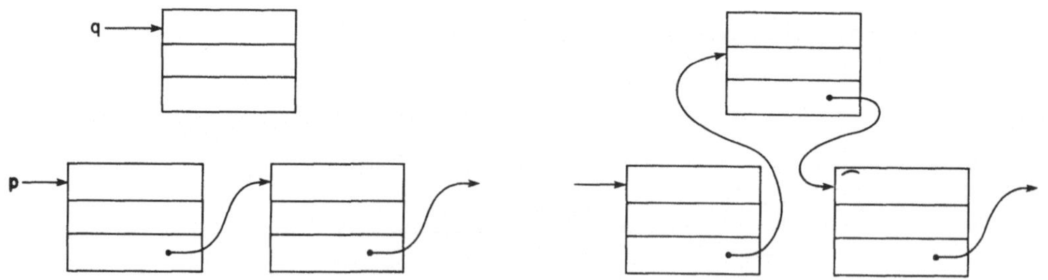

Fig. 4.7. Einfügen eines Listen-Elementes hinter p↑

Soll der Einschub *vor* anstatt hinter dem bezeichneten Element p↑ erfolgen, dann scheint die Verbindung in einer Richtung ein Problem zu sein, da es keinen Weg zum Vorgänger eines Elementes gibt. Ein einfacher Trick löst aber das Dilemma: Er wird in (4.15) ausgeführt und in Fig. 4.8 illustriert. Dabei wird der Schlüssel des neuen Elementes als 8 angenommen.

```
Allocate(q, SIZE(Node)); q↑ := p↑;                           (4.15)
p↑.key := k; p↑.next := q
```

Der Trick besteht offensichtlich im Einschieben einer neuen Komponente *hinter* p↑, wobei aber dann der Wert des neuen Elementes mit dem von p↑ vertauscht wird. Besondere Vorsicht ist jedoch dann geboten, wenn noch weitere, aussenstehende Zeigervariablen auf Elemente der Liste verweisen.

Nun betrachten wir den Prozess des *Löschens in einer Liste* (list deletion). Das Löschen des Nachfolgers von p↑ ist direkt ausführbar. In (4.16) ist es in Kombination mit dem Wiedereinfügen des eliminierten Elementes am Kopf einer anderen Liste (bezeichnet durch q) gezeigt. r sei eine Hilfs-Variable vom Typ ↑T. Fig. 4.9 illustriert den Prozess (4.16) und macht deutlich, dass er aus einer zyklischen Vertauschung von drei Zeigern besteht:

r := p↑.next; p↑.next := r↑.next; r↑.next := q; q := r (4.16)

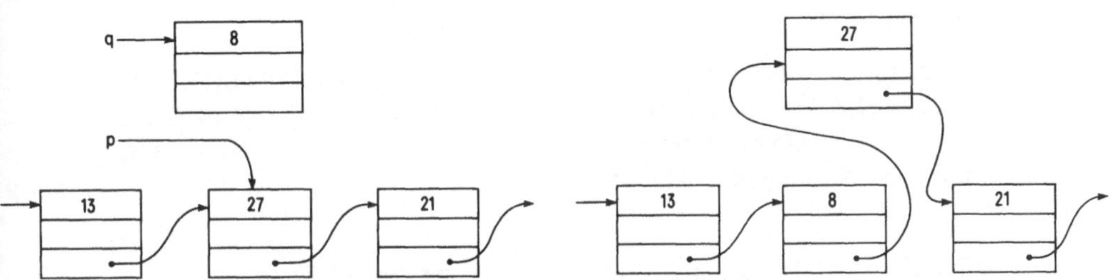

Fig. 4.8. Einfügen eines Listen-Elementes vor p↑

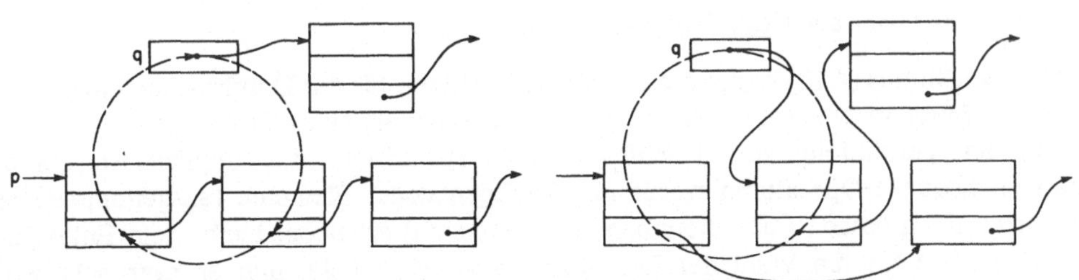

Fig. 4.9. Entfernen und Wiedereinfügen eines Listen-Elementes

Schwieriger ist wiederum das Entfernen des bezeichneten Elementes selbst (anstelle seines Nachfolgers), da wir dem gleichen Problem wie beim Einfügen vor einem p↑ begegnen: Rückverfolgung der Kette zum Vorgänger des bezeichneten Elementes ist unmöglich. Ein Ausweg ist das Löschen des Nachfolgers, nachdem sein Wert nach vorne kopiert wurde. Dies ist aber nur möglich, wenn p↑ einen Nachfolger besitzt, d.h. nicht das letzte Element der Liste ist.

Wir wenden uns nun der grundlegenden Operation des *Durchlaufens einer Liste* zu. Nehmen wir an, dass für jedes Element x der Liste, deren erstes Element p↑ sei, eine Operation P(x) auszuführen ist. Diese Aufgabe lässt sich folgendermassen ausdrücken:

```
WHILE durch p bezeichnete Liste nicht leer DO
  führe Operation P aus;
  gehe weiter zum Nachfolger
END
```

Im einzelnen wird diese Operation durch Anweisung (4.17) beschrieben.

```
WHILE p # NIL DO
  P(p↑); p := p↑.next                                   (4.17)
END
```

Aus den Definitionen der while-Anweisung und der verketteten Struktur folgt, dass P auf alle Elemente der Liste und auf keine anderen angewendet wird.

Eine sehr häufig auf Listen ausgeführte Operation ist das *Suchen* eines Elementes mit gegebenem Schlüssel x. Wie bei File Strukturen verläuft diese Suche rein sequentiell. Sie ist beendet, wenn entweder ein entsprechendes Element gefunden wurde, oder wenn das Ende der Liste erreicht ist. Wir nehmen wiederum an, dass der Kopf der Liste durch den Zeiger p bezeichnet ist.

```
WHILE (p # NIL) & (p↑.key # x) DO p := p↑.next END      (4.18)
```

p = NIL bedeutet, dass kein p↑ existiert, und dass daher der Ausdruck p↑.key # x undefiniert ist. Die Reihenfolge der beiden Terme ist daher wesentlich.

4.3.2. Geordnete Listen und Neuordnung von Listen

Der Algorithmus (4.20) erinnert stark an die Routinen für das Durchsuchen eines Array oder eines Files. In der Tat ist ein File nichts anderes als eine lineare Liste, in der die Technik der Verbindung zum Nachfolger nicht spezifiziert, d.h. implizit ist. Da die primitiven Sequenz-Operatoren weder das Einfügen neuer Elemente (ausgenommen am Ende) noch das Löschen (ausgenommen *aller* Elemente) erlauben, bleibt dem Entwickler eines Compilers für die Wahl der Darstellung ein weites Feld, und er kann sehr wohl sequentielle Anordnungen verwenden, bei der aufeinanderfolgende Komponenten in zusammenhängenden Speicherbereichen bleiben. Lineare Listen mit expliziten Zeigern erlauben *grössere Flexibilität* und sollten daher immer dann verwendet werden, wenn diese zusätzliche Beweglichkeit benötigt wird.

Als Beispiel wählen wir ein Problem, das im Laufe dieses Kapitels immer wieder zur Illustration verschiedener Lösungen und Techniken verwendet wird. Es handelt sich darum, einen Text einzulesen, alle seine Worte zu sammeln, und die Häufigkeit ihres Auftretens zu zählen, d.h. einen *Häufigkeitsindex* aufzustellen.

Eine offensichtliche Lösung ist die Erstellung einer Liste der im Text gefundenen Worte. Für jedes gelesene Wort wird die Liste durchsucht. Ist das Wort bereits vorhanden, so wird der Häufigkeitszähler erhöht, sonst wird es in die Liste eingefügt. Wir nennen diesen Prozess der Einfachheit halber *Suche* (search), obwohl er auch das *Einfügen* einschliesst. Um unsere Aufmerksamkeit auf den wesentlichen Teil der Behandlung von Listen konzentrieren zu können, nehmen wir an, dass die Worte bereits aus dem zu untersuchenden Text herausgegriffen wurden, als ganze Zahlen kodiert sind und in Form einer Eingabe-Sequenz zur Verfügung stehen.

Die Formulierung der Prozedur *search* erfolgt direkt aus (4.20). Die Variable *root* bezieht sich auf den Kopf (die Wurzel) der Liste, wo neue Worte entsprechend (4.20) eingefügt werden. Der ganze Algorithmus ist als Programm 4.1 gelistet, das auch eine Routine zur tabellarischen Darstellung des konstruierten Häufigkeitsindex enthält. Der Prozess der Darstellung ist ein Beispiel für eine Aktion, die einmal für jedes Element der Liste ausgeführt wird, wie es in (4.17) schematisch dargestellt ist.

```
MODULE List; (*straight list insertion*)
  FROM InOut IMPORT ReadInt, Done, WriteInt, WriteLn;
  FROM Storage IMPORT Allocate;

  TYPE Ptr = POINTER TO Word;
    Word =
      RECORD key: INTEGER;
        count: CARDINAL;
        next: Ptr
      END ;
  VAR k: INTEGER; root: Ptr;

  PROCEDURE search(x: INTEGER; VAR root: Ptr);
    VAR w: Ptr;
  BEGIN w := root;
    WHILE (w # NIL) & (w↑.key # x) DO w := w↑.next END ;
    (* (w = NIL) OR (w↑.key = x) *)
    IF w = NIL THEN (*new entry*)
      w := root; Allocate(root, SIZE(Word));
      WITH root↑ DO
        key := x; count := 1; next := w
      END
    ELSE w↑.count := w↑.count + 1
    END
  END search;

  PROCEDURE PrintList(w: Ptr);
  BEGIN
    WHILE w # NIL DO
      WriteInt(w↑.key, 8); WriteInt(w↑.count, 8); WriteLn;
      w := w↑.next
    END
  END PrintList;
```

```
BEGIN root := NIL; ReadInt(k);
  WHILE Done DO
    search(k, root); ReadInt(k)
  END ;
  PrintList(root)
END List.
```

Programm 4.1. Erstellen eines Häufigkeitsindex

Der lineare Durchsuchungs-Algorithmus von Programm 4.1 erinnert an die Such-Prozedur für Arrays und legt somit die Technik zur Vereinfachung der Abbruchbedingung für Schleifen durch Verwendung einer Marke nahe. Die Marke wird hier durch ein leeres Element am Ende der Liste dargestellt. Die neue Prozedur, welche die Such-Prozedur von Programm 4.1 ersetzt, ist in (4.21) dargestellt. Zusätzlich wird eine globale Variable *sentinel* vereinbart. Ferner wird die Initialisierung von *root* durch die Anweisungen

```
Allocate(sentinel, SIZE(Node)); root := sentinel
```

ersetzt, die das als Marke dienende Element generieren.

```
PROCEDURE search(x: INTEGER; VAR root: Ptr);                    (4.21)
  VAR w: Ptr;
BEGIN w := root; sentinel↑.key := x;
  WHILE w↑.key # x DO w := w↑.next END ;
  IF w = sentinel THEN (*neuer Eintrag*)
    w := root; Allocate(root, SIZE(Node));
    WITH root↑ DO
      key := x; count := 1; next := w
    END
  ELSE w↑.count := w↑.count + 1
  END
END search
```

Offensichtlich werden die Möglichkeiten und die Flexibilität der verketteten Listen in diesem Beispiel schlecht genutzt. Zudem kann das lineare Durchlaufen der ganzen Liste nur in den Fällen zugelassen werden, in denen die Zahl der Elemente beschränkt ist. Eine leichte Verbesserung aber liegt auf der Hand: das *Durchsuchen einer bereits geordneten Liste.* Wenn die Liste geordnet ist (etwa nach wachsenden Schlüsseln), dann kann die Suche spätestens beim Entdecken des ersten Schlüssels, der grösser ist als das Suchargument, beendet werden. Das Ordnen der Liste wird durch Einfügen neuer Elemente an der entsprechenden Stelle anstatt am Kopf erreicht. Tatsächlich ergibt sich die Ordnung praktisch ohne Aufwand. Dies kommt von der Einfachheit des Einfügens in eine verkettete Liste, d.h. der vollen Ausnutzung ihrer Flexibilität. Diese Möglichkeit gibt es bei den Array- und File-Strukturen nicht. Man beachte aber, dass in geordneten Listen kein Äquivalent zum binären Durchsuchen von Arrays existiert.

Durchsuchen von geordneten Listen ist ein typisches Beispiel der in (4.15) diskutierten

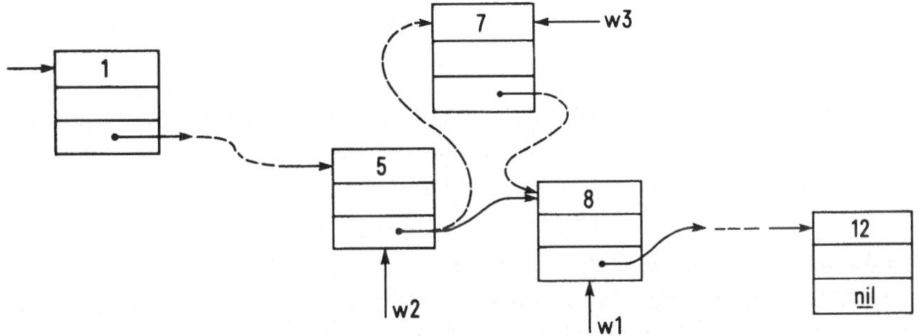

Fig. 4.10. Einfügen in eine geordnete Liste

Situation, in der ein Element *vor* einem gegebenen eingefügt werden muss, nämlich vor dem ersten mit einem grösseren Schlüssel. Die hier verwendete Technik unterscheidet sich aber von der in (4.15); anstatt die Werte zu kopieren, werden *zwei* Zeiger beim Durchlaufen der Liste mitgeführt; w2 hinkt einen Schritt hinter w1 her und zeigt deshalb auf den eigentlichen Ort, an dem der Einschub stattfinden soll, sobald w1 auf einen grösseren Schlüssel zeigt. Der allgemeine Schritt des Einfügens ist in Fig. 4.10 dargestellt. Der Zeiger des neuen Elementes (w3) muss *w2↑.next* zugewiesen werden, ausser wenn die Liste noch leer ist. Aus Gründen der Einfachheit und Effizienz wollen wir diese Unterscheidung nicht durch Verwendung einer bedingten Anweisung machen. Der einzige Weg, um dies zu erreichen, ist die Einführung eines leeren Elementes am Kopf der Liste. Die Initialisierung *root := NIL* in Programm 4.1 wird entsprechend ersetzt durch

```
Allocate(root, SIZE(Node)); root↑.next := NIL                    (4.22)
```

Unter Bezugnahme auf Fig. 4.10 bestimmen wir die Bedingung, unter der das Durchsuchen zum nächsten Element weitergeht; sie besteht aus zwei Faktoren, nämlich

```
(w1 # NIL) & (w1↑.key < x)
```

Damit ergibt sich die in (4.23) gezeigte Prozedur search.

```
PROCEDURE search(x: INTEGER); VAR root: Ptr);                    (4.23)
  VAR w1, w2, w3: Ptr;
BEGIN (*w2 # NIL*)
  w2 := root; w1 := w2↑.next;
  WHILE (w1 # NIL) & (w1↑.key < x) DO
    w2 := w1; w1 := w2↑.next
  END ;
  (* (w1 = NIL) OR (w1↑.key >= x) *)
  IF (w1 = NIL) OR (w1↑.key > x) THEN  (*neuer Eintrag*)
    Allocate(w3, SIZE(Node)); w2↑.next := w3;
    WITH w3↑ DO
      key := x; count := 1; next := w1
    END
```

```
    ELSE wl↑.count := wl↑.count + 1
    END
  END search
```

Um das Durchsuchen zu beschleunigen, kann die Fortsetzungsbedingung der while-Anweisung durch Verwendung einer Marke weiter vereinfacht werden. Dies bedingt das anfängliche Vorhandensein eines leeren Kopfes und einer Marke am Ende.

Es ist nun an der Zeit zu fragen, welchen Gewinn wir aus dem Ordnen der Listen erwarten können. Erinnert man sich, dass praktisch keine zusätzliche Komplexität ins Spiel kam, so sollte man auch keine überwältigende Verbesserung erwarten.

Nehmen wir an, dass alle Worte im Text mit gleicher Häufigkeit vorkommen. In diesem Fall ist der Gewinn durch lexikographische Ordnung tatsächlich null, sobald alle Worte in der Liste aufgeführt sind. Denn die Position eines Wortes spielt keine Rolle, da nur die Summe aller Zugriffsschritte von Bedeutung ist und da alle Worte gleich häufig vorkommen. Ein Gewinn wird jedoch immer beim Einfügen eines neuen Wortes erzielt. Anstatt die ganze, muss im Mittel nur die halbe Liste durchsucht werden. Somit lohnt sich eine geordnete Liste nur, wenn ein Häufigkeitsindex generiert werden soll, bei dem die Anzahl der verschiedenen Worte gegenüber der Häufigkeit ihres Auftretens gross ist. Die obenstehenden Beispiele eignen sich daher besser für Programmierübungen als für praktische Anwendungen.

Organisation von Daten als verkettete Liste wird empfohlen, wenn die Zahl der Elemente relativ klein ist (etwa kleiner als 50), sich ändert, und wenn darüberhinaus nichts über die Häufigkeit des Zugriffs bekannt ist. Ein typisches Beispiel ist die Tabelle der Symbole in Compilern für Programmiersprachen. Jede Vereinbarung veranlasst den Eintrag eines neuen Symbols, und beim Verlassen des Gültigkeitsbereichs wird es aus der Liste gestrichen. Einfach verkettete Listen sind für Anwendungen mit kleinen Datensätzen geeignet. Aber selbst in diesem Fall kann eine beachtliche Verbesserung der Zugriffsmethode durch eine sehr einfache Technik erreicht werden, die hier hauptsächlich deshalb erwähnt wird, weil sie ein schönes Beispiel für die Flexibilität verketteter Listenstrukturen darstellt.

Programme haben die charakteristische Eigenschaft, dass das gleiche Symbol sehr oft gehäuft auftritt: d.h. einem Auftreten folgen eine oder mehrere Wiederverwendungen des gleichen Symbols. Diese Information ist eine Aufforderung zur Reorganisierung der Liste nach jedem Zugriff, indem man ein gefundenes Element an den Kopf der Liste bringt und damit die Länge des Weges für die nächste Suche verkürzt. Diese Zugriffsmethode heisst *Durchsuchen einer Liste mit Neuordnung* oder - etwas hochtrabend - *Durchsuchen einer selbstorganisierenden Liste.* Für die Darstellung des entsprechenden Algorithmus in Form einer Prozedur, die in Programm 4.1 eingesetzt werden kann, ziehen wir Nutzen aus der bisher gemachten Erfahrung und führen gleich zu Beginn eine Marke ein. Tatsächlich beschleunigt eine Marke nicht nur die Suche, sie vereinfacht in diesem Fall sogar das Programm. Die Liste ist also zu Beginn nicht leer, sondern enthält bereits das Element mit der Marke. Die ersten Anweisungen sind

```
Allocate(sentinel, SIZE(Node)); root := sentinel;
```

Man beachte den prinzipiellen Unterschied zwischen dem neuen Algorithmus und dem direkten Durchsuchen der Liste (4.21), der in der mit dem Finden eines Elementes verbundenen Neuordnung besteht. Das Element wird dann aus seiner alten Position entfernt und am Kopf erneut eingefügt. Das Streichen erfordert erneut die Verwendung der beiden sich nachlaufenden Zeiger, wodurch der Vorgänger w2↑ eines identifizierten Elementes w1↑ jeweils noch zugreifbar bleibt. Dies wiederum macht eine spezielle Behandlung des ersten Elementes (d.h. der leeren Liste) notwendig. Zum Verständnis des Prozesses der Neuverkettung verweisen wir auf Fig. 4.11. Sie zeigt die beiden Zeiger, wenn w1↑ als gewünschtes Element erkannt ist. Die Situation nach der Neuordnung ist in Fig. 4.12 dargestellt, und die neue Prozedur *search* ist in (4.26) zusammengefasst.

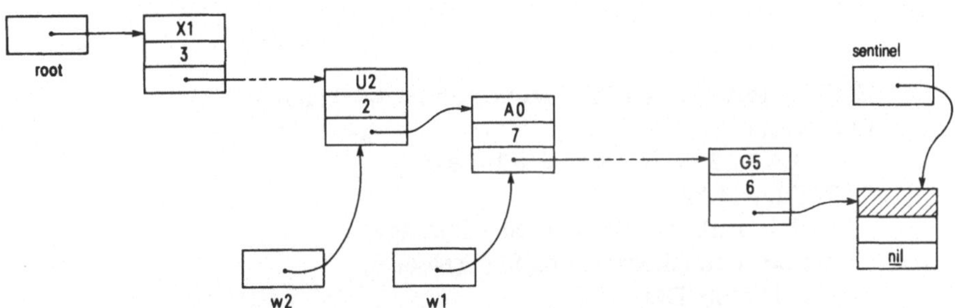

Fig. 4.11. Geordnete Liste vor dem Einfügen

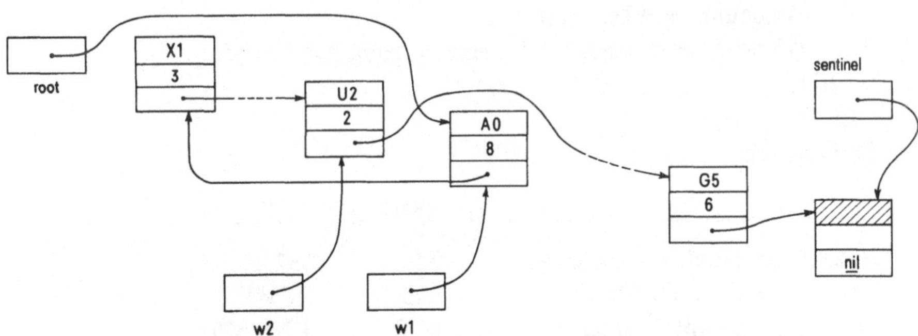

Fig. 4.12. Geordnete Liste nach dem Einfügen

```
PROCEDURE search(x: integer; VAR root: Ptr);                    (4.26)
  VAR w1, w2: Ptr;
BEGIN w1 := root; sentinel↑.key := x;
  IF w1 = sentinel THEN (*erstes Element*)
    Allocate(root, SIZE(Node));
    WITH root↑ DO
      key := x; count := 1; next := sentinel
    END
```

```
ELSIF w1↑.key = x THEN w1↑.count := w1↑count + 1
ELSE (*suche*)
  REPEAT w2 := w1; w1 := w2↑.next
  UNTIL w1↑.key = x;
  IF w1 = sentinel THEN (*neuer Eintrag*)
    w2 := root; Allocate(root, SIZE(Node));
    WITH root↑ DO
      key := x; count := 1; next := w2
    END
  ELSE (*gefunden, jetzt umordnen*)
    w1↑.count := w1↑.count + 1;
    w2↑.next := w1↑.next; w1↑.next := root; root := w1
  END
 END
END search
```

	Test1	Test2
Anzahl verschiedener Schlüssel	53	582
Totale Anzahl von Schlüsseln	315	14'341
Zeit für Suche mit Ordnen	6'207	3'200'622
Zeit für Suche mit Neuordnen	4'529	681'584
Verbesserungsfaktor	1.37	4.70

Tabelle 4.2. Vergleiche von Suchmethoden an Listen

Die Auswirkungen der Verbesserung dieser Suchmethode hängt stark vom Häufungsgrad der Eingabe-Daten ab. Falls bestimmte Schlüssel besonders häufig vorkommen, so kommt die Verbesserung bei grossen Listen besser zur Geltung. Um eine Vorstellung zu bekommen, in welcher Grössenordnung die zu erwartende Verbesserung liegt, wurde das obige Programm mit einem relativ langen Text als Eingabe zu Messzwecken herangezogen. Dabei wurden die Methoden der geordneten linearen Liste (4.21) und der Neuordnung der Liste (4.26) verglichen. Die gemessenen Werte sind in Tabelle 4.2 zusammengefasst. Leider ist die Verbesserung dann am grössten, wenn ohnehin eine andere Datenorganisation notwendig wäre. Wir werden auf dieses Beispiel in Abschnitt 4.4 zurückkommen.

4.3.3. Eine Anwendung: Topologisches Sortieren

Ein geeignetes Beispiel für die Verwendung einer flexiblen dynamischen Datenstruktur ist der Prozess des *topologischen Sortierens*. Dies ist ein Sortierprozess von Elementen, für die eine *teilweise Ordnung* definiert ist, d.h. gewisse Paare dieser Elemente sind vergleichbar, aber nicht alle. Diese Situation kommt häufig vor. Beispiele teilweiser Ordnungen sind folgende:

1. In einem Wörterbuch oder Stichwortverzeichnis werden Worte mit Hilfe anderer Worte definiert. Wenn das Wort w mit Hilfe des Wortes v definiert ist, so bezeichnen wir dies mit $v < w$. Topologisches Sortieren von Worten in einem Wörterbuch bedeutet die Anordnung auf solche Art, dass kein Bezug auf noch undefinierte Worte genommen wird.

2. Eine Aufgabe (z.B. ein technisches Projekt) wird in Teilaufgaben aufgeteilt. Gewisse Teilaufgaben müssen gewöhnlich abgeschlossen sein, bevor andere Teilaufgaben in Angriff genommen werden können. Ist eine Teilaufgabe v vor einer Teilaufgabe auszuführen, so schreiben wir $v < w$. Topologisches Sortieren bedeutet eine Anordnung derart, dass bei Inangriffnahme jeder Teilaufgabe alle vorbedingten Teilaufgaben bereits erledigt sind.

3. In einem Studienplan müssen gewisse Kurse vor anderen besucht werden, da sich manche Kurse im Stoff auf früher gelehrte Voraussetzungen stützen. Ist ein Kurs v Voraussetzung für einen Kurs w, so schreiben wir $v < w$. Topologisches Sortieren bedeutet das Anordnen der Kurse so, dass kein Kurs einen später aufgeführten Kurs voraussetzt.

4. In einem Programm können Prozeduren Aufrufe anderer Prozeduren enthalten. Wird eine Prozedur v durch eine Prozedur w aufgerufen, so schreiben wir $v < w$. Unter topologischem Sortieren versteht man die Anordnung der Prozedur-Vereinbarungen auf solche Art, dass keine Vorwärtsreferenzen vorkommen.

Im allgemeinen ist die teilweise Ordnung einer Menge S eine Relation zwischen den Elementen von S. Sie wird mit dem Symbol $<$ bezeichnet, in Worten ausgedrückt durch "geht voran", und erfüllt folgende drei Eigenschaften (Axiome) für beliebige x, y, z aus S:

$$\begin{array}{ll} \text{(1) wenn } x < y \text{ und } y < z\text{, dann } x < z & \text{(Transitivität)} \\ \text{(2) wenn } x < y\text{, dann nicht } y < x & \text{(Asymmetrie)} \\ \text{(3) nicht } x < x & \text{(Irreflexivität)} \end{array} \qquad (4.27)$$

Aus verständlichen Gründen nehmen wir an, dass die Mengen S, die topologisch sortiert werden sollen, endlich sind. Eine teilweise Ordnung kann in Form eines Diagramms oder Graphen gezeichnet werden, wobei die Knoten die Elemente von S und die *gerichteten* Verbindungen die Ordnungsrelation darstellen. Fig. 4.13 gibt dazu ein Beispiel.

Das Problem des topologischen Sortierens besteht, abstrakt formuliert, darin, *die teilweise Ordnung in eine lineare Ordnung einzubetten*. Graphisch bedeutet dies die Anordnung der Knoten des Graphen in einer Zeile, so dass alle Pfeile wie in Fig. 4.14 nach rechts zeigen.

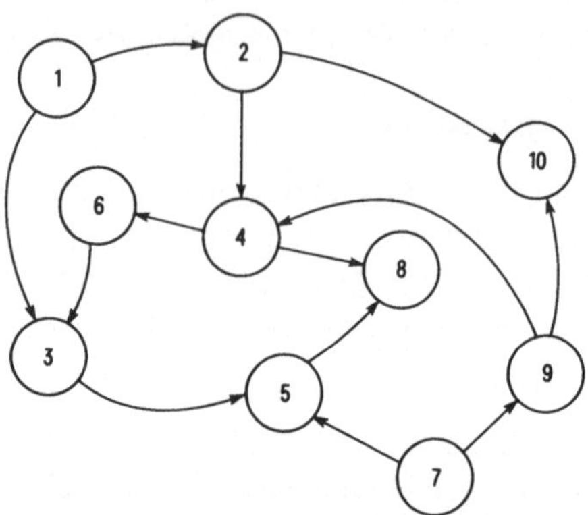

Fig. 4.13. Partiell geordnete Menge

Die Eigenschaften (1) und (2) einer teilweisen Ordnung garantieren, dass der Graph keine Schleifen enthält. Unter genau dieser Voraussetzung ist eine solche Einbettung in eine lineare Ordnung überhaupt möglich.

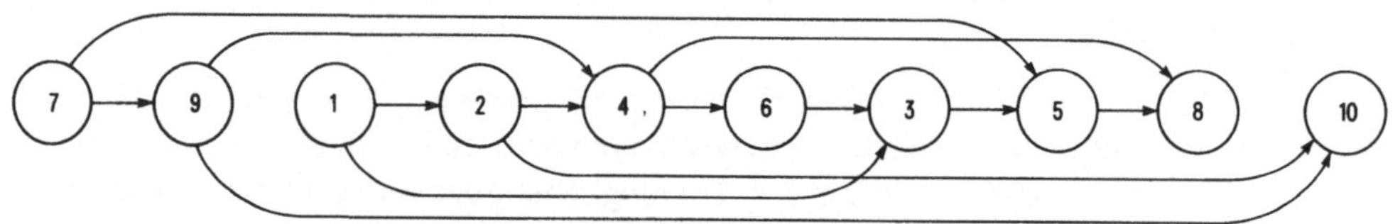

Fig. 4.14. Lineare Anordnung der Menge von Fig. 4.13

Wie gehen wir nun vor, um eine mögliche lineare Ordnung zu finden? Das Rezept ist sehr einfach. Wir wählen zunächst ein Element, das keinen Vorgänger besitzt. Es muss mindestens ein solches Element geben, da sonst eine Schleife existieren müsste. Dieses Objekt kommt an den Kopf der zu erstellenden Liste und wird aus der Menge S entfernt. Die restliche Menge ist immer noch teilweise geordnet, und der gleiche Algorithmus kann erneut angewendet werden, bis die Menge schliesslich leer ist.

Um diesen Algorithmus genauer zu beschreiben, müssen wir uns für eine Datenstruktur und eine Darstellung von S sowie der zugehörigen Ordnung entscheiden. Die Wahl der Darstellung wird durch die auszuführenden Operationen bestimmt, speziell durch die Operation des Auswählens eines Elementes ohne Vorgänger. Jedes Element sollte deshalb durch drei Komponenten dargestellt werden: seinen Identifikationsschlüssel, die Menge seiner Nachfolger und einen Zähler seiner Vorgänger. Unter der Annahme, dass die Zahl n der Elemente in S nicht von vorneherein bekannt sei, stellen wir die Menge als verkettete Liste dar. Folglich enthält die Beschreibung jedes Elementes zusätzlich eine Verbindung zum nächsten Element in der Liste.

Wir wollen annehmen, dass die Schlüssel ganzzahlig sind (aber nicht notwendigerweise aus den ganzen Zahlen von 1 bis n bestehen). Entsprechend lässt sich die Menge der

Nachfolger jedes Elementes geeignet durch eine verkettete Liste darstellen. Jedes Element in der Liste der Nachfolger ist durch seine Identifikation und durch eine Verbindung zum nächsten Element in dieser Liste beschrieben. Wenn wir die Deskriptoren der Hauptliste, in der jedes Element von S genau einmal vorkommt, mit *leader* bezeichnen, und die Elemente der Listen der Nachfolger mit *trailer*, so erhalten wir die folgenden Vereinbarungen für die Datentypen:

```
TYPE LPtr   = POINTER TO leader;
     TPtr   = POINTER TO trailer;

     leader = RECORD key, count: INTEGER;
                trail: TPtr; next: LPtr                    (4.28)
              END;

     trailer = RECORD id: LPtr; next: TPtr
               END
```

Wir gehen davon aus, dass die Menge und ihre Ordnungsrelation urspünglich als Folge von Paaren der Schlüssel auf dem Eingabe-File dargestellt sind. Die Eingabe-Daten für das Beispiel von Fig. 4.13 sind in (4.29) gezeigt, wobei die Symbole ‹ zur besseren Übersicht hinzugefügt wurden:

```
1 ‹ 2   2 ‹ 4   4 ‹ 6   2 ‹ 10   4 ‹ 8   6 ‹ 3   1 ‹ 3      (4.29)
3 ‹ 5   5 ‹ 8   7 ‹ 5   7 ‹ 9    9 ‹ 4   9 ‹ 10
```

Der erste Teil des Programms zur topologischen Sortierung muss das Eingabe-File lesen und die Daten in die entsprechende Listenstruktur bringen. Dies geschieht durch fortgesetztes Lesen eines Schlüsselpaares mit den Elementen x und y. Die zu x und y gehörigen Records müssen zuerst in der header-Liste gesucht und, falls noch nicht vorhanden, in die Liste eingefügt werden. Diese Aufgabe wird durch die Funktions-Prozedur *find* erledigt, die als Resultat einen Zeiger auf den entsprechenden Record liefert (s. Programm 4.2). Dann wird ein neues Element in die Liste der trailer von x eingefügt, versehen mit der Identifikation von y; der Zähler der Vorgänger von y wird um 1 erhöht. Dieser Algorithmus heisst *Eingabe-Phase* (4.30). Fig. 4.15 illustriert die Datenstruktur, die bei der Bearbeitung der Eingabe-Daten (4.29) von (4.30) generiert wird. Die Funktion find(w) liefert den Zeiger zum Listen-Element mit dem Schlüssel w (siehe Programm 4.2).

```
(*Eingabe-Phase*)
Allocate(head, SIZE(leader)); tail := head; z := 0; ReadInt(x);     (4.30)
WHILE Done DO
  ReadInt(y); p := find(x); q := find(y);
  Allocate(t, SIZE(trailer)); t↑.id := q; t↑.next := p↑.trail;
  p↑.trail := t; q↑.count := q↑.count + 1; ReadInt(x)
END
```

Nach Konstruktion der Datenstruktur von Fig. 4.16 in diesem Eingabeteil kann der eigentliche Prozess des topologischen Sortierens, so wie er oben beschrieben wurde, aufgenommen werden. Da er aus dem fortgesetzten Auswählen eines Elementes besteht, dessen Zahl der Vorgänger Null ist, scheint es angebracht, alle diese Elemente in einer Kette zusammenzufassen. Wie wir sehen, wird die ursprüngliche Kette der leader später nicht mehr benötigt, so dass das Feld mit Namen *next* erneut verwendet werden kann, nämlich um die Elemente ohne Vorgänger zu verbinden. Diese Operation des Ersetzens einer Kette durch eine andere kommt in der Listenverarbeitung häufig vor. Sie wird in (4.31) im einzelnen beschrieben. Aus Gründen der Bequemlichkeit wird die neue Kette in umgekehrter Richtung erstellt.

```
(*suche leader ohne Vorgänger*)
p := head; head := NIL;
WHILE p # tail DO
  q := p; p := q↑.next;                                        (4.31)
  IF q↑.count = 0 THEN (*füge q↑ in neue Kette ein*)
    q↑.next := head; head := q
  END
END
```

Mit Bezug auf Fig. 4.15 wird die durch next verwirklichte Kette der leader durch die in Fig. 4.16 dargestellte ersetzt, wobei die nicht gezeichneten Zeiger unverändert bleiben.

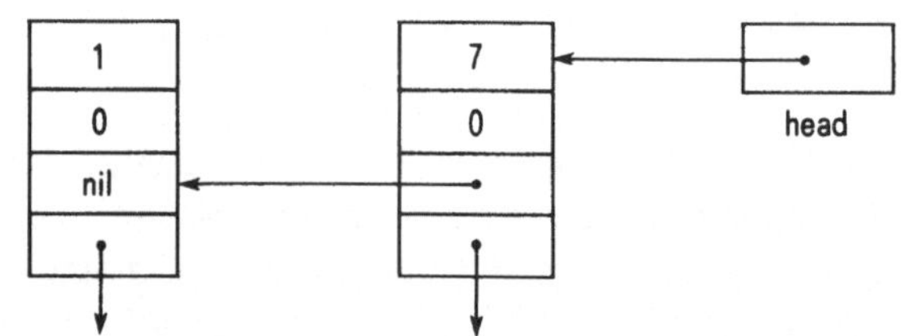

Fig. 4.16. Liste der Listenanfänge mit Zählerwerten = 0

Nach diesem vorbereitenden Aufbau einer geeigneten Darstellung der teilweise geordneten Menge S können wir schliesslich zum Problem der topologischen Sortierung kommen, d.h. zur Erstellung der Ausgabe-Sequenz. In einem ersten Entwurf kann die Lösung folgendermassen beschrieben werden:

```
q := head;
WHILE q # NIL DO (*drucke dieses Element, lösche es dann*)
  WriteInt(q↑.key, 8); n := n - 1;
  t := q↑.trail; q := q↑.next;                                 (4.32)
  erniedrige den Zähler der Vorgänger für jeden seiner
  Nachfolger in der Liste t der trailer; wird ein
  Zähler 0, so ist dieses Element in die Liste q der
  leader aufzunehmen
END
```

Die in (4.32) zu verfeinernde Anweisung besteht einmal mehr im Durchsuchen einer Liste (siehe Schema (4.17)). Bei jedem Schritt bezeichnet die Hilfs-Variable p das Element vom Typ leader, dessen Zähler vermindert und getestet werden soll.

```
WHILE t # NIL DO
  p := t↑.id; p↑.count := p↑.count - 1;                                  (4.33)
  IF p↑.count = 0 THEN (*füge p↑ in die Liste der leader ein*)
    p↑.next := q; q := p
  END;
  t := t↑.next
END
```

Damit ist das Programm für die topologische Sortierung vollständig. Man beachte, dass ein Zähler z eingeführt wurde, der die Elemente vom Typ leader im Eingabeteil zählt. Dieser Zähler wird jedesmal um 1 vermindert, wenn im Ausgabeteil ein Element ausgegeben wird. Am Ende des Programms sollte er deshalb wieder den Wert Null haben. Ist dies nicht der Fall, so sind lauter Elemente in der Struktur zurückgeblieben, die einen Vorgänger haben. In diesem Fall ist die Menge S offensichtlich nicht partiell geordnet. Der oben programmierte Ausgabeteil ist Beispiel eines Prozesses, der eine pulsierende Liste unterhält, d.h. es werden Elemente in nicht vorhersagbarer Reihenfolge eingefügt und gelöscht. Er ist deshalb ein Beispiel für einen Prozess, der die Beweglichkeit der explizit verketteten Listen voll ausschöpft.

```
MODULE TopSort;
  FROM InOut IMPORT OpenInput, CloseInput,
     ReadInt, Done, WriteInt, WriteString, WriteLn;
  FROM Storage IMPORT ALLOCATE;

  TYPE LPtr = POINTER TO leader;
    TPtr     = POINTER TO trailer;

    leader   = RECORD key, count: INTEGER;
                 trail: TPtr; next: LPtr
               END;

    trailer  = RECORD id: LPtr;  next: TPtr
               END;

  VAR p, q, head, tail: LPtr;
    t: TPtr;
    x, y, n: INTEGER;

  PROCEDURE find(w: INTEGER): LPtr;
    VAR h: LPtr;
  BEGIN h := head; tail↑.key := w;  (*sentinel*)
    WHILE h↑.key # w DO h := h↑.next END;
    IF h = tail THEN
      ALLOCATE(tail, SIZE(leader)); n := n+1;
      h↑.count := 0; h↑.trail := NIL; h↑.next := tail
    END;
    RETURN h
  END find;
```

```
BEGIN
  (*initialize list of leaders with a dummy acting as sentinel*)
  ALLOCATE(head, SIZE(leader)); tail := head; n := 0;

  OpenInput("TEXT"); ReadInt(x);
  WHILE Done DO
    WriteInt(x, 8); ReadInt(y); WriteInt(y, 8); WriteLn;
    p := find(x); q := find(y);
    ALLOCATE(t, SIZE(trailer)); t↑.id := q; t↑.next := p↑.trail;
    p↑.trail := t; q↑.count := q↑.count + 1; ReadInt(x)
  END ;
  CloseInput;

  (*search for leaders without predecessors*)
  p := head; head := NIL;
  WHILE p # tail DO
    q := p; p := q↑.next;
    IF q↑.count = 0 THEN (*insert q↑ in new chain*)
       q↑.next := head; head := q
    END
  END ;

  (*output phase*) q := head;
  WHILE q # NIL DO
    WriteLn; WriteInt(q↑.key, 8); n := n-1;
    t := q↑.trail; q := q↑.next;
    WHILE t # NIL DO
      p := t↑.id; p↑.count := p↑.count - 1;
      IF p↑.count = 0 THEN (*insert p↑ in leader list*)
        p↑.next := q; q := p
      END ;
      t := t↑.next
    END
  END ;
  IF n # 0 THEN WriteString("This set is not partially ordered") END ;
  WriteLn
END TopSort.
```

Programm 4.2. Topologisches Sortieren

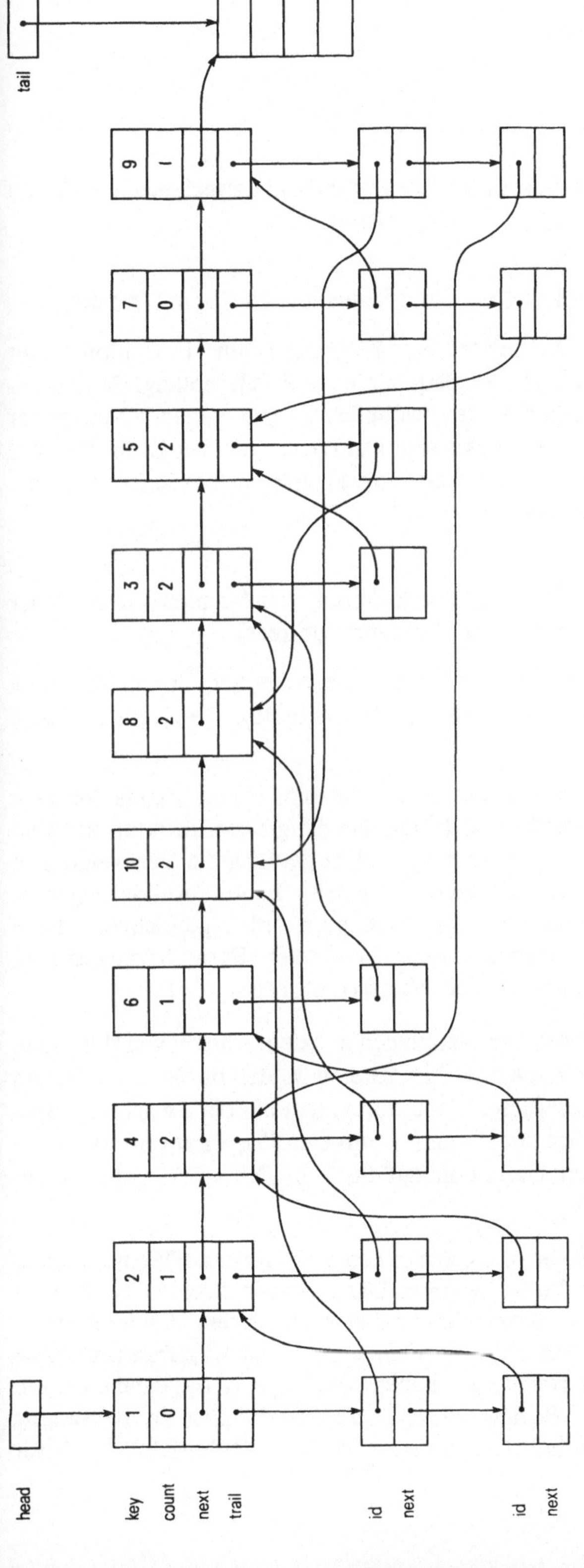

Fig. 4.15.
Beim topologischen Sortieren erzeugte Listenstruktur

4.4. BAUMSTRUKTUREN

4.4.1. Grundlegende Konzepte und Definitionen

Wir haben gesehen, dass Sequenzen und Listen auf folgende Art zweckmässig definiert werden können: Eine Sequenz (Liste) vom Grundtyp T ist entweder

1. die leere Sequenz (Liste) oder
2. die Verkettung eines Elementes vom Typ T mit einer Sequenz (Liste) vom Grundtyp T.

Zu beachten ist dabei wie die Rekursion als Hilfsmittel zur Definition einer Strukturierungsart verwendet wird, nämlich der Sequenz oder Wiederholung. Sequenzen und Wiederholungen sind so gebräuchlich, dass sie gewöhnlich als grundlegende Muster der Struktur und des Ablaufs betrachtet werden. Rekursion kann aber auch zur Definition viel komplizierterer Strukturen verwendet werden. Bäume (trees) sind ein bekanntes Beispiel. Eine *Baumstruktur* vom Grundtyp T ist entweder

1. die leere Struktur oder
2. ein Knoten vom Typ T mit einer endlichen Zahl verknüpfter, voneinander verschiedener Baumstrukturen vom Grundtyp T, sogenannter *Teilbäume* (subtrees).

Aus den beiden rekursiven Definitionen ergibt sich, dass die Sequenz (Liste) eine Baumstruktur ist, in der jeder Knoten höchstens einen Teilbaum besitzt. Die Sequenz (Liste) heisst deshalb auch *entarteter Baum* (degenerate tree).

Es gibt verschiedene Möglichkeiten zur Darstellung einer Baumstruktur. Einige Beispiele sind aus Fig. 4.17 ersichtlich. Diese Darstellungen zeigen alle die gleiche Struktur und sind deshalb äquivalent. Die Darstellung als Graph veranschaulicht deutlich die Verzweigungen der Struktur. Sie hat zum allgemein gebräuchlichen Namen "Baum" Anlass gegeben. Seltsamerweise werden die Bäume gewöhnlich von oben nach unten gezeichnet oder - anders gesagt - die Wurzeln der Bäume zeigen nach oben. Die letztere Formulierung ist aber irreführend, da der oberste Knoten (a) allgemein *die Wurzel* (root) heisst.

Ein *geordneter Baum* ist ein Baum, dessen Verzweigungen in jedem Knoten geordnet sind. Fig. 4.18 zeigt zwei distinkte, geordnete Bäume. Ein Knoten y, der direkt unter einem Knoten x liegt, heisst (direkter) *Nachfolger* (descendant) von x; ist x auf der *Stufe* i, so ordnet man y die Stufe i+1 zu. Umgekehrt heisst der Knoten x direkter *Vorgänger* (ancestor) von y. Die Wurzel eines Baumes liegt nach Definition auf Stufe 0. Die grösste Stufe eines Elementes des Baumes heisst seine *Höhe*.

Hat ein Element keine Nachfolger, so heisst es *Endelement* oder *Blatt* (leaf); ein Element, das nicht Endelement ist, wird *innerer Knoten* genannt. Die Zahl der direkten Nachfolger eines inneren Knotens ist sein *Grad*. Der höchste Grad unter allen Knoten ist der Grad des Baumes. Die Zahl der Kanten von der Wurzel bis zum Knoten x heisst *Weglänge* von x. Die Wurzel hat Weglänge 0; ihre direkten Nachfolger haben Weglänge 1. Allgemein hat ein Knoten auf Stufe i die Weglänge i. Die Weglänge eines Baumes ist definiert als die Summe der Weglängen aller seiner Knoten. Sie heisst auch *innere Weglänge*. Offensichtlich gilt für

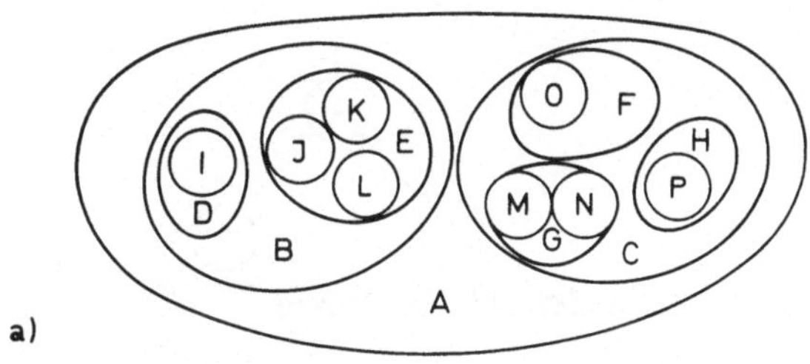

a)

(A(B(D(I),E(J,K,L)),C(F(O),G(M,N),H(P))))

b)

```
A
    B
        D
            I
        E
            J
            K
            L
    C
        F
            O
        G
            M
            N
        H
            P
```

c)

d)

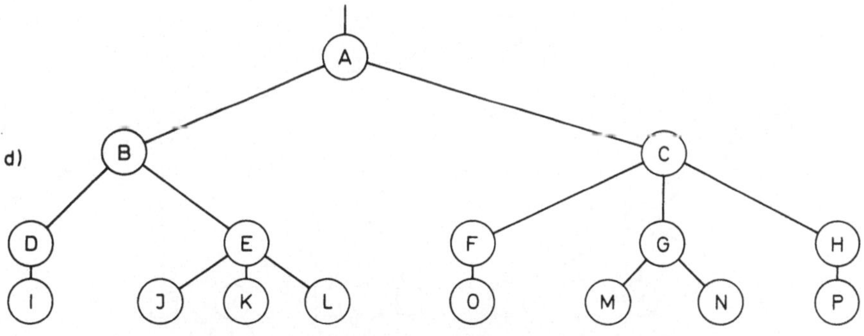

Fig. 4.17. Darstellung von Baumstrukturen durch
(a) geschachtelte Mengen, (b) geschachtelte Klammern,
(c) Einrückung, (d) Graphen

die mittlere Weglänge

$$P_I = \frac{1}{n} \sum_{i=1}^{n} n_i * i \tag{4.34}$$

Fig. 4.18. Zwei verschiedene binäre Bäume

wobei n_i die Zahl der Knoten auf Stufe i und n die totale Anzahl Knoten angibt. Zur Definition der *äusseren Weglänge* erweitern wir den Baum so, dass alle (ursprünglichen) Knoten den (ursprünglichen) Grad des Baumes erhalten. Die Erweiterung des Baumes auf diese Art dient daher dem Auffüllen leerer Zweige, wobei die speziellen Knoten natürlich keine weiteren Nachfolger haben. Der Baum von Fig. 4.17, erweitert um die speziellen Knoten, ist in Fig. 4.19 dargestellt. Die speziellen Knoten sind durch Quadrate symbolisiert. Die äussere Weglänge wird nun als Summe der Weglängen über alle speziellen Knoten definiert. Wenn m_i die Anzahl der speziellen Knoten auf Stufe i und m die Gesamtzahl der speziellen Knoten darstellt, so ergibt sich die mittlere äussere Weglänge P_E zu

$$P_E = \frac{1}{m} \sum_{i=1}^{m} m_i * i \qquad (4.35)$$

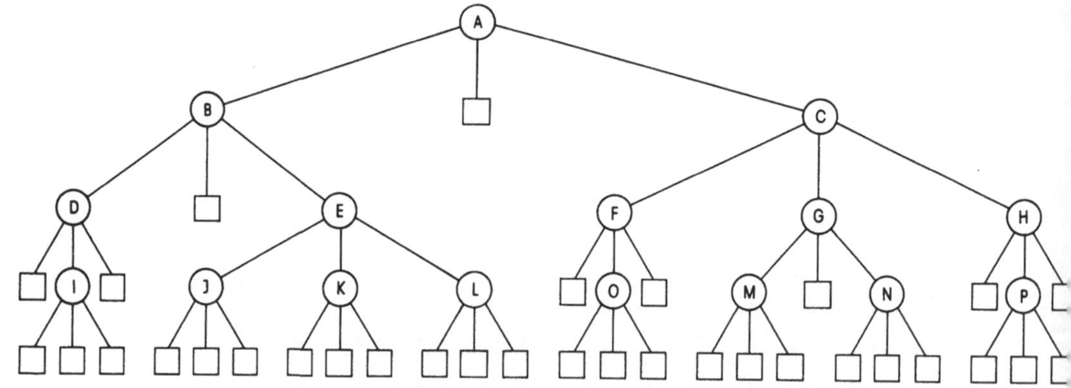

Fig. 4.19 Ternärer Baum, durch "äussere" Elemente erweitert

Die Anzahl m der speziellen Knoten, die zu einem Baum vom Grad d hinzuzufügen ist, hängt direkt von der Anzahl n der ursprünglichen Knoten ab. Man beachte, dass zu jedem Knoten genau eine Verbindung führt. Somit gibt es im erweiterten Baum $m+n$ Verbindungen. Auf der anderen Seite gehen d Verbindungen von jedem ursprünglichen Knoten aus, jedoch keine von den speziellen Knoten. Daher existieren $d*n + 1$ Verbindungen, wobei die 1 von der zur Wurzel zeigenden Verbindung herrührt. Die beiden Resultate führen zur folgenden Relation zwischen der Zahl m der speziellen und der Zahl n der ursprünglichen Knoten: $d*n+1 = m+n$, bzw.

$$m = (d-1)n + 1 \tag{4.36}$$

Die Höchstzahl an Knoten in einem Baum mit gegebener Höhe h ist erreicht, wenn alle inneren Knoten d Teilbäume haben. Für einen Baum vom Grad d enthält Stufe 1 einen Knoten (nämlich die Wurzel), Stufe 2 enthält die d Nachfolger, Stufe 3 enthält die d^2 Nachfolger der d Knoten auf Stufe 2, usw. Dies führt zu

$$N_d(h) = \sum_{i=0}^{h-1} d^i \tag{4.37}$$

als Höchstzahl von Knoten für einen Baum vom Grad d der Höhe h. Für $d = 2$ erhalten wir:

$$N_2(h) = 2^h - 1 \tag{4.38}$$

Bäume vom Grad 2 heissen *binär*. Sie sind entweder leer oder bestehen aus der Wurzel und einem linken und einem rechten binären Teilbaum. Von besonderer Bedeutung sind geordnete binäre Bäume. In den folgenden Abschnitten werden wir ausschliesslich binäre Bäume behandeln und deshalb das Wort Baum in der Bedeutung *geordneter binärer Baum* verwenden. Bäume vom Grad grösser als 2 heissen *Vielweg-Bäume* und werden in Kapitel 5 betrachtet.

Bekannte Beispiele binärer Bäume sind der Familienbaum (Stammbaum) mit Vater und Mutter und mit einer Person als deren Nachfolger (!), die Aufzeichnung eines Tennisturniers, in der jedes Spiel durch einen Knoten mit dem Namen des Gewinners charakterisiert ist, und die beiden vorausgehenden Spiele als dessen Nachfolger aufgeführt sind, oder ein arithmetischer Ausdruck mit dyadischen Operatoren, wobei jeder Operator eine Verzweigung darstellt mit den zugehörigen Operanden als Teilbäume (s. Fig. 4.20).

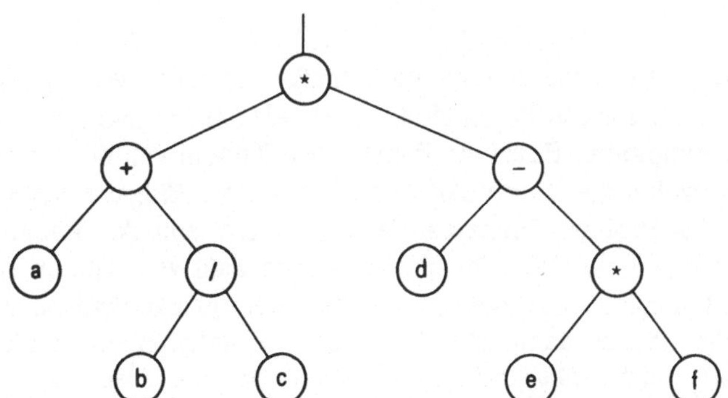

Fig. 4.20. Der Ausdruck (a+b/c)*(d-e*f) als Baum dargestellt

Wenden wir uns nun dem Problem der Darstellung von Bäumen zu. Die Illustration solcher rekursiven Strukturen durch Verzweigungsstrukturen legt sofort die Verwendung unserer Zeiger nahe. Es ist nicht sinnvoll, Variablen mit einer festen Baumstruktur zu definieren; die Knoten (nodes) hingegen können als Variable eines bestimmten Typs definiert werden. Der Grad des Baumes gibt die Zahl der Zeigerkomponenten an, die auf die Teilbäume des Knotens zeigen. Natürlicherweise wird eine Referenz auf den leeren Baum durch NIL bezeichnet. Somit besteht der Baum von Fig. 4.20 aus Komponenten des folgenden Typs *Node* und kann wie in Fig. 4.21 gezeigt konstruiert werden.

```
TYPE Ptr   = POINTER TO Node;
TYPE Node = RECORD op: CHAR;                                    (4.39)
                left, right: Ptr
             END
```

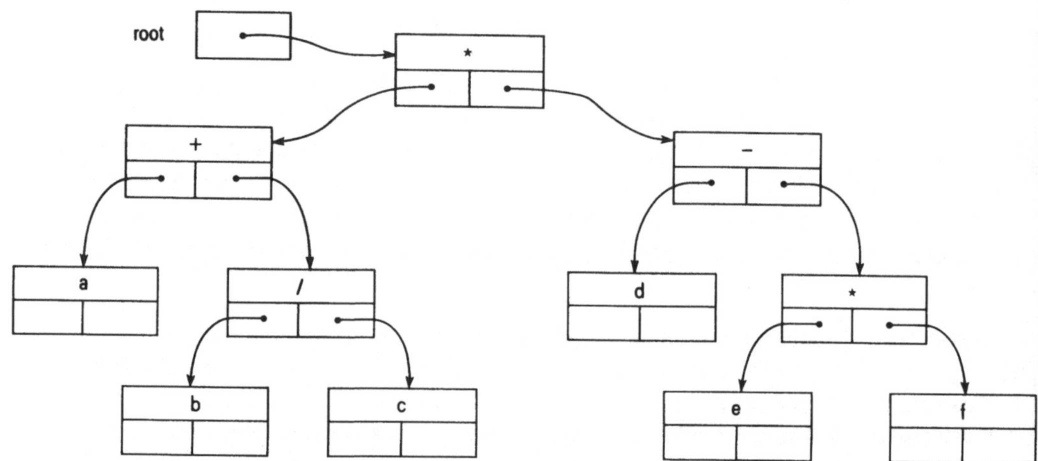

Fig. 4.21. Baum von Fig. 4.20 dargestellt als verkettete Struktur

Bevor wir untersuchen, wie Bäume vorteilhaft verwendet werden können, und wie Operationen auf Bäumen auszuführen sind, geben wir ein Beispiel der Konstruktion eines Baumes durch ein Programm. Es sei ein Baum mit n Knoten von dem in (4.39) definierten Typ zu generieren, wobei die Werte der Knoten von einer Eingabe-Sequenz einzulesende Zahlen sind. Um das Problem interessanter zu machen, soll der Baum minimale Höhe aufweisen. Um die minimale Höhe für eine gegebene Zahl von Knoten zu erhalten, muss man auf allen Stufen mit Ausnahme der untersten die grösstmögliche Zahl von Knoten anordnen. Dies wird sicher dann erreicht, wenn die ankommenden Knoten bei jedem Knoten gleichmässig nach links und rechts verteilt werden. Dies bedeutet, dass wir die Bäume für gegebenes n wie in Fig. 4.22 (für n = 1, ... , 7) strukturieren.

Die Regel für die gleichmässige Verteilung auf eine bekannte Zahl von n Knoten wird am besten rekursiv formuliert:

1. Man verwende einen Knoten für die Wurzel.
2. Man generiere den linken Teilbaum mit nl = n DIV 2 Knoten auf dieselbe Art.
3. Man generiere den rechten Teilbaum mit nr = n-nl-1 Knoten auf dieselbe Art.

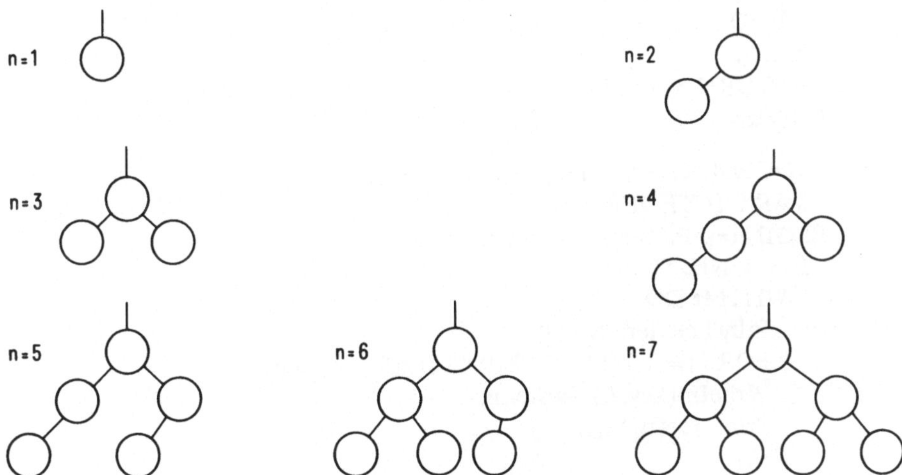

Fig. 4.22. Vollständig ausgeglichene Bäume

Diese Regel wird durch eine rekursive Prozedur als Teil von Programm 4.3 ausgedrückt, welches das Eingabe-File liest und den vollständig ausgeglichenen Baum konstruiert. Wir legen folgende Definition fest: Ein Baum ist *vollständig ausgeglichen*, wenn sich für jeden Knoten die Zahlen der Knoten in seinem linken und rechten Teilbaum um höchstens 1 unterscheiden.

```
MODULE BuildTree;
  FROM InOut IMPORT OpenInput, CloseInput,
     ReadInt, WriteInt, WriteString, WriteLn;
  FROM Storage IMPORT ALLOCATE;

  TYPE Ptr = POINTER TO Node;

  Node = RECORD key: INTEGER;
         left, right: Ptr
       END ;

  VAR n: INTEGER; root: Ptr;

  PROCEDURE tree(n: INTEGER): Ptr;
    VAR newnode: Ptr;
      x, nl, nr: INTEGER;
  BEGIN (*construct perfectly balanced tree with n nodes*)
    IF n = 0 THEN newnode := NIL
    ELSE nl := n DIV 2; nr := n-nl-1;
      ReadInt(x); ALLOCATE(newnode, SIZE(Node));
      WITH newnode↑ DO
```

```
            key := x; left := tree(nl); right := tree(nr)
          END
        END ;
        RETURN newnode
      END tree;

      PROCEDURE PrintTree(t: Ptr; h: INTEGER);
        VAR i: INTEGER;
      BEGIN (*print tree t with indentation h*)
        IF t # NIL THEN
          WITH t↑ DO
            PrintTree(left, h+1);
            FOR i := 1 TO h DO WriteString("     ") END ;
            WriteInt(key, 6); WriteLn;
            PrintTree(right, h+1)
          END
        END
      END PrintTree;

    BEGIN (*first integer is number of nodes*)
      OpenInput("TEXT"); ReadInt(n);
      root := tree(n);
      PrintTree(root, 0); CloseInput
    END BuildTree.
```

Programm 4.3. Generierung eines vollständig ausgeglichenen Baums

Verwendet man z.B. die Eingabe-Daten

21 8 9 11 15 19 20 21 7 3 2 1 5 6 4 13 14 10 12 17 16 18

für einen Baum mit 21 Knoten, so konstruiert Programm 4.3 den in Fig 4.23 dargestellten vollständig ausgeglichenen Baum. Man beachte, wie einfach und überschaubar dieses Programm dank der Verwendung rekursiver Prozeduren wird. Offenbar sind rekursive Algorithmen besonders dann geeignet, wenn ein Programm Information verarbeiten soll, deren Struktur selbst rekursiv definiert ist. Dies kommt auch in der Prozedur zur Ausgabe des Resultatbaumes zum Ausdruck: Für den leeren Baum wird nichts ausgegeben, für den Teilbaum auf Stufe L wird zuerst sein eigener linker Teilbaum gedruckt, dann der Knoten, durch Voranstellen von L Leerzeichen sauber eingerückt, und schliesslich wird sein rechter Teilbaum gedruckt.

4.4.2. Elementare Operationen auf binären Bäumen

Es gibt eine grosse Anzahl möglicher Operationen auf Baumstrukturen; häufig ist dabei eine gegebene Elementaroperation P mit jedem Knoten des Baumes auszuführen. P ist dann als Parameter der allgemeineren Aufgabe aufzufassen, alle Knoten zu besuchen oder, wie dies auch oft genannt wird, den Baum zu *durchlaufen* (tree traversal).

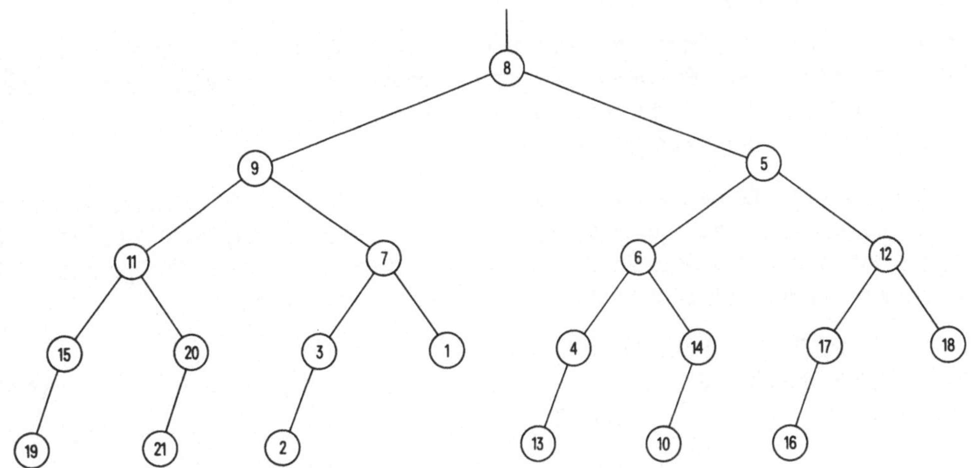

Fig. 4.23. Durch Programm 4.3 erzeugter Baum

Wenn wir die Aufgabe als einen einzigen sequentiellen Prozess betrachten, so werden die einzelnen Knoten in einer gewissen Reihenfolge besucht und können als linear angeordnet angenommen werden. Tatsächlich wird die Beschreibung vieler Algorithmen wesentlich einfacher, wenn wir über die Bearbeitung des "nächsten" Elementes in einem Baum sprechen können, etwa in Bezug auf eine zugrundeliegende Ordnung.

Es gibt im wesentlichen drei Ordnungen, die sich aus der Baumstruktur auf natürliche Art ergeben. Wie die Baumstruktur selbst werden sie zweckmässigerweise rekursiv definiert. Mit Bezug auf den binären Baum in Fig. 4.24, in der W die Wurzel und A und B den linken und rechten Teilbaum bezeichnen, ergeben sich die drei Ordnungen

1. Preorder: W,A,B (besuche Wurzel *vor* den Teilbäumen)
2. Inorder: A,W,B
3. Postorder: A,B,W (besuche Wurzel *nach* den Teilbäumen)

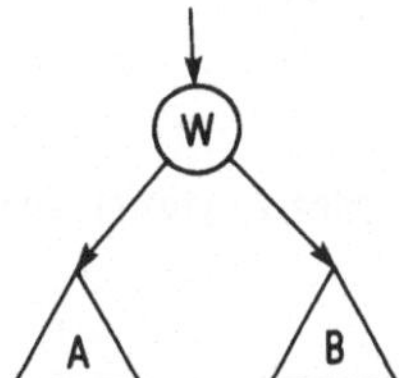

Fig. 4.24. Allgemeiner binärer Baum

Durchlaufen des Baumes von Fig. 4.20 gemäss den drei Ordnungen und Auflisten der in den Knoten gefundenen Zeichen ergibt folgende Sequenzen:

1. Preorder: * + a / b c - d * e f
2. Inorder: a + b / c * d - e * f

3. Postorder: a b c / + d e f * - *

Wir erkennen die drei Formen der Ausdrücke: Preorder-Durchlauf des Ausdrucksbaumes ergibt *Prefix*-Notation, Postorder-Durchlauf erzeugt *Postfix*-Notation, und Inorder-Durchlauf erzeugt die übliche *Infix*-Notation, wenn auch ohne die zur Angabe der Operator-Präzedenzen notwendigen Klammern.

Wir wollen nun die drei Arten des Duchlaufens als drei konkrete Prozeduren mit dem expliziten Parameter t zur Bezeichnung des zu bearbeitenden Baumes formulieren. Der implizite Parameter p bezeichnet die mit jedem Knoten auszuführende Operation. Wir gehen von folgenden Definitionen aus

```
TYPE Ptr   = POINTER TO Node;
TYPE Node = RECORD ...                                    (4.42)
               left, right: Ptr
             END
```

Die drei Methoden werden als rekursive Prozeduren formuliert. Dabei zeigt sich, dass Operationen auf rekursiv definierten Datenstrukturen am zweckmässigsten als rekursive Operatoren definiert werden.

```
PROCEDURE preorder(t: Ptr);
BEGIN                                                     (4.43)
  IF t # NIL THEN
    P(t); preorder(t↑.left); preorder(t↑.right)
  END
END preorder

PROCEDURE inorder(t: Ptr);
BEGIN                                                     (4.44)
  IF t # NIL THEN
    inorder(t↑.left); P(t); inorder(↑.right)
  END
END inorder

PROCEDURE postorder(t: Ptr);
BEGIN                                                     (4.45)
  IF t # NIL THEN
    postorder(t↑.left); postorder(t↑.right); P(t)
  END
END postorder
```

Man beachte, dass der Zeiger t als Wert-Parameter übergeben wird. Dies bringt zum Ausdruck, dass die wesentliche Einheit der *Zeiger* zum betrachteten Teilbaum ist und nicht die *Variable*, deren Wert der Zeiger ist.

Ein Beispiel für eine Routine, die einen Baum durchläuft, ist die Prozedur *printtree*. Sie druckt einen Baum anschaulich aus, indem sie zur Angabe der Stufe jedes Knotens geeignet einrückt.

Binäre Bäume werden oft verwendet, um eine Menge von Daten darzustellen, deren Elemente nach einem bestimmten Schlüssel wiederzufinden sind. Wenn ein Baum derart organisiert ist, dass für jeden Knoten t_i alle Schlüssel im linken Teilbaum von t_i kleiner (oder gleich) und im rechten Teilbaum grösser (oder gleich) sind als der Schlüssel von t_i, dann heisst der Baum *Suchbaum* (search tree). In einem Suchbaum ist es möglich, jeden vorhandenen Schlüssel zu finden, indem man, ausgehend von der Wurzel, dem Suchpfad entlang jeweils zum rechten oder linken Teilbaum des Knotens geht, wobei die Wahl der Richtung nur vom Schlüssel des momentanen Knotens abhängt. Wie wir gesehen haben, ist es möglich, n Elemente in einem binären Baum der Höhe log(n) anzuordnen. Somit kann eine Suche unter n Elementen mit nur log(n) Vergleichen ausgeführt werden, wenn der Baum vollständig ausgeglichen ist. Der Baum ist offensichtlich eine geeignetere Form für die Organisation einer derartigen Datenmenge als die im vorangehenden Abschnitt verwendete lineare Liste. Da diese Suche einem einzigen Weg von der Wurzel zum gewünschten Knoten folgt, kann sie leicht als Iteration programmiert werden.

```
PROCEDURE locate(x: INTEGER; t: Ptr): Ptr;
BEGIN                                                        (4.46)
  WHILE (t # NIL) & (t↑.key # x) DO
    IF t↑.key < x THEN t := t↑.right ELSE t := t↑.left END
  END;
  RETURN t
END locate
```

Die Funktion *locate(x,t)* liefert den Wert NIL, wenn kein Schlüssel mit dem Wert x im Baum mit der Wurzel t gefunden wurde. Wie beim Durchsuchen einer Liste veranlasst die Komplexität der Abbruchbedingung die Suche nach einer besseren Lösung. Sie besteht in der Verwendung einer Marke am Ende der Liste. Diese Technik ist also auch im Fall eines Baumes anwendbar. Die Verwendung von Zeigern ermöglicht es, dass alle Zweige des Baumes mit der gleichen identischen Marke abschliessen. Die sich daraus ergebende Struktur ist allerdings kein Baum im üblichen Sinne mehr, sondern eher ein Baum, bei dem alle Blätter mit Schnüren in einem einzigen Verankerungspunkt verknüpft sind (Fig. 4.25). Man kann diese Marke als gemeinsamen Vertreter aller äusseren Knoten betrachten, um die der ursprüngliche Baum erweitert wurde (vgl. Fig. 4.19). Damit erhalten wir die vereinfachte Suchroutine (4.47).

```
PROCEDURE locate(x: INTEGER; t: Ptr): Ptr;
BEGIN s↑.key := x; (*sentinel*)
  WHILE t↑.key # x DO                                        (4.47)
    IF t↑.key < x THEN t := t↑.right ELSE t := t↑.left END
  END;
  RETURN t
END locate
```

Man beachte, dass in diesem Fall *locate(x,t)* den Wert s, d.h. den Zeiger zur Marke erhält, wenn kein Schlüssel mit Wert x gefunden wurde. s übernimmt einfach die Rolle des Zeigers NIL.

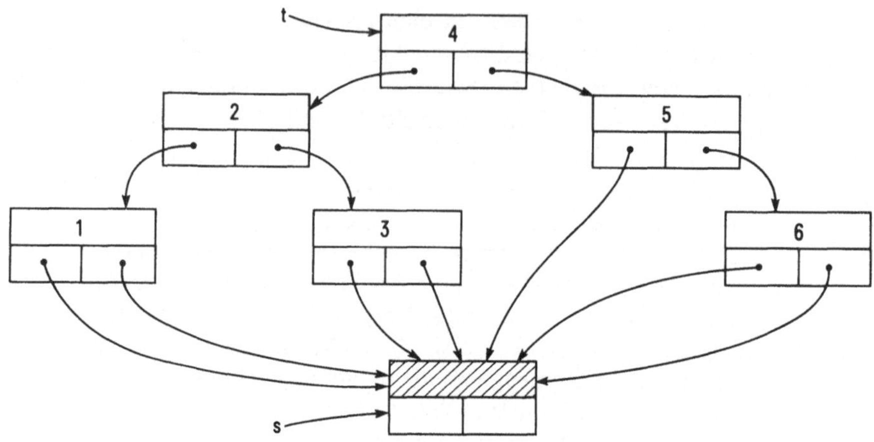

Fig. 4.25. Geordneter Baum mit Marke

4.4.3. Durchsuchen eines Baumes und Einfügen in einen Baum

Die Möglichkeiten der dynamischen Zuweisungstechnik mit Zugriff über Zeiger kommen in diesen Beispielen, in denen eine gegebene Menge von Daten aufgebaut wird und dann unverändert bleibt, nicht voll zum Ausdruck. Anwendungen, in denen die Struktur des Baumes selbst variiert, d.h. während der Ausführung des Programms wächst und schrumpft, sind geeignetere Beispiele. An dieser Situation scheitern auch andere Darstellungen der Daten, etwa der Array. Der Baum mit durch Zeiger verknüpften Elementen erweist sich als *die* optimale Lösung.

Wir wollen zuerst nur den Fall des stetig wachsenden, nie schrumpfenden Baumes betrachten. Ein geeignetes Beispiel, das schon im Zusammenhang mit verketteten Listen untersucht worden ist und das nun nochmals aufgenommen wird, ist das Erstellen eines Häufigkeitsindex. Bei diesem Problem ist eine Folge von Worten gegeben, und es ist festzustellen, wie oft jedes Wort vorkommt. Dabei nimmt man jeweils das nächste Wort der Folge und sucht es im bereits aufgebauten Baum. Wird es gefunden, so wird sein Häufigkeitszähler erhöht, sonst wird es als neues Wort eingefügt (mit einem auf 1 initialisierten Zähler). Ausgangspunkt ist der leere Baum. Wir nennen die zugrundeliegende Aufgabe *Durchsuchen eines Baumes mit Einfügen*, und gehen von folgenden Definitionen der Datentypen aus, in denen als Schlüsselwerte ganze Zahlen anstelle von Worten verwendet werden.

```
TYPE WPtr  = POINTER TO Word;
  Word     = RECORD                                    (4.48)
               key: INTEGER;
               count: CARDINAL;
```

```
left, right: WPtr
END
```

Nehmen wir ausserdem eine Quellen-Sequenz von Schlüsseln und eine die Wurzel des Suchbaumes bezeichnende Variable *root* an, können wir das Programm so formulieren:

```
ReadInt(x);                                                    (4.49)
WHILE Done DO search(x, root); ReadInt(x) END
```

Der Suchpfad ergibt sich direkt. Führt er jedoch in eine Sackgasse (d.h. zu einem leeren, durch den Zeigerwert NIL bezeichneten Teilbaum), so muss das gegebene Wort an der Stelle des leeren Teilbaumes in den Baum eingefügt werden. Das Einfügen des Wortes *Paul* in den binären Baum von Fig. 4.26 ergibt das gestrichelt eingezeichnete Resultat.

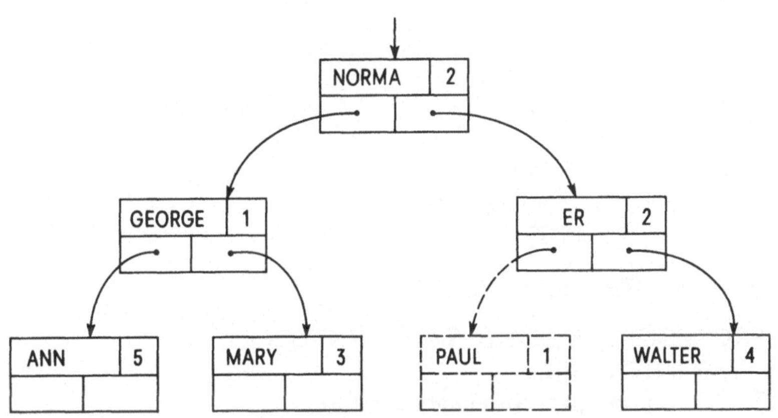

Fig. 4.26. Einfügen im geordneten binären Baum

Der ganze Vorgang wird in Programm 4.4 beschrieben. Der Suchprozess ist als rekursive Prozedur *search* formuliert. Man beachte, dass ihr Parameter p als Variablen-Parameter und *nicht* als Wert-Parameter übergeben wird. Dies ist wesentlich, da im Fall des Einfügens der Variablen, die zuvor den Wert NIL hatte, ein neuer Zeigerwert zuzuweisen ist. Verwendet man die Eingabe-Sequenz der in Programm 4.3 zur Erzeugung des Baumes von Fig. 4.23 benutzten 21 Zahlen, so liefert das Programm 4.4 den in Fig. 4.27 dargestellten binären Suchbaum.

```
MODULE TreeSearch;
  FROM InOut IMPORT OpenInput, CloseInput,
     ReadInt, Done, WriteInt, WriteString, WriteLn;
  FROM Storage IMPORT ALLOCATE;

  TYPE WPtr   = POINTER TO Word;
     Word     = RECORD key: INTEGER;
```

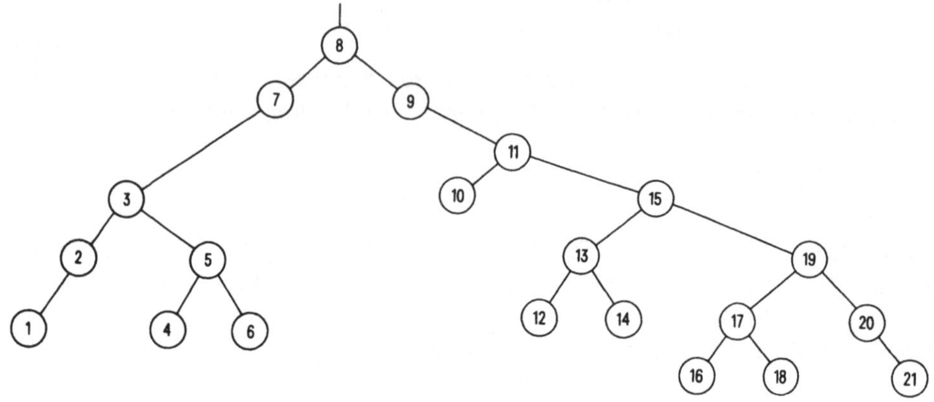

Fig. 4.27. Durch Programm 4.4 erzeugter Baum

```
                count: INTEGER;
                left, right: WPtr
              END ;

VAR root: WPtr; n, key: INTEGER;

PROCEDURE PrintTree(t: WPtr; h: INTEGER);
  VAR i: INTEGER;
BEGIN (*print tree t with indentation h*)
  IF t # NIL THEN
    WITH t↑ DO
      PrintTree(left, h+1);
      FOR i := 1 TO h DO WriteString("     ") END ;
      WriteInt(key, 6); WriteLn;
      PrintTree(right, h+1)
    END
  END
END PrintTree;

PROCEDURE search(x: INTEGER; VAR p: WPtr);
BEGIN
  IF p = NIL THEN (*word not in tree; insert*)
    ALLOCATE(p, SIZE(Word));
    WITH p↑ DO
      key := x; count := 1; left := NIL; right := NIL
    END
  ELSIF x < p↑.key THEN search(x, p↑.left)
  ELSIF x > p↑.key THEN search(x, p↑.right)
```

```
    ELSE p↑.count := p↑.count + 1
    END
  END search;

BEGIN root := NIL;
  (*first integer is number of nodes*)
  OpenInput("TEXT"); ReadInt(n);
  WHILE n > 0 DO
    ReadInt(key); search(key, root); n := n-1
  END ;
  CloseInput; PrintTree(root, 0)
END TreeSearch.
```

Programm 4.4. Durchsuchen eines Baumes mit Einfügen

Die Verwendung einer Marke vereinfacht die Aufgabe wiederum etwas (vgl. (4.50)). Selbstverständlich muss am Anfang des Programms die Variable root durch den Zeiger auf die Marke anstatt durch den Wert NIL initialisiert werden. Vor jeder Suche ist das Sucharqument x dem Schlüsselfeld der Marke zuzuweisen.

```
PROCEDURE search(x: INTEGER; VAR p: WPtr);
BEGIN
  IF x < p↑.key THEN search(x, p↑.left)
  ELSIF x > p↑.key THEN search(x, p↑.right)
  ELSIF p # s THEN p↑.count := p↑.count + 1
  ELSE (*insert*) Allocate(p, SIZE(Word));
      WITH p↑ DO                                          (4.50)
        key := x; left := s; right := s; count := 1
      END
  END
END
```

Obwohl der Hauptzweck dieses Algorithmus die Suche ist, kann er auch zum Sortieren verwendet werden. Tatsächlich hat er starke Ähnlichkeit mit der Methode des Sortierens durch Einfügen. Wegen der Verwendung einer Baumstruktur anstelle eines Array entfällt die Notwendigkeit, die Komponenten oberhalb der Einschubstelle zu verschieben. Das Sortieren mit Bäumen kann fast so effizient programmiert werden wie die besten bekannten Sortiermethoden mit Arrays. Allerdings sind dazu einige Vorkehrungen zu treffen. Den Fall x = p↑.key im Vergleich des Suchargumentes x mit dem Knotenschlüssel vereinigt man am besten mit dem Fall x > p↑.key. Unter Verwendung der Bedingung x ≥ p↑.key ergibt sich nämlich eine stabile Sortiermethode, d.h. Elemente mit gleichen Schlüsseln erscheinen beim normalen Durchlaufen des Baumes in der Reihenfolge, in der sie eingefügt wurden.

Im allgemeinen gibt es bessere Sortierverfahren, aber in Anwendungen, in denen Suchen und Sortieren gemeinsam benötigt werden, ist der Algorithmus des Durchsuchens und Einfügens mit Bäumen sehr zu empfehlen. Er wird tatsächlich sehr oft in Compilern und Datenbanken zur Organisation der Objekte angewendet, die zu speichern und wieder hervorzuholen sind. Ein gutes Beispiel hierfür ist die Konstruktion einer *Cross-Reference-Liste* für einen gegebenen Text. Wir wollen dieses Problem im einzelnen verfolgen.

Wir stellen uns die Aufgabe, ein Programm zu konstruieren, das, während es einen Text f einliest und ihn mit fortlaufenden Zeilennummern ausdruckt, alle Worte dieses Textes sammelt und dabei für jedes Wort die Nummern derjenigen Zeilen festhält, in denen es vorkommt. Nach Beendigung dieses Prozesses soll eine Tabelle erstellt werden, die alle gesammelten Worte in alphabetischer Reihenfolge und die Listen ihres Auftretens enthält. Offensichtlich ist der Suchbaum (auch *lexikographischer* Baum genannt) ein äusserst geeigneter Kandidat für die Darstellung der im Text vorkommenden Worte. Jeder Knoten enthält nun nicht nur den Schlüsselwert (das entsprechende Wort), sondern ist auch Kopf einer Liste von Zeilennummern. Wir halten jedes Auftreten in einer Variablen vom Typ *item* fest. Somit treten in diesem Beispiel sowohl Bäume als auch lineare Listen auf. Der mit dem Programm 4.5 beschriebene Vorgang besteht aus zwei Hauptteilen, nämlich dem Auflisten von Worte und dem Drucken der Tabelle. Letzteres stellt eine Routine zum Durchlaufen eines Baumes dar, wobei der Besuch jedes Knotens das Drucken des Schlüsselwertes (word) und das Durchsuchen der zugeordneten Liste von Zeilennummern (items) zur Folge hat. Hier einige weitere Erläuterungen zum Programm 4.5 für die Erstellung von Cross-Reference-Listen:

1. Ein Wort wird als eine Folge von Buchstaben und Ziffern definiert, die mit einem Buchstaben beginnt.

2. Weil Wörter von stark unterschiedlicher Länge vorkommen, werden die Zeichen in einem Array buffer gespeichert, und die Baumknoten enthalten lediglich den Index des ersten Zeichens des betreffenden Wortes.

3. Vorzugsweise sollen die Zeilennummern in der Cross-Reference-Tabelle in aufsteigender Reihenfolge gedruckt werden. Es ist vorteilhaft, die Listen der Elemente in der gleichen Reihenfolge aufzubauen, in der sie zum Drucken durchlaufen werden. Diese Forderung legt die Verwendung zweier Zeiger in jedem Wortknoten nahe, einen davon zur Angabe des letzten Elementes der zugehörigen Liste.

Tabelle 4.4 zeigt das Resultat der Anwendung von Programm 4.5 auf einen kurzen Programmtext.

```
MODULE CrossRef;
  FROM InOut IMPORT OpenInput, OpenOutput, CloseInput,
     CloseOutput, Read, Done, EOL, Write, WriteCard, WriteLn;
  FROM Storage IMPORT ALLOCATE;

  CONST BufLeng = 10000; WordLeng = 16;

  TYPE WordPtr = POINTER TO Word;
     ItemPtr = POINTER TO Item;

     Word = RECORD key: CARDINAL;
             first, last: ItemPtr;
             left, right: WordPtr
```

```
      END ;

    Item = RECORD lno: CARDINAL;
        next: ItemPtr
      END ;

VAR root: WordPtr;
    k0, k1, line: CARDINAL;
    ch: CHAR;
    buffer: ARRAY [0 .. BufLeng-1] OF CHAR;

PROCEDURE PrintWord(k: CARDINAL);
  VAR lim: CARDINAL;
BEGIN lim := k + WordLeng;
  WHILE buffer[k] > 0C DO Write(buffer[k]); k := k+1 END ;
  WHILE k < lim DO Write(" "); k := k+1 END
END PrintWord;

PROCEDURE PrintTree(t: WordPtr);
  VAR i, m: INTEGER; item: ItemPtr;
BEGIN
  IF t # NIL THEN
    WITH t↑ DO
      PrintTree(left);
      PrintWord(key); item := first; m := 0;
      REPEAT
        IF m = 8 THEN
          WriteLn; m := 0;
          FOR i := 1 TO WordLeng DO Write(" ") END
        END ;
        m := m+1; WriteCard(item↑.lno, 6); item := item↑.next
      UNTIL item = NIL;
      WriteLn;
      PrintTree(right)
    END
  END
END PrintTree;

PROCEDURE Diff(i, j: CARDINAL): INTEGER;
BEGIN
  LOOP
    IF buffer[i] # buffer[j] THEN
      RETURN INTEGER(ORD(buffer[i])) - INTEGER(ORD(buffer[j]))
    ELSIF buffer[i] = 0C THEN RETURN 0
    END ;
    i := i+1; j := j+1
  END
END Diff;
```

```
  PROCEDURE search(VAR p: WordPtr);
    VAR item: ItemPtr; d: INTEGER;
  BEGIN
    IF p = NIL THEN (*word not in tree; insert*)
      ALLOCATE(p, SIZE(Word)); ALLOCATE(item, SIZE(Item));
      WITH p↑ DO
        key := k0; first := item; last := item;
        left := NIL; right := NIL
      END;
      item↑.lno := line; item↑.next := NIL; k0 := k1
    ELSE d := Diff(k0, p↑.key);
      IF d < 0 THEN search(p↑.left)
      ELSIF d > 0 THEN search(p↑.right)
      ELSE ALLOCATE(item, SIZE(Item));
        item↑.lno := line; item↑.next := NIL;
        p↑.last↑.next := item; p↑.last := item
      END
    END
  END search;

  PROCEDURE GetWord;
  BEGIN k1 := k0;
    REPEAT Write(ch); buffer[k1] := ch; k1 := k1 + 1; Read(ch)
    UNTIL (ch < "0") OR (ch > "9") & (CAP(ch) < "A")
      OR (CAP(ch) > "Z");
    buffer[k1] := 0C; k1 := k1 + 1;  (*terminator*)
    search(root)
  END GetWord;

BEGIN root := NIL; k0 := 0; line := 0;
  OpenInput("TEXT"); OpenOutput("XREF");
  WriteCard(0, 6); Write(" "); Read(ch);
  WHILE Done DO
    CASE ch OF
      0C .. 35C:   Read(ch) |
      36C .. 37C:  WriteLn; Read(ch); line := line + 1;
                   WriteCard(line, 6); Write(" ") |
      " " .. "@":  Write(ch); Read(ch) |
      "A" .. "Z":  GetWord |
      "[" .. "‘":  Write(ch); Read(ch) |
      "a" .. "z":  GetWord |
      "{" .. "~":  Write(ch); Read(ch)
    END
  END;
  WriteLn; WriteLn; CloseInput;
  PrintTree(root); CloseOutput
```

END CrossRef.

Programm 4.5: Cross-Reference Generator

```
 0 PROCEDURE search(x: INTEGER; VAR p: WPtr);
 1 BEGIN
 2    IF x < p↑.key THEN search(x, p↑.left)
 3    ELSIF x > p↑.key THEN search(x, p↑.right)
 4    ELSIF p # s THEN p↑.count := p↑.count + 1
 5    ELSE Allocate(p, SIZE(Word));
 6          WITH p↑ DO
 7             key := x; left := s; right := s; count := 1
 8          END
 9    END
10 END

Allocate             5
BEGIN                1
DO                   6
ELSE                 5
ELSIF                3     4
END                  8     9    10
IF                   2
INTEGER              0
PROCEDURE            0
SIZE                 5
THEN                 2     3     4
VAR                  0
WITH                 6
WPtr                 0
Word                 5
count                4     4     7
key                  2     3     7
left                 2     7
p                    0     2     2     3     3     4     4     4
                     5     6
right                3     7
s                    4     7     7
search               0     2     3
x                    0     2     2     3     3     7
```

Tabelle 4.4. Ausgabe des Programms 4.5

4.4.4. Löschen in Bäumen

Wir wenden uns nun dem zum Einfügen entgegengesetzten Problem zu, nämlich dem Entfernen, d.h. *Löschen* (deletion). Wir stellen uns die Aufgabe, einen Algorithmus für das Löschen zu entwickeln, d.h. für das Entfernen eines Knotens mit gegebenem Schlüssel x aus einem geordneten Baum. Leider ist das Entfernen eines Elementes im allgemeinen nicht so einfach wie das Einfügen. Es kann direkt ausgeführt werden, wenn das zu löschende Element ein Endknoten oder ein Knoten mit nur einem Nachfolger ist. Die Schwierigkeit im

Entfernen eines Elementes mit zwei Nachfolgern liegt darin, dass wir mit einem Zeiger nicht in zwei Richtungen zeigen können. In diesem Fall muss das entfernte Element entweder durch das grösste Element des linken oder durch das kleinste des rechten Teilbaumes ersetzt werden. Beide haben höchstens einen Nachfolger. Die rekursive Prozedur *delete* in (4.52) zeigt die Einzelheiten und unterscheidet drei Fälle:

1. Es gibt keine Komponente mit dem Schlüssel x.
2. Die Komponente mit dem Schlüssel x hat höchstens einen Nachfolger.
3. Die Komponente mit dem Schlüssel x hat zwei Nachfolger.

```
PROCEDURE delete(x: INTEGER; VAR p: Ptr);
  VAR q: Ptr:                                              (4.52)

  PROCEDURE del (VAR r: Ptr);
  BEGIN
    IF r↑.right # NIL THEN del(r↑.right)
    ELSE q↑.key := r↑.key; q↑.count := r↑.count;
        q := r; r := r↑.left
    END
  END del;

BEGIN (*delete*)
  IF p = NIL THEN (*word is not in tree*)
  ELSIF x < p↑.key THEN delete(x, p↑.left)
  ELSIF x > p↑.key THEN delete(x, p↑.right)
  ELSE (*delete p↑*) q := p;
    IF q↑.right = NIL THEN p := q↑.left
    ELSIF q↑.left = NIL THEN p := q↑.right
    ELSE del(q↑.left)
    END ;
    (*Deallocate(q)*)
  END
END delete
```

Die rekursive Hilfs-Prozedur *del* wird nur im 3. Fall aufgerufen. Sie geht auf dem äussersten Zweig des linken Teilbaumes des zu löschenden Elementes q↑ "hinab" und ersetzt die wesentliche Information (Schlüssel und Zähler) in q↑ durch die entsprechenden Werte der äussersten Komponente r↑ dieses linken Teilbaumes. Danach kann r↑ weggenommen werden. Die nicht weiter ausgeführte Prozedur *Deallocate* kann als die inverse (entgegengesetzte) von *Allocate* betrachtet werden. Während die letztere Speicherplatz für eine neue Komponente reserviert, teilt *Deallocate* dem System mit, dass der durch q↑ besetzte Speicher wieder zur Verfügung steht. Das ergibt eine Art Kreislauf des Speicherplatzes.

Zur Illustration des Ablaufs der Prozedur (4.52) beziehen wir uns auf Fig. 4.28. Man gehe von Baum 8a aus und entferne nacheinander die Knoten mit den Schlüsseln 13, 15, 5 und 10. Fig. 4.28 b-e zeigt die resultierenden Bäume.

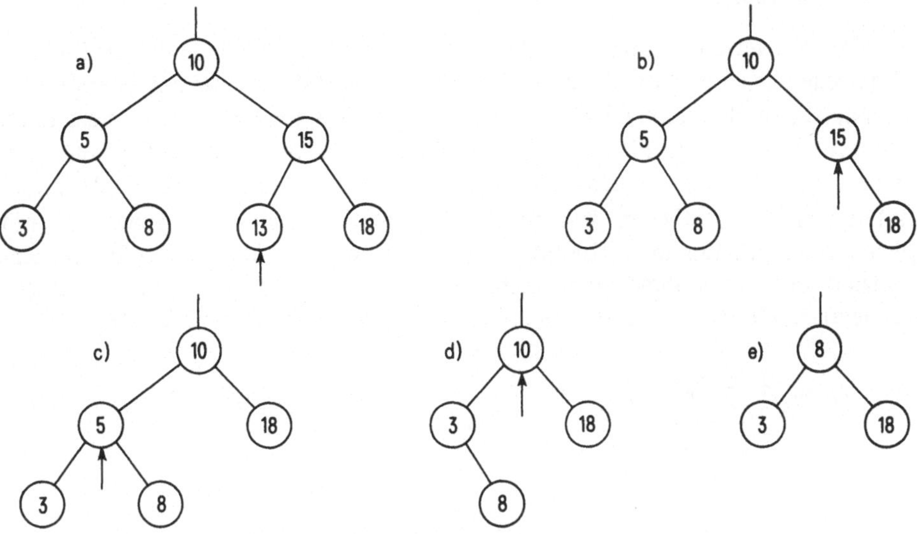

Fig. 4.28. Löschen von Elementen im geordneten Baum

4.4.5. Analyse des Durchsuchens und Einfügens

Es ist verständlich, wenn man dem eben dargestellten Algorithmus zum Durchsuchen und Einfügen mit Bäumen misstrauisch gegenübersteht. Zumindest sollte man skeptisch bleiben, bis weitere Einzelheiten über sein Verhalten erörtert worden sind. Viele Programmierer sind darüber besorgt, dass sie nicht wissen, wie der Baum im allgemeinen wächst; wir haben keine Ahnung, welche Form er annehmen wird. Wir können nur vermuten, dass er nicht ganz ausgeglichen sein wird. Die Anzahl benötigter Vergleiche beträgt im Mittel etwa $h = \log(n)-1$. Daher wird die Zahl der Vergleiche bei einem durch den zur Diskussion stehenden Algorithmus generierten Baum grösser sein als h. Aber um wieviel?

Es ist zunächst einfach, den schlimmsten Fall zu finden. Nehmen wir an, dass alle Schlüssel bereits in streng aufsteigender (oder absteigender) Reihenfolge auftreten. Dann wird jeder Schlüssel sofort rechts (links) an seinen Vorgänger angehängt, und der resultierende Baum ist vollständig degeneriert, d.h. er wird zu einer linearen Liste. Der mittlere Suchaufwand beträgt dann n/2 Vergleiche. Dieser schlimmste Fall führt natürlich zu einer sehr schlechten Leistung des Such-Algorithmus und scheint unsere Skepsis völlig zu rechtfertigen. Es bleibt natürlich noch die Frage, wie wahrscheinlich dieser Fall ist. Genauer gesagt, sind wir an der Länge a_n des Suchpfades interessiert, gemittelt über alle n Schlüssel und über alle n! Bäume, die sich aus den n! Permutationen der ursprünglichen n Schlüssel ergeben. Die zugehörige Untersuchung sei hier sowohl wegen ihres Wertes als typisches Beispiel einer Analyse eines Algorithmus als auch wegen der praktischen Bedeutung des

Resultates ausgeführt:

Gegeben seien n verschiedene Schlüssel mit den Werten 1, 2, ... , n in zufälliger Reihenfolge. Die Wahrscheinlichkeit, dass der erste Schlüssel - der übrigens Wurzelknoten wird - den Wert i hat, ist 1/n. Sein linker Teilbaum wird zuletzt i-1 Knoten enthalten und sein rechter Teilbaum n-i Knoten (vgl. Fig. 4.29). Die mittlere Weglänge im linken Teilbaum wird mit a_{i-1} bezeichnet, die im rechten mit a_{n-i}, wobei wir annehmen, dass alle möglichen Permutationen der restlichen n-1 Schlüssel gleich wahrscheinlich sind. Die mittlere Weglänge in einem Baum mit n Knoten ist die Summe der Produkte der Stufe jedes Knotens multipliziert mit der Wahrscheinlichkeit des Zugriffs. Werden alle Knoten mit gleicher Wahrscheinlichkeit benötigt, und ist p_i die Pfadlänge des i-ten Knotens, so gilt:

$$a_n = \frac{1}{n} \sum_{i=1}^{n} p_i \tag{4.53}$$

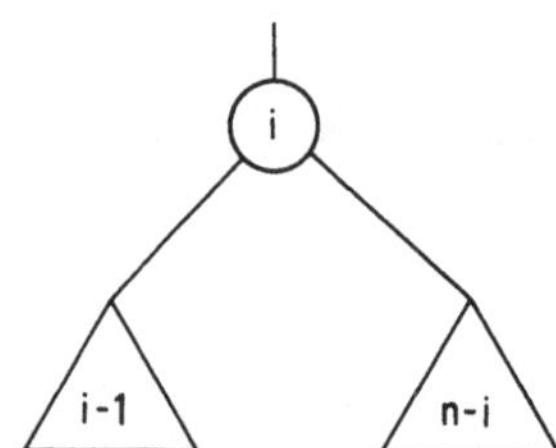

Fig. 4.29. Zur Bestimmung der mittleren Weglänge

Wir teilen die Knoten in drei Klassen ein:

1. Die i-1 Knoten im linken Teilbaum haben die mittlere Weglänge a_{i-1}.
2. Die Wurzel hat die Weglänge 0.
3. Die n-i Knoten im rechten Teilbaum haben die mittlere Weglänge a_{n-i}.

Somit kann (4.53) als Summe von drei Ausdrücken geschrieben werden:

$$a_n^{(i)} = \frac{(i-1)\, a_{i-1} + (n-i)\, a_{n-i}}{n} \tag{4.54}$$

Die gesuchte Grösse a_n wird nun erhalten als Mittelwert der $a_n^{(i)}$ über alle $i = 1 \ldots n$, d.h. über alle Bäume mit dem Schlüssel 1, 2, ... , n in der Wurzel.

$$\begin{aligned} a_n &= \frac{1}{n^2} \sum_{i=1}^{n} \left[(i-1)\, a_{i-1} + (n-i)\, a_{n-i}\right] \\ &= \frac{2}{n^2} \sum_{i=1}^{n} (i-1)\, a_{i-1} \\ &= \frac{2}{n^2} \sum_{i=1}^{n-1} i\, a_i \end{aligned} \tag{4.55}$$

Die Gleichung (4.55) ist eine Rekursions-Relation von der Form $a_n = f_1(a_1, a_2, \dots, a_n)$. Daraus können wir auf folgende Art eine einfachere Rekursions-Relation der Form $a_n = f_2(a_{n-1})$ herleiten. Durch Abspalten des letzten Terms in der Summe erhalten wir

$$(1)\ a_n = \frac{2}{n^2}(n-1)\,a_{n-1} + \frac{2}{n^2}\sum_{i=1}^{n-1} i * a_i$$

Durch Substitution von n-1 für n in (4.55) erhalten wir ferner

$$(2)\ a_{n-1} = \frac{2}{(n-1)^2}\sum_{i=1}^{n-2} i\, a_i$$

Multiplikation von (2) mit $(n-1)^2/n^2$ ergibt

$$(3)\ \frac{2}{n^2}\sum_{i=1}^{n-2} i\, a_i = a_{n-1}\frac{(n-1)^2}{n^2}$$

Einsetzen von (3) in (1) führt zu

$$a_n = \frac{2}{n^2}(n-1)\,a_{n-1} + a_{n-1}\frac{(n-1)^2}{n^2} = a_{n-1}\frac{n^2-1}{n^2} \qquad (4.56)$$

Es stellt sich heraus, dass a_n in nicht rekursiver, geschlossener Form mit Hilfe der harmonischen Funktion dargestellt werden kann:

$$H_n = 1 + \frac{1}{2} + \frac{1}{3} + \dots + \frac{1}{n}$$

$$a_n = 2\left(H_n\frac{(n+1)}{n} - 1\right) \qquad (4.57)$$

Aus Euler's Formel (mit der Eulerschen Konstanten g = 0.577...)

$$H_n = g + \ln(n) + \frac{1}{12n^2} + \dots$$

leiten wir für grosse n folgende angenäherte Beziehung ab:

$$a_n \doteq 2\,(\ln(n) + g - 1)$$

Da die mittlere Weglänge im völlig ausgeglichenen Baum ungefähr

$$a_n' \doteq \log n - 1 \qquad (4.58)$$

ist, erhalten wir unter Vernachlässigung der für grosse n unbedeutenden konstanten Glieder:

$$\lim \frac{a_n}{a_n'} = 2\,\frac{\ln(n)}{\log(n)} = 2\ln(2) \doteq 1.386\dots \qquad (4.59)$$

Was bedeutet nun das Resultat (4.59) dieser Analyse? Es sagt aus, dass wir durch die Konstruktion von lauter völlig ausgeglichenen Bäumen anstelle der in Programm 4.4

entstehenden zufälligen - immer unter der Voraussetzung, dass alle Schlüssel mit gleicher Wahrscheinlichkeit besucht werden - eine mittlere Verbesserung der Länge des Suchpfades um höchstens 39% erwarten können. Die Betonung liegt auf dem Wort *mittlere*, denn die Verbesserung kann in Wirklichkeit im ungünstigsten Fall sehr viel grösser sein, nämlich dann, wenn der erzeugte Baum völlig zu einer Liste degeneriert. Das ist allerdings sehr unwahrscheinlich, wenn alle Permutationen der n einzufügenden Schlüssel gleich wahrscheinlich sind. In diesem Zusammenhang ist noch zu bemerken, dass die zu erwartende mittlere Weglänge des "zufälligen" Baumes auch streng logarithmisch mit der Zahl seiner Knoten zunimmt, obwohl für den schlimmsten Fall die Weglänge linear wächst.

Der Wert 39% stellt also eine obere Grenze für die zusätzlichen Anstrengungen dar, die man für irgendeine Art der Neuorganisation der Baumstruktur beim Einfügen von Elementen aufwendet. Natürlich beeinflusst das Verhältnis zwischen den Häufigkeiten des Zugriffs und des Einfügens von Knoten die für ein solches Vorhaben rentablen Grenzen beträchtlich. Je grösser dieses Verhältnis ist, um so komplexer kann die Prozedur zur Neuorganisation sein. Der Wert 39% ist so klein, dass sich bei den meisten Anwendungen Verbesserungen des Algorithmus für das direkte Einfügen in den Baum nicht lohnen. Eine Ausnahme bildet der Fall, in dem die Zahl der Knoten *und* das Verhältnis der Anzahl der Zugriffe zur Anzahl der Einfügungen gross sind.

4.5. AUSGEGLICHENE BÄUME

Aus der vorangehenden Diskussion geht hervor, dass sich eine Prozedur zum Einfügen, die jedesmal die völlig ausgeglichene Struktur des Baumes wiederherstellt, kaum rentiert, da die Wiederherstellung der völligen Ausgeglichenheit nach einem willkürlichen Einfügen eine sehr knifflige Operation ist. Verbesserungen werden durch eine schwächere Definition der Ausgeglichenheit möglich. Ein solches Kriterium für unvollständige Ausgeglichenheit sollte einfachere Prozeduren zur Neuorganisation auf Kosten einer nur geringen Verschlechterung der mittleren Suchleistung gegenüber dem Optimum ermöglichen. Eine adäquate Definition der Ausgeglichenheit wurde von Adelson-Velskii und Landis [1] postuliert:

Ein Baum ist genau dann *ausgeglichen*, wenn sich für jeden Knoten die *Höhen* der zugehörigen Teilbäume um höchstens 1 unterscheiden.

Bäume, die diese Bedingung erfüllen, heissen nach ihren Schöpfern AVL-Bäume. Wir werden sie einfach *ausgeglichene Bäume* nennen, da sich dieses Kriterium der Ausgeglichenheit als das geeignetste erweist. (Man beachte, dass alle völlig ausgeglichenen Bäume auch AVL-ausgeglichen sind.) Diese Definition ist nicht nur einfach, sondern führt auch zu einer sehr handlichen Ausgleichs-Prozedur und zu Suchpfaden, deren mittlere Länge praktisch identisch ist mit der in einem völlig ausgeglichenen Baum. Die folgenden Operationen können auf ausgeglichenen Bäumen selbst im schlimmsten Fall in O(log n) Zeiteinheiten ausgeführt werden:

1. Suchen eines Knotens mit gegebenem Schlüssel.
2. Einfügen eines Knotens mit gegebenem Schlüssel.
3. Löschen eines Knotens mit gegebenem Schlüssel.

Diese Aussagen sind direkte Konsequenzen eines von Adelson-Velskii und Landis bewiesenen Theorems, das garantiert, dass ein ausgeglichener Baum höchstens 45% höher ist als sein völlig ausgeglichenes Gegenstück, und zwar unabhängig von der Anzahl der vorhandenen Knoten. Bezeichnen wir die Höhe eines ausgeglichenen Baumes mit n Knoten durch $h_b(n)$, so gilt:

$$\log(n+1) \le h_b(n) < 1.4404 * \log(n+2) - 0.328 \qquad (4.60)$$

Das Optimum wird natürlich für einen völlig ausgeglichenen Baum mit $n = 2^k-1$ erreicht. Welche Struktur hat aber der am schlechtesten AVL-ausgeglichene Baum? Um die maximale Höhe h aller ausgeglichenen Bäume mit n Knoten zu finden, wollen wir von einer festen Höhe h ausgehen und versuchen, den ausgeglichenen Baum mit minimaler Anzahl Knoten zu konstruieren. Diese Strategie liefert uns eine obere Schranke für die Höhe h eines Baumes mit n Knoten, die nur für bestimmte Werte von n erreicht wird. Diesen Baum mit der Höhe h bezeichnen wir mit T_h. Natürlich ist T_0 der leere Baum und T_1 der Baum mit einem einzigen Knoten. Um den Baum T_h mit h > 1 zu konstruieren, wollen wir die Wurzel mit zwei Teilbäumen versehen, die wiederum eine minimale Anzahl von Knoten haben. Die Teilbäume sind also wieder Ts. Natürlich *muss* ein Teilbaum die Höhe h-1 haben, der andere kann dann eine um 1 kleinere Höhe, nämlich h-2 haben. Fig. 4.30 zeigt die Bäume zu den Höhen 2, 3 und 4. Da das Prinzip ihres Aufbaus sehr stark dem der Fibonacci-Zahlen gleicht, heissen sie *Fibonacci-Bäume*. Sie sind folgendermassen definiert:

1. Der leere Baum ist ein Fibonacci-Baum der Höhe 0.
2. Ein einzelner Knoten ist ein Fibonacci-Baum der Höhe 1.
3. Sind T_{h-1} und T_{h-2} Fibonacci-Bäume zu den Höhen h-1 und h-2, so ist
   $T_h = \langle T_{h-1}, x, T_{h-2} \rangle$ ein Fibonacci-Baum der Höhe h mit Wurzel x.
4. Keine anderen Bäume sind Fibonacci-Bäume.

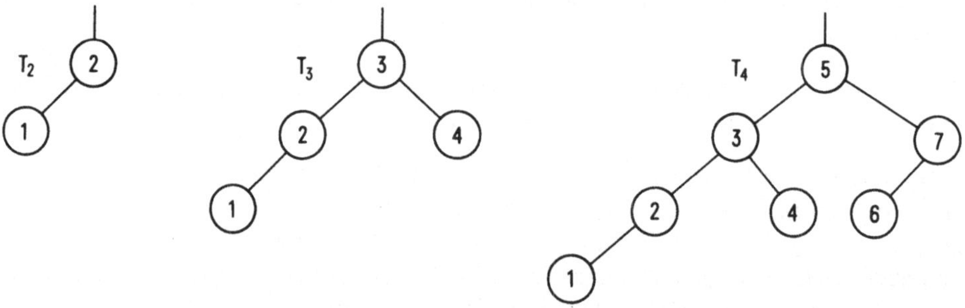

Fig. 4.30. Fibonacci-Bäume der Höhen 2, 3 und 4

Die Anzahl der Knoten von T_h ist durch folgende einfache Rekursions-Relation definiert:

$$N_0 = 0, \; N_1 = 1$$
$$N_h = N_{h-1} + 1 + N_{h-2} \tag{4.61}$$

N_i ist die minimale Anzahl von Knoten, die ein ausgeglichener Baum der Höhe h im schlimmsten Fall erreicht. Die Zahlen N heissen auch Leonardo-Zahlen (s. auch (3.16a)).

4.5.1. Einfügen in ausgeglichene Bäume

Wir wollen uns nun überlegen, wie ein neuer Knoten in einen ausgeglichenen Baum eingefügt wird. Gegeben sei eine Wurzel r mit den linken und rechten Teilbäumen L und R. Der neue Knoten sei in L einzufügen. Dann sind drei Fälle zu unterscheiden:

1. hL = hR: Die Höhen von L und R werden verschieden, aber das Kriterium der Ausgeglichenheit wird nicht verletzt.
2. hL < hR: Die Höhen von L und R werden gleich; Ausgeglichenheit wird bewahrt.
3. hL > hR: Die Ausgeglichenheit wird zerstört, und der Baum muss umstrukturiert werden.

Im Baum von Fig. 4.31 können Knoten mit den Schlüsseln 9 oder 11 ohne zusätzliches Ausgleichen eingefügt werden; der Baum mit Wurzel 10 wird einseitig (Fall 1), der mit Wurzel 8 besser ausgeglichen (Fall 2). Einfügen der Knoten 1, 3, 5 oder 7 erfordert jedoch anschliessendes Ausgleichen.

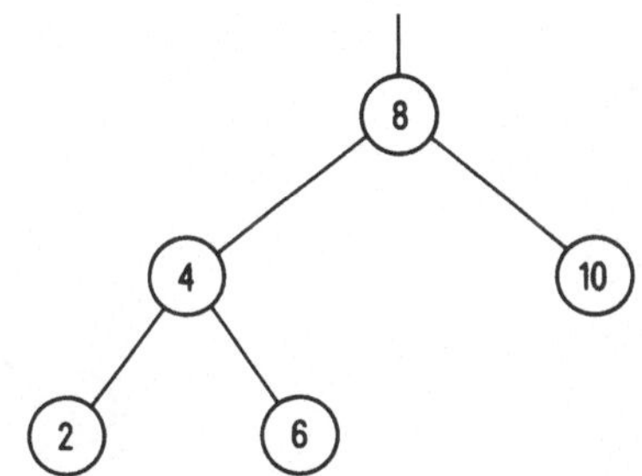

Fig. 4.31. Ausgeglichener Baum (AVL)

Eine sorgfältige Überprüfung der Situation ergibt, dass nur zwei wesentlich verschiedene Konstellationen möglich sind. Die restlichen können durch Symmetrie-Überlegungen auf diese beiden zurückgeführt werden. Fall 1 ist durch Einfügen der Knoten 1 oder 3 in den Baum von Abb. 4.31 erfasst, Fall 2 durch Einfügen der Knoten 5 oder 7.

Beide Fälle sind in Fig. 4.32 verallgemeinert dargestellt, wobei die Rechtecke Teilbäume bedeuten und die durch Einfügen hinzugekommene Höhe durch Kreuze markiert ist. Einfache Umformungen der beiden Strukturen stellen die gewünschte Ausgeglichenheit wieder her. Das Ergebnis ist in Fig. 4.33 gezeigt; man beachte, dass nur Bewegungen in vertikaler Richtung erlaubt sind, während die relativen horizontalen Positionen der gezeigten Knoten und Teilbäume unverändert bleiben müssen.

Ein Algorithmus zum Einfügen und Ausgleichen hängt entscheidend von der Art der Speicherung der Information ab, die die Ausgeglichenheit des Baumes angibt. Im Prinzip impliziert die Baumstruktur selbst diese Information. Der Grad der Ausgeglichenheit eines Knotens muss so aber jedesmal dann durch Inspizierung des ganzen Baumes neu festgestellt werden, wenn der Knoten beim Einfügen berührt worden ist. Daraus ergibt sich ein ausserordentlich grosser Verwaltungsaufwand. Eine bessere Lösung ist die Erweiterung jedes Knotens um die explizite Angabe des Grades seiner Ausgeglichenheit. Die Definition (4.48) des Typs *Node* wird daher erweitert zu

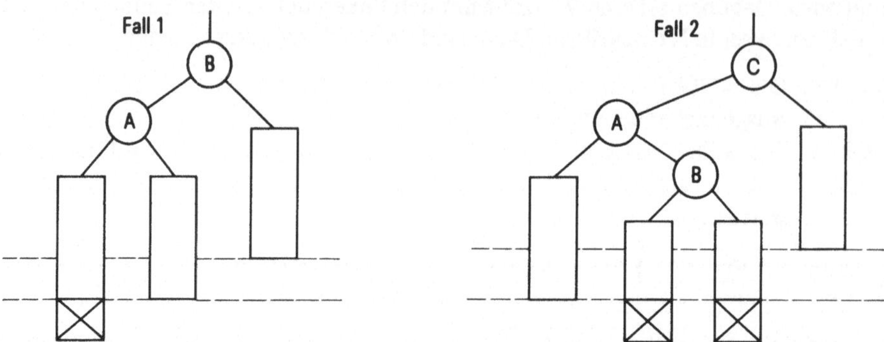

Fig. 4.32. Nach Einfügen eines Elementes nicht mehr ausgeglichene Bäume

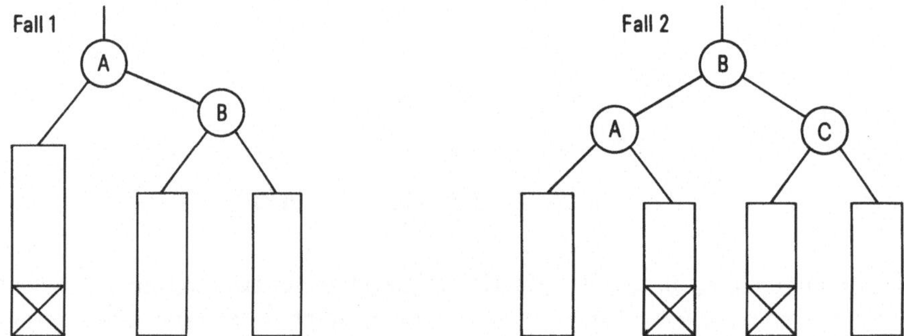

Fig. 4.33. Durch Ausgleichen wiederhergestelltes Gleichgewicht

```
TYPE Ptr      = POINTER TO Node;
TYPE Balance  = [-1 .. +1];
TYPE Node     = RECORD key: INTEGER;                    (4.62)
                  count: INTEGER;
                  left, right: Ptr
                  bal: Balance
                END
```

Wir werden im folgenden den Grad der Ausgeglichenheit (balance) eines Knotens als Differenz der Höhen des rechten und linken Teilbaumes interpretieren. Der zu erstellende Algorithmus wird sich auf den Typ *Node* in (4.62) beziehen. Der Prozess des Einfügens eines Knotens besteht im wesentlichen aus drei aufeinanderfolgenden Teilen:

1. Man folge dem Suchpfad, bis feststeht, dass der Schlüssel noch nicht im Baum vorhanden ist.
2. Man füge den neuen Knoten ein und bestimme den sich ergebenden Grad der Ausgeglichenheit.
3. Man gehe dem Suchpfad entlang zurück und teste in jedem Knoten den Grad der Ausgeglichenheit.

Obwohl bei dieser Methode einige überflüssige Tests ausgeführt werden (wenn Ausgeglichenheit in einem Knoten erreicht ist, bräuchte sie bei dessen Vorgängern nicht mehr geprüft zu werden), so wollen wir doch zunächst an diesem sicherlich vernünftigen Schema festhalten. Es kann nämlich durch reine Erweiterung der bereits in Programm 4.4 erstellten Prozedur zum Suchen und Einfügen implementiert werden. Diese Prozedur beschreibt die zur Suche eines einzelnen Knotens notwendige Operation, und dank ihrer rekursiven Formulierung kann sie auf dem Rückweg entlang dem Suchpfad leicht eine zusätzliche Operation ausführen. Bei jedem Schritt ist als Information zu übergeben, ob die Höhe des Teilbaumes (in den ein Element eingefügt wurde) zugenommen hat oder nicht. Entsprechend erweitern wir die Parameter-Liste der Prozedur um die Boolesche Variable h, die besagt, *die Höhe des Teilbaums hat zugenommen.* Natürlich muss h ein Variablen-Parameter sein, da er ein Resultat übermittelt.

Nehmen wir nun an, dass der Prozess p↑ aus der linken Verzweigung eines Knotens (vgl. Fig. 4.32) mit der Meldung zurückkommt, dass die Höhe zugenommen habe. Wir müssen jetzt entsprechend den Höhen der Teilbäume vor dem Einfügen drei Fälle unterscheiden:

1. $h_L < h_R$, p↑.bal = +1, die Unausgeglichenheit bei p wurde ausgeglichen.
2. $h_L = h_R$, p↑.bal = 0, das Gewicht verlagert sich nun nach links.
3. $h_L > h_R$, p↑.bal = -1, erneutes Ausgleichen wird notwendig.

Im dritten Fall bestimmt der Grad der Ausgeglichenheit der Wurzel des linken Teilbaumes (das ist p↑.bal), ob Fall 1 oder 2 von Fig. 4.32 vorliegt. Wenn der linke Teilbaum dieses Knotens ebenfalls höher ist als der rechte, haben wir es mit Fall 1 zu tun, sonst mit Fall 2. (Man überzeuge sich selbst, dass ein linker Teilbaum mit einer Wurzel vom Ausgeglichenheitsgrad 0 in dieser Situation nicht vorkommen kann.) Die zum erneuten Ausgleichen notwendigen Operationen werden vollständig als Folge von Zeigerzuweisungen ausgeführt. Genauer werden Zeiger zyklisch ausgetauscht, so dass entweder eine einfache oder eine doppelte Rotation der zwei oder drei beteiligten Knoten resultiert. Zusätzlich zur Rotation der Zeiger sind die entsprechenden Angaben der Ausgeglichenheit nachzuführen. Einzelheiten sind in der Prozedur (4.63) zum Suchen, Einfügen und Ausgleichen enthalten.

Fig. 4.34 zeigt das Prinzip des Vorgehens. Man betrachte den binären Baum (a), der nur aus zwei Knoten besteht. Einfügen von Schlüssel 7 führt zunächst zu einem unausgeglichenen Baum (d.h. einer linearen Liste). Das Ausgleichen bedingt eine einfache RR Rotation und ergibt den völlig ausgeglichenen Baum (b). Anschliessendes Einfügen der Knoten 2 und 1 führt zu einem unausgeglichenen Teilbaum mit der Wurzel 4. Dieser

Teilbaum wird durch eine einzige LL Rotation ausgeglichen (d). Das folgende Einfügen des Schlüssels 3 verletzt im Wurzelknoten 5 die Forderung nach Ausgeglichenheit. Sie ist im Baum (e), der aus einer komplizierteren Doppelrotation hervorgeht, wieder erfüllt. Knoten 5 ist der einzige Kandidat, der beim nächsten Einfügen unausgeglichen werden kann. Tatsächlich verursacht das Einfügen des Knotens 6 die vierte in (4.63) angegebene Situation der Unausgeglichenheit und bedingt eine RL Doppelrotation. Fig. 4.34 (f) enthält die endgültige Form des Baumes.

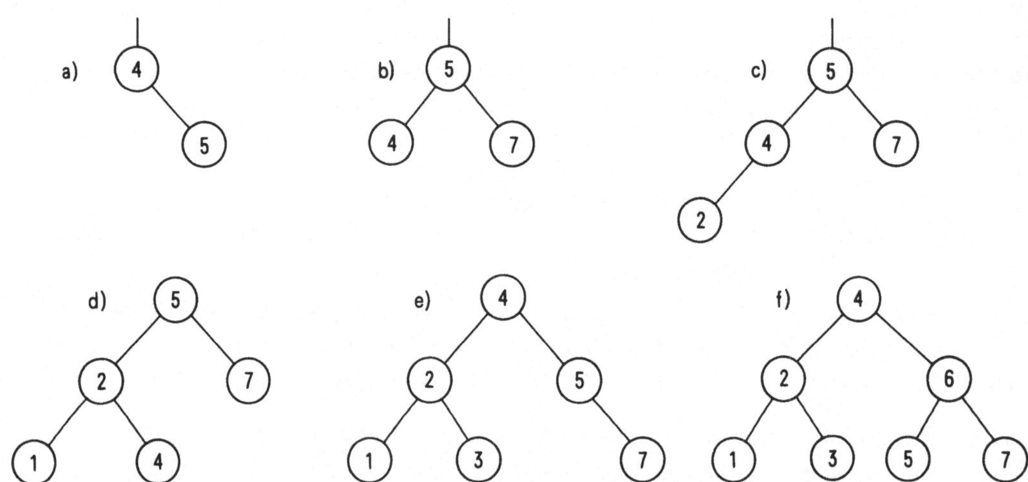

Fig. 4.34. Einfügen von Elementen im ausgeglichenen Baum

(4.63)

```
PROCEDURE search(x: INTEGER; VAR p: Ptr; VAR h: BOOLEAN);
 VAR p1, p2: Ptr; (*~h*)
BEGIN
 IF p = NIL THEN (*insert*)
  ALLOCATE(p, SIZE(Node)); h := TRUE;
  WITH p↑ DO
   key := x; count := 1; left := NIL; right := NIL; bal := 0
  END
 ELSIF p↑.key > x THEN
  search(x, p↑.left, h);
  IF h THEN (*left branch has grown*)
   CASE p↑.bal OF
    1: p↑.bal := 0; h := FALSE |
    0: p↑.bal := -1 |
```

```
     -1: (*rebalance*) p1 := p↑.left;
       IF p1↑.bal = -1 THEN (*single LL rotation*)
         p↑.left := p1↑.right; p1↑.right := p;
         p↑.bal := 0; p := p1
       ELSE (*double LR rotation*) p2 := p1↑.right;
         p1↑.right := p2↑.left; p2↑.left := p1;
         p↑.left := p2↑.right; p2↑.right := p;
         IF p2↑.bal = -1 THEN p↑.bal := 1 ELSE p↑.bal := 0 END ;
         IF p2↑.bal = +1 THEN p1↑.bal := -1 ELSE p1↑.bal := 0 END ;
         p := p2
       END ;
       p↑.bal := 0; h := FALSE
     END
   END
 ELSIF p↑.key < x THEN
   search(x, p↑.right, h);
   IF h THEN (*right branch has grown*)
     CASE p↑.bal OF
      -1: p↑.bal := 0; h := FALSE |
       0: p↑.bal := 1 |
       1: (*rebalance*) p1 := p↑.right;
         IF p1↑.bal = 1 THEN (*single RR rotation*)
           p↑.right := p1↑.left; p1↑.left := p;
           p↑.bal := 0; p := p1
         ELSE (*double RL rotation*) p2 := p1↑.left;
           p1↑.left := p2↑.right; p2↑.right := p1;
           p↑.right := p2↑.left; p2↑.left := p;
           IF p2↑.bal = +1 THEN p↑.bal := -1 ELSE p↑.bal := 0 END ;
           IF p2↑.bal = -1 THEN p1↑.bal := 1 ELSE p1↑.bal := 0 END ;
           p := p2
         END ;
         p↑.bal := 0; h := FALSE
     END
   END
 ELSE p↑.count := p↑.count + 1
 END
END search
```

Zwei Fragen bezüglich der Leistung des Algorithmus zum Einfügen in einen ausgeglichenen Baum sind von besonderem Interesse.

1. Wie gross ist die zu erwartende Höhe des erstellten ausgeglichenen Baumes, wenn alle n! Permutationen von n Schlüsseln mit gleicher Wahrscheinlichkeit vorkommen?
2. Mit welcher Wahrscheinlichkeit erfordert das Einfügen eines Knotens erneutes Ausgleichen?

Die mathematische Behandlung dieses komplizierten Algorithmus ist immer noch ein offenes Problem. Empirische Tests bestätigen die Vermutung, dass die zu erwartende Höhe des durch (4.63) generierten, ausgeglichenen Baumes $h = \log(n)+c$ beträgt ($c \doteq 0.25$). Damit verhält sich der AVL-ausgeglichene Baum praktisch ebenso gut wie der völlig ausgeglichene Baum, obwohl seine Struktur viel einfacher beizubehalten ist. Empirische Messungen deuten ferner darauf hin, dass erneutes Ausgleichen im Mittel ungefähr einmal auf je zwei Erweiterungen nötig ist. Dabei sind einfache und doppelte Rotationen gleich wahrscheinlich. Das Beispiel in Fig. 4.34 wurde offenbar sorgfältig gewählt, um mit einer möglichst kleinen Zahl von Einschüben alle Fälle der Umstrukturierung zu zeigen.

Die Komplexität der Ausgleichsoperationen legt nahe, ausgeglichene Bäume nur dann zu verwenden, wenn die Zugriffe zur Information wesentlich zahlreicher sind als die Erweiterungen. Dies gilt ganz besonders deshalb, weil die Knoten solcher Suchbäume gewöhnlich als dicht gepackte Records implementiert werden, um Speicherplatz zu sparen. Die Geschwindigkeit des Zugriffs zu dicht gepackter Information - hier die zwei Bits, die den Grad der Ausgeglichenheit kennzeichnen - ist daher oft ein wichtiger Faktor für die Effizienz der Operation des Ausgleichens. Empirische Abschätzungen zeigen, dass ausgeglichene Bäume von ihrer Attraktivität verlieren, wenn die Records dicht gepackt werden müssen. Es ist wirklich schwierig, den primitiven, einfachen Algorithmus für das Suchen und Einfügen in Bäume zu übertreffen.

4.5.2. Löschen in ausgeglichenen Bäumen

Unsere Erfahrung mit Löschen in Bäumen lässt vermuten, dass das Löschen von Knoten in ausgeglichenen Bäumen komplizierter ist als das Einfügen. Dies stimmt tatsächlich, obwohl der Ausgleichsvorgang im wesentlichen der gleiche ist wie beim Einfügen. Insbesondere besteht Ausgleichen entweder aus einer einfachen oder doppelten Rotation der Knoten. Ausgangspunkt für das Löschen in ausgeglichenen Bäumen ist der Algorithmus (4.52). Am einfachsten ist das Löschen von Endknoten und Knoten mit nur einem Nachfolger. Besitzt der zu löschende Knoten zwei Teilbäume, so ersetzen wir ihn wiederum durch den am weitesten rechts liegenden Knoten seines linken Teilbaumes. Wie im Fall des Einfügens in (4.63) wird ein Boolescher Variablen-Parameter h mit der Bedeutung *die Höhe des Teilbaumes wurde reduziert* eingeführt. Ausgleichen ist nur dann notwendig, wenn ein Knoten gefunden und gelöscht worden ist, oder wenn sich beim Ausgleichen selbst die Höhe eines Teilbaumes reduziert hat. In (4.64) führen wir die beiden (symmetrischen) Ausgleichsoperationen in Form von Prozeduren ein, da sie im Löschalgorithmus an mehr als einer Stelle aufgerufen werden. Man beachte, dass *balanceL* aufgerufen wird, wenn die Höhe des linken, *balanceR*, wenn die Höhe des rechten Astes reduziert wurde.

Die Wirkungsweise der Prozedur wird durch Fig. 4.35 illustriert. Gegeben sei der ausgeglichene Baum a. Schrittweises Löschen der Knoten mit den Schlüsseln 4, 8, 6, 5, 2, 1 und 7 führt zu den Bäumen (b) ... (h). Löschen des Schlüssels 4 selbst ist einfach, da dieser ein Endknoten ist. Es führt aber zu einem unausgeglichenen Knoten mit Schlüssel 3. Die Ausgleichsoperation bedingt eine einfache LL Rotation. Ausgleichen wird erneut notwendig nach dem Löschen von Knoten 6. Dieses Mal kann der rechte Teilbaum der Wurzel (7) durch eine einfache RR Rotation ausgeglichen werden. Löschen von Knoten 2 ist zwar selbst eine direkte Operation, da nur ein Nachfolger existiert, es impliziert aber eine komplizierte RL Doppelrotation. Der vierte Fall, die LR Doppelrotation, wird schliesslich durch Löschen des Knotens 7 verursacht, der zunächst durch das grösste Element seines linken Teilbaumes, d.h. durch den Knoten mit Schlüssel 3 ersetzt wird.

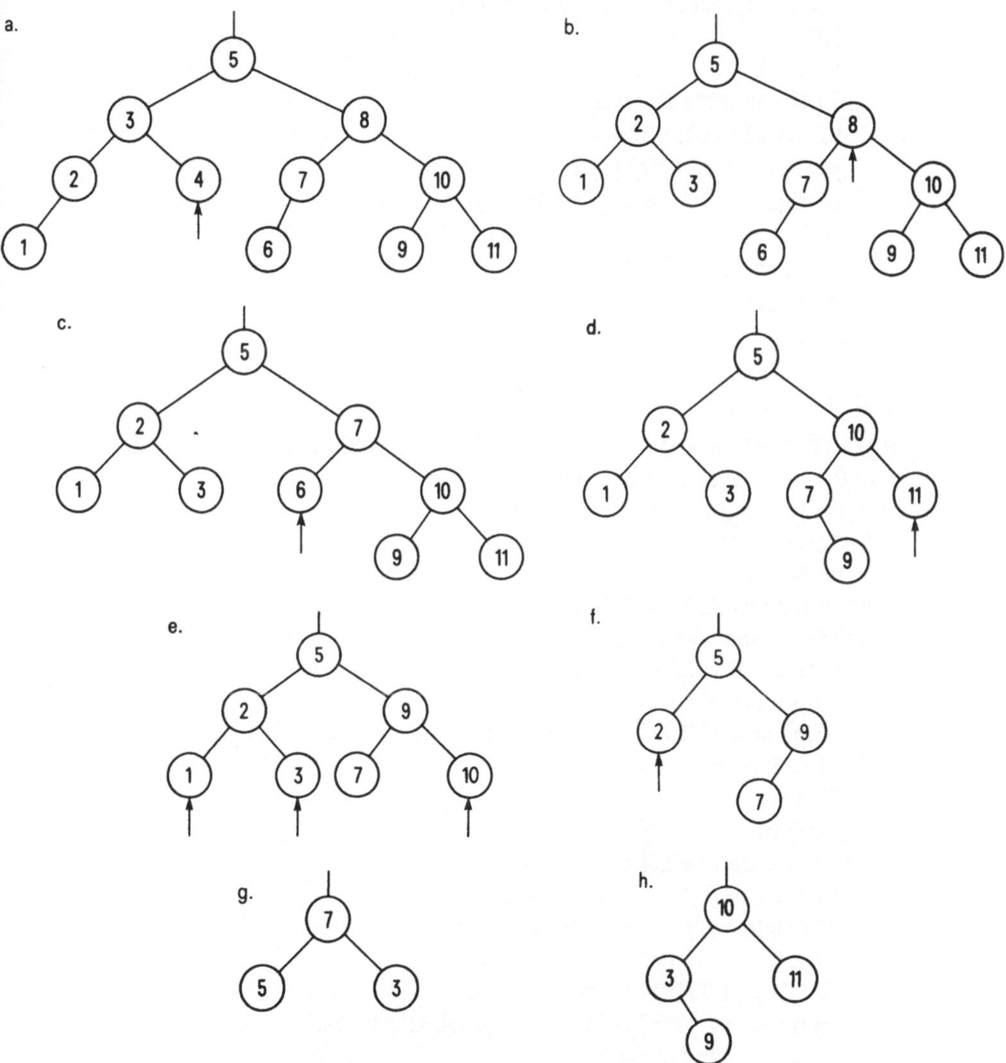

Fig. 4.35. Löschen von Elementen im ausgeglichenen Baum

```
PROCEDURE balanceL(VAR p: Ptr; VAR h: BOOLEAN);
  VAR p1, p2: Ptr; b1, b2: Balance;                              (4.64)
BEGIN (*h; left branch has shrunk*)
  CASE p↑.bal OF
```

```
  -1: p↑.bal := 0 |
   0: p↑.bal := 1; h := FALSE |
   1: (*rebalance*) p1 := p↑.right; b1 := p1↑.bal;
     IF b1 >= 0 THEN (*single RR rotation*)
       p↑.right := p1↑.left; p1↑.left := p;
       IF b1 = 0 THEN p↑.bal := 1; p1↑.bal := -1; h := FALSE
         ELSE p↑.bal := 0; p1↑.bal := 0
       END ;
       p := p1
     ELSE (*double RL rotation*)
       p2 := p1↑.left; b2 := p2↑.bal;
       p1↑.left := p2↑.right; p2↑.right := p1;
       p↑.right := p2↑.left; p2↑.left := p;
       IF b2 = +1 THEN p↑.bal := -1 ELSE p↑.bal := 0 END ;
       IF b2 = -1 THEN p1↑.bal := 1 ELSE p1↑.bal := 0 END ;
       p := p2; p2↑.bal := 0
     END
  END
END balanceL;

PROCEDURE balanceR(VAR p: Ptr; VAR h: BOOLEAN);
  VAR p1, p2: Ptr; b1, b2: Balance;
BEGIN (*h; right branch has shrunk*)
  CASE p↑.bal OF
   1: p↑.bal := 0 |
   0: p↑.bal := -1; h := FALSE |
  -1: (*rebalance*) p1 := p↑.left; b1 := p1↑.bal;
     IF b1 <= 0 THEN (*single LL rotation*)
       p↑.left := p1↑.right; p1↑.right := p;
       IF b1 = 0 THEN p↑.bal := -1; p1↑.bal := 1; h := FALSE
         ELSE p↑.bal := 0; p1↑.bal := 0
       END ;
       p := p1
     ELSE (*double LR rotation*)
       p2 := p1↑.right; b2 := p2↑.bal;
       p1↑.right := p2↑.left; p2↑.left := p1;
       p↑.left := p2↑.right; p2↑.right := p;
       IF b2 = -1 THEN p↑.bal := 1 ELSE p↑.bal := 0 END ;
       IF b2 = +1 THEN p1↑.bal := -1 ELSE p1↑.bal := 0 END ;
       p := p2; p2↑.bal := 0
     END
  END
END balanceR;
```

```
PROCEDURE delete(x: INTEGER; VAR p: Ptr; VAR h: BOOLEAN);
 VAR q: Ptr;

 PROCEDURE del(VAR r: Ptr; VAR h: BOOLEAN);
 BEGIN (*~h*)
  IF r↑.right # NIL THEN
   del(r↑.right, h);
   IF h THEN balanceR(r, h) END
  ELSE q↑.key := r↑.key; q↑.count := r↑.count;
   q := r; r := r↑.left; h := TRUE
  END
 END del;

BEGIN (*~h*)
 IF p = NIL THEN (*key not in tree*)
 ELSIF p↑.key > x THEN
  delete(x, p↑.left, h);
  IF h THEN balanceL(p, h) END
 ELSIF p↑.key < x THEN
  delete(x, p↑.right, h);
  IF h THEN balanceR(p, h) END
 ELSE (*delete p↑*) q := p;
  IF q↑.right = NIL THEN p := q↑.left; h := TRUE
  ELSIF q↑.left = NIL THEN p := q↑.right; h := TRUE
  ELSE del(q↑.left, h);
   IF h THEN balanceL(p, h) END
  END ;
  (* Deallocate(q) *)
 END
END delete
```

Offensichtlich kann auch das Löschen eines Elementes in einem ausgeglichenen Baum mit - im schlimmsten Fall - O(log n) Operationen durchgeführt werden. Ein wesentlicher Unterschied im Verhalten der Prozeduren zum Einfügen und Löschen darf aber nicht übersehen werden. Während das Einfügen eines einzigen Schlüssels höchstens *eine* Rotation (von zwei oder drei Knoten) erfordert, kann das Löschen eine Rotation für *jeden* Knoten entlang dem Suchpfad verursachen. Man betrachte z.B. das Löschen des Knotens mit grösstem Schlüssel in einem Fibonacci-Baum. Dies führt zu einer Reduktion der Höhe des Baumes; Löschen eines einzigen Knotens erfordert hier die grösstmögliche Zahl von Rotationen. Die Situation, gerade diesen Knoten in einem minimal ausgeglichenen Baum entfernen zu müssen, ist jedoch ein eher unglückliches Zusammentreffen von Zufällen. Wie wahrscheinlich sind nun Rotationen im allgemeinen? Das überraschende Resultat empirischer Tests ist, dass zwar eine Rotation bei etwa jedem zweiten Einfügen, aber nur bei jedem fünften Löschen erforderlich ist. Löschen in ausgeglichenen Bäumen ist daher im

Mittel etwa gleich aufwendig wie Einfügen.

4.6. OPTIMALE SUCHBÄUME

Unsere Überlegungen zur Organisation von Suchbäumen gingen bisher von der Annahme aus, dass die Häufigkeit des Zugriffs für alle Knoten gleich ist, d.h. dass alle Schlüssel mit gleicher Wahrscheinlichkeit als Suchargument auftreten. Dies ist vermutlich die beste Annahme, wenn man über die Verteilung des Zugriffs nichts weiss. Es gibt aber Fälle, die zwar eher die Ausnahme als die Regel sind, in denen die Wahrscheinlichkeit des Zugriffs zu verschiedenen Schlüsseln bekannt ist. In diesen Fällen bleiben die Schlüssel gewöhnlich gleich, d.h. im Suchbaum wird weder eingefügt noch gelöscht, er hat also eine statische Struktur. Ein typisches Beispiel ist der Scanner eines Compilers, der von jedem Wort (Bezeichner) feststellt, ob es ein Schlüsselwort (reserviertes Wort) ist. Statistische Messungen über viele compilierte Programme können in diesem Fall genügend genaue Angaben über die relative Häufigkeit des Auftretens und damit des Zugriffs zu einzelnen Schlüsseln geben. In einem Suchbaum sei die Wahrscheinlichkeit des Zugriffs zum Knoten i gleich

$$W\{x = k_i\} = p_i, \qquad \sum_{i=1}^{n} p_i = 1 \tag{4.65}$$

Wir wollen nun den Suchbaum so organisieren, dass die Gesamtzahl der Suchschritte - über hinreichend viele Versuche gezählt - minimal wird. Dazu ändern wir die Definition der Weglänge in (4.34), indem wir jedem Knoten ein gewisses Gewicht zuordnen. Die Knoten, zu denen häufig zugegriffen wird, werden schwere Knoten, die selten besuchten werden leichte Knoten. Die (innere) *gewichtete Weglänge* ist dann die Summe aller Weglängen gewichtet mit der Wahrscheinlichkeit ihrer Traversierung.

$$P = \sum_{i=1}^{n} p_i * h_i \tag{4.66}$$

h_i ist die Stufe des Knotens i. Es gilt nun, die gewichtete Weglänge für eine gegebene Wahrscheinlichkeitsverteilung zu *minimalisieren*. Man betrachte z.B. die Menge der Schlüssel 1, 2, 3 mit den Zugriffswahrscheinlichkeiten $p_1 = 1/7$, $p_2 = 2/7$ und $p_3 = 4/7$. Diese drei Schlüssel können auf fünf verschiedene Arten als Suchbaum dargestellt werden (vgl. Fig. 4.36).

Die gewichteten Weglängen berechnen sich nach (4.66) zu

$$P(a) = 11/7, \ P(b) = 12/7, \ P(c) = 12/7, \ P(d) = 15/7, \ P(e) = 17/7$$

In diesem Beispiel ist also nicht der völlig ausgeglichene, sondern der degenerierte Baum (a) die beste Anordnung.

Das Beispiel des Compiler-Scanners legt sofort nahe, dieses Problem in einem etwas

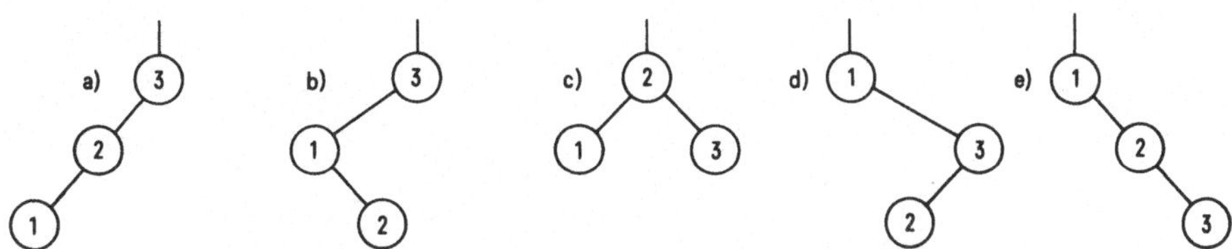

Fig. 4.36. Geordnete Bäume mit drei Elementen

allgemeineren Rahmen zu betrachten: Im Quellentext vorkommende Worte sind nicht immer Schlüsselworte. Im Gegenteil: Schlüsselworte sind eher die Ausnahme. Das Herausfinden, dass ein gegebenes Wort x kein Schlüssel im Suchbaum ist, kann man als Zugriff zu einem hypothetischen speziellen Knoten betrachten, der zwischen dem nächst niedrigeren und dem nächst höheren Schlüssel (vgl. Fig. 4.19) mit entsprechend zugeordneter Weglänge eingefügt ist. Wenn ausserdem die Wahrscheinlichkeit q_i berücksichtigt wird, mit der ein gesuchtes Argument x zwischen den beiden Schlüsseln k_i und k_{i+1} liegt, kann dies die Struktur des optimalen Suchbaumes wesentlich verändern. Somit verallgemeinern wir das Problem durch Einbeziehen des nicht erfolgreichen Suchens. Die gesamte gewichtete mittlere Weglänge ist nun

$$P = \sum_{i=1}^{n} p_i * h_i + \sum_{j=0}^{m} q_j * h'_j, \tag{4.67}$$

wobei gilt

$$\sum_{i=1}^{n} p_i + \sum_{j=0}^{m} q_j = 1.$$

h_i ist die Stufe des (inneren) Knotens i und h'_j die Stufe des äusseren Knotens j. Die mittlere gewichtete Weglänge kann als Kostenfaktor des Suchbaumes aufgefasst werden, da sie ein Mass für den beim Suchen anfallenden Aufwand darstellt. Der Suchbaum, dessen Struktur für eine gegebene Menge von Schlüsseln k_i und Wahrscheinlichkeiten p_i und q_j den kleinsten Aufwand verursacht, heisst *optimaler Baum*.

Die Wahrscheinlichkeiten p_i und q_j werden normalerweise durch Experimente bestimmt, indem man die Zugriffe zu den einzelnen Knoten zählt. Statt der p_i und q_j selbst werden wir daher im folgenden vorzugsweise Häufigkeitszähler a_i und b_j verwenden:

a_i = Anzahl der Fälle mit Suchargument x gleich k_i
b_j = Anzahl der Fälle, in denen das Suchargument x zwischen k_j und k_{j+1} liegt.

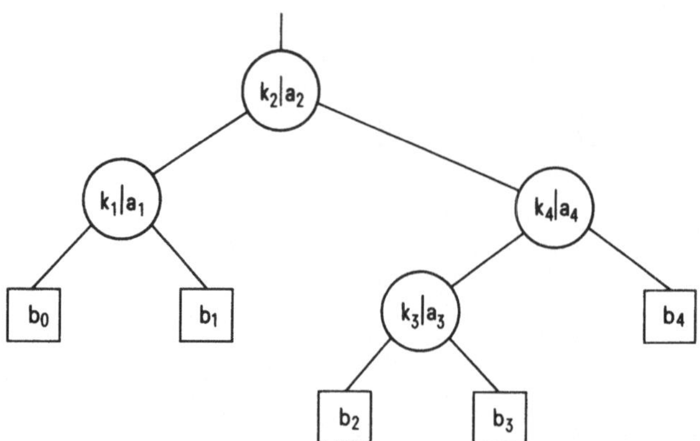

Fig. 4.37. Geordneter Baum mit Zugriffshäufigkeiten

Nach Konvention gebe b_0 an, wie oft x kleiner ist als k_1, und b_n, wie oft x grösser ist als k_n (vgl. Fig. 4.37). Im folgenden werden wir P zur Bezeichnung der *kumulierten gewichteten Weglänge* statt der mittleren Weglänge verwenden:

$$P = \sum_{i=1}^{n} p_i * a_i + \sum_{j=0}^{m} q_j * b_j \tag{4.68}$$

Wir vermeiden dadurch die Berechnung der Wahrscheinlichkeiten aus gemessenen Häufigkeiten und haben zusätzlich den Vorteil, dass wir uns bei der Suche nach dem optimalen Baum auf ganze Zahlen beschränken können.

Berücksichtigt man die Tatsache, dass die Zahl der möglichen Anordnungen von n Knoten exponentiell mit n wächst, so scheint die Aufgabe, das Optimum zu finden, für grosses n ziemlich hoffnungslos zu sein. Optimale Bäume haben aber eine bemerkenswerte Eigenschaft, die beim Suchen nach ihnen nützlich ist: Alle Teilbäume sind auch optimal. Wenn z.B. der Baum in Fig. 4.37 für gegebene a's und b's optimal ist, so ist der Teilbaum mit den Schlüsseln k_3 und k_4 auch optimal. Diese Eigenschaft empfiehlt einen Algorithmus, der systematisch immer grössere Bäume findet, ausgehend von einzelnen Knoten als kleinstmögliche Teilbäume. Der Baum wächst also von den Blättern zur Wurzel, was bei unserer verkehrten Art, die Bäume zu zeichnen, die Richtung von unten nach oben ist.

Die Gleichung (4.69) ist der Schlüssel zu diesem Algorithmus. P sei die gewichtete Weglänge eines Baumes, und P_L, bzw. P_R seien die gewichteten Weglängen des linken, bzw. rechten Teilbaumes. Ferner bezeichne W die Gesamtzahl der Zugriffe zu (echten und speziellen) Knoten. Da sämtliche Wege zu den beiden Teilbäumen über die sie verbindende Wurzel führen, gilt:

$$P = P_L + W + P_R \tag{4.69}$$

$$W = \sum_{i=1}^{n} a_i + \sum_{j=0}^{m} b_j \qquad (4.70)$$

Wir nennen W das *Gewicht* des Baumes. Seine *mittlere Weglänge* ist dann P/W.

Diese Überlegungen zeigen die Notwendigkeit einer Notation für die Gewichte und Weglängen irgendeines Teilbaumes, der aus einer Anzahl benachbarter Schlüssel besteht. Wir wollen mit w_{ij} das Gewicht und mit p_{ij} die Weglänge des optimalen Teilbaumes T_{ij} bezeichnen, der aus den benachbarten Knoten mit den Schlüsseln $k_{i+1}, k_{i+2}, \ldots, k_j$ und den zugehörigen speziellen Knoten besteht. Dann ist $P = p_{0,n}$ und $W = w_{0,n}$. Diese Grössen werden durch die Rekursions- Relationen (4.71) und (4.72) definiert:

$$\begin{aligned} w_{ii} &= b_i && (0 \le i \le n) && (4.71)\\ w_{ij} &= w_{i,j-1} + a_j + b_j && (0 \le i < j \le n) \end{aligned}$$

$$\begin{aligned} p_{ii} &= w_{ii} && (0 \le i \le n) && (4.72)\\ p_{ij} &= w_{ij} + \textbf{MIN}\ k: (p_{i,k-1} + p_{kj}) && (0 \le i < k \le j \le n) \end{aligned}$$

Die letzte Gleichung ergibt sich unmittelbar aus (4.69) und der Definition der Optimalität. Da es ungefähr $n^2/2$ Werte p_{ij} gibt und da (4.72) die Auswahl aus j-1 $(0 < j \le n)$ Fällen erfordert, umfasst die Operation des Minimalisierens ungefähr $n^3/6$ Operationen. Knuth weist darauf hin, dass durch folgende Überlegungen ein Faktor n eingespart werden kann; diese Idee macht den Algorithmus für praktische Zwecke überhaupt erst verwendbar. Definieren wir mit r_{ij} den Index k der Wurzel, der in (4.72) ein Minimum liefert. Die Anzahl der Auswertungsschritte, die zur Bestimmung von r_{ij} nötig sind, lässt sich allerdings beträchtlich reduzieren. Der Schlüssel dazu liegt in der Beobachtung, dass weder das Ausdehnen des Baumes durch Hinzufügen eines Knotens auf der rechten Seite noch das Entfernen des äussersten linken Knotens jemals ein Nachlinkswandern der Wurzel des optimalen Baumes bewirken kann. Dies wird durch die folgende Relation ausgedrückt:

$$r_{i,j-1} \le r_{ij} \le r_{i+1,j} \qquad (4.73)$$

Die Suche nach möglichen Werten für r_{ij} wird so auf den Bereich $r_{i,j-1} \ldots r_{i+1,j}$ beschränkt, und es werden dazu insgesamt $O(n^2)$ elementare Schritte benötigt. Wir sind damit in der Lage, den Optimierungsalgorithmus im Detail zu erarbeiten. Erinnern wir uns an folgende Definitionen, die sich auf optimale Bäume T_{ij} beziehen:

0. T_{ij} Optimaler Baum mit den Schlüsseln $k_{i+1} \ldots k_j$
1. a_i Häufigkeit der Suche nach dem Schlüssel k_i
2. b_j Häufigkeit der Suche eines Arguments x zwischen k_j und k_{j+1}
3. w_{ij} Gewicht von T_{ij}
4. p_{ij} gewichtete Weglänge von T_{ij}
5. r_{ij} Index der Wurzel von T_{ij}

Mit gegebenem

TYPE index = [0 .. n]

vereinbaren wir folgende Arrays:

```
a:   ARRAY [1 .. n] OF CARDINAL;
b:   ARRAY index OF CARDINAL;
p,w: ARRAY index, index OF CARDINAL;                    (4.74)
r:   ARRAY index, index OF index
```

Man nehme an, dass das Gewicht w_{ij} auf direkte Art aus a und b berechnet worden ist (vgl. (4.71)). Nun betrachte man w als Argument der zu entwickelnden Prozedur und r als ihr Resultat. p kann als Zwischenresultat angesehen werden. Beginnend mit der Betrachtung der kleinstmöglichen Teilbäume, nämlich denen ohne jeden Knoten, gehen wir weiter zu immer grösser werdenden Bäumen. Wir bezeichnen die Breite j-1 des Teilbaumes T_{ij} mit h. Dann können wir die Werte p_{ij} für alle Bäume mit $h = 0$ entsprechend (4.72) sehr einfach bestimmen.

```
FOR i := 0 TO n DO p[i,i] := b[i] END                    (4.75)
```

Wenn $h = 1$ ist, haben wir es mit Bäumen mit nur einem Knoten zu tun, der gleichzeitig die Wurzel ist (siehe Fig. 4.38).

```
FOR i := 0 TO n-1 DO
  j := i+1; p[i,j] := w[i,j] + p[i,i] + p[j,j]; r[i,j] := j     (4.76)
END
```

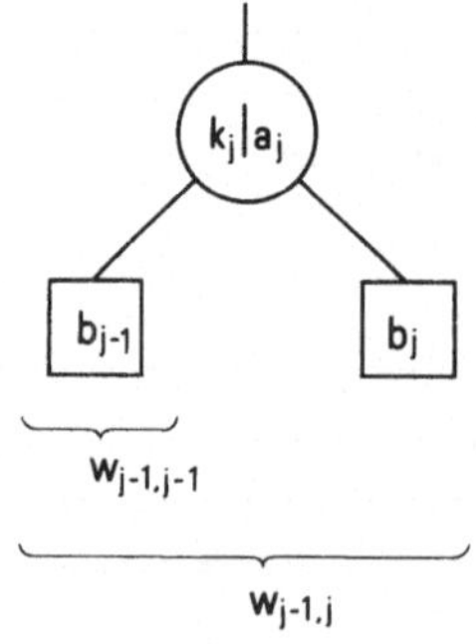

Fig. 4.38. Optimaler Baum mit einem Element

Man beachte, dass i die linke und j die rechte Grenze des Index im betrachteten Baum T_{ij} bezeichnet. Für den Fall, dass $h > 1$ ist, verwenden wir eine Schleifenanweisung mit h-Werten von 2 bis n; der Fall $h = n$ umfasst den ganzen Baum $T_{0,n}$. Die minimale Weglänge p_{ij} und der Index r_{ij} der entsprechenden Wurzel werden durch eine einfache wiederholte Anweisung mit einem über das durch (4.73) gegebene Intervall laufenden Index k berechnet.

```
FOR h := 2 TO n DO
  FOR i := 0 TO n-h DO                                    (4.77)
    j := i+h;
    finde k und min = MIN k: i < k ≤ j : (p[i,k-1] + p[kj]),
    so dass r[i,j-1] ≤ k ≤ r[i+1,j];
    p[i,j] := min + w[i,j]; r[i,j] := k
  END
END
```

Die Einzelheiten der Verfeinerung der in Kursivschrift stehenden Anweisung können Programm 4.6 entnommen werden. Die mittlere Weglänge des gesamten Baums $T_{0,n}$ ist nun $p_{0,n}/w_{0,n}$, seine Wurzel ist der Knoten mit dem Index $r_{0,n}$.

Wir wollen nun die Struktur von Programm 4.6 beschreiben. Seine beiden Hauptteile sind die Prozeduren zur Erstellung eines optimalen Suchbaumes für eine gegebene Verteilung w der Gewichte und zur Darstellung eines Baumes für gegebene Indizes r. Im ersten Teil werden die Schlüssel sowie die Häufigkeitszähler a und b eingelesen. Die Schlüssel selber sind an der Berechnung der Baumstruktur eigentlich nicht beteiligt; sie werden lediglich zur nachfolgenden Darstellung des Baumes verwendet. Nach dem Drucken der Häufigkeits-Statistiken berechnet das Programm im zweiten Teil die Weglänge des völlig ausgeglichenen Baumes und bestimmt nebenher die Wurzeln seiner Teilbäume. Danach wird die mittlere gewichtete Weglänge berechnet und der Baum ausgedruckt.

Im dritten Teil wird die Prozedur *OptTree* zur Berechnung des optimalen Suchbaumes aktiviert; dieser wird anschliessend ausgegeben. Schliesslich werden im vierten Teil die gleichen Prozeduren zur Berechnung und Ausgabe des Baumes verwendet, der dann optimal ist, wenn allein die Häufigkeiten der Schlüssel berücksichtigt werden.

Fig. 4.40 bis 4.42 zeigen die von Programm 4.6 erzeugten Resultate bei der Anwendung auf die Daten von Tabelle 4.5. Die drei Abbildungen zeigen, dass der ausgeglichene Baum nicht einmal nahezu optimal ist, und dass die Häufigkeiten der Nicht-Schlüsselwörter die Wahl der optimalen Struktur entscheidend beeinflussen.

```
MODULE OptTree;
  FROM InOut IMPORT
    OpenInput, OpenOutput, Read, ReadCard, ReadString, WriteCard,
    WriteString, Write, WriteLn, Done, CloseInput, CloseOutput;
  FROM Storage IMPORT ALLOCATE;

  CONST N = 100; (*max no. of keywords*)
      WL = 16; (*max keyword length*)

  TYPE Word = ARRAY [0 .. WL-1] OF CHAR;
    index = [0 .. N];
```

```
VAR ch: CHAR;
 i, j, n: CARDINAL;
 key: ARRAY index OF Word;
 a:  ARRAY index OF CARDINAL;
 b:  ARRAY index OF CARDINAL;
 p,w: ARRAY index, index OF CARDINAL;
 r:  ARRAY index, index OF CARDINAL;

PROCEDURE BalTree(i,j: CARDINAL): CARDINAL;
 VAR k: CARDINAL;
BEGIN k := (i+j+1) DIV 2; r[i,j] := k;
 IF i >= j THEN RETURN 0
   ELSE RETURN BalTree(i,k-1) + BalTree(k,j) + w[i,j]
 END
END BalTree;

PROCEDURE OptTree;
 VAR x, min: CARDINAL;
  i, j, k, h, m: CARDINAL;
BEGIN (*argument: W, results: p, r*)
 FOR i := 0 TO n DO p[i,i] := 0 END ;
 FOR i := 0 TO n-1 DO
  j := i+1; p[i,j] := w[i,j]; r[i,j] := j
 END ;
 FOR h := 2 TO n DO
  FOR i := 0 TO n-h DO
   j := i+h; m := r[i,j-1]; min := p[i,m-1] + p[m,j];
   FOR k := m+1 TO r[i+1,j] DO
    x := p[i,k-1] + p[k,j];
    IF x < min THEN
     m := k; min := x
    END
   END ;
   p[i,j] := min + w[i,j]; r[i,j] := m
  END
 END
END OptTree;

PROCEDURE PrintTree(i, j, level: CARDINAL);
 VAR k: CARDINAL;
BEGIN
 IF i < j THEN
  PrintTree(i, r[i,j]-1, level+1);
  FOR k := 1 TO level DO WriteString("     ") END ;
  WriteString(key[r[i,j]]); WriteLn;
  PrintTree(r[i,j], j, level+1)
```

```
  END
 END PrintTree;

BEGIN (*main program*)
 n := 0; OpenInput("TEXT");
 LOOP ReadCard(b[n]);
  IF NOT Done THEN HALT END ;
  ReadCard(j);
  IF NOT Done THEN EXIT END ;
  n := n+1; a[n] := j;
  ReadString(key[n])
 END ;

 OpenOutput("TREE");
 (*compute w from a and b*)
 FOR i := 0 TO n DO
  w[i,i] := b[i];
  FOR j := i+1 TO n DO
   w[i,j] := w[i,j-1] + a[j] + b[j]
  END
 END ;
 WriteString("Total weight = "); WriteCard(w[0,n], 6); WriteLn;

 WriteString("Pathlength of balanced tree = ");
 WriteCard(BalTree(0, n), 6); WriteLn;
 PrintTree(0, n, 0); WriteLn;

 Read(ch);
 OptTree;
 WriteString("Pathlength of optimal tree = ");
 WriteCard(p[0,n], 6); WriteLn;
 PrintTree(0, n, 0); WriteLn;

 Read(ch);
 FOR i := 0 TO n DO
  w[i,i] := 0;
  FOR j := i+1 TO n DO
   w[i,j] := w[i,j-1] + a[j]
  END
 END ;
 OptTree;
 WriteString("optimal tree not considering b"); WriteLn;
 PrintTree(0, n, 0); WriteLn;
 CloseInput; CloseOutput
END OptTree.
```

Programm 4.6. Berechnung des optimalen Suchbaums

b[i-1]	a[i]	k[i]
169	3	AND
25	37	ARRAY
355	125	BEGIN
87	1	BY
264	14	CASE
247	28	CODE
90	9	CONST
118	3	DEFINITION
10	16	DIV
0	55	DO
124	299	ELSE
4	198	ELSIF
10	689	END
281	25	EXIT
35	3	EXPORT
442	19	FROM
0	0	FOR
646	464	IF
5	3	IMPLEMENTATION
13	20	IMPORT
15	2	IN
654	24	LOOP
159	15	MOD
130	16	MODULE
166	79	NIL
16	10	NOT
218	34	OF
31	95	OR
276	11	POINTER
82	171	PROCEDURE
418	1	QUALIFIED
124	6	RECORD
49	9	REPEAT
30	2	RETURN
174	22	SET
505	662	THEN
9	6	TO
385	13	TYPE
37	9	UNTIL
347	203	VAR
84	35	WHILE
0	14	WITH
981		

Tabelle 4.5. Häufigkeiten von Schlüsselworten in Programm 4.6

Gesamtgewicht = 11265, Pfadlänge des ausgeglichenen Baumes = 60312

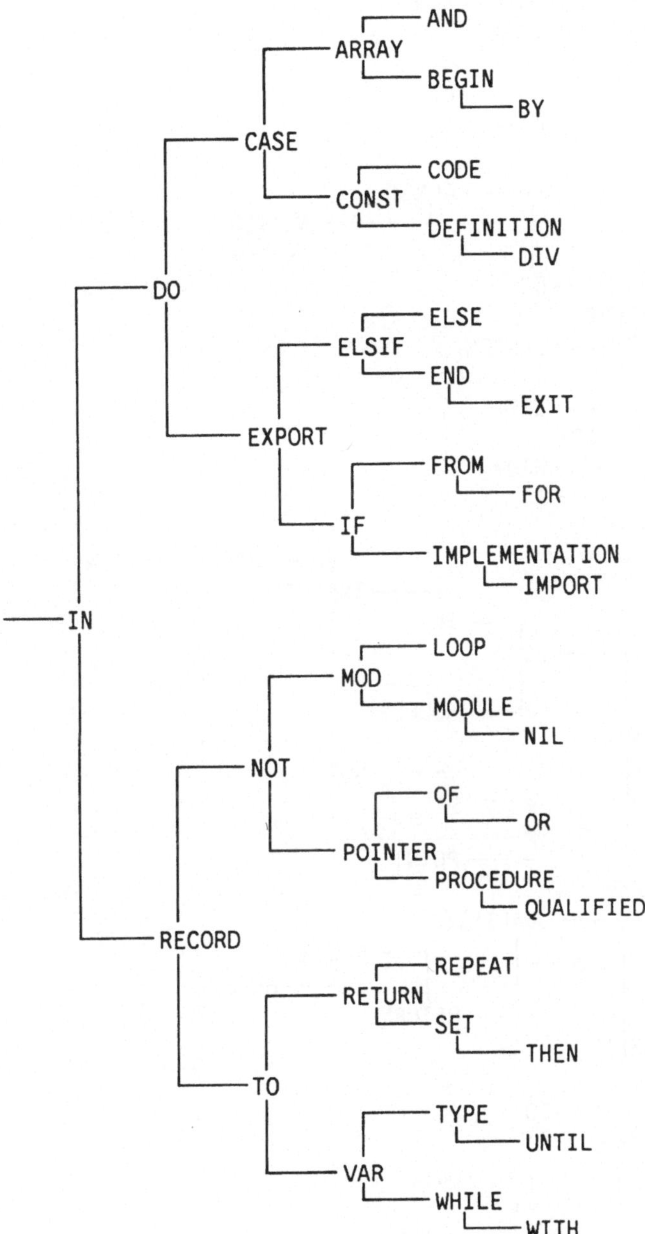

Fig. 4.40. Perfekt ausgeglichener Baum

Pfadlänge des optimalen Baumes = 50371

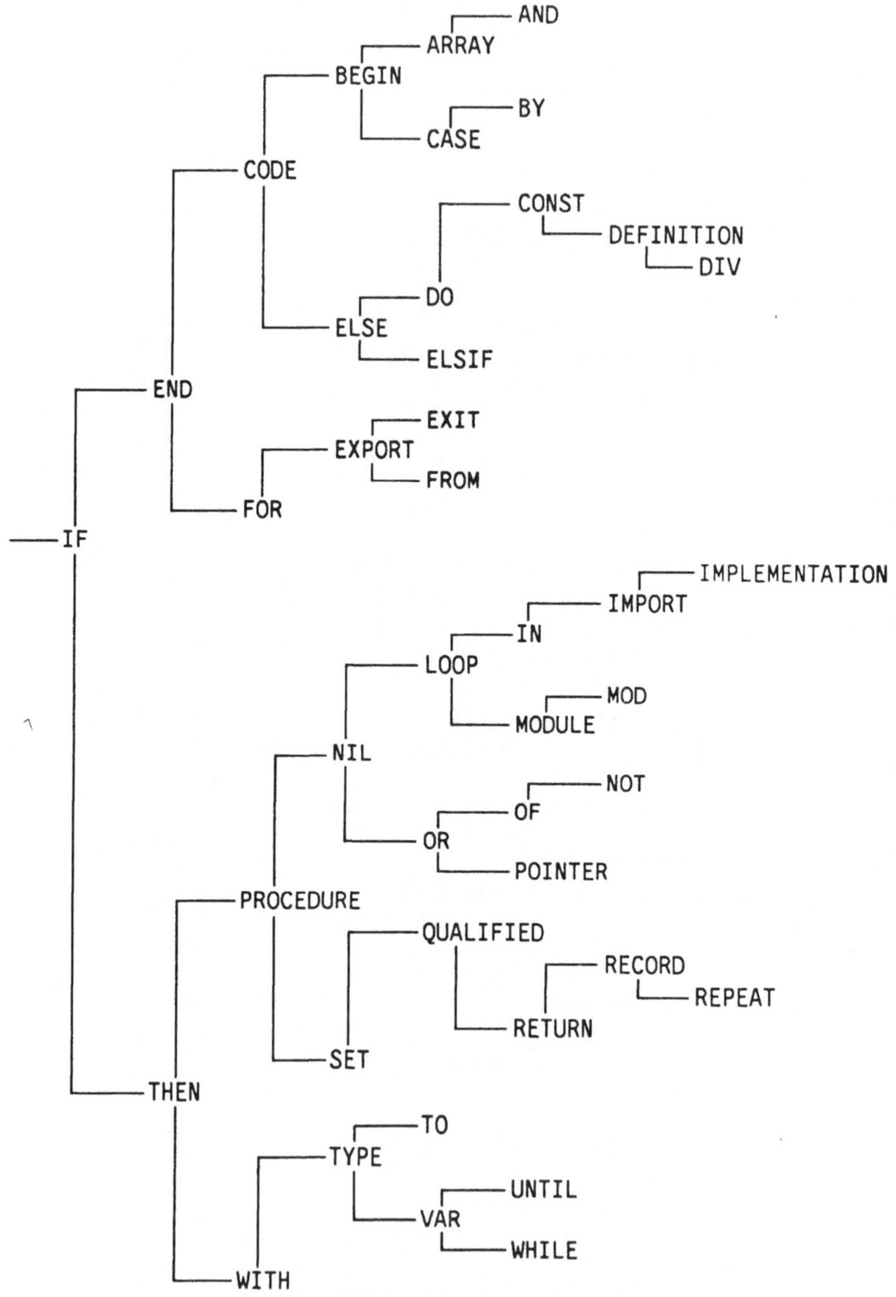

Fig. 4.41. Optimaler Baum

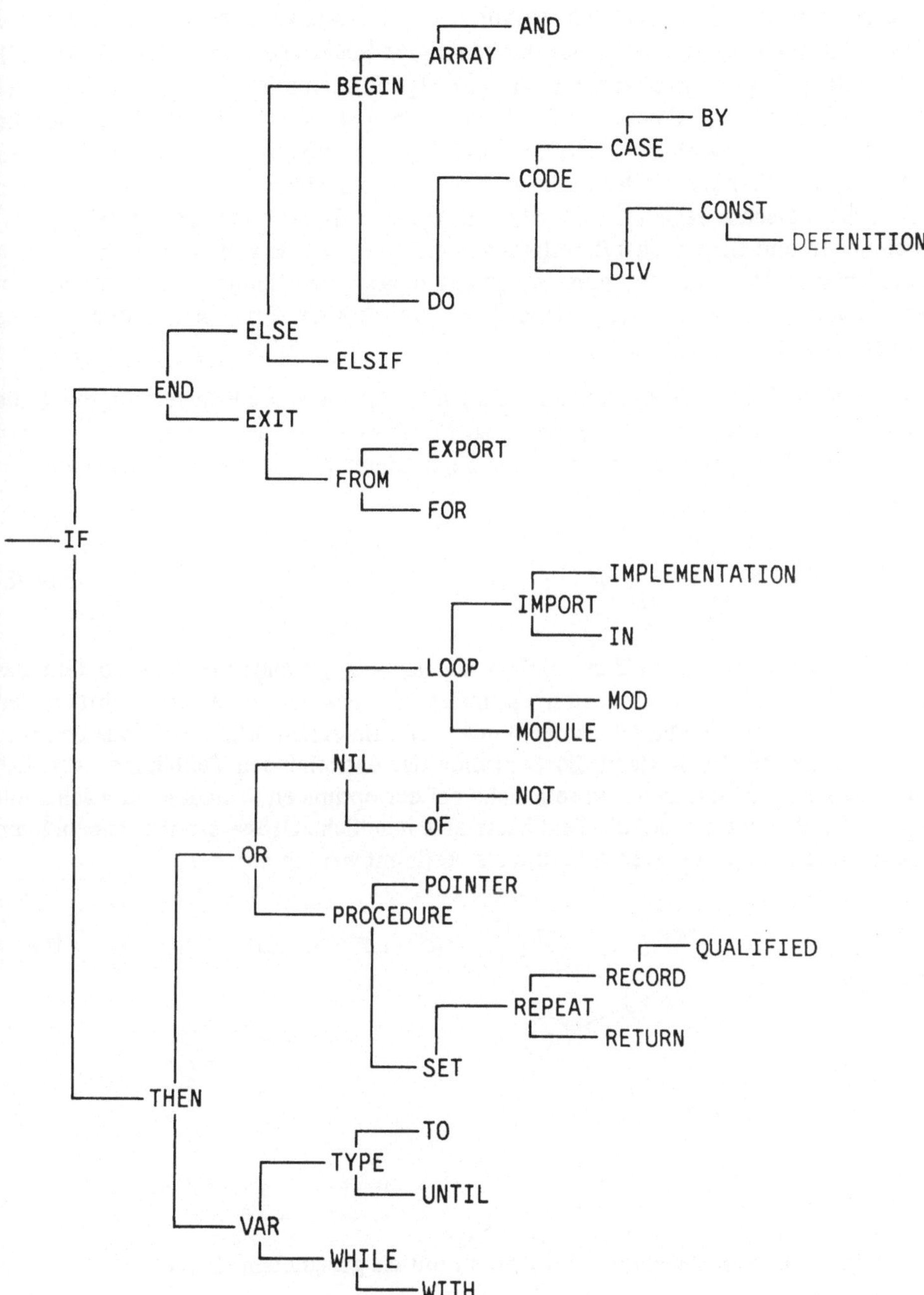

Fig. 4.42. Optimaler Baum ohne Berücksichtigung der Nicht-Schlüssel

Aus dem Algorithmus (4.77) geht hervor, dass der Aufwand zur Bestimmung der optimalen Struktur $O(n^2)$ ist; die Grösse des benötigten Speicherplatzes ist ebenfalls $O(n^2)$. Dies ist für sehr grosses n nicht annehmbar, und Algorithmen mit grösserer Effizienz sind besonders wünschenswert. Einer davon ist der von Hu und Tucker [14] entwickelte Algorithmus, der nur O(n) Speicherplatz und O(n*log(n)) Operationen benötigt. Er behandelt aber nur die Fälle, in denen die Häufigkeit der Schlüssel Null ist, d.h. bei denen nur vergebliche Versuche registriert werden. Ein anderer Algorithmus, der ebenfalls O(n) Speichereinheiten und O(n*log(n)) Berechnungen erfordert, wurde von Walker und Gotlieb [29] beschrieben. Statt dem Optimum verspricht dieser Algorithmus nur einen nahezu optimalen Baum. Er kann sich daher auf *heuristische* Prinzipien stützen. Die zugrundeliegende Idee ist folgende:

Man denke sich alle Knoten (echte und spezielle) auf einer linearen Skala verteilt, durch die Häufigkeit (oder Wahrscheinlichkeit) des Zugriffs gewichtet. Dann bestimme man den Knoten, der dem "Schwerpunkt" am nächsten liegt. Dieser Knoten heisst *Zentroid* und hat den Index

$$\left(\sum_{i=1}^{n} i*a_i + \sum_{j=0}^{m} j*b_j \right) / W \tag{4.78}$$

gerundet auf die nächste ganze Zahl. Haben alle Knoten gleiches Gewicht, so fällt das Zentroid mit der Wurzel des gesuchten optimalen Baumes zusammen und wird in den meisten Fällen in enger Nachbarschaft der Wurzel sein. Im ersten Schritt wird das Zentroid des ganzen Baumes bestimmt, dann die Zentroide der entstehenden Teilbäume, usw. Die Wahrscheinlichkeit, dass das Zentroid sehr nahe bei der optimalen Wurzel liegt, wächst mit der Grösse n des Baumes. Sobald die Teilbäume eine handliche Grösse erreicht haben, kann ihr Optimum durch obigen exakten Algorithmus bestimmt werden.

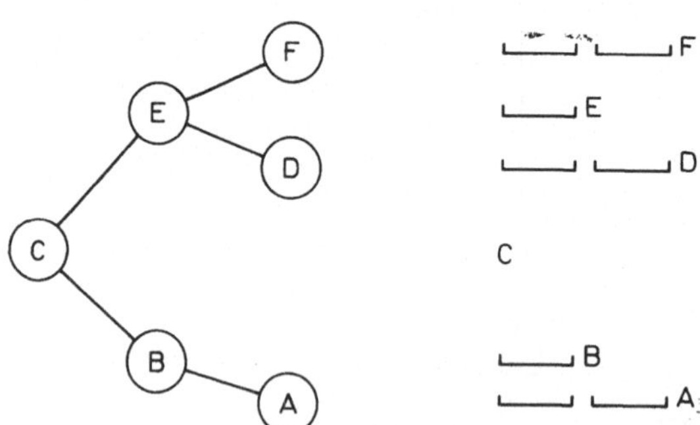

Fig. 4.39. Ausgabe einer Baumstruktur mittels geeignetem Einrücken

4.7. B-BÄUME

Bisher haben wir unsere Diskussion auf Bäume beschränkt, deren Knoten höchstens zwei Nachfolger besitzen, d.h. auf binäre Bäume. Zum Beispiel ist dies völlig ausreichend, wenn wir die familiären Beziehungen in Form eines Stammbaumes darstellen, d.h. jede Person mit ihren Eltern in Verbindung bringen. Niemand hat nämlich mehr als zwei Elternteile. Was passiert aber, wenn jemand die Blickrichtung auf die Nachkommenschaft bevorzugt? Er muss berücksichtigen, dass manche Leute mehr als zwei Kinder haben; der zugehörige Baum wird Knoten mit mehreren Ästen enthalten. Mangels eines besseren Ausdrucks nennen wir sie ***Vielweg-Bäume.***

Diese Strukturen sind an sich nichts neues; wir kennen bereits alle Hilfsmittel zu ihrer Definition und Programmierung. Ist z.B. eine absolute obere Schranke für die Zahl der Kinder gegeben (was zugegebenermassen eine unrealistische Annahme ist), so kann man die Kinder als eine Array-Typ-Komponente des entsprechenden Personen-Records darstellen. Schwankt jedoch die Zahl der Kinder zwischen verschiedenen Personen sehr stark, so kann dies zu einer schwachen Ausnutzung des reservierten Speichers führen. In diesem Fall wird man die Nachkommen besser in einer linearen Liste mit einem den Eltern zugewiesenen Zeiger auf den jüngsten (oder ältesten) Nachkommen anordnen. (4.80) zeigt eine mögliche Typ-Definition für diese Lösung und Fig. 4.43 die entsprechende Datenstruktur:

```
TYPE Ptr      = POINTER TO Person;
TYPE Person   = RECORD name: alfa;                                  (4.80)
                  Geschwister, Nachkommen: Ptr
                END
```

Wir stellen nun fest, dass wir dieses Bild nur um 45 Grad zu drehen brauchen, um einen perfekten binären Baum zu bekommen. Diese Ansicht täuscht aber, denn die Bedeutung der Zeiger ist in den beiden Fällen völlig verschieden. Man behandelt normalerweise Geschwister nicht ungestraft wie Nachkommen und sollte es daher auch in der Definition der Daten nicht tun. Dieses Beispiel könnte durch Einführen weiterer Komponenten im Record einer Person ebenso leicht zu einer komplizierten Datenstruktur zur Darstellung zusätzlicher familiärer Beziehungen erweitert werden. Ein möglicher Kandidat für eine im allgemeinen nicht aus der Beziehung von Geschwistern und Nachkommen ableitbaren Beziehung ist die von Mann und Frau, oder auch die umgekehrte Beziehung Vater und Mutter. Eine solche Struktur wächst rasch zu einer komplexen "Verwandtschafts-Datenbank" (relational data bank), die auf mehrere Bäume abbildbar ist. Die Algorithmen, die auf solchen Strukturen arbeiten, sind eng mit den Datendefinitionen verknüpft, und es ist nicht sinnvoll, allgemeine Regeln oder weitverbreitete und universelle Techniken anzugeben.

Es gibt aber ein sehr praktisches Gebiet von allgemeinem Interesse, in welchem Vielweg-Bäume zur Anwendung kommen. Es handelt sich um die Erstellung und den Unterhalt von Suchbäumen grossen Ausmasses, in denen Einfügen und Löschen notwendig sind, aber der Vordergrundspeicher der Rechenanlage zur Speicherung über lange Zeit nicht gross genug oder zu teuer ist.

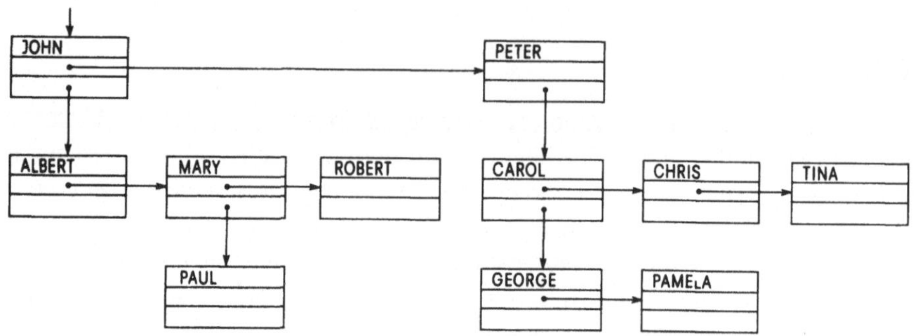

Fig. 4.43. Verkettete Darstellung eines Baumes höherer Ordnung

Die Knoten des Baumes werden dann auf einem Hintergrundspeicher, etwa einem Plattenspeicher abgelegt. Dynamische Datenstrukturen, wie sie in diesem Kapitel eingeführt wurden, eignen sich besonders für die Einbeziehung von Hintergrundspeichern. Wesentlich neu ist lediglich, dass Zeiger durch Platten- statt Hauptspeicher-Adressen dargestellt werden. Bei Verwendung eines binären Baumes für eine Datenmenge von z.B. einer Million Elementen sind im Mittel etwa log 10^6, d.h. etwa 20 Suchschritte notwendig. Da jeder Schritt jetzt einen Plattenzugriff (mit entsprechender Latenzzeit) einschliesst, ist eine Speicherorganisation, die weniger Zugriffe erfordert, äusserst wünschenswert. Der Vielweg-Baum ist eine perfekte Lösung dieses Problems. Wird zu einem auf einem Hintergrundspeicher liegenden Element zugegriffen, so kann genauso gut zu einer ganzen Gruppe ohne wesentliche zusätzliche Kosten zugegriffen werden. Dies legt nahe, den Baum in Teilbäume zu unterteilen und Teilbäume als gleichzeitig zugreifbare Einheiten aufzufassen. Wir werden diese Teilbäume *Seiten* (pages) nennen. Fig. 4.44 zeigt einen in Seiten aufgeteilten binären Baum, wobei jede Seite aus 7 Knoten besteht.

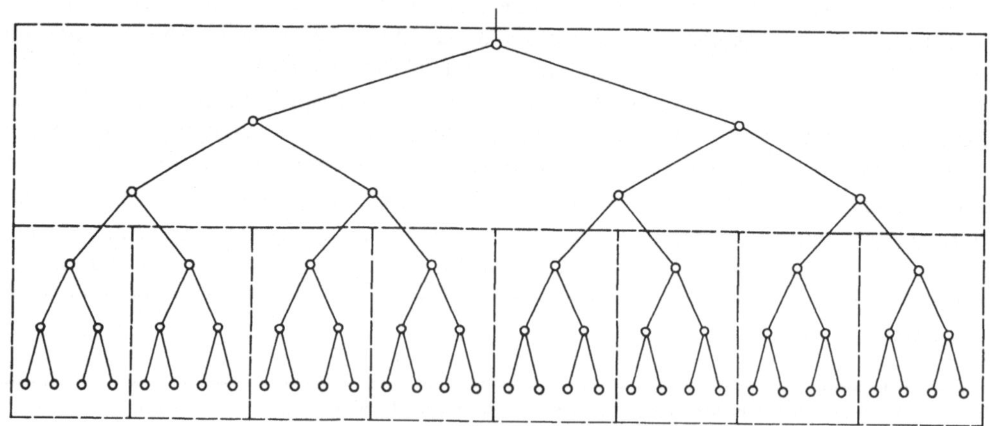

Fig. 4.44. In Abschnitte unterteilter binärer Baum

Die Ersparnis in der Zahl der Speicherzugriffe - jeder Zugriff auf eine Seite bedingt jetzt einen Zugriff auf die Platte - kann beträchtlich sein. Setzen wir z.B. 100 Knoten auf eine Seite (dies ist ein vernünftiger Wert), so wird die Suche mit einer Million Elementen im Mittel nur $\log_{100} 10^6$ d.h. etwa 3 anstatt 20 Plattenzugriffe erfordern. Lässt man den Baum jedoch unkontrolliert wachsen, können es im schlimmsten Fall aber immer noch 10^4 sein. Daher ist in diesem Fall ein Konzept für das kontrollierte Wachstum des Vielweg-Baumes unbedingt erforderlich.

4.7.1. Vielweg-B-Bäume

Bei der Suche nach einem Kriterium für kontrolliertes Wachstum wird das der vollständigen Ausgeglichenheit schnell ausscheiden, da es zuviel Verwaltungsaufwand benötigt. Die Regeln müssen sinnvollerweise etwas abgeschwächt werden. Ein vernünftiges Kriterium wurde 1970 von R. Bayer und E. McCreight aufgestellt: Jede Seite (ausser einer) enthält zwischen n und 2n Knoten für ein bestimmtes, konstantes n [3]. Somit verlangt in einem Baum mit N Elementen und einer maximalen Seitengrösse von 2n Knoten pro Seite der schlimmste Fall $\log_n N$ Seitenzugriffe. Die Seitenzugriffe dominieren sicher den ganzen Suchaufwand. Ausserdem beträgt der Faktor der Speicherausnutzung mindestens 50%, da Seiten immer mindestens zur Hälfte gefüllt sind. Neben all diesen Vorteilen enthält das Schema relativ einfache Algorithmen zum Suchen, Einfügen und Löschen. Wir werden sie anschliessend im einzelnen studieren.

Die zugrundeliegenden Datenstrukturen heissen *B-Bäume* und haben folgende Eigenschaften; n heisst *Ordnung* des B-Baumes:

1. Jede Seite enthält höchstens 2n Elemente (Schlüssel).
2. Jede Seite, ausser der Wurzelseite, enthält mindestens n Elemente.
3. Jede Seite ist entweder eine Blattseite, d.h. hat keine Nachfolger, oder sie hat m+1 Nachfolger, wenn m die Zahl ihrer Schlüssel ist.
4. Alle Blattseiten liegen auf der gleichen Stufe.

Fig. 4.45 zeigt einen B-Baum der Ordnung 2 mit drei Stufen. Alle Seiten enthalten 2, 3 oder 4 Elemente; die Ausnahme bildet die Wurzel, die nur ein Element enthält. Alle Blattseiten stehen auf Stufe 3. Wenn der B-Baum durch Einfügen der Nachfolger zwischen die Schlüssel ihrer Vorgänger auf eine einzige Stufe zusammengepresst wird, erscheinen die Schlüssel in aufsteigender Ordnung von links nach rechts. Diese Anordnung bildet eine natürliche Erweiterung der Organisation binärer Suchbäume und bestimmt die Art der Suche eines Elementes mit gegebenem Schlüssel. Gehen wir von einer Seite der in Fig. 4.46 gezeigten Art und gegebenem Suchargument x aus.

Ist die Seite in den Vordergrundspeicher gebracht, so können wir herkömmliche Methoden zur Suche unter den Schlüsseln $k_1 \ldots k_m$ verwenden. Ist m hinreichend gross, so kann man binäres Suchen verwenden; ist m eher klein, genügt einfaches, sequentielles Suchen. (Man bedenke, dass die für das Suchen im Hauptspeicher notwendige Zeit vernachlässigbar klein ist im Vergleich zur Zeit, die benötigt wird, um eine Seite vom Hintergrund- in den Vordergrundspeicher zu bringen.) Hat die Suche nach dem Schlüssel x

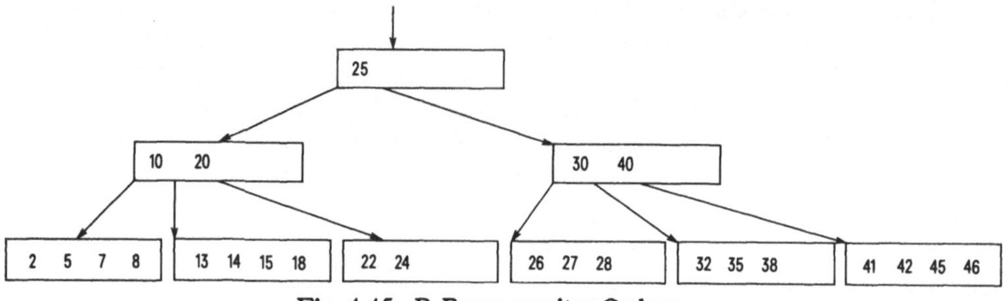

Fig. 4.45. B-Baum zweiter Ordnung

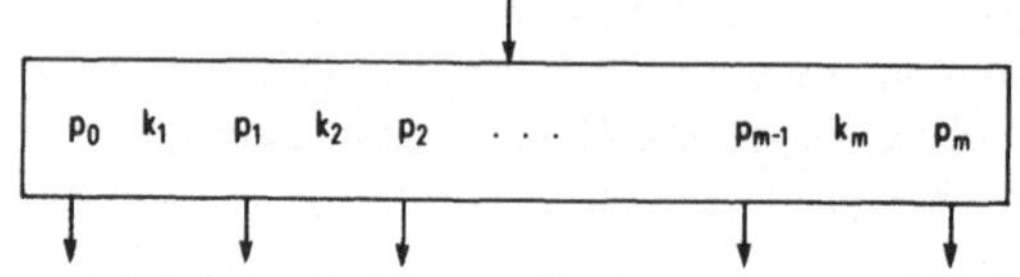

Fig. 4.46. Abschnitt eines B-Baumes mit m Schlüsselwerten

keinen Erfolg, so befinden wir uns in einer der folgenden Situationen:

1. $k_i < x < k_{i+1}$, für $1 \leq i < m$: Fortsetzung der Suche auf Seite $p_i\uparrow$.
2. $k_m < x$: Die Suche wird auf Seite $p_m\uparrow$ fortgesetzt.
3. $x < k_1$: Die Suche wird auf Seite $p_0\uparrow$ fortgesetzt.

Hat der angegebene Zeiger den Wert NIL, d.h. gibt es keine nachfolgende Seite, dann existiert in allen drei Fällen im ganzen Baum kein Element mit dem Schlüssel x, und die Suche ist beendet.

Überraschenderweise ist auch das *Einfügen* in einen B-Baum relativ einfach. Ist ein Element in eine Seite mit $m < 2n$ Elementen einzufügen, so beschränkt sich der Vorgang des Einfügens auf diese Seite. Nur das Einfügen in eine bereits volle Seite hat Einfluss auf die Seitenstruktur und kann die Zuteilung neuer Seiten veranlassen. Zum Verständnis dieses Vorgangs betrachte man Fig. 4.47, die das Einfügen des Schlüssels 22 in einen B-Baum der Ordnung 2 zeigt. Es erfolgt in drei Schritten:

1. Schlüssel 22 fehlt: Einfügen in Seite C ist nicht möglich, da C bereits voll ist.
2. Seite C wird in zwei Seiten *aufgeteilt* (d.h. eine neue Seite D wird erzeugt).
3. Die m+1 Schlüssel werden gleichmässig auf C und D verteilt, der mittlere Schlüssel wird eine Stufe nach oben in die vorangehende Seite A gebracht.

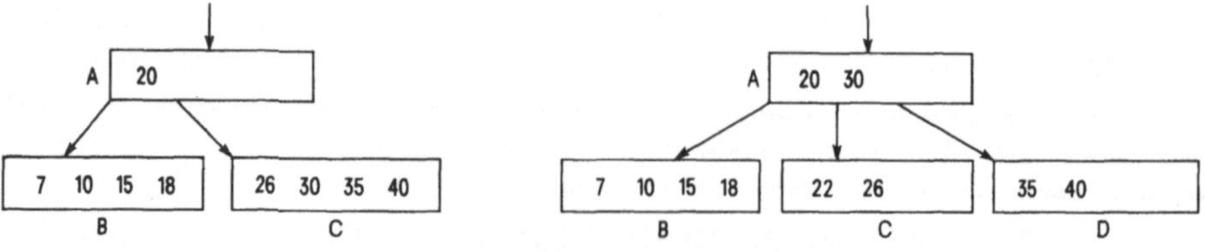

Fig. 4.47. Einfügen des Schlüssels 22

Dieses sehr elegante Schema bewahrt alle charakteristischen Eigenschaften eines B-Baumes. Insbesondere enthalten die geteilten Seiten genau n Elemente. Natürlich kann das Einfügen eines Elementes in die vorangehende Seite diese wiederum zum Überlaufen bringen und somit den Prozess der Aufteilung fortsetzen. In extremen Fällen kann sie bis zur Wurzel fortgesetzt werden. Dies ist auch der einzige Weg, auf dem die Höhe eines B-Baumes zunehmen kann. Der B-Baum hat somit eine seltsame Art zu wachsen: Er wächst von den Blättern zur Wurzel hinauf.

Wir werden nun aus dieser skizzierenden Beschreibung ein vollständiges Programm entwickeln. Es liegt bereits auf der Hand, dass eine rekursive Formulierung der besonderen Eigenschaft des Aufteilungsprozesses, sich dem Suchpfad entlang nach rückwärts fortzusetzen, am besten Rechnung trägt. Die allgemeine Struktur des Programms wird daher der Prozedur zum Einfügen in einen ausgeglichenen Baum ähnlich sein, obwohl die Einzelheiten verschieden sind. Zuerst ist die Struktur der Seite (page) zu definieren. Wir wollen die Elemente in Form eines Array darstellen.

```
TYPE PPtr   = POINTER TO Page;
TYPE index  = [0 .. 2*n];

TYPE item   = RECORD key: INTEGER;                        (4.81)
                 p: PPtr;
                 count: CARDINAL
              END ;

TYPE page   = RECORD m: index;                            (4.82)
                 p0: PPtr;
                 e: ARRAY [1 .. 2*n] OF item
              END
```

Die Komponente *data* von *item* steht hier für irgendeine Art von Information, die jedes Element enthalten kann, die aber beim eigentlichen Suchprozess keine Rolle spielt. In unseren weiteren Ausführungen ist data wiederum ersetzt durch einen Häufigkeitszähler *count*. Wie man bemerkt, bietet jede Seite Platz für 2n Elemente. Das Feld m gibt an, wieviele Plätze wirklich belegt sind. Da $m \geq n$ (ausser für die Wurzelseite) ist, ist eine Speicherausnutzung von mindestens 50% garantiert.

Der Algorithmus des Durchsuchens und Einfügens für B-Bäume ist als Teil von Programm 4.7 in der Prozedur *search* formuliert. Seine Hauptstruktur liegt auf der Hand und erinnert an die einfache Suche im binären Baum mit dem Unterschied, dass die Entscheidung für die Verzweigung keine binäre Wahl ist. Hingegen wird das Suchen innerhalb einer Seite als binäre Suche auf dem Array e dargestellt.

Der Algorithmus des Einfügens ist lediglich aus Gründen der Übersichtlichkeit in einer eigenen Prozedur *insert* formuliert. Sie wird aufgerufen, nachdem search ergeben hat, dass ein Element im Baum nach oben (in Richtung der Wurzel) weiterzugeben ist. Dies wird durch den Booleschen Resultat-Parameter h angezeigt; er spielt eine ähnliche Rolle wie im Algorithmus zum Einfügen in ausgeglichene Bäume, wo h anzeigt, dass der Teilbaum gewachsen ist. Wenn h den Wert TRUE hat, enthält der zweite Resultat-Parameter u das nach oben zu gebende Element. Es ist zu beachten, dass das Einfügen in hypothetischen Seiten beginnt - nämlich in den "speziellen Knoten" von Fig. 4.19; das neue Element wird über den Parameter u sofort zur entsprechenden Blattseite zum wirklichen Einfügen weitergegeben. Dieses Schema ist in (4.83) skizziert.

```
PROCEDURE search(x: INTEGER; a: PPtr; VAR h: BOOLEAN; VAR u: item);
BEGIN
  IF a = NIL THEN (*x nicht im Baum, füge ein*)                          (4.83)
    Weise x dem Element u zu; setze h zu TRUE um anzuzeigen, dass ein
    Element nach oben weiterzugeben ist
  ELSE
    WITH a↑ DO
      binäres Suchen von x im Array e;
      IF gefunden THEN verarbeite Daten
      ELSE search(x, Nachfolger, h, u);
        IF h THEN (*ein Element u ist nach oben weiterzugeben*)
          IF Anzahl Elemente in Seite a↑ < 2n THEN
            füge u in Seite a↑ ein und setze h zu FALSE
          ELSE zerlege Seite und gib mittleres Element nach oben weiter
          END
        END
      END
    END
  END
END search
```

Hat der Parameter h nach dem Aufruf von search im Hauptprogramm den Wert TRUE, so ist die Wurzelseite zu zerlegen. Da die Wurzelseite eine besondere Rolle spielt, ist dieser Vorgang getrennt zu programmieren. Er besteht lediglich aus der Zuteilung einer neuen (Wurzel-) Seite und dem Einfügen des einen durch den Parameter u gegebenen Elementes. Somit enthält die neue Wurzelseite nur ein einziges Element. Einzelheiten findet man in Programm 4.7, und Fig. 4.48 zeigt das Resultat einer Anwendung von Programm 4.7 zur Konstruktion eines B-Baumes mit der folgenden Eingabe-Sequenz von Schlüsseln:

20; 40 10 30 15; 35 7 26 18 22; 5; 42 13 46 27 8 32; 38 24 45 25;

Die Strichpunkte bezeichnen die Positionen, an denen Schnappschüsse von der Anordnung der Seiten gemacht wurden. Das Einfügen des letzten Schlüssels verursacht zwei Zerlegungen und die Zuteilung von drei neuen Seiten.

Bemerkenswert ist die spezielle Bedeutung der with-Klausel in diesem Programm, die sich auch aus der Skizze (4.83) ergibt. Sie zeigt primär, dass sich die Bezeichner von Seiten-Komponenten in der auf die Klausel folgenden Anweisung automatisch auf die Seite a↑ beziehen. Sind die Seiten tatsächlich in einem Hintergrundspeicher - wie es in einem grossen Datenbanksystem sicher der Fall wäre - so könnte die with-Klausel ausserdem so interpretiert werden, dass sie die Übertragung der angegebenen Seite in den Vordergrundspeicher veranlasst. Da maximal $k = \log_n N$ rekursive Aufrufe von search möglich sind, und da jeder Aufruf die Zuteilung einer Seite im Hauptspeicher impliziert, müssen wir in der Lage sein, k Seiten im Hauptspeicher unterzubringen. Dies ist eine Schranke für die Seitengrösse 2n. Tatsächlich müssen wir sogar mehr als k Seiten unterbringen können, da Einfügen die Zerlegung von Seiten verursachen kann. Zudem sollte die Wurzelseite am besten dauernd im Vordergrundspeicher sein, da jede Anfrage notwendigerweise von der Wurzelseite ausgeht.

Eine weitere positive Eigenschaft der B-Bäume ist ihre Eignung für das rein sequentielle Abändern (sequential updating) der Daten: Jede Seite wird genau einmal in den Vordergrundspeicher gebracht.

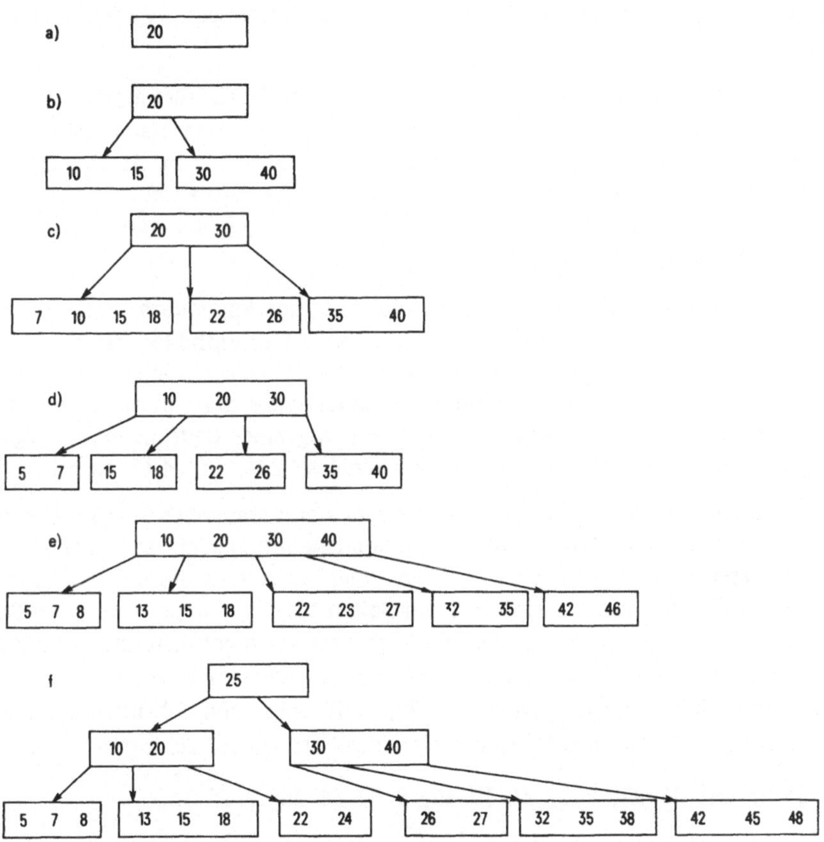

Fig. 4.48. Das Entstehen eines B-Baumes 2. Ordnung

Das *Löschen* von Elementen eines B-Baumes ist im Prinzip naheliegend, im einzelnen jedoch ziemlich kompliziert. Wir können zwei Fälle unterscheiden:

1. Das zu löschende Element befindet sich auf einer Blattseite; dann ist der Lösch-Algorithmus klar und einfach.

2. Das Element ist nicht auf einer Blattseite; in diesem Fall ist es durch eines der lexikographisch benachbarten Elemente zu ersetzen, die auf Blattseiten sein können und dann leicht zu löschen sind.

Im Fall 2 erfolgt die Bestimmung des benachbarten Schlüssels analog der beim Löschen im binären Baum. Entlang den am weitesten rechts stehenden Zeigern steigen wir zur Blattseite P hinab, ersetzen das zu löschende Element durch das grösste Element von P und verkleinern dann die Grösse von P um 1. Auf jeden Fall muss nach der Reduktion der Grösse die Zahl m der Elemente auf der verkleinerten Seite geprüft werden. Wäre die resultierende Anzahl m kleiner als n, so würde dies eine Verletzung der Regeln für B-Bäume bedeuten. In diesem Fall ist daher eine Handlung durchzuführen, welche diese *Unterlauf-Bedingung* berücksichtigt. Sie wird durch den Booleschen Variablen-Parameter h angezeigt.

Abhilfe ist nur durch Ausleihen oder Angliedern eines Elementes aus einer der benachbarten Seiten zu schaffen. Da dazu diese Seite Q in den Hauptspeicher gebracht werden muss - eine relativ aufwendige Operation - ist man versucht, durch Angliedern von mehr als einem Element das beste aus dieser unerwünschten Situation zu machen. Nach der üblichen Strategie werden die Elemente der Seiten P und Q gleichmässig auf beide Seiten verteilt. Dieser Vorgang heisst *Ausgleichen*.

Es kann natürlich vorkommen, dass kein Element zum Angliedern vorhanden ist, da Q bereits die minimale Grösse n erreicht hat. In diesem Fall enthalten die Seiten P und Q zusammen 2n-1 Elemente; wir können die beiden Seiten zu einer einzigen *zusammenlegen*, indem wir das mittlere Element der P und Q vorangehenden Seite dazufügen und die Seite Q ganz wegnehmen. Dies ist genau der zur Aufteilung einer Seite inverse Vorgang. Man kann sich den Prozess vorstellen, wenn man den Schlüssel 22 in Fig. 4.47 löscht.

Das Herausnehmen des mittleren Schlüssels in der vorangehenden Seite kann deren Grösse ebenfalls unter die erlaubte Grenze n fallen lassen und somit auf der nächsten Stufe eine weitere spezielle Aktion (Ausgleichen oder Zusammenlegen) hervorrufen. Im Extremfall kann sich das Zusammenlegen von Seiten bis zur Wurzel nach oben fortsetzen. Reduziert sich die Grösse der Wurzel auf Null, wird sie selbst gelöscht und verursacht somit eine Reduktion der Höhe des B-Baumes. Dies ist sogar die einzige Art, auf die ein B-Baum bezüglich seiner Höhe schrumpfen kann. Fig. 4.49 zeigt den schrittweisen Abbau des B-Baumes von Fig. 4.48 durch aufeinanderfolgendes Löschen der Schlüssel

25 45 24; 38 32; 8 27 46 13 42; 5 22 18 26; 7 35 15;

Die Strichpunkte bezeichnen wiederum diejenigen Stellen, an denen Schnappschüsse gemacht und auch Seiten weggenommen werden. Der Algorithmus des Löschens ist als Prozedur in Programm 4.7 enthalten. Bemerkenswert ist ganz besonders die Ähnlichkeit seiner Struktur mit der der Löschprozedur für ausgeglichene Bäume.

```
MODULE BTree;
  FROM InOut IMPORT OpenInput, OpenOutput, CloseInput, CloseOutput,
      ReadInt, Done, Write, WriteInt, WriteString, WriteLn;
  FROM Storage IMPORT ALLOCATE;
```

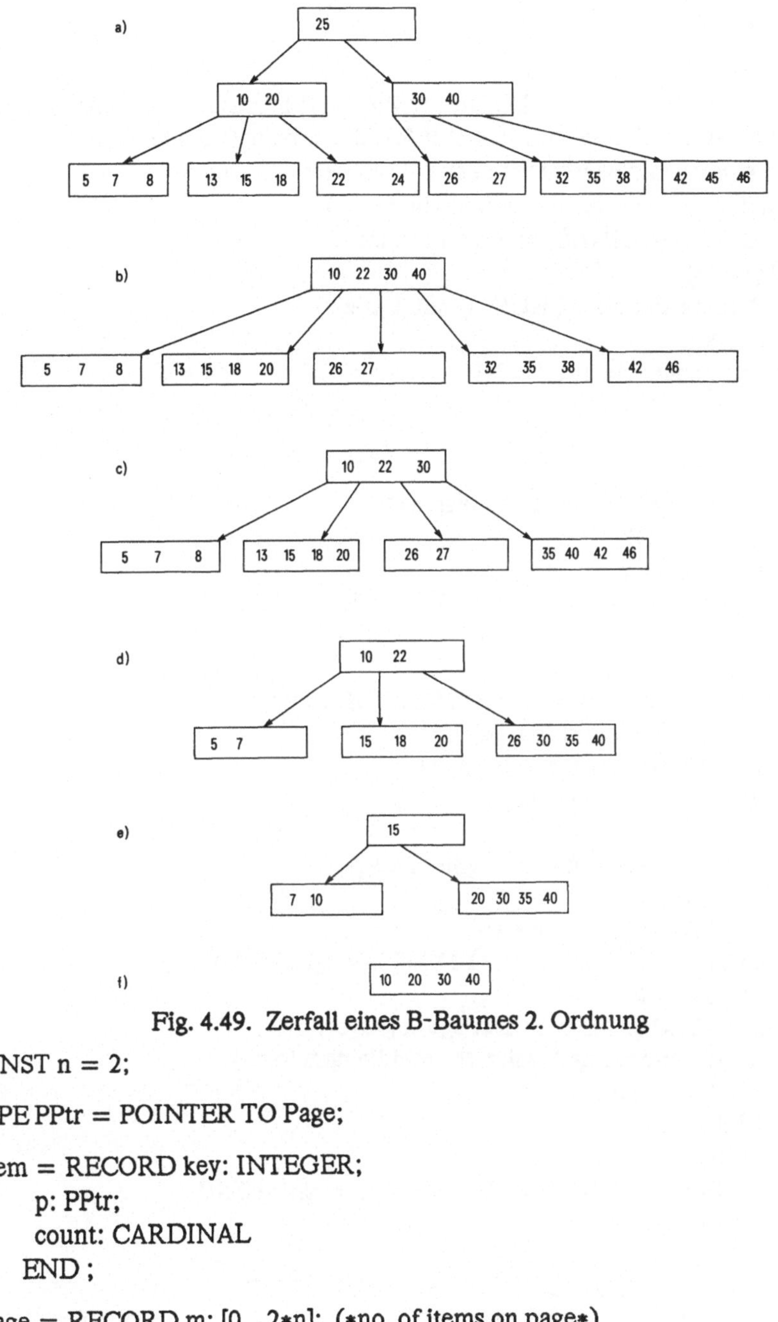

Fig. 4.49. Zerfall eines B-Baumes 2. Ordnung

```
CONST n = 2;

TYPE PPtr = POINTER TO Page;

 Item = RECORD key: INTEGER;
        p: PPtr;
        count: CARDINAL
      END ;

 Page = RECORD m: [0 .. 2*n]; (*no. of items on page*)
        p0: PPtr;
        e: ARRAY [1 .. 2*n] OF Item
      END ;

 VAR root, q: PPtr;
```

```
    x: INTEGER;
    h: BOOLEAN;
    u: Item;

PROCEDURE search(x: INTEGER; a: PPtr; VAR h: BOOLEAN; VAR v: Item);
 (*search key x in B-tree with root a; if found, increment counter.
  Otherwise insert new item with key x. If an item is passed up,
  assign it to v. h = "tree has become higher"*)
 VAR i, L, R: CARDINAL; b: PPtr; u: Item;
BEGIN (*~h*)
 IF a = NIL THEN h := TRUE; (*not in tree*)
  WITH v DO
   key := x; count := 1; p := NIL
  END
 ELSE
  WITH a↑ DO
   L := 1; R := m+1; (*binary search*)
   WHILE L < R DO
    i := (L+R) DIV 2;
    IF e[i].key <= x THEN L := i+1 ELSE R := i END
   END ;
   R := R-1;
   IF (R > 0) & (e[R].key = x) THEN INC(e[R].count)
   ELSE (*item not on this page*)
    IF R = 0 THEN search(x, p0, h, u)
     ELSE search(x, e[R].p, h, u)
    END ;
    IF h THEN (*insert u to the right of e[R]*)
     IF m < 2*n THEN
      h := FALSE; m := m+1;
      FOR i := m TO R+2 BY -1 DO e[i] := e[i-1] END ;
      e[R+1] := u
     ELSE ALLOCATE(b, SIZE(Page)); (*overflow*)
      (*split a into a,b and assign the middle item to v*)
      IF R <= n THEN
       IF R = n THEN v := u
       ELSE v := e[n];
        FOR i := n TO R+2 BY -1 DO e[i] := e[i-1] END ;
        e[R+1] := u
       END ;
       FOR i := 1 TO n DO b↑.e[i] := a↑.e[i+n] END
      ELSE (*insert in right page*)
       R := R-n; v := e[n+1];
       FOR i := 1 TO R-1 DO b↑.e[i] := a↑.e[i+n+1] END ;
       b↑.e[R] := u;
       FOR i := R+1 TO n DO b↑.e[i] := a↑.e[i+n] END
```

```
        END ;
        m := n; b↑.m := n; b↑.p0 := v.p; v.p := b
      END
    END
   END
  END
 END
END search;

PROCEDURE underflow(c, a: PPtr; s: CARDINAL; VAR h: BOOLEAN);
 (*a = underflowing page, c = ancestor page,
  s = index of deleted item in c, h := underflow on ancestor page*)
 VAR b: PPtr; VAR i, k, mb, mc: CARDINAL;
BEGIN mc := c↑.m; (*h, a↑.m = n-1*)
 IF s < mc THEN
  (*b := page to the right of a*) s := s+1;
  b := c↑.e[s].p; mb := b↑.m; k := (mb-n+1) DIV 2;
  (*k = no. of items available on page b*)
  a↑.e[n] := c↑.e[s]; a↑.e[n].p := b↑.p0;
  IF k > 0 THEN
   (*move k items from b to a*)
   FOR i := 1 TO k-1 DO a↑.e[i+n] := b↑.e[i] END ;
   c↑.e[s] := b↑.e[k]; c↑.e[s].p := b;
   b↑.p0 := b↑.e[k].p; mb := mb - k;
   FOR i := 1 TO mb DO b↑.e[i] := b↑.e[i+k] END ;
   b↑.m := mb; a↑.m := n-1+k; h := FALSE
  ELSE (*merge pages a and b*)
   FOR i := 1 TO n DO a↑.e[i+n] := b↑.e[i] END ;
   FOR i := s TO mc-1 DO c↑.e[i] := c↑.e[i+1] END ;
   a↑.m := 2*n; c↑.m := mc-1; h := mc <= n;
   (*Deallocate(b)*)
  END
 ELSE (*b := page to the left of a*)
  IF s = 1 THEN b := c↑.p0 ELSE b := c↑.e[s-1].p END ;
  mb := b↑.m + 1; k := (mb-n) DIV 2;
  IF k > 0 THEN
   (*move k items from page b to a*)
   FOR i := n-1 TO 1 BY -1 DO a↑.e[i+k] := a↑.e[i] END ;
   a↑.e[k] := c↑.e[s]; a↑.e[k].p := a↑.p0; mb := mb-k;
   FOR i := k-1 TO 1 BY -1 DO a↑.e[i] := b↑.e[i+mb] END ;
   a↑.p0 := b↑.e[mb].p; c↑.e[s] := b↑.e[mb]; c↑.e[s].p := a;
   b↑.m := mb-1; a↑.m := n-1+k; h := FALSE
  ELSE (*merge pages a and b*)
   b↑.e[mb] := c↑.e[s]; b↑.e[mb].p := a↑.p0;
   FOR i := 1 TO n-1 DO b↑.e[i+mb] := a↑.e[i] END ;
   b↑.m := 2*n; c↑.m := mc-1; h := mc <= n;
```

```
    (*Deallocate(a)*)
   END
  END
 END underflow;

 PROCEDURE delete(x: INTEGER; a: PPtr; VAR h: BOOLEAN);
  (*search and delete key x in B-tree a; if a page underflow arises,
    balance with adjacent page or merge; h := "page a is undersize"*)
  VAR i, L, R: CARDINAL; q: PPtr;

  PROCEDURE del(P: PPtr; VAR h: BOOLEAN);
   VAR q: PPtr; (*global a, R*)
  BEGIN
   WITH P↑ DO
    q := e[m].p;
    IF q # NIL THEN del(q,h);
     IF h THEN underflow(P, q, m, h) END
    ELSE
     P↑.e[m].p := a↑.e[R].p; a↑.e[R] := P↑.e[m];
     m := m - 1; h := m < n
    END
   END
  END del;

 BEGIN
  IF a = NIL THEN (*x not in tree*) h := FALSE
  ELSE
   WITH a↑ DO
    L := 1; R := m+1; (*binary search*)
    WHILE L < R DO
     i := (L+R) DIV 2;
     IF e[i].key < x THEN L := i+1 ELSE R := i END
    END;
    IF R = 1 THEN q := p0 ELSE q := e[R-1].p END;
    IF (R <= m) & (e[R].key = x) THEN
     (*found, now delete*)
     IF q = NIL THEN (*a is a terminal page*)
      m := m-1; h := m < n;
      FOR i := R TO m DO e[i] := e[i+1] END
     ELSE del(q,h);
      IF h THEN underflow(a, q, R-1, h) END
     END
    ELSE delete(x, q, h);
     IF h THEN underflow(a, q, R-1, h) END
    END
   END
  END
```

```
END delete;

PROCEDURE PrintTree(p: PPtr; level: CARDINAL);
  VAR i: CARDINAL;
BEGIN
  IF p # NIL THEN
    FOR i := 1 TO level DO WriteString("      ") END ;
    FOR i := 1 TO p↑.m DO WriteInt(p↑.e[i].key, 4) END ;
    WriteLn;
    PrintTree(p↑.p0, level+1);
    FOR i := 1 TO p↑.m DO PrintTree(p↑.e[i].p, level+1) END
  END
END PrintTree;

BEGIN (*main program*)
  OpenInput("TEXT"); OpenOutput("TREE");
  root := NIL; Write(">"); ReadInt(x);
  WHILE Done DO
    WriteInt(x, 5); WriteLn;
    IF x >= 0 THEN
      search(x, root, h, u);
      IF h THEN (*insert new base page*)
        q := root; ALLOCATE(root, SIZE(Page));
        WITH root↑ DO
          m := 1; p0 := q; e[1] := u
        END
      END
    ELSE
      delete(-x, root, h);
      IF h THEN (*base page size reduced*)
        IF root↑.m = 0 THEN
          q := root; root := q↑.p0; (*Deallocate(q)*)
        END
      END
    END ;
    PrintTree(root, 0); WriteLn;
    Write(">"); ReadInt(x)
  END ;
  CloseInput; CloseOutput
END BTree.
```

Programm 4.7. Einfügen und Löschen in B-Bäumen

Eine ausführliche Analyse der Leistung von B-Bäumen wurde von Bayer und McCreight erstellt [3]. Sie behandelt besonders die Frage der optimalen Seitengrösse n, die stark von den Eigenschaften des zur Verfügung stehenden Speichers und Rechensystems abhängt.

Varianten des B-Baum-Schemas werden in [18] erörtert. Eine wichtige Beobachtung ist, dass das Aufteilen sowie das Zusammenlegen von Seiten hinausgeschoben werden sollte, indem man zunächst versucht, benachbarte Seiten auszugleichen. Abgesehen davon, scheinen die vorgeschlagenen Verbesserungen nur unbedeutende Gewinne zur Folge zu haben.

4.7.2. Binäre B-Bäume

Die B-Bäume, die am uninteressantesten zu sein scheinen, sind die B-Bäume erster Ordnung (n = 1). Manchmal lohnt es sich jedoch, gerade diese Fälle zu betrachten. Es ist klar, dass B-Bäume erster Ordnung zur Darstellung grosser geordneter und indizierter Datenmengen unter Verwendung von Hintergrundspeicher nicht geeignet sind, denn ungefähr 50% aller Seiten werden nur ein Element enthalten. Wir werden deshalb Hintergrundspeicher beiseite lassen und wieder das Problem des Suchens in Bäumen auf *einem einzigen Speicherniveau* betrachten.

Ein *binärer B-Baum* (BB-Baum) besteht aus Knoten (Seiten) mit entweder einem oder zwei Elementen. Eine Seite enthält daher zwei oder drei Zeiger zu Nachfolgern; dies führt zur Bezeichnung *2-3-Baum*. Entsprechend der Definition von B-Bäumen sind alle Blattseiten auf der gleichen Stufe und haben alle Nicht-Blattseiten von BB-Bäumen (inklusive Wurzel) zwei oder drei Nachfolger. Da wir es hier mit Vordergrundspeicher zu tun haben, ist eine optimale Speicherausnutzung notwendig, und die Darstellung der Elemente eines Knotens durch einen Array erscheint ungeeignet. Eine Alternative bietet die dynamisch verkettete Zuteilung; d.h. innerhalb jedes Knotens gibt es eine verkettete Liste von Elementen der Länge 1 oder 2. Da jeder Knoten höchstens drei Nachfolger hat und somit maximal drei Zeiger aufnehmen muss, ist man versucht, die Zeiger für die Nachfolger mit den Zeigern der Elementenliste wie in Fig. 4.50 zusammenzufassen. Die Knoten des B-Baumes verlieren dabei ihre eigentliche Identität, und die Elemente übernehmen die Rolle von Knoten in einem regulären binären Baum. Es ist aber notwendig, zwischen Zeigern zu Nachfolgern (vertikal) und solchen zu "Geschwistern" auf derselben Seite (horizontal) zu unterscheiden. Da nur Zeiger nach rechts horizontal sein können, genügt dazu ein Bit. Wir führen daher das Boolesche Feld h mit der Bedeutung "der rechte Zeiger ist *horizontal*" ein. (4.84) enthält die Definition eines auf dieser Darstellung beruhenden Knotens. Sie wurde von R. Bayer 1971 vorgeschlagen und untersucht [2] und führt zur Organisation eines Suchbaumes mit garantierter maximaler Weglänge $p = 2*\lceil \log N \rceil$.

```
TYPE Ptr   = POINTER TO Node;
TYPE Node = RECORD key: INTEGER;                          (4.84)
                 ...........
                 left, right: Ptr;
                 h: BOOLEAN  (*Zweig rechts ist horizontal*)
               END
```

Beim Problem des Einfügens eines Schlüssels sind vier mögliche Situationen zu unterscheiden, die sich aus dem Wachsen des linken oder rechten Teilbaumes ergeben. Fig. 4.51 illustriert diese vier Fälle. Es wird in Erinnerung gerufen, dass B-Bäume die Eigenschaft haben, von unten zur Wurzel hinaufzuwachsen, und dass alle Blätter auf der gleichen Stufe bleiben müssen. Im einfachsten Fall wächst der *rechte* Teilbaum eines Knotens A, der der

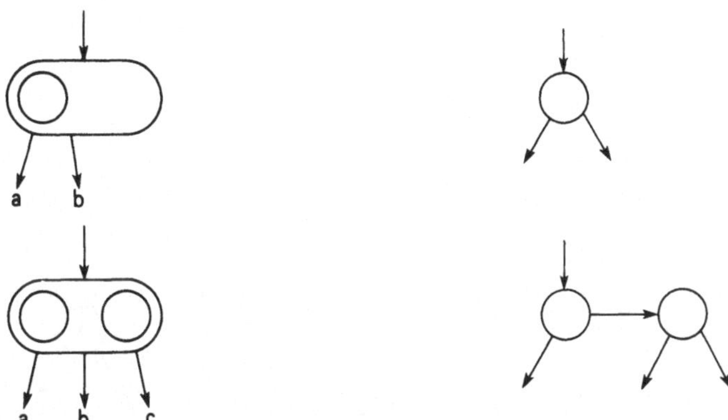

Fig. 4.50. Darstellung von BB-Baumknoten

einzige Schlüssel auf seiner (hypothetischen) Seite ist. Dann wird der Nachfolger B lediglich Geschwisterteil von A, d.h. der vertikale Zeiger wird horizontal. Dieses einfache *Hochnehmen* des rechten Armes ist nicht möglich, wenn A bereits einen Geschwisterteil hat. Dann erhalten wir eine Seite mit drei Knoten und müssen sie aufteilen (Fall 2). Der mittlere Knoten B wird auf die nächst höhere Stufe gebracht.

Nun nehmen wir an, dass die Höhe des *linken* Teilbaumes eines Knotens B zugenommen habe. Ist wieder B allein auf einer Seite (Fall 3), d.h. zeigt sein rechter Zeiger zu einem Nachfolger, so kann der linke Teilbaum (A) Geschwisterteil von B werden. (Eine einfache Rotation der Zeiger ist dazu notwendig, da der linke Zeiger nicht horizontal sein kann.) Hat B aber bereits einen Geschwisterteil, so führt das Hochnehmen von A zu einer Seite mit drei Elementen und erfordert das Aufteilen. Diese Teilung erfolgt auf einfache Art: C wird Nachfolger von B, das zur nächst höheren Stufe aufsteigt (Fall 4).

Es ist zu beachten, dass es beim Suchen eines Schlüssels keine wesentliche Rolle spielt, ob man einem horizontalen oder vertikalen Zeiger folgt. Es erscheint deshalb gekünstelt, darüber besorgt zu sein, dass der linke Zeiger in Fall 3 horizontal wird, obwohl die Seite noch nicht mehr als zwei Elemente enthält. In der Tat zeigt der Algorithmus des Einfügens eine seltsame Asymmetrie in der Behandlung des Wachstums des linken und rechten Teilbaumes und lässt die Struktur des BB-Baumes ziemlich unnatürlich erscheinen. Es gibt keinen Beweis der Eigenartigkeit dieser Organisation, aber eine gesunde Intuition sagt uns, dass etwas "faul" ist und wir diese Asymmetrie beseitigen sollten. Dies führt zum Begriff des *symmetrischen binären B-Baumes* (SBB-Baum), der ebenfalls von Bayer [4] 1972 untersucht wurde. Er liefert im Mittel leicht effizientere Suchbäume, aber die Algorithmen für das Einfügen und Löschen sind etwas komplizierter. Ausserdem benötigt jeder Knoten nun zwei Bits (Boolesche Variablen lh und rh) zur Angabe der Art seiner beiden Zeiger.

Wir beschränken unsere Einzelbetrachtungen auf das Problem des Einfügens und haben wiederum vier Fälle des Wachstums von Teilbäumen zu unterscheiden. Sie sind in Fig. 4.52 dargestellt, wo die erreichte Symmetrie gut zum Ausdruck gebracht wird. Jedesmal wenn ein Teilbaum eines Knotens A ohne Geschwister wächst, wird die Wurzel des Teilbaumes zum Geschwisterteil von A. Auf diesen Fall wollen wir nicht weiter eingehen.

Alle vier in Fig. 4.52 betrachteten Fälle zeigen das Auftreten eines Seitenüberlaufs und

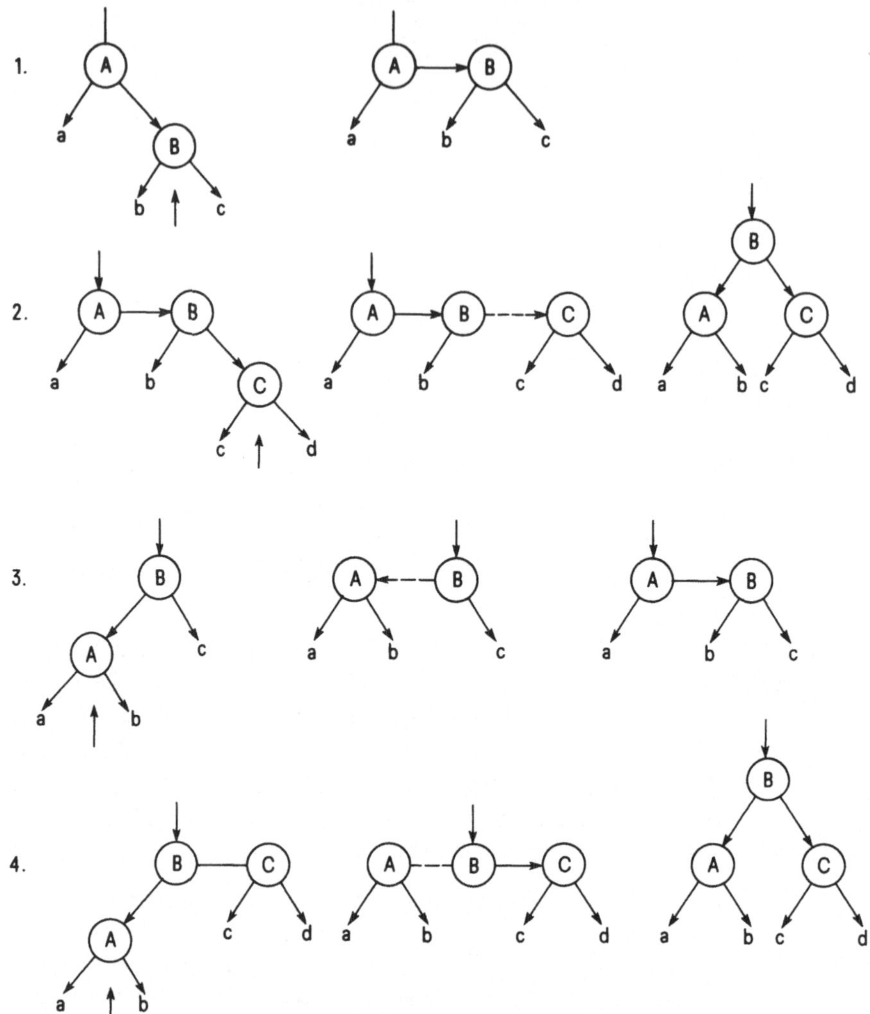

Fig. 4.51. Einfügen von Elementen im BB-Baum

das anschliessende Aufteilen der Seite. Sie sind gemäss den Richtungen der horizontalen Zeiger bezeichnet, welche die drei Geschwister in den mittleren Abbildungen verknüpfen. Die linke Kolonne zeigt die Ausgangssituation, die mittlere Kolonne die Tatsache, dass der tiefere Knoten durch das Wachsen seines Teilbaumes aufgestiegen ist, und die Abbildungen der rechten Kolonne illustrieren die neue Anordnung der Knoten (Aufteilung der Seite).

Es ist kaum ratsam, länger am Seitenbegriff festzuhalten, aus dem diese Organisation entwickelt wurde, denn wir sind letztlich nur daran interessiert, die maximale Weglänge auf 2*log(N) zu beschränken. Dazu müssen wir lediglich sicherstellen, dass auf keinem Suchpfad zwei horizontale Zeiger aufeinanderfolgen. Es gibt jedoch keinen Grund, Knoten mit horizontalen Zeigern nach links *und* rechts zu verbieten. Wir werden deshalb die SBB-Bäume durch folgende Eigenschaften definieren:

1. Jeder Knoten enthält einen Schlüssel und höchstens zwei (Zeiger zu) Teilbäume(n).
2. Jeder Zeiger ist entweder horizontal oder vertikal. Auf keinem Suchpfad gibt es zwei

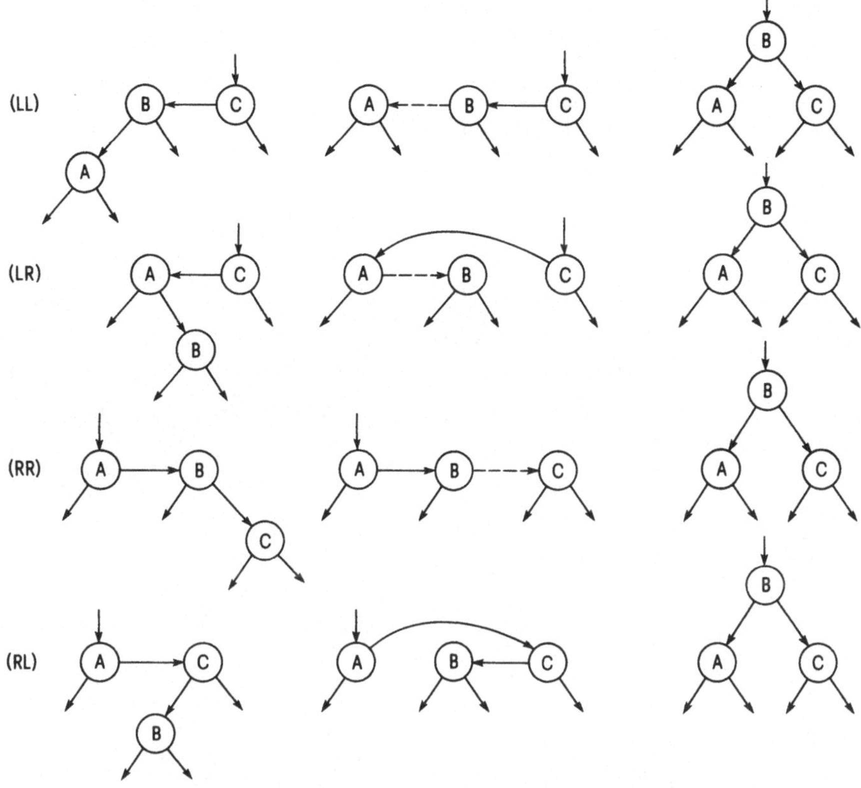

Fig. 4.52. Einfügen von Elementen im SBB-Baum

aufeinanderfolgende horizontale Zeiger.

3. Alle Endknoten erscheinen auf der gleichen Stufe.

Aus dieser Definition folgt, dass der längste Suchweg nicht länger ist als die doppelte Höhe des Baumes. Da kein SBB-Baum mit N Knoten höher sein kann als ⌈log N⌉, ergibt sich unmittelbar 2*⌈log N⌉ als obere Schranke für die Länge des Suchpfades. Damit der Leser sich vorstellen kann, wie diese Bäume wachsen, sei er auf Fig. 4.53 verwiesen. Die Zeilen stellen Schnappschüsse dar, die während des Einfügens der folgenden Sequenzen von Schlüsseln jeweils beim Auftreten eines Strichpunktes gemacht wurden:

(1) 1 2; 3; 4 5 6; 7;
(2) 5 4; 3; 1 2 7 6; (4.85)
(3) 6 2; 4; 1 7 3 5;
(4) 4 2 6; 1 7; 3 5;

Diese Bilder heben besonders die dritte Eigenschaft der B-Bäume hervor: Alle Endknoten erscheinen auf der gleichen Stufe. Man ist deshalb versucht, diese Strukturen mit frisch geschnittenen Gartenhecken zu vergleichen.

Der Algorithmus für die Konstruktion von SBB-Bäumen ist in (4.87) formuliert. Er stützt sich auf die Definition (4.86) des Typs *Node* mit den zwei Booleschen Komponenten *lh* und *rh*, welche die horizontale Lage des linken bzw. rechten Zeigers angegeben:

```
TYPE Node = RECORD key: integer;
                   count: CARDINAL;
                   left, right: Ptr;                    (4.86)
                   lh, rh: BOOLEAN
                 END
```

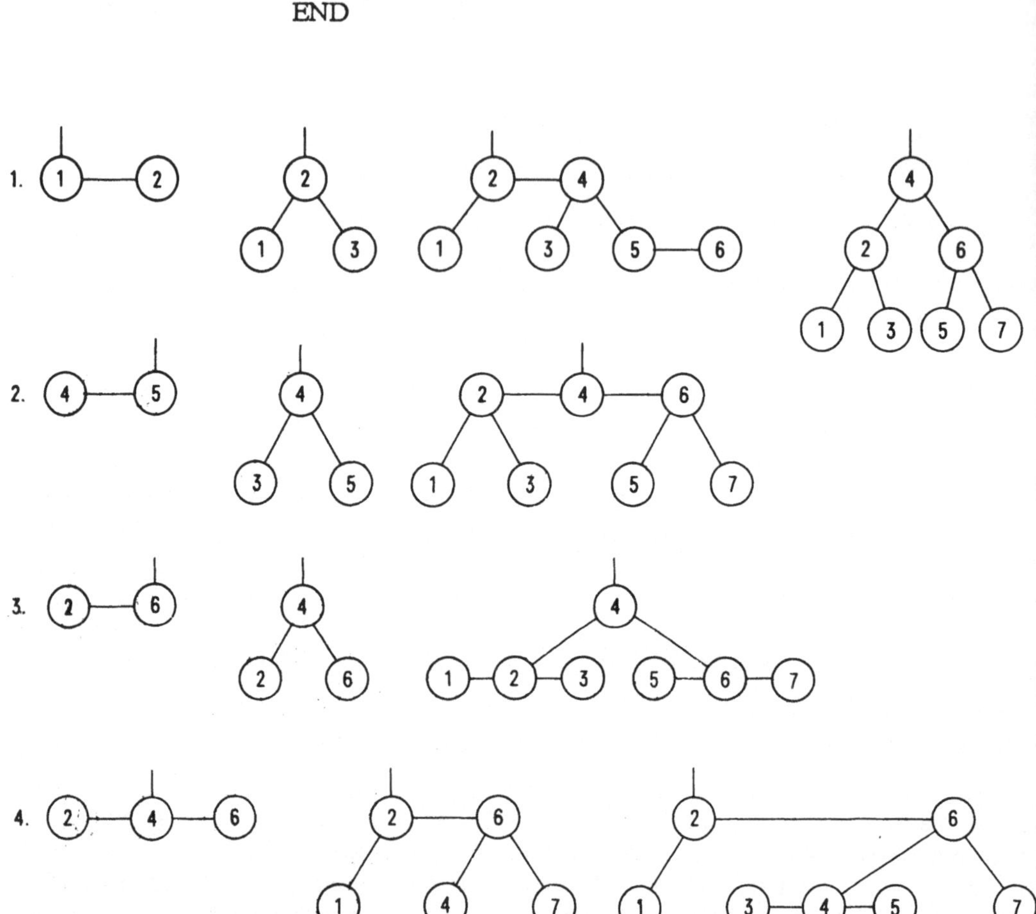

Fig. 4.53. Das Entstehen von SBB-Bäumen mit Eingabefolgen (4.85)

Die rekursive Prozedur *search* folgt wiederum dem Muster des grundlegenden Algorithmus zum Einfügen in binäre Bäume (siehe (4.87)). Ein dritter Parameter h wird hinzugefügt, der angibt, ob sich der Teilbaum mit Wurzel p verändert hat, und der direkt dem Parameter h des Suchprogramms für binäre Bäume entspricht. Wir müssen aber eine Konsequenz aus der Darstellung von Seiten als verkettete Listen ziehen: Eine Seite wird durch einen oder zwei Aufrufe der Prozedur search behandelt. Wir müssen den Fall eines grösser gewordenen Teilbaumes (bezeichnet durch einen vertikalen Zeiger) unterscheiden vom Fall eines Geschwister-Knotens (bezeichnet durch einen horizontalen Zeiger), der einen weiteren Geschwisterteil erhalten hat und somit das Aufteilen einer Seite erforderlich macht. Dies ist durch die Einführung eines dreiwertigen Parameters h mit folgender Bedeutung leicht zu realisieren:

h = 0: Der Teilbaum p erfordert kein Verändern der Baumstruktur.
h = 1: Der Knoten p hat einen Geschwisterteil erhalten.
h = 2: Die Höhe des Teilbaumes p hat zugenommen.

```
PROCEDURE search(x: INTEGER; VAR p: Ptr; VAR h: CARDINAL);
 VAR p1, p2: Ptr; (*h = 0*)
BEGIN                                                          (4.87)
 IF p = NIL THEN (*insert*)
  ALLOCATE(p, SIZE(Node)); h := 2;
  WITH p↑ DO
   key := x; count := 1;
   left := NIL; right := NIL; lh := FALSE; rh := FALSE
  END
 ELSIF p↑.key > x THEN
  search(x, p↑.left, h);
  IF h > 0 THEN (*left branch has grown*)
   IF p↑.lh THEN
    p1 := p↑.left; h := 2; p↑.lh := FALSE;
    IF p1↑.lh THEN (*LL*)
     p↑.left := p1↑.right; p1↑.right := p; p := p1;
     p↑.lh := FALSE
    ELSIF p1↑.rh THEN (*LR*)
     p2 := p1↑.right; p1↑.right := p2↑.left; p2↑.left := p1;
     p↑.left := p2↑.right; p2↑.right := p; p := p2;
     p1↑.rh := FALSE
    END
   ELSE h := h-1;
    IF h > 0 THEN p↑.lh := TRUE END
   END
  END
 ELSIF p↑.key < x THEN
  search(x, p↑.right, h);
  IF h > 0 THEN (*right branch has grown*)
   IF p↑.rh THEN
    p1 := p↑.right; h := 2; p↑.rh := FALSE;
    IF p1↑.rh THEN (*RR*)
     p↑.right := p1↑.left; p1↑.left := p; p := p1;
     p1↑.rh := FALSE
    ELSIF p1↑.lh THEN (*RL*)
     p2 := p1↑.left; p1↑.left := p2↑.right; p2↑.right := p1;
     p↑.right := p2↑.left; p2↑.left := p; p := p2;
     p1↑.lh := FALSE
    END
   ELSE h := h-1;
```

```
      IF h > 0 THEN p↑.rh := TRUE END
     END
    END
   ELSE (*found*) p↑.count := p↑.count + 1
   END
  END search
```

Bemerkenswert ist die Ähnlichkeit der für die Neuordnung der Knoten notwendigen Aktionen mit denjenigen, die im Such-Algorithmus (4.63) für ausgeglichene Bäume entwickelt wurden. Nach Programm 4.8 können alle vier Fälle offensichtlich durch einfache Zeigerrotationen implementiert werden, nämlich durch Einzel-Rotationen in den Fällen LL und RR, und durch Doppel-Rotationen in den Fällen LR und RL. Die Prozedur (4.87) ist etwas einfacher als (4.63). Das Schema der SBB-Bäume bildet also eine Alternative zum Kriterium der AVL-Ausgeglichenheit. Ein Vergleich der Leistungen ist daher möglich und erwünscht.

Wir sehen von einer mathematischen Analyse ab und beschränken uns auf die Darlegung einiger grundlegender Unterschiede. Es kann bewiesen werden, dass AVL-ausgeglichene Bäume eine Teilmenge der SBB-Bäume sind. Die Klasse der letzteren ist daher umfassender. Es folgt, dass ihre Weglänge im Mittel grösser ist als die der AVL-Bäume. In diesem Zusammenhang ist der Baum (4) des schlimmsten Falls in Fig. 4.53 zu beachten. Anderseits wird das Neuordnen der Knoten weniger oft vorkommen. Der ausgeglichene Baum ist daher bei denjenigen Anwendungen vorzuziehen, bei denen das Wiederauffinden von Schlüsseln häufiger verlangt wird als das Einfügen oder Löschen; ist das entsprechende Verhältnis klein, so kann man dem Schema des SBB-Baumes den Vorzug geben. Es ist sehr schwierig, eine Grenze zu ziehen. Sie hängt nicht nur sehr stark vom Quotienten zwischen der Häufigkeit des Wiederauffindens von Schlüsseln und dem Verändern der Struktur ab, sondern auch von den Eigenschaften der Implementation. Dies besonders dann, wenn die Knoten-Records dicht gepackt dargestellt werden und der Zugriff zu Feldern somit das Auspacken eines Wortteils bedingt. Boolesche Felder können bei den meisten Implementationen effizienter behandelt werden als dreiwertige Felder (bal im Fall von AVL-Bäumen).

4.8. SUCHBÄUME MIT PRIORITÄTEN

Bäume, und speziell binäre Bäume, sind äusserst effektive Strukturen zur Organisation von Daten, die in eine lineare Ordnung eingebettet sind. Die vorangehenden Kapitel behandeln die am häufigsten verwendeten und zweckmässigsten Methoden zur effizienten Suche und zum Unterhalt (Einfügen, Löschen) solcher Strukturen. Hingegen erscheinen Bäume zur Lösung von Problemen, wo die Datenschlüssel nicht in einem linearen Raum geordnet, sondern in einem mehrdimensionalen Raum verteilt sind, als wenig geeignet. In der Tat harrt das Problem des Suchens im mehrdimensionalen Raum noch immer einer endgültigen Lösung und ist daher ein Objekt der aktiven Forschung in der Informatik. Dabei ist naturgemäss der zweidimensionale Fall von besonderer Bedeutung für manche praktische Anwendungen.

Wenn wir das Problem genauer untersuchen, so erscheinen Baumstrukturen mindestens für den zweidimensionalen Fall dennoch als nützlich. Schliesslich zeichnen wir Bäume auf Papier, also in einer (zweidimensionalen) Ebene. Wir wollen daher die Eigenschaften der zwei wichtigsten Arten von Bäumen, denen wir begegnet sind, nochmals kurz rekapitulieren.

1. Ein *Suchbaum* ist charakterisiert durch die Bedingungen

$$\begin{aligned} &p.left \neq NIL && \rightarrow p.left.x < p.x \\ &p.right \neq NIL && \rightarrow p.x < p.right.x \end{aligned} \tag{4.88}$$

für alle Knoten p und Schlüssel x. Daraus geht hervor, dass im Bild des Baums lediglich die *horizontale* Lage der Knoten durch die Invariante bestimmt wird. Ihre vertikale Lage ist beliebig und kann derart gewählt werden, dass die Pfadlängen und damit die Zugriffszeiten möglichst klein sind.

2. Ein *Heap*, auch *Prioritätsbaum* genannt, ist charakterisiert durch die Invarianten

$$\begin{aligned} &p.left \neq NIL && \rightarrow p.y \leq p.left.y \\ &p.right \neq NIL && \rightarrow p.y \leq p.right.y \end{aligned} \tag{4.89}$$

für alle Knoten p und Schlüssel y. Hier wird offenbar nur die *vertikale* Lage durch die Invarianten bestimmt.

Es mag einfach und logisch erscheinen, diese beiden Bedingungen zur Definition einer Baumstruktur zu vereinigen, in der jeder Knoten *zwei* Schlüssel x und y besitzt, die als seine Koordinaten in der Ebene betrachtet werden können. Ein solcher Baum stellt eine Punktmenge in der Ebene, d.h. in einem zweidimensionalen kartesischen Raum dar, und wird daher als *kartesischer Baum* bezeichnet [4-9]. Wir ziehen aber die Bezeichnung *Suchbaum mit Prioritäten* vor, weil damit klar wird, dass er aus der Kombination des Suchbaums und des Prioritätsbaums entstanden ist. Diese Baumorganisation wird durch die Invarianten (4.90) bestimmt, die für jeden Knoten p gelten.

$$\begin{array}{lll} p.left \neq NIL & \rightarrow & (p.left.x < p.x) \,\&\, (p.y \leq p.left.y) \\ p.right \neq NIL & \rightarrow & (p.x < p.right.x) \,\&\, (p.y \leq p.right.y) \end{array} \quad (4.90)$$

Es darf aber nicht überraschen, dass die Such-Eigenschaften dieser Art von Bäumen nicht umwerfend sind. Schliesslich ist ein beträchtlicher Grad von Freiheit für die Wahl der Lage von Knoten verlorengegangen und steht daher zur Wahl einer optimalen Pfadlänge nicht mehr zur Verfügung. In der Tat ist es nicht möglich, logarithmische Grenzen für den Aufwand zum Suchen, Einfügen oder Löschen eines Elementes anzugeben. Obwohl dies auch für den gewöhnlichen, nicht ausgewogenen Baum zutrifft, ist die Chance einer zufällig guten Struktur hier besonders gering. Noch schlimmer ist aber, dass der Aufwand zum Einfügen oder Löschen eines Knotens im ungünstigen Fall besonders gross werden kann. Betrachten wir zum Beispiel den Baum in Fig. 4.54 (a). Das Einfügen eines neuen Knotens C, dessen Koordinaten eine Lage oberhalb und zwischen A und B erfordern, bedingt eine beträchtliche Arbeit des Umstrukturierens von (a) nach (b).

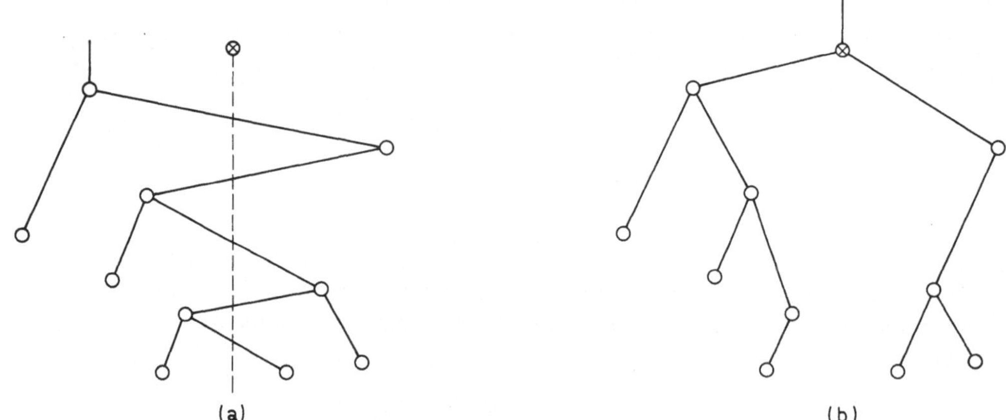

Fig. 4.54. Einfügen im Prioritätssuchbaum

Eine Strategie, die, ähnlich dem Ausgleichen, auf Kosten von etwas gesteigertem Aufwand beim Einfügen und Löschen logarithmische Grenzen beim Suchen gewährleistet, wurde von McCreight erfunden [4-10]. Er nannte diese Struktur "priority search tree". Gemäss unserer Klassifizierung wird sie jedoch besser als *ausgeglichener Suchbaum mit Prioritäten* bezeichnet. Wir verzichten darauf, diese Struktur näher zu beschreiben, weil die Strategie sehr verzwickt ist und in der Praxis kaum zur Anwendung kommt. Indem er ein etwas spezielleres, aber in der Praxis ebenso relevantes Problem zu lösen versuchte, kam McCreight auf eine weitere Baumstruktur, die wir hier in Einzelheiten erläutern wollen. Anstatt anzunehmen, dass die Suchebene unbegrenzt sei, betrachtete er als Datenraum ein an zwei gegenüberliegenden Seiten offenes Rechteck. Wir bezeichnen die Grenzwerte der x-Koordinate mit *xmin* und *xmax*.

Beim (nicht ausgelichenen) Suchbaum mit Prioritäten (4.89) teilt jeder Knoten die

Suchebene in zwei Teile entlang der Geraden x = p.x. Alle Knoten des linken Teilbaums liegen links, alle des rechten Teilbaums rechts davon. Für die Effizienz des Suchens mag diese Wahl aber ungünstig sein, und eine andere Teilung kann wesentlich bessere Resultate liefern.

Es sei mit jedem Knoten p ein Intervall [p.L .. p.R) assoziiert, das alle x-Werte von p.L bis p.R (exklusive p.R) enthält. Dies sei das Intervall, innerhalb dessen der x-Wert des Knotens liegen kann. Sodann postulieren wir, dass der linke Sohn in der linken Hälfte, der rechte Sohn in der rechten Hälfte dieses Intervalls liegen muss. Somit ist die Teilungslinie nicht gegeben durch p.x, sondern durch (p.L+p.R)/2. Für jeden Unterbaum ist dieses Intervall also halbiert, womit die Höhe des Baums durch $\log(x_{max}-x_{min})$ begrenzt ist. Dieses Ergebnis ist nur gültig, falls keine zwei Knoten den gleichen x-Wert besitzen, eine Bedingung, die durch die Invariante (4.90) gewährleistet ist. Wenn mit ganzen Zahlen gearbeitet wird, so ist die Grenze gleich der Wortlänge des verwendeten Rechners. Die Suche gleicht eigentlich eher einer Bisektion oder einer Radix-Suche; diese Baumstruktur wird daher *Radix-Suchbaum mit Prioritäten* genannt [4-10]. Sie bietet logarithmische Grenzen für den Aufwand beim Suchen, Einfügen und Löschen eines Elementes, und sie ist durch folgende Invarianten beschrieben, die für jeden Knoten p des Baumes gelten:

$$\begin{aligned} &p.left \neq NIL &&\rightarrow (p.L \leq p.left.x < p.M) \,\&\, (p.y \leq p.left.y) \\ &p.right \neq NIL &&\rightarrow (p.M \leq p.right.x < p.R) \,\&\, (p.y \leq p.right.y) \end{aligned} \tag{4.91}$$

wobei

$$\begin{aligned} p.M &= (p.L + p.R) \text{ DIV } 2 \\ p.left.L &= p.L \\ p.left.R &= p.M \\ p.right.L &= p.M \\ p.right.R &= p.R \end{aligned}$$

für alle Knoten p ist, und root.L = x_{min}, root.R = x_{max} gilt.

Ein entscheidender Vorteil der Radix-Suchstrategie ist, dass die Operationen des Einfügens und Löschens unter Beibehaltung der Invarianten sich lediglich auf einen einzigen Zweig des Baums beschränken. Dies kommt daher, dass die Teilungslinien fixe Koordinaten haben und nicht von den (x-Koordinaten der) eingefügten Knoten abhängen.

Typische Operationen an Suchbäumen sind das Einfügen, das Löschen, das Auffinden eines Elementes mit der kleinsten (grössten) x- oder y-Koordinate grösser (kleiner) als eine gegebene Grenze, und das Aufzählen aller Elemente innerhalb eines gegebenen Rechtecks. Es folgen Prozeduren zum Einfügen und Aufzählen; sie beziehen sich auf folgende Vereinbarung von Datentypen:

```
TYPE Ptr = POINTER TO Node;
  Node = RECORD                                    (4.92)
           x: [xmin .. xmax]; y: CARDINAL;
```

```
                    left, right: Ptr
                  END
```

Man beachte insbesondere, dass die Attribute p.L und p.R nicht explizit mit den Knoten gespeichert sind. Anstattdessen werden sie bei jedem Suchschritt neu berechnet. Dies bedingt zwei zusätzliche Parameter der rekursiven Prozedur *insert*. Ihre Werte beim ersten Aufruf (mit p = root) sind dementsprechend x_{min} und x_{max}. Abgesehen davon verhält sich der Suchalgorithmus wie eine Suche im gewöhnlichen binären Baum. Wird ein leerer Knoten angetroffen, so wird das Element eingefügt. Hat der einzufügende Knoten einen kleineren x-Wert als der inspizierte, so wird der neue Knoten mit dem inspizierten vertauscht. Schliesslich wird der Knoten entweder im linken Teilbaum eingefügt, falls sein x-Wert kleiner als der Mittelwert des assoziierten Intervalls ist, oder sonst im rechten Teilbaum.

```
PROCEDURE insert(VAR p: Ptr; X, Y, xL, xR: CARDINAL);
  VAR xm, t: CARDINAL;
 BEGIN
  IF p = NIL THEN (*not in tree, insert*)
   ALLOCATE(p, SIZE(Node));
   WITH p↑ DO
    x := X; y := Y; left := NIL; right := NIL
   END
  ELSIF p↑.x = X THEN (*found; don't insert*)
  ELSE
   IF p↑.y > Y THEN
    t := p↑.x; p↑.x := X; X := t;
    t := p↑.y; p↑.y := Y; Y := t
   END ;
   xm := (xL + xR) DIV 2;
   IF X < xm THEN insert(p↑.left, X, Y, xL, xm)
   ELSE insert(p↑.right, X, Y, xm, xR)
   END
  END
END insert
```

Die nachfolgende Prozedur *enumerate* dient der Aufzählung aller Elemente innerhalb eines gegebenen Rechtecks. Für jeden Knoten p, der innerhalb des Rechtecks liegt, so dass $x0 \leq p.x < x1$ und $0 \leq p.y \leq y1$ gelten, wird eine Prozedure *report(x,y)* aufgerufen. Man beachte, dass eine Seite des Rechtecks mit der x-Achse zusammenfällt, d.h. dass y = 0 ist. Damit wird erreicht, dass die Aufzählung höchstens O(log N + s) Operationen erfordert, wobei N die Kardinalität des Suchraums (in x) darstellt und s die Anzahl der aufgezählten Elemente ist.

```
PROCEDURE enumerate(p: Ptr; x0, x1, y, xL, xR: CARDINAL);
 VAR xm: CARDINAL;
BEGIN
 IF p # NIL THEN
```

```
    IF (p↑.y <= y) & (x0 <= p↑.x) & (p↑.x < x1) THEN
      report(p↑.x, p↑.y)
    END ;
    xm := (xL + xR) DIV 2;
    IF x0 < xm THEN enumerate(p↑.left, x0, x1, y, xL, xm) END ;
    IF xm < x1 THEN enumerate(p↑.right, x0, x1, y, xm, xR) END
  END
END enumerate
```

ÜBUNGEN

4.1. Wir wollen den Begriff eines *rekursiven Typs* mit der Vereinbarung

RECTYPE T = T0

als Vereinigung der durch den Typ T0 definierten Werte und des einen Wertes NONE einführen. Die Definition (4.3) des Typs Stammbaum z.B. vereinfacht sich dann zu

```
RECTYPE Stammbaum = RECORD name: alfa;
                        father, mother: Stammbaum
                    END
```

Welches Muster für die Speicherung der rekursiven Struktur entspricht Fig. 4.2? Wahrscheinlich würde die Implementation eines solchen Hilfsmittels dynamische Speicherzuweisung verwenden, und die Felder father und mother in obigem Beispiel würden automatisch erzeugte und vor dem Programmierer versteckte Zeiger enthalten. Welche Schwierigkeiten treten bei dieser Realisierung auf?

4.2. Man definiere die im letzten Paragraphen von Abschnitt 4.2 beschriebene Datenstruktur mit Records und Zeigern. Kann man diese Familienverhältnisse auch mit den in Übung 4.1 vorgeschlagenen rekursiven Typen darstellen?

4.3. Eine Warteschlange Q (first-in-first-out) sei mit Elementen vom Typ T0 als verkettete Liste implementiert. Man definiere eine geeignete Datenstruktur, Prozeduren zum Einfügen und Entnehmen eines Elementes aus Q und eine Funktion zum Testen, ob die Schlange leer ist. Diese Prozeduren sollten einen eigenen Mechanismus für wirtschaftliche Wiederverwendung des Speichers einschliessen.

4.4. Man nehme an, dass die Records einer verketteten Liste ein Schlüsselfeld vom Typ INTEGER enthalten. Es ist ein Programm zu schreiben, das die Liste nach aufsteigenden Werten der Schlüssel sortiert. Weiter ist eine Prozedur zur Umkehrung der Verkettung der Liste zu erstellen.

4.5. Zirkuläre Listen werden normalerweise mit einem sogenannten *Listenkopf* versehen (siehe Fig. 4.55). Aus welchem Grund wird ein solcher Kopf eingeführt? Man schreibe Prozeduren zum Einfügen, Löschen und Suchen eines durch einen gegebenen Schlüssel bezeichneten Elementes. Diese sind einmal unter der Annahme der Existenz eines Kopfes zu schreiben und einmal ohne.

4.6. Eine *Zweiwegliste* ist eine Liste von Elementen, die in beiden Richtungen verknüpft sind (s. Fig. 4.56). Beide Ketten gehen von einem Kopf aus. Entsprechend zu Aufgabe 4.5 ist ein Satz von Prozeduren zum Suchen, Einfügen und Löschen von Elementen zu schreiben.

4.7. Arbeitet Programm 4.2 korrekt, wenn ein gewisses Paar <x,y> mehr als einmal in der

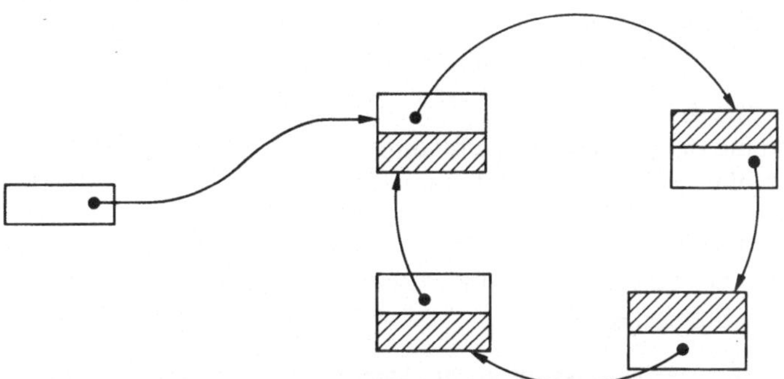

Fig. 4.55. Zirkuläre Liste mit Listenkopf

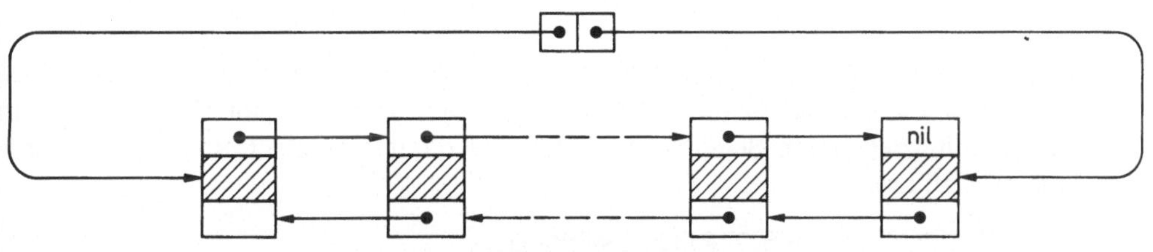

Fig. 4.56. Zweiwegliste mit Listenkopf

Eingabe vorkommt?

4.8. Die Meldung *"diese Menge ist nicht teilweise geordnet"* von Programm 4.2 ist in vielen Fällen nicht sehr hilfreich. Man erweitere das Programm derart, dass es eine Sequenz von Elementen ausdruckt, die eine Schleife bilden, falls eine existiert.

4.9. Man schreibe ein Programm, das einen Programmtext liest, alle Definitionen und Aufrufe von Prozeduren feststellt und versucht, zwischen diesen Prozeduren eine topologische Ordnung aufzustellen. Es gelte $P \prec Q$, wenn P von Q aufgerufen wird.

4.10. Man zeichne den von Programm 4.3 erstellten Baum, wenn die Eingabe aus den Zahlen 1, 2, 3, ... , n besteht.

4.11. In welcher Reihenfolge findet man die Knoten beim Durchlaufen des Baumes von Fig. 4.23 in Preorder, Inorder und Postorder?

4.12. Man finde das Bildungsgesetz für die Folge der n Zahlen, die unter Verwendung von Programm 4.4 einen völlig ausgeglichenen Baum ergeben.

4.13. Man betrachte die beiden folgenden Anweisungen für das Durchlaufen eines binären Baumes.

1.1. Durchlaufe den rechten Teilbaum.

1.2. Besuche die Wurzel.
1.3. Durchlaufe den linken Teilbaum.

2.1. Besuche die Wurzel.
2.2. Durchlaufe den rechten Teilbaum.
2.3. Durchlaufe den linken Teilbaum.

Man finde eine Beziehung zwischen den aus 1.1 - 1.3 und 2.1 - 2.3 resultierenden Reihenfolgen des Knotendurchlaufs und den Reihenfolgen, die sich aus Pre-, In-, und Postorderdurchläufen ergeben.

4.14. Man definiere eine Datenstruktur zur Darstellung eines n-ären Baumes und schreibe eine Prozedur, die diesen n-ären Baum durchläuft und einen binären Baum mit den gleichen Elementen erzeugt. Man nehme an, dass der in jedem Element gespeicherte Schlüssel k Worte und jeder Zeiger ein Speicherwort belegt. Wie gross ist der Speichergewinn bei Verwendung eines binären Baumes gegenüber einem n-ären Baum?

4.15. Man nehme an, dass ein Baum entsprechend folgender Definition einer rekursiven Datenstruktur aufgebaut sei (siehe Übung 4.1). Man formuliere eine Prozedur, die ein Element mit gegebenem Schlüssel x findet und dann eine Operation P auf diesem Element ausführt:

```
RECTYPE Tree = RECORD x: INTEGER;
                      left, right: Tree
                    END
```

4.16. In einem Datei-System sei ein Katalog aller Dateien in Form eines geordneten binären Baumes organisiert. Jeder Knoten bezeichne eine Datei; er enthalte den Namen der Datei sowie unter anderem das Datum des letzten Zugriffs, verschlüsselt als ganze Zahl. Man schreibe ein Programm, das diesen Baum durchsucht und alle Dateien löscht, zu denen seit einem bestimmten Datum nicht mehr zugegriffen wurde.

4.17. In einer Baumstruktur wird die Häufigkeit des Zugriffs zu jedem Element empirisch gemessen, indem man jedem Knoten einen Zugriffszähler zuteilt. In gewissen Zeitabständen wird die Baumorganisation angepasst, indem man den Baum durchläuft und unter Verwendung von Programm 4.4 einen neuen Baum erzeugt, in dem die Schlüssel in der Folge abnehmender Werte des Zugriffszählers eingefügt werden. Man schreibe ein Programm, das diese Reorganisation durchführt. Ist die mittlere Weglänge in diesem Baum gleich, schlechter oder sehr viel schlechter als die in einem optimalen Baum?

4.18. Die in Abschnitt 4.4.5 beschriebene Methode zur Analyse des Algorithmus des Einfügens in einen Baum kann auch zur Berechnung der zu erwartenden Anzahlen C von Vergleichen und M von Bewegungen (Vertauschungen) verwendet werden, die beim Quicksort (Programm 2.10) zum Sortieren der n Elemente eines Array ausgeführt werden, und zwar unter der Annahme, dass alle n! Permutationen der n Schlüssel 1, 2,

..., n gleich wahrscheinlich sind. Man finde die Analogie und bestimme C_n und M_n.

4.19. Man zeichne den ausgeglichenen Baum mit 12 Knoten, der die maximale Höhe aller Bäume mit 12 Knoten hat. In welcher Reihenfolge müssen die Knoten eingegeben werden, damit die Prozedur (4.63) diesen Baum erzeugt?

4.20. Man finde eine Eingabefolge von Schlüsseln, so dass Prozedur (4.63) jeden der vier Ausgleichsvorgänge (LL, LR, RR, RL) mindestens einmal ausführt. Wie gross ist die minimale Länge einer solchen Folge?

4.21. Man finde den kleinsten ausgeglichenen Baum mit den Schlüsseln 1 ... n samt Permutation dieser Schlüssel, so dass bei der Anwendung der Prozedur (4.64) zum Löschen jede der vier Ausgleichsroutinen einmal ausgeführt wird.

4.22. Welches ist die mittlere Weglänge des Fibonacci-Baumes T_n?

4.23. Man schreibe ein Programm, das entsprechend dem Algorithmus von Walker-Gotlieb durch die Wahl des Zentroids als Wurzel den nahezu optimalen Baum generiert.

4.24. Man nehme an, dass die Schlüssel 1, 2, 3, ... in einen leeren B-Baum der Ordnung 2 eingefügt werden (Programm 4.7). Welche Schlüssel verursachen Aufteilungen von Seiten? Welche Schlüssel verursachen ein Wachsen der Höhe des Baumes? Welche Schlüssel veranlassen beim Löschen der Schlüssel in der gleichen Reihenfolge eine Zusammenlegung (und Freigabe) von Seiten, welche Schlüssel verursachen ein Schrumpfen der Höhe? Man beantworte die Frage für (a) ein Schema zum Löschen mit Ausgleichen (wie in Programm 4.7), (b) ein Schema ohne Ausgleichen (bei Unterlauf wird ein einzelnes Element aus einer benachbarten Seite geholt).

4.25. Man schreibe ein Programm zum Suchen, Einfügen und Löschen von Schlüsseln in einem binären B-Baum. Man verwende die Knoten-Typendefinition (4.84). Das Schema zum Einfügen ist in Fig. 4.51 gezeigt.

4.26. Man suche eine Sequenz von Eingabe-Schlüsseln, die, vom leeren symmetrischen binären B-Baum ausgehend, die Prozedur (4.87) veranlasst, alle vier Ausgleichsvorgänge (LL, LR, RR, RL) mindestens einmal auszuführen. Welches ist die kürzeste solche Sequenz?

4.27. Man schreibe eine Prozedur zum Löschen von Elementen in einem symmetrischen binären B-Baum. Dazu ist ein Baum und eine kurze Sequenz zu löschender Schlüssel zu suchen, für die alle vier Ausgleichssituationen mindestens einmal auftreten.

4.28. Formuliere eine Datenstruktur sowie Prozeduren zum Einfügen und Löschen eines Elementes in einem Suchbaum mit Prioritäten. Die Prozeduren müssen die Invarianten (4.90) gewährleisten. Vergleiche das Verhalten (Aufwand) mit demjenigen des Radix-Suchbaums mit Prioritäten.

4.29. Entwickle einen Modul mit den folgenden Prozeduren für einen Radix-Suchbaum mit Prioritäten:

-- füge einen Punkt (Element) mit den Koordinaten x, y ein.
-- zähle alle Punkte innerhalb eines Rechtecks auf.
-- finde den Punkt mit der kleinsten x-Koordinate innerhalb eines Rechtecks.
-- finde den Punkt mit der grössten y-Koordinate innerhalb eines Rechtecks.
-- zähle alle Punkt innerhalb von zwei (sich überlappenden) Rechtecken auf.

5 Schlüssel-Transformationen

5.1. EINLEITUNG

Im letzten Kapitel wurde das folgende, allgemeine Problem behandelt, und es führte zur Entwicklung von Lösungen, welche die Techniken der dynamischen Speicherverwaltung benutzen: Gegeben sei eine Menge M von Elementen, die durch Werte aus einer Schlüsselmenge K charakterisiert sind. Auf K sei eine Ordnungsrelation definiert. Wie ist M zu repräsentieren, damit ein Element mit gegebenem Schlüssel k mit kleinstmöglichem Aufwand wiedergefunden werden kann? Im Speicher einer Rechenanlage wird letztlich jedes Element durch seine Speicheradresse a bestimmt. Folglich besteht das gestellte Problem im wesentlichen aus der Konstruktion einer Abbildung H von der Menge K aller Schlüssel in die Menge A der Adressen, den sogenannten *Adressraum*:

$$H: K \rightarrow A$$

Diese Abbildung wurde in Form von verschiedenen Listen- und Baum-Darstellungen implementiert. Die zugehörigen Such-Algorithmen führten während des Suchvorganges die Berechnung der Bildadresse durch. Hier zeigen wir einen anderen Zugang, der in vielen Fällen sehr effizient und im Grunde einfach ist. Dass er auch einige Nachteile hat, wird später ersichtlich.

Die bei dieser Technik verwendete Datenorganisation ist die Array-Struktur. H transformiert Schlüssel in Array-Indizes. Deshalb wird der Begriff *Schlüssel-Transformation* allgemein für diese Technik verwendet. Wir müssen uns nicht auf irgendwelche dynamischen Zuweisungsprozeduren beziehen, da der Array eine der grundlegenden statischen Strukturen ist. Dieser Abschnitt ist somit unter der Kapitelüberschrift dynamische Strukturen eigentlich fehl am Platz, aber da Schlüssel-Transformationen oft in Problembereichen verwendet werden, in denen Baumstrukturen vergleichbare Mitbewerber sind, scheint dies doch ein geeigneter Platz für ihre Darstellung zu sein.

Die Hauptschwierigkeit bei der Verwendung einer Schlüssel-Transformation liegt darin, dass die Menge der möglichen Schlüsselwerte sehr viel grösser ist als die Menge der verfügbaren Speicheradressen (Array-Indizes). Ein typisches Beispiel ist die Verwendung kurzer Zeichenfolgen (Wörter, Namen) als Schlüssel für die Bezeichnung der Elemente einer Menge. Wird z.B. die Wortlänge auf 10 Zeichen beschränkt, und liegt die Anzahl der Elemente bei 1000, so gibt es 10^{26} Schlüssel-Werte, die auf 1000 Elemente abzubilden sind. Die Funktion H kann offensichtlich nicht eindeutig sein.

Der erste Schritt beim Suchen eines Elementes mit dem Schlüssel k ist die Berechnung des zugewiesenen Index h = H(k). Der zweite - wegen der Nicht-Eindeutigkeit von H notwendige - Schritt ist die Prüfung, ob das erhaltene Bild-Element tatsächlich den Schlüssel k besitzt, d.h. ob T[h].key = k ist, wobei T die Tabelle (den Array) bezeichne. Es stellen sich sofort zwei Fragen:

1. Welche Art von Funktion H sollte verwendet werden?
2. Wie behandeln wir den Fall, dass H den Index des gewünschten Elementes nicht liefert?

Die Antwort auf Frage 2 ist die Verwendung einer Methode zur Berechnung eines alternativen Platzes, sagen wir eines Index h', und, wenn dies immer noch nicht der Ort des gesuchten Elementes ist, eines dritten Index h", usw. Die Situation, in der ein anderer als der gewünschte Schlüssel an der berechneten Stelle liegt, heisst *Kollision*, und die Aufgabe, alternative Indizes zu erzeugen, wird *Behandlung der Kollision* genannt. Im folgenden wollen wir die Wahl einer Transformationsfunktion und Methoden zur Behandlung der Kollision erörtern.

5.2. WAHL EINER TRANSFORMATIONSFUNKTION

Die wesentlichste Anforderung an eine Transformationsfunktion H ist die möglichst gleichmässige Verteilung der Schlüssel auf den Bereich der Indexwerte. Abgesehen von dieser Bedingung ist die Verteilung an kein Muster gebunden, und es ist geradezu wünschenswert, wenn sie völlig zufällig ist. Diese Eigenschaft hat der Methode den nicht sehr wissenschaftlich klingenden Namen *hashing* eingebracht, d.h. "Zerhacken" oder "einen Mischmasch machen". Sie ist auch unter dem Namen *Streuspeicherung* bekannt. H heisst *hash-Funktion* und sollte effizient berechenbar sein, d.h. die Berechnung sollte möglichst wenige und möglichst einfache Grundoperationen erfordern.

Man nehme an, dass eine Umwandlungsfunktion ORD(k) zur Verfügung stehe, welche die Ordinalzahl des Schlüssels k in der Menge aller möglichen Schlüssel bezeichne. Weiter nehme man an, dass die Array-Indizes i sich über den Bereich der ganzen Zahlen von 0 bis N-1 erstrecken, wobei N die Grösse des Arrays ist. Dann ist

$$H(k) = \mathrm{ORD}(k) \ \mathrm{MOD}\ N \qquad (5.1)$$

eine auf der Hand liegende Wahl. Diese Funktion hat die Eigenschaft, die Schlüsselwerte gleichmässig über den Indexbereich zu streuen, und ist daher Grundlage der meisten Schlüsseltransformationen. Sie ist überdies sehr einfach zu berechnen, besonders wenn N eine Potenz von 2 ist. Aber genau dieser Fall ist zu vermeiden, wenn die Schlüssel Buchstabenfolgen sind. Denn in diesem Fall ist die Annahme der Gleichverteilung der Schlüssel falsch. Tatsächlich werden Worte, die sich nur in wenigen Zeichen am Anfang unterscheiden, mit grosser Wahrscheinlichkeit auf gleiche Indizes abgebildet und können somit zu einer höchst ungleichmässigen Verteilung führen. In (4.88) ist es deshalb besonders empfehlenswert, für N eine *Primzahl* zu wählen [20]. Dies hat zur Folge, dass eine vollständige Divisionsoperation durchzuführen ist, die nicht durch reines Herausgreifen binärer Ziffern ersetzt werden kann. Dies ist jedoch bei den meisten modernen Rechenanlagen kein ernsthafter Nachteil, da sie über eine effiziente Divisionsinstruktion verfügen.

Oft werden hash-Funktionen verwendet, die logische Operationen wie das "exklusive oder" auf einige Teile des als Sequenz binärer Ziffern dargestellten Schlüssels anwenden. Diese Operationen mögen auf manchen Rechenanlagen etwas schneller sein als die Division, versagen aber manchmal deutlich bei der gleichmässigen Verteilung der Schlüssel auf den Bereich der Indizes. Wir sehen daher von der Erörterung weiterer Einzelheiten solcher Methoden ab.

5.3. BEHANDLUNG DER KOLLISION

Wenn sich die einem gegebenen Schlüssel entsprechende Eintragung in der hash-Tabelle nicht als das gewünschte Element erweist, liegt eine Kollision vor, d.h. zwei Elemente besitzen Schlüssel, die auf den gleichen Index abgebildet werden. Eine zweite Sondierung wird dann notwendig; sie liefert einen Index, der sich auf deterministische Art aus dem gegebenen Schlüssel ergibt. Es gibt mehrere Methoden zur Erzeugung sekundärer Indizes. Naheliegend und wirkungsvoll ist die sogenannte *direkte Verkettung*, d.h. die Verknüpfung aller Eintragungen mit identischem Primär-Index H(k) zu einer Liste. Die Elemente dieser Liste können entweder in der Haupttabelle liegen oder nicht; im zweiten Fall heisst der ihnen zugewiesene Speicher gewöhnlich *Überlaufbereich*. Diese Methode ist sehr effektiv, obwohl sie den Nachteil hat, dass sekundäre Listen zu führen sind und dass jede Eintragung Platz für einen Zeiger (oder Index) zu ihrer Liste der kollidierenden Elemente zur Verfügung stellen muss.

Eine zweite Lösung zur Beseitigung von Kollisionen sieht völlig von Verknüpfungen ab und sucht stattdessen einfach unter anderen Eintragungen in der gleichen Tabelle, bis das gesuchte Element oder ein freier Platz gefunden ist. Im letzteren Fall kann man annehmen, dass der angegebene Schlüssel nicht in der Tabelle vorhanden ist. Diese Methode heisst *offene Adressierung* [24]. Natürlich muss die Sequenz der Indizes bei weiteren Sondierungen für einen gegebenen Schlüssel immer die gleiche sein. Der Algorithmus für das Suchen in einer Tabelle kann dann folgendermassen skizziert werden:

```
h := H(k); i := 0;
```

```
REPEAT                                                        (5.2)
  IF T[h].key = k THEN Element gefunden
  ELSIF T[h].key = free THEN Element nicht in Tabelle
  ELSE (*Kollision*)
    i := i+1; h := H(k) + G(i)
  END
UNTIL gefunden, nicht in Tabelle, oder Tabelle voll
```

In der Literatur werden mehrere Funktionen zur Auflösung von Kollisionen vorgeschlagen. Eine Übersicht von Morris [23] über dieses Thema gab in einem beträchtlichen Mass zu weiteren Arbeiten auf diesem Gebiet Anlass. Die einfachste Methode besteht darin, den nächsten Platz auszuprobieren - wobei man die Tabelle als zirkulär ansieht - bis entweder das Element mit dem angegebenen Schlüssel gefunden ist oder man auf einen leeren Platz stösst. Somit ist $G(i) = i$, und die zum Testen in diesem Fall verwendeten Indizes h[i] sind

$$h_0 = H(k)$$
$$h_i = (h_0 + i) \text{ MOD } N, \qquad i = 1 \ldots N-1 \qquad (5.3)$$

Diese Methode, die auch *lineares Sondieren* genannt wird, hat den Nachteil, dass Eintragungen sich um primäre Schlüssel (Schlüssel, die beim Einfügen nicht kollidieren) *ballen* (clustering). Idealerweise sollte eine Funktion G gewählt werden, die die Schlüssel wiederum gleichförmig über die restliche Menge von Plätzen verteilt. In der Praxis erweist sich dies jedoch als zu teuer, und es werden Methoden vorgezogen, die einen Kompromiss darstellen, indem sie einfach zu berechnen und immer noch besser als die lineare Funktion (5.3) sind. Eine davon verwendet eine quadratische Funktion mit folgender Sequenz der beim Sondieren verwendeten Indizes:

$$h_0 = H(k)$$
$$h_i = (h_0 + i^2) \text{ MOD } N, \qquad i > 0 \qquad (5.4)$$

Bei Verwendung folgender Rekursions-Relationen (5.5) für $h_i = i^2$ und $d_i = 2i + 1$ entfällt sogar das Quadrieren zur Berechnung des nächsten Index:

$$h_{i+1} = h_i + d_i$$
$$d_{i+1} = d_i + 2 \qquad (i > 0) \qquad (5.5)$$

mit $h_0 = 0$ und $d_0 = 1$. Dies heisst *quadratisches Sondieren* und verhindert im wesentlichen primäre Ballungen, obwohl praktisch keine zusätzlichen Berechnungen erforderlich sind. Ein kleiner Nachteil ist, dass dabei nicht alle Eintragungen der Tabelle gestreift werden, d.h. beim Einfügen kann es vorkommen, dass man keinen freien Platz findet, obwohl es noch welchen gibt. Tatsächlich wird bei quadratischem Sondieren mindestens die *halbe Tabelle* besucht, wenn ihre Grösse N eine *Primzahl* ist. Diese Aussage kann aus folgender Überlegung hergeleitet werden: Falls die i-te und j-te Sondierung auf die gleiche Eintragung der Tabelle fallen, so können wir dies ausdrücken durch die Gleichung

$$i^2 \text{ MOD } N = j^2 \text{ MOD } N$$
$$(i^2 - j^2) \equiv 0 \quad (\text{modulo } N)$$

Zerlegung der Differenz in zwei Faktoren ergibt

$$(i + j)(i - j) \equiv 0 \ (\text{modulo } N)$$

Da $i \neq j$ ist, muss entweder i oder j grösser als N/2 sein, damit $i+j = N$ bzw. $i+j = 2N$ wird. Praktisch hat der erwähnte Nachteil keine Bedeutung, da N/2 Sondierungen und Kollisionsvermeidungen äusserst selten sind und nur dann vorkommen, wenn die Tabelle schon nahezu voll ist.

Zur Illustration der Speicherung durch Streuung (scatter storage technique), wird das Cross-Reference-Programm 4.5 neu formuliert (s. Programm 4.8). Die wesentlichen Neuerungen liegen in der Prozedur *search* und im Ersetzen des Zeigertyps *WPtr* durch die Tabelle T vom Grundtyp *Word*. Die hash-Funktion H ist der Modulus der Tabellengrösse; zur Behandlung der Kollision wurde quadratisches Sondieren gewählt. Für eine gute Leistung ist es wesentlich, dass die Tabellengrösse eine Primzahl ist.

Obwohl die Methode der Schlüssel-Transformation in diesem Fall sehr wirkungsvoll ist - wirkungsvoller als die Baumstrukturen - hat sie auch Nachteile. Angenommen, man wolle nach dem Durchsuchen des Textes die gesammelten Worte in alphabetischer Reihenfolge listen. Dies ist bei Verwendung einer Baumstruktur sehr einfach, da das Durchlaufen des Baumes die Elemente gerade in der gewünschten Reihenfolge liefert. Bei Schlüssel-Transformationen ist dies aber nicht der Fall. Die volle Bedeutung des Wortes *hashing* kommt hier zum Ausdruck. Dem Ausdrucken der Tabelle muss nicht nur ein Sortierprozess vorangehen (der Einfachheit halber verwendet Programm 4.8 Sortieren mit direkter Auswahl), sondern es erweist sich auch als vorteilhaft, eingefügte Schlüssel durch Verkettung in einer speziellen Liste festzuhalten. Somit wird die bessere Leistung der hash-Methode, die nur den Prozess des Wiederfindens betrifft, zum Teil durch zusätzliche Operationen, die zur vollständigen Erstellung eines geordneten Cross-Reference-Index erforderlich sind, wieder aufgehoben.

```
MODULE XRef;
  FROM InOut IMPORT OpenInput, OpenOutput, CloseInput, CloseOutput,
     Read, Done, EOL, Write, WriteCard, WriteString, WriteLn;
  FROM Storage IMPORT ALLOCATE;

  CONST P = 997; (*prime, table size*)
     BufLeng = 10000; WordLeng = 16;
     free = 0;

  TYPE WordInx = [0 .. P-1];
     ItemPtr = POINTER TO Item;

     Word = RECORD key: CARDINAL;
```

```
            first, last: ItemPtr;
          END ;

      Item = RECORD lno: CARDINAL;
            next: ItemPtr
          END ;

  VAR k0, k1, line: CARDINAL;
      ch: CHAR;
      T: ARRAY [0 .. P-1] OF Word; (*hash table*)
      buffer: ARRAY [0 .. BufLeng-1] OF CHAR;

  PROCEDURE PrintWord(k: CARDINAL);
    VAR lim: CARDINAL;
  BEGIN lim := k + WordLeng;
    WHILE buffer[k] > 0C DO Write(buffer[k]); k := k+1 END ;
    WHILE k < lim DO Write(" "); k := k+1 END
  END PrintWord;

  PROCEDURE PrintTable;
    VAR i, k, m: CARDINAL; item: ItemPtr;
  BEGIN
    FOR k := 0 TO P-1 DO
      IF T[k].key # free THEN
        PrintWord(T[k].key); item := T[k].first; m := 0;
        REPEAT
          IF m = 8 THEN
            WriteLn; m := 0;
            FOR i := 1 TO WordLeng DO Write(" ") END
          END ;
          m := m+1; WriteCard(item↑.lno, 6); item := item↑.next
        UNTIL item = NIL;
        WriteLn;
      END
    END
  END PrintTable;

  PROCEDURE Diff(i, j: CARDINAL): INTEGER;
  BEGIN
    LOOP
      IF buffer[i] # buffer[j] THEN
        RETURN INTEGER(ORD(buffer[i])) - INTEGER(ORD(buffer[j]))
      ELSIF buffer[i] = 0C THEN RETURN 0
      END ;
      i := i+1; j := j+1
```

```
    END
  END Diff;

  PROCEDURE search;
    VAR i, h, d: CARDINAL; found: BOOLEAN;
      ch: CHAR; x: ItemPtr;
    (*global variables: T, buffer, k0, k1*)
  BEGIN (*compute hash index h for word starting at buffer[k0]*)
    i := k0; h := 0; ch := buffer[i];
    WHILE ch > 0C DO
      h := (256*h + ORD(ch)) MOD P; i := i+1; ch := buffer[i]
    END ;
    ALLOCATE(x, SIZE(Item)); x↑.lno := line; x↑.next := NIL;
    d := 1; found := FALSE;
    REPEAT
      IF Diff(T[h].key, k0) = 0 THEN (*match*)
        found := TRUE; T[h].last↑.next := x; T[h].last := x
      ELSIF T[h].key = free THEN (*new entry*)
        WITH T[h] DO
          key := k0; first := x; last := x
        END ;
        found := TRUE; k0 := k1
      ELSE (*collision*) h := h+d; d := d+2;
        IF h >= P THEN h := h-P END ;
        IF d = P THEN WriteString(" Table overflow"); HALT END
      END
    UNTIL found
  END search;

  PROCEDURE GetWord;
  BEGIN k1 := k0;
    REPEAT Write(ch); buffer[k1] := ch; k1 := k1 + 1; Read(ch)
    UNTIL (ch < "0") OR (ch > "9") & (CAP(ch) < "A")
      OR (CAP(ch) > "Z");
    buffer[k1] := 0C; k1 := k1 + 1;  (*terminator*)
    search
  END GetWord;

BEGIN k0 := 1; line := 0;
  FOR k1 := 0 TO P-1 DO T[k1].key := free END ;
  OpenInput("TEXT"); OpenOutput("XREF");
  WriteCard(0, 6); Write(" "); Read(ch);
  WHILE Done DO
    CASE ch OF
```

```
        0C .. 35C:     Read(ch) |
        36C .. 37C:    WriteLn; Read(ch); line := line + 1;
                       WriteCard(line, 6); Write(" ") |
        " " .. "@":    Write(ch); Read(ch) |
        "A" .. "Z":    GetWord |
        "[" .. "`":    Write(ch); Read(ch) |
        "a" .. "z":    GetWord |
        "{" .. "~":    Write(ch); Read(ch)
      END
    END;
    WriteLn; WriteLn; CloseInput;
    PrintTable; CloseOutput
  END XRef.
```

Programm 5.1. Kreuzreferenz-Generator

5.4. ANALYSE DER SCHLÜSSEL-TRANSFORMATION

Einfügen und Wiederauffinden von Schlüsseln durch Schlüssel-Transformation erbringt offenbar eine schlechte Leistung im schlimmsten Fall. Es ist möglich, dass ein Suchargument bei den Sondierungen gerade auf alle besetzten Plätze stösst und somit dauernd den gewünschten (oder freien) Platz verpasst. Eigentlich benötigt jeder, der die hash-Technik verwendet, ein beträchtliches Vertrauen in die Gesetze der Wahrscheinlichkeitstheorie. Wir wollen sichergehen, dass im Mittel die Zahl der Sondierungen klein ist. Die folgende Überlegung zeigt, dass sie sogar *sehr klein* ist.

Wir wollen einmal mehr annehmen, dass alle möglichen Schlüssel gleich wahrscheinlich sind und dass die hash-Funktion H sie gleichförmig auf den Bereich der Tabellenindizes verteilt. Es sei dann ein Schlüssel in eine Tabelle der Grösse n einzufügen, die bereits k Elemente enthält. Die Wahrscheinlichkeit, auf den ersten Anhieb einen freien Platz zu finden, ist dann 1 - k/n. Dies ist auch die Wahrscheinlichkeit p_1, dass nur ein einziger Vergleich benötigt wird. Die Wahrscheinlichkeit, dass genau eine weitere Sondierung nötig ist, ist gleich der Wahrscheinlichkeit einer Kollision beim ersten Versuch multipliziert mit der Wahrscheinlichkeit, das nächste Mal einen freien Platz zu finden. Allgemein erhalten wir die in (4.93) dargestellte Wahrscheinlichkeit p_i für die Notwendigkeit von genau i Sondierungen beim Einfügen eines Schlüssels.

$$\begin{aligned} p_1 &= \frac{n-k}{n} \\ p_2 &= \frac{k}{n} * \frac{n-k}{n-1} \\ p_3 &= \frac{k}{n} * \frac{k-1}{n-1} * \frac{n-k}{n-2} \end{aligned} \qquad (5.6)$$

$$p_i = \frac{k}{n} * \frac{k-1}{n-1} * \frac{k-2}{n-2} * ... * \frac{n-k}{n-i+1}$$

Die zu erwartende Anzahl von Sondierungen, die beim Einfügen des (k+1)-ten Schlüssels nötig sind, beträgt daher

$$E_{k+1} = \sum_{i=1}^{k+1} i * p_i \tag{5.7}$$

$$= 1 * \frac{n-k}{n} + 2 * \frac{k}{n} * \frac{n-k}{n-1} + ... + (k+1) * \frac{k}{n} * \frac{k-1}{n-1} * \frac{k-2}{n-2} * ... * \frac{1}{n-k+1}$$

$$= \frac{n+1}{n-k+1}$$

Da die zum Einfügen eines Elementes erforderliche Anzahl Sondierungen identisch ist mit der zum Wiederfinden desselben Elementes notwendigen Anzahl, kann das Ergebnis (5.7) zur Berechnung der mittleren Anzahl E der beim Zugriff auf einen beliebigen Schlüssel in einer hash-Tabelle durchzuführenden Sondierungen verwendet werden. Die Tabellengrösse sei wiederum mit n bezeichnet, und m sei die Zahl der momentan in der Tabelle vorhandenen Schlüssel. Dann ist

$$E = \frac{1}{m} \sum_{k=1}^{m} E_k = \frac{n+1}{m} \sum_{k=1}^{m} \frac{1}{n-k+2} = \frac{n+1}{m} (H_{n+1} - H_{n-m+1}) \tag{5.8}$$

wobei H die harmonische Funktion ist. Sie kann approximiert werden durch $H_n = \ln(n) + g$ mit der Eulerschen Konstanten g. Setzen wir ausserdem $a = m/(n+1)$, so erhalten wir

$$E = \frac{1}{a} (\ln(n+1) - \ln(n-m+1)) = \frac{1}{a} \ln(\frac{n+1}{n-m+1}) = -\frac{1}{a} \ln(1-a) \tag{5.9}$$

a	E
0.1	1.05
0.25	1.15
0.5	1.39
0.75	1.85
0.9	2.56
0.95	3.15
0.99	4.66

Tabelle 5.1 Mittlere Anzahl Sondierungen im Streuspeicher

a ist ungefähr das Verhältnis der belegten zu den verfügbaren Plätzen, der sogenannte Auslastungsfaktor; a = 0 bedeutet eine leere Tabelle, a = n/(n+1) eine volle Tabelle. Der Erwartungswert E der Anzahl Sondierungen zum Wiederfinden oder Einfügen eines beliebig gewählten Schlüssels ist in Tabelle 5.1 als Funktion des Auslastungsfaktor a aufgeführt. Die numerischen Werte sind wirklich überraschend und erklären die aussergewöhnlich gute

Leistung der Methode der Schlüssel-Transformation. Selbst bei zu 90% gefüllter Tabelle sind im Mittel nur 2.56 Sondierungen zur Lokalisierung eines Schlüssels bzw. zum Finden eines leeren Platzes notwendig. Dieser Wert hängt insbesondere nicht von der absolut vorhandenen Zahl von Schlüsseln ab, sondern ausschliesslich vom Auslastungsfaktor.

Obige Analyse beruht auf einer Methode zur Behandlung von Kollisionen, welche die Schlüssel gleichförmig über die restlichen Plätze verstreut. In der Praxis verwendete Methoden ergeben eine leicht verschlechterte Leistung. Ausführliche Analyse des *linearen Sondierens* ergibt die in (5.10) angegebenen Erwartungswerte E' der Anzahl Sondierungen [25].

$$E' = \frac{1 - a/2}{1 - a} \tag{5.10}$$

In Tabelle 5.2 sind einige numerische Werte von E'(a) aufgeführt. Die selbst mit der einfachsten Methode zur Behandlung der Kollision erhaltenen Werte sind so gut, dass die Versuchung gross ist, die Schlüssel-Transformation (hashing) als Allheilmittel zu betrachten. Diese Gefahr ist besonders gross, da die Leistung dieses Verfahrens sogar besser ist als die der ausgeklügeltsten Baumorganisation, zumindest in bezug auf die zum Wiederauffinden und Einfügen notwendigen Schritte. Es ist daher wichtig, einige Nachteile der hash-Methode ausdrücklich zu erwähnen, selbst wenn sie bei unvoreingenommener Betrachtung selbstverständlich sind.

a	E'
0.1	1.06
0.25	1.17
0.5	1.50
0.75	2.50
0.9	5.50
0.95	10.50

Tabelle 5.2. Anzahl Sondierungen bei linearem Sondieren

Der sicherlich grösste Nachteil gegenüber Techniken mit dynamischer Speicherzuweisung ist *die feste Grösse der Tabelle*, die dem momentanen Bedarf nicht angepasst werden kann. Eine ziemlich gute a priori Abschätzung der Zahl der zu ordnenden Datenelemente ist daher Voraussetzung zur Vermeidung schlechter Speicherausnutzung oder schlechter Leistung. Sogar wenn die genaue Zahl der Elemente bekannt ist - ein sehr seltener Fall - muss für eine gute Leistung die Dimension der Tabelle etwas (ungefähr 10%) zu gross gewählt werden.

Die zweitgrösste Schwäche der Speicherung durch Streuung tritt zutage, wenn Schlüssel nicht nur einzufügen und wiederzufinden, sondern auch zu löschen sind. Denn *Löschen* von Eintragungen in einer hash-Tabelle ist *umständlich*, wenn nicht direkte Verkettung in einem separaten Überlaufbereich verwendet wird. Es ist daher angebracht, Organisationen mit Bäumen trotzdem noch attraktiv zu nennen und dann vorzuziehen, wenn der Umfang der

Daten weitgehend unbekannt, stark veränderlich und zeitweise sogar abnehmend ist.

ÜBUNGEN

5.1. Wenn die zu jedem Schlüssel gehörende Menge Information relativ gross ist (im Vergleich zum Schlüssel selbst), sollte diese Information nicht in einer hash-Tabelle gespeichert werden. Man erkläre den Grund und schlage ein Schema zur Darstellung einer solchen Datenmenge vor.

5.2. Man betrachte den Vorschlag zur Lösung des Ballungsproblems durch Konstruktion eines Überlaufbaumes statt einer Überlaufliste, d.h. der Organisation kollidierender Schlüssel als Baumstrukturen. Dabei kann jede Eintragung in einer Streutabelle (hash-Tabelle) als Wurzel eines (möglicherweise leeren) Baumes aufgefasst werden (tree-hashing). Lohnt sich der Aufwand?

5.3. Man entwerfe ein Schema zur Ausführung von Eintragungen *und Streichungen* in einer Streutabelle unter Verwendung quadratischer Schrittweiten zur Auflösung von Kollisionen. Man vergleiche dieses Schema experimentell mit der Organisation eines binären Baumes, indem man Zufallsfolgen von Schlüsseln zum Einfügen und Löschen verwendet.

5.4. Der primäre Nachteil der Technik der hash-Tabelle ist der, dass die Grösse der Tabelle zu einer Zeit festzulegen ist, zu der die tatsächliche Zahl von Eintragungen nicht bekannt ist. Man nehme an, dass die Rechenanlage einen Mechanismus zur dynamischen Speicherverwaltung zur Verfügung stelle, der erlaubt, jederzeit Speicherplatz zu verlangen. Dann wird, wenn eine hash-Tabelle T voll (oder nahezu voll) ist, eine grössere Tabelle T' generiert, und alle Schlüssel in T werden nach T' transferiert, wonach der Speicher für T der Verwaltung wieder zur Verfügung gestellt werden kann. Diese Methode heisst *rehashing*. Man schreibe ein Programm, das eine Umstreuung einer Tabelle T der Grösse n in eine Tabelle T' der Grösse n' durchführt.

5.5. Sehr oft sind Schlüssel keine ganzen Zahlen, sondern Buchstabenfolgen. Diese Wörter können in ihrer Länge sehr stark variieren und sind daher nicht leicht und wirtschaftlich in Schlüsselfeldern fester Grösse zu speichern. Man schreibe ein Programm, das mit einer hash-Tabelle und *variabler Schlüssellänge* arbeitet.

A. Modula-2

Syntax

```
ident = letter {letter | digit}.
number = integer | real.
integer = digit {digit} ["D"] | octalDigit {octalDigit} ("B"|"C")|
   digit {hexDigit} "H".
real = digit {digit} "." {digit} [ScaleFactor].
ScaleFactor = "E" ["+"|"-"] digit {digit}.
hexDigit = digit |"A"|"B"|"C"|"D"|"E"|"F".
digit = octalDigit | "8"|"9".
octalDigit = "0"|"1"|"2"|"3"|"4"|"5"|"6"|"7".
string = "'" {character} "'" | '"' {character} '"' .
qualident = ident {"." ident}.

ConstantDeclaration = ident "=" ConstExpression.
ConstExpression = expression.
TypeDeclaration = ident "=" type.
type = SimpleType | ArrayType | RecordType | SetType |
   PointerType | ProcedureType.
SimpleType = qualident | enumeration | SubrangeType.
enumeration = "(" IdentList ")".
IdentList = ident {"," ident}.
SubrangeType = [qualident] "[" ConstExpression ".." ConstExpression "]".
ArrayType = ARRAY SimpleType {"," SimpleType} OF type.
RecordType = RECORD FieldListSequence END.
FieldListSequence = FieldList {";" FieldList}.
FieldList = [IdentList ":" type |
   CASE [ident] ":" qualident OF variant {"|" variant}
   [ELSE FieldListSequence] END].
variant = [CaseLabelList ":" FieldListSequence].
CaseLabelList = CaseLabels {"," CaseLabels}.
CaseLabels = ConstExpression [".." ConstExpression].
SetType = SET OF SimpleType.
PointerType = POINTER TO type.
ProcedureType = PROCEDURE [FormalTypeList].
FormalTypeList = "(" [[VAR] FormalType
   {"," [VAR] FormalType}] ")" [":" qualident].
VariableDeclaration = IdentList ":" type.
```

```
designator = qualident {"." ident | "[" ExpList "]" | "↑"}.
ExpList = expression {"," expression}.
expression = SimpleExpression [relation SimpleExpression].
relation = "=" | "#" | "<" | "<=" | ">" | ">=" | IN .
SimpleExpression = ["+"|"-"] term {AddOperator term}.
AddOperator = "+" | "-" | OR .
term = factor {MulOperator factor}.
MulOperator = "*" | "/" | DIV | REM | MOD | AND | "&" .
factor = number | string | set | designator [ActualParameters] |
   "(" expression ")" | NOT factor | "~" factor.
set = [qualident] "{" [element {"," element}] "}".
element = ConstExpression [".." ConstExpression].
ActualParameters = "(" [ExpList] ")" .

statement = [assignment | ProcedureCall |
   IfStatement | CaseStatement | WhileStatement |
   RepeatStatement | LoopStatement | ForStatement |
   WithStatement | EXIT | RETURN [expression] ].
assignment = designator ":=" expression.
ProcedureCall = designator [ActualParameters].
StatementSequence = statement {";" statement}.
IfStatement = IF expression THEN StatementSequence
   {ELSIF expression THEN StatementSequence}
   [ELSE StatementSequence] END.
CaseStatement = CASE expression OF case {"|" case}
   [ELSE StatementSequence] END.
case = [CaseLabelList ":" StatementSequence].
WhileStatement = WHILE expression DO StatementSequence END.
RepeatStatement = REPEAT StatementSequence UNTIL expression.
ForStatement = FOR ident ":=" expression TO expression
   [BY ConstExpression] DO StatementSequence END.
LoopStatement = LOOP StatementSequence END.
WithStatement = WITH designator DO StatementSequence END .

ProcedureDeclaration = ProcedureHeading ";" (block ident | FORWARD).
ProcedureHeading = PROCEDURE ident [FormalParameters].
block = {declaration} [BEGIN StatementSequence] END.
declaration = CONST {ConstantDeclaration ";"} |
   TYPE {TypeDeclaration ";"} |
   VAR {VariableDeclaration ";"} |
   ProcedureDeclaration ";" | ModuleDeclaration ";".
FormalParameters =
   "(" [FPSection {";" FPSection}] ")" [":" qualident].
FPSection = [VAR] IdentList ":" FormalType.
FormalType = [ARRAY OF] qualident.

ModuleDeclaration =
```

```
   MODULE ident [priority] ";" {import} [export] block ident.
priority = "[" ConstExpression "]".
export = EXPORT [QUALIFIED] IdentList ";".
import = [FROM ident] IMPORT IdentList ";".
DefinitionModule = DEFINITION MODULE ident ";"
   {import} {definition} END ident ".".
definition = CONST {ConstantDeclaration ";"} |
   TYPE {ident ["=" type] ";"} |
   VAR {VariableDeclaration ";"} |
   ProcedureHeading ";" .
ProgramModule = MODULE ident [priority] ";" {import} block ident "." .
CompilationUnit = DefinitionModule | [IMPLEMENTATION] ProgramModule.
```

Tabelle der Schlüsselsymbole

AND	ARRAY	BEGIN	BY	CASE
CONST	DEFINITION	DIV	DO	ELSE
ELSIF	END	EXIT	EXPORT	FOR
FORWARD	FROM	IF	IMPLEMENTATION	IMPORT
IN	LOOP	MOD	MODULE	NOT
OF	OR	POINTER	PROCEDURE	QUALIFIED
RECORD	REM	REPEAT	RETURN	SET
THEN	TO	TYPE	UNTIL	VAR
WHILE	WITH			

Vordefinierte Standard-Bezeichner

BITSET	BOOLEAN	CARDINAL	CHAR	INTEGER
LONGINT	LONGREAL	PROC	REAL	
FALSE	NIL	TRUE		
ABS	CAP	CHR	DEC	EXCL
FLOAT	FLOATD	HALT	HIGH	INC
INCL	LONG	MIN	MAX	ODD
ORD	SHORT	SIZE	TRUNC	TRUNCD

B. Der ASCII-Zeichensatz

	0	10	20	30	40	50	60	70
0	nul	dle		0	@	P	‘	p
1	soh	dc1	!	1	A	Q	a	q
2	stx	dc2	"	2	B	R	b	r
3	etx	dc3	#	3	C	S	c	s
4	eot	dc4	$	4	D	T	d	t
5	enq	nak	%	5	E	U	e	u
6	ack	syn	&	6	F	V	f	v
7	bel	etb	'	7	G	W	g	w
8	bs	can	(	8	H	X	h	x
9	ht	em	)	9	I	Y	i	y
A	lf	sub	*	:	J	Z	j	z
B	vt	esc	+	;	K	[	k	{
C	ff	fs	,	<	L	\	l	|
D	cr	gs	-	=	M	]	m	}
E	so	rs	.	>	N	↑	n	~
F	si	us	/	?	O	←	o	del

Literatur

Vorwort

0.1. O-.J. Dahl, E.W. Dijkstra, and C.A.R. Hoare. *Structured Programming.* (New York: Academic Press, 1972), 155-65.

0.2. Revolution in Programming. *Datamation* (Dez. 1973) 50-61.

0.3. C.A.R. Hoare. An axiomatic basis for computer programming. *Comm. ACM 12,* 10 (Okt. 1969), 35-63.

0.4. C.A.R. Hoare. Notes on data structuring; in *Structured Programming.* Dahl, Dijkstra, and Hoare, 83-174.

0.5. N. Wirth. The programming language Pascal. *Acta Informatica, 1,* (1971), 35-63.

0.6. N. Wirth. Program development by stepwise refinement. *Comm. ACM, 14,* No. 4 (1971), 221-27.

0.7. N. Wirth. *Systematisches Programmieren.* Teubner Studienbücher, 17, Stuttgart 1972.

0.8. K. Jensen and N. Wirth. *Pascal User Manual and Report.* (Berlin: Springer-Verlag, 1974).

0.9. N. Wirth. *Programming in Modula 2.* Springer-Verlag, Heidelberg, New York, 1982.

0.10. Diverse Artikel über Modula-2. *BYTE, 9,* 8 (Aug. 1984), 143 - 232.

Kapitel 1

1.1. K. Jensen and N. Wirth. *Pascal User Manual and Report.* (Berlin: Springer-Verlag, 1974).

1.2. N. Wirth. *Programming in Modula 2.* Springer-Verlag, Heidelberg, New York, 1982.

1.3. C.A.R. Hoare. Notes on data structuring; in *Structured Programming.* Dahl, Dijkstra, and Hoare, 83-174.

1.4. C.A.R. Hoare. Monitors: An operating systems structuring concept. *Comm. ACM 17,* 10 (Okt. 1974), 549-557.

1.5. D.E. Knuth, J.H. Morris, and V.R. Pratt. Fast pattern matching in strings. *SIAM J. Comput., 6,* 2, (June 1977), 323-349.

1.6. R.S. Boyer and J.S. Moore. A fast string searching algorithm. *Comm. ACM, 20,* 10 (Oct. 1977), 762-772.

Kapitel 2

2.1. B. K. Betz and Carter. *Proc. ACM National Conf. 14,* (1959), Paper 14.

2.2. R.W. Floyd. Treesort (Algorithms 113 and 243). *Comm. ACM, 5,* No. 8, (1962), 434, and *Comm. ACM, 7,* No. 12 (1964), 701.

2.3. R.L. Gilstad. Polyphase Merge Sorting - An Advanced Technique. *Proc. AFIPS Eastern Jt. Comp. Conf., 18,* (1960), 143-48.

2.4. C.A.R. Hoare. Proof of a Program: FIND. *Comm. ACM,13,* No. 1, (1970), 39-45.

2.5. -------- Proof of a Recursive Program: Quicksort. *Comp. J., 14,* No. 4 (1971), 391-95.

2.6. -------- Quicksort. *Comp.J., 5.* No.1 (1962), 10-15.

2.7. D.E. Knuth. *The Art of Computer Programming.* Vol. 3 (Reading, Mass.: Addison-Wesely, 1973).

2.8. -------- *The Art of Computer Programming.* Vol 3, pp. 86-95.

2.9. -------- *The Art of Computer Programming.* Vol 3, p. 289.

2.10. H. Lorin. A Guided Bibliography to Sorting. *IBM Syst.J., 10,* No. 3 (1971), 244-54.

2.11. D.L. Shell. A Highspeed Sorting Procedure. *Comm. ACM, 2,* No. 7 (1959), 30-32.

2.12. R.C. Singleton. An Efficient Algorithm for Sorting with Minimal Storage (Algorithm 347). *Comm. ACM, 12,* No. 3 (1969), 185.

2.13. M. H. Van Emden. Increasing the Efficiency of Quicksort (Algorithm 402). *Comm. ACM, 13,* No. 9 (1970), 563-66, 693.

2.14. J.W.J. Williams. Heapsort (Algorithm 232). *Comm. ACM, 7,* No. 6 (1964), 347-48.

Kapitel 3

3.1. D.G. McVitie and L.B. Wilson. The Stable Marriage Problem. *Comm. ACM, 14,* No. 7 (1971), 486-92.

3.2. -------. Stable Marriage Assignment for Unequal Sets. *Bit, 10,* (1970), 295-309.

3.3. Space Filling Curves, or How to Waste Time on a Plotter. *Software - Practice and Experience, 1,* No. 4 (1971), 403-40.

3.4. N. Wirth. Program Development by Stepwise Refinement. *Comm. ACM, 14,* No. 4 (1971), 221-27.

3.5. L. Allison. Stable Marriages by Coroutines. *Info. Proc. Letters, 16* (1983), 61-65.

Kapitel 4

4.1. G.M. Adelson-Velskii and E.M. Landis. *Doklady Akademia Nauk SSSR,* 146, (1962), 263-66; English translation in *Soviet Math,* 3, 1259-63.

4.2. R. Bayer and E.M. McCreight. Organization and Maintenance of Large Ordered Indexes. *Acta Informatica, 1,* No. 3 (1972), 173-89.

4.3. -----, Binary B-trees for Virtual memory. Proc. 1971 ACM SIGFIDET Workshop, San Diego, Nov. 1971, pp. 219-35.

4.4. -----, Symmetric Binary B-trees: Data Structure and Maintenance Algorithms. *Acta Informatica, 1,* No. 4 (1972), 290-306.

4.5. T.C. Hu and A.C. Tucker. *SIAM J. Applied Math,* 21, No. 4 (1971) 514-32.

4.6. D. E. Knuth. Optimum Binary Search Trees. *Acta Informatica, 1,* No. 1 (1971), 14-25.

4.7. W.A. Walker and C.C. Gotlieb. A Top-down Algorithm for Constructing Nearly Optimal Lexicographic Trees. in *Graph Theory and Computing* (New York: Academic Press, 1972), pp. 303-23.

4.8. D. Comer. The ubiquitous B-Tree. *ACM Comp. Surveys, 11,* 2 (June 1979), 121-137.

4.9. J. Vuillemin. A unifying look at data structures. *Comm. ACM, 23,* 4 (April 1980), 229-239.

4.10. E.M. McCreight. Priority search trees. *SIAM J. of Comput. 14,* 2 (May 1985), 257-276.

Kapitel 5

5.1. W.D. Maurer. An Improved Hash Code for Scatter Storage. *Comm. ACM, 11,* No. 1 (1968), 35-38.

5.2. R. Morris. Scatter Storage Techniques. *Comm. ACM, 11,* No. 1 (1968), 38-43.

5.3. W.W. Peterson. Addressing for Random-access Storage. *IBM J. Res. & Dev., 1,* (1957), 130-46.

5.4. G. Schay and W. Spruth. Analysis of a File Addressing Method. *Comm. ACM, 5,* No. 8 (1962), 459-62.

Verzeichnis der Programme

Baum, Durchlaufen (4.43)-(4.45) 208
Durchsuchen (4.46)-(4.47) 209
Durchsuchen und Einfügen (Pr 4.4) 211-213
Löschen (4.52) 218
-, ausgeglichener
Durchsuchen und Einfügen (4.63) 228-229
Löschen (4.64) 231-233
-, vollständig ausgeglichener (Pr 4.3) 205-206
-, optimaler Suchbaum (Pr 4.6) 239-241
-, mit Prioritäten
Aufzählen (4.94) 270
Einfügen (4.93) 270
B-Baum
Durchsuchen, Einfügen und Löschen (Pr 4.7) 265-266
-, symmetrischer
Durchsuchen und Einfügen (4.87) 265-266
binäres Suchen (1.40) 57, (1.43) 58
Cross-Reference-Liste (Pr 4.5) 214-217
-, mit Streu-Tabelle (Pr 5.1) 281-284
Ein-/Ausgabe (InOut) (1.35) 52-54
File System (1.25) 44, (1.26) 45
Finde k-kleinstes Element (Pr 2.12) 101
Hilbert-Kurven (Pr 3.1) 145-146
Liste,
direktes Durchsuchen und Einfügen (Pr 4.1) 187-188
Durchlaufen (4.17) 186
Generieren (4.13) 184
Mustersuchen (string search)
Boyer-Moore (Pr 1.3) 69-70
direktes (1.49) 61
Knuth-Morris-Pratt (Pr 1.2) 66-67
Optimale Auswahl (Pr 3.7) 169-170
Potenzen von 2 (Pr 1.1) 30
Prozess-Synchronisation (1.29) 49
Pufferung (1.28) 47, (1.30) 49, (1.31) 50-51
Problem der acht Damen (Pr 3.4) 158, (Pr 3.5) 159-160
Sierpinski-Kurven (Pr 3.2) 149-150
Sortieren
Auswählen, direktes (Pr 2.3) 82
Bubblesort (Pr 2.4) 84
Einfügen, binäres (Pr 2.2) 80
-, direktes (Pr 2.1) 79
Heapsort (Pr 2.8) 93
Mehrphasen-Sortieren (Pr 2.16) 129-130
Mischsortieren, ausgeglichenes (Pr 2.15) 118-120

-, direktes (Pr 2.13) 107
-, natürliches (Pr 2.14) 114
Partition (Pr 2.9) 94
Quicksort, rekursiv (Pr 2.10) 96
-, nicht rekursiv (Pr 2.11) 97
Shakersort (Pr 2.5) 85
Shellsort (Pr 2.6) 88
Sift (Pr 2.7) 92
topologisches Sortieren (Pr 4.2) 197-198
Verteilung der Läufe (Pr 2.17) 133-134
Sequenz mit 'look-ahead" (2.29) 111, (2.30) 112
Stabile Heirat (Pr 3.6) 164-165
Tabellen-Suche (1.46) 60
Weg des Springers (Pr 3.3) 153-154

Sachverzeichnis

Adelson-Velskii, G.M. 223
Adresse 38
ASCII 26, 292
Auffüllen (padding) 38
Aufzählung 23
AVL-Baum 223

Backtracking 154
Baum
-, ausgeglichener 205, 223
-, Ausgleichen 225, 254
-, Durchlaufen 206
-, Einfügen 210, 225, 250, 261, 264
-, entarteter 200
-, Gewicht 237
-, Grad 200
-, Höhe 200
-, kartesischer 267
-, Löschen 217, 230, 253
B-Baum 249
Bayer, R. 249, 259, 260, 261
binärer Baum 203
binärer B-Baum 260, 261
binäres Suchen 56
BOOLEAN 25
Boyer, R.S. 67
branch and bound 169
busy waiting 49
Byte 47

case-Anweisung 35
CARDINAL 25
CHAR 26
Coroutine 135

Dijkstra, E.W. 7
Definitions-Modul 44
direkte Verkettung 279

Enumerationstyp 22
Euler, L. 24, 83, 221, 285

Feld-Bezeichner 32
Fibonacci-Baum 224
- Zahlen 123, 143
File 43
Floyd, R.W. 91
for-Anweisung 30
Formatierung 51

Gauss, C.F. 156
gegenseitiger Ausschluss 50
Gilstad, R.L. 121
Gotlieb, C.C. 246
Grundtyp 21, 29, 36, 42

Häufigkeitsindex 186
harmonische Zahlen 83
Hashing 278
Heap 90, 267
Heapsort 90
Hilbert, D. 144
Hilbert-Kurve 148
Hoare, C.A.R. 7, 94, 98, 99, 101
Hu, T.C. 246

Indextyp 28
Indizierte Variable 28
Infix-Notation 208
INTEGER 24

Kardinalität 21
Kartesisches Produkt 31
Kaskaden-Misch-Sortieren 138
Knuth, D.E. 62, 77, 88, 109, 237
Kollision 278

Landis, E.M. 223
Lauf 109
Leonardo-Zahlen 224
Liste 182
-, Durchlaufen 186
-, Einfügen 184
-, Generieren 183
-, Löschen 185
-, Suchen 186
Look ahead 110

Marke 56
Matrix 29
McCreight, E.M. 249, 259, 268
McVitie, D.G. 166
Mengenoperatoren 37
Mengenstruktur 37
Mischen 104
-, ausgeglichenes 115
-, direktes 104
-, natürliches 109
mittleres Element (median) 99
Modulo-Arithmetik 24
Monitor 50
Moore, J.S. 67
Morris, J.H. 62

offene Adressierung 279
Offset 40
optimaler Baum 235

Packen 39
Phase 105
Postfix-Notation 208
Potenzmenge 36
Pratt, V. 62
Prefix-Notation 208
Prioritätsbaum 267
Programmiersprache 18
Pseudo-Lauf 124
Pufferung 43, 47

Quicksort 94

Radix-Suchbaum 269
REAL 25

SBB-Baum 261
Schlüssel 77
Seite (Baum) 248
Sequenz 42
Shakersort 85
Shell, D.L. 87
Shellsort 88
Sierpinski-Kurve 147
Signal 49
skalarer Typ 21
Sondieren, lineares 280
-, quadratisches 280
Sortieren 75
- durch Austausch 84
- durch Auswahl 81
- durch Einfügen 79
-, externes 76
-, internes 76
-, stabiles 77
Sortiermethoden, direkte 78
-, logarithmische 89
Steuerzeichen 26
Streuspeicherung 278
String 58
Suchbaum 267
Synchronisation 48

Topologisches Sortieren 193
Tucker, A.C. 246
Typen-Diskriminator 34

Überlaufbereich 279

Vielweg-Baum 247

Walker, W. A. 246
Weglänge, äussere 202
-, gewichtete 234
-, innere 200
Williams, J. 90
Wilson, L.B. 166

Zeiger 178
Zentroid 246
2-3-Baum 260

Teubner Studienbücher

Informatik

Berstel: **Transductions and Context-Free Languages**
278 Seiten. DM 38,– (LAMM)

Beth: **Verfahren der schnellen Fourier-Transformation**
316 Seiten. DM 34,– (LAMM)

Bolch/Akyildiz: **Analyse von Rechensystemen**
Analytische Methoden zur Leistungsbewertung und Leistungsvorhersage
269 Seiten. DM 29,80

Dal Cin: **Fehlertolerante Systeme**
206 Seiten. DM 24,80 (LAMM)

Ehrig et al.: **Universal Theory of Automata**
A Categorical Approach. 240 Seiten. DM 24,80

Giloi: **Principles of Continuous System Simulation**
Analog, Digital and Hybrid Simulation in a Computer Science Perspective
172 Seiten. DM 25,80 (LAMM)

Kupka/Wilsing: **Dialogsprachen**
168 Seiten. DM 21,80 (LAMM)

Maurer: **Datenstrukturen und Programmierverfahren**
222 Seiten. DM 26,80 (LAMM)

Oberschelp/Wille: **Mathematischer Einführungskurs für Informatiker**
Diskrete Strukturen. 236 Seiten. DM 24,80 (LAMM)

Paul: **Komplexitätstheorie**
247 Seiten. DM 26,80 (LAMM)

Richter: **Logikkalküle**
232 Seiten. DM 24,80 (LAMM)

Schlageter/Stucky: **Datenbanksysteme: Konzepte und Modelle**
2. Aufl. 368 Seiten. DM 34,– (LAMM)

Schnorr: **Rekursive Funktionen und ihre Komplexität**
191 Seiten. DM 25,80 (LAMM)

Spaniol: **Arithmetik in Rechenanlagen**
Logik und Entwurf. 208 Seiten. DM 24,80 (LAMM)

Vollmar: **Algorithmen in Zellularautomaten**
Eine Einführung. 192 Seiten. DM 23,80 (LAMM)

Weck: **Prinzipien und Realisierung von Betriebssystemen**
2. Aufl. 299 Seiten. DM 34,– (LAMM)

Wirth: **Compilerbau**
Eine Einführung. 4. Aufl. 117 Seiten. DM 17,80 (LAMM)

Wirth: **Systematisches Programmieren**
Eine Einführung. 5. Aufl. 160 Seiten. DM 23,80 (LAMM)

Preisänderungen vorbehalten

 B. G. Teubner Stuttgart

Leitfäden der angewandten Informatik

Fortsetzung

Kästner: **Architektur und Organisation digitaler Rechenanlagen**
224 Seiten. Kart. DM 25,80

Kleine Büning/Schmitgen: **PROLOG**
304 Seiten. Kart. DM 34,–

Meier: **Methoden der grafischen und geometrischen Datenverarbeitung**
224 Seiten. Kart. DM 34,–

Mresse: **Information Retrieval – Eine Einführung**
280 Seiten. Kart. DM 38,–

Müller: **Entscheidungsunterstützende Endbenutzersysteme**
253 Seiten. Kart. DM 28,80

Mußtopf / Winter: **Mikroprozessor-Systeme**
Trends in Hardware und Software
302 Seiten. Kart. DM 32,–

Nebel: **CAD-Entwurfskontrolle in der Mikroelektronik**
211 Seiten. Kart. DM 32,–

Retti et al.: **Artificial Intelligence – Eine Einführung**
2. Aufl. X, 228 Seiten. Kart. DM 34,–

Schicker: **Datenübertragung und Rechnernetze**
2. Aufl. 242 Seiten. Kart. DM 32,–

Schmidt et al.: **Digitalschaltungen mit Mikroprozessoren**
2. Aufl. 208 Seiten. Kart. DM 25,80

Schmidt et al.: **Mikroprogrammierbare Schnittstellen**
223 Seiten. Kart. DM 34,–

Schneider: **Problemorientierte Programmiersprachen**
226 Seiten. Kart. DM 25,80

Schreiner: **Systemprogrammierung in UNIX**
Teil 1: Werkzeuge. 315 Seiten. Kart. DM 48,–
Teil 2: Techniken. 408 Seiten. Kart. DM 58,–

Singer: **Programmieren in der Praxis**
2. Aufl. 176 Seiten. Kart. DM 28,80

Specht: **APL-Praxis**
192 Seiten. Kart. DM 24,80

Vetter: **Aufbau betrieblicher Informationssysteme mittels konzeptioneller Datenmodellierung**
4. Aufl. 455 Seiten. Kart. DM 48,–

Weck: **Datensicherheit**
326 Seiten. Geb. DM 44,–

Wingert: **Medizinische Informatik**
272 Seiten. Kart. DM 25,80

Wißkirchen et al.: **Informationstechnik und Bürosysteme**
255 Seiten. Kart. DM 28,80

Wolf/Unkelbach: **Informationsmanagement in Chemie und Pharma**
244 Seiten. Kart. DM 34,–

Zehnder: **Informationssysteme und Datenbanken**
4., neubearbeitete und erweiterte Auflage
276 Seiten. Kart. DM 36,–

Zehnder: **Informatik-Projektentwicklung**
223 Seiten. Kart. DM 32,–

Preisänderungen vorbehalten

 B. G. Teubner Stuttgart